21世纪高等学校网络空间安全专业系列教材

应用密码学

第3版

刘嘉勇　主编

赵　亮　杨　进　李　莉　编著

清华大学出版社

北京

内容简介

本书从应用的角度系统介绍密码学的体系结构、基本原理和技术。全书共分为10章，主要内容包括密码学概述、古典密码技术、分组密码体制、公钥密码体制、密钥管理技术、散列函数与消息鉴别、数字签名技术、身份鉴别技术、流密码及密码技术的应用等，并将与密码学密切相关的数学知识作为附录，以供需要的读者学习。每章均配有思考题与习题，帮助读者掌握本章重要知识点并加以巩固。

本书可作为高等院校网络空间安全、信息安全、计算机科学与技术、信息与计算科学、通信工程、信息管理、电子商务等信息类专业密码学相关课程的教材，也可供初学密码学的研究生及网络和信息安全、计算机、通信、电子信息等领域的科技人员参考。

图书在版编目(CIP)数据

应用密码学/刘嘉勇主编；赵亮，杨进，李莉编著. —3版. —北京：清华大学出版社，2024.1(2024.8重印)
21世纪高等学校网络空间安全专业系列教材
ISBN 978-7-302-65336-3

Ⅰ. ①应…　Ⅱ. ①刘… ②赵… ③杨… ④李…　Ⅲ. ①密码学－高等学校－教材　Ⅳ. ①TN918.1

中国国家版本馆CIP数据核字(2024)第018810号

责任编辑：付弘宇
封面设计：刘　键
责任校对：申晓焕
责任印制：宋　林

出版发行：清华大学出版社
网　　址：https://www.tup.com.cn，https://www.wqxuetang.com
地　　址：北京清华大学学研大厦A座　　**邮　　编**：100084
社 总 机：010-83470000　　**邮　　购**：010-62786544
投稿与读者服务：010-62776969，c-service@tup.tsinghua.edu.cn
质量反馈：010-62772015，zhiliang@tup.tsinghua.edu.cn
课件下载：https://www.tup.com.cn，010-83470236
印 装 者：小森印刷霸州有限公司
经　　销：全国新华书店
开　　本：185mm×260mm　　**印　　张**：20　　**字　　数**：487千字
版　　次：2008年9月第1版　2024年2月第3版　　**印　　次**：2024年8月第2次印刷
印　　数：19301～20800
定　　价：69.00元

产品编号：087753-01

前言

新一轮科技革命和产业变革带动了传统产业的升级改造。党的二十大报告强调“必须坚持科技是第一生产力、人才是第一资源、创新是第一动力,深入实施科教兴国战略、人才强国战略、创新驱动发展战略,开辟发展新领域新赛道,不断塑造发展新动能新优势”。教育、科技、人才是全面建设社会主义现代化国家的基础性、战略性支撑。建设高质量高等教育体系是摆在高等教育面前的重大历史使命和政治责任。高等教育要坚持国家战略引领,聚焦重大需求布局,推进新工科、新医科、新农科、新文科建设,加快培养紧缺型人才。

现代密码技术已被广泛地应用于信息技术的许多领域,是实现信息系统安全的关键技术之一,在保障信息安全的应用中具有重要地位。现代密码技术的研究内容除传统的信息机密性保护技术外,还包括数字签名、报文与身份鉴别、密钥管理、安全协议等与信息安全密切相关的重要内容。“应用密码学”已成为许多高等院校网络空间安全、信息安全、通信工程、计算机科学、信息管理、电子商务等本科专业一门重要的专业基础课及重要教学内容。

针对高等院校信息技术类专业本科生所开设的课程特点,编者结合近几年在应用密码学方面的教学实践情况,广泛汲取了各类教材的有益经验,博采众家所长而精心编著了本书。在本书的体系架构和内容编排上,以培养学生的密码技术应用能力为目标,突出教材的体系性和密码技术的实用性,尽量避免传统密码学教材或专著注重密码学的数学原理和理论分析,而应用性偏弱的局限,并对一些需要的数学知识可能较深奥的知识点,如密码学的信息论基础、序列密码及密码分析等内容进行了简化或忽略,重点选择一些具有典型意义且常用的密码体制和算法进行介绍,并在每章最后配有思考题与习题,以帮助学生掌握和巩固本章的重要知识点,使其更加易于课堂教学的实施和学生阅读,激发学生潜在的学习积极性。

本书在第2版的基础上在以下方面做了修订:在分组密码部分,增加了Feistel结构变种、Lai-Massey结构和基本设计结构的细化的说明,介绍了国密分组密码算法SM4、轻量级分组密码标准PRESENT和CLEFIA,另外还简述了三种针对分组密码的基本分析方法,包括差分分析、线性分析和中间相遇攻击;在公钥密码部分,新增了国密公钥密码算法SM2,包括SM2-1椭圆曲线数字签名算法、SM2-2椭圆曲线密钥交换协议、SM2-3椭圆曲线公钥加密算法,补充了针对整数分解和离散对数计算的方法,以及如何利用RSA算法进行数据加密的若干实现方案;在散列函数与数字签名部分,增加了基于置换的散列函数构造方法、SHA-3算法族、SM2数字签名算法、SM3散列算法、基于分组密码的消息鉴别码(CMAC)及环签名等内容;在身份鉴别部分,新增了比特承诺、联合身份管理技术、个人身份管理技术等内容;在流密码部分,增加了 Trivium 流密码算法和国密流密码算法 ZUC 的介绍,以及针对流密码的密码分析基本方法;在密码技术应用部分,更新和完善了基于 PGP 的电子邮件通信安全应用与实践,新增了电子商务中的密码协议等内容。另外,对第2版个别章节进行了部分结构调整,对个别内容进行了勘误,对思考题与习题进行了补充,增加了实践性习题。

本书的主要特色是:可读性强,结构合理,强调基础,注重应用,不求面面俱到,力求使学生能够较快掌握密码技术的核心内容。在内容取舍、结构编排、密码算法选择及习题设计上尽量体现广泛的代表性和典型性,做到内容主次分明、结构清晰、重点突出、逻辑性强,对知识点的阐述强调由浅入深、循序渐进,使本书具有显著的可读性和实用性,使读者能够在充分掌握密码学基础知识的同时,掌握应用密码技术,并将其尽快运用到实际工作中,是一本较为系统、全面地介绍密码学基本原理和典型应用的教材。全书共10章,具体章节内容安排如下。

第1章介绍信息安全与密码学、密码技术发展概况及密码学的基本概念,包括密码学的主要任务、保密通信模型、密码系统的安全性及基本原则,以及密码体制的分类等内容。

第2章介绍古典密码体制中的基本加密运算、几种典型的古典密码体制及基本破译方法。

第3章介绍分组密码体制的设计原则、基本结构。通过典型的分组密码算法,如数据加密标准 DES、高级加密标准 AES、国密分组密码算法 SM4 及轻量级分组密码等,介绍常见分组密码算法的原理和特性,以及分组密码算法的工作模式和基本密码分析方法。

第4章介绍公钥密码体制基本思想和应用,以及 RSA 与 ElGamal 算法原理、安全性问题与实现方案,对椭圆曲线密码体制基本原理、国密公钥加密算法 SM2,以及针对整数分解和离散对数计算的常见算法等进行介绍。

第5章介绍密钥的种类与层次结构、密钥管理的生命周期、密钥的生成与安全存储、密钥的协商与分发问题、典型密钥分配与协商协议及算法、公钥基础设施 PKI 技术基础,以及典型秘密分割门限方案等。

第6章介绍散列函数的基本特性、构造与设计,以及相关安全性等问题。通过 SHA 算法簇、SM3 密码杂凑算法等密码算法,介绍散列算法和消息鉴别的原理,以及实现报文完整性保护和鉴别的应用方法。

第7章介绍数字签名的基本概念和典型数字签名方案,如 RSA、ElGamal、数字签名标准 DSS 等,对基于椭圆曲线密码的数字签名算法 ECDSA 和国密算法数字签名方案 SM2 的原理与特性,以及不可否认、盲签名等典型特殊数字签名方案的基本原理与应用进行介绍。

第8章对身份鉴别的基本原理、基于口令的典型身份鉴别技术和特点进行介绍,阐述零知识证明的概念与有关身份鉴别协议,对比特承诺、联合身份管理及个人身份验证等问题和相关技术进行介绍。

第9章介绍流密码的基本原理及模型、线性反馈移位寄存器 LFSR、基于 LFSR 的序列密码,以及 Trivium、RC4、国密流密码算法-ZUC 等典型序列密码算法,简要介绍针对流密码的常见攻击方法与密码分析。

第10章介绍密码技术在数字通信安全、电子商务中的典型应用技术和协议,包括 PGP

技术及应用、Kerberos身份鉴别系统、安全电子交易SET及电子商务中的密码协议等。

考虑密码学要用到的数学知识较多，特别是概率论、近世代数和数论方面的基础知识，为方便读者学习，在本书的附录对书中用到的有关初等数论和近世代数的基础知识进行了介绍。了解这方面的数学知识对研究和学习应用密码学大有帮助，但即使没有学过这些数学知识也不会影响对本书的阅读和学习。

本书语言通俗易懂，内容丰富翔实，可作为高等院校网络空间安全、信息安全、计算机科学与技术、信息与计算科学、通信工程、网络工程、电子商务等信息类专业密码学课程的教材，也适合初学密码学的研究生及信息安全、计算机、通信、电子工程等领域的科研人员阅读参考。

本书由四川大学网络空间安全学院组织编写，全书由刘嘉勇教授负责组织与统稿。第1、2、6、7章和附录由刘嘉勇、李莉编写，第3、4、9章由赵亮编写，第5、8、10章由杨进编写。四川大学信息安全研究所全体人员对本书的编写给予了大力支持和帮助。本书的编写还从其他老师和同行的有关著作(包括网站)中得到了帮助，编者在此一并表示由衷的感谢。

尽管编者已尽了最大努力，但囿于学识和水平，书中难免有需要商榷之处，诚望读者不吝赐教、斧正。联系邮箱：404905510@qq.com。

编　者

2023年10月于四川大学

目 录

第1章 密码学概述

1.1 信息安全与密码技术

密码技术是一门古老的技术，大概自人类社会出现战争便产生了密码(Cipher)。由于密码技术长期仅用于军事、政治、外交等要害部门的保密通信，使得密码技术的研究工作本身也是秘密进行的，因此密码学知识和相关技术主要掌握在军事、政治、外交等保密机构，难以公开发表。随着计算机科学技术、通信技术、微电子技术的发展，计算机和通信网络的应用进入了人们的日常生活和工作中，出现了电子政务、电子商务、电子金融等必须确保信息安全的网络信息系统，密码技术在信息安全中的应用不断得到发展，密码学也因此而脱去神秘的“面纱”，从军事科学领域逐步走向商用，成为受到广泛关注的学科。

随着信息技术的发展和信息社会的来临，网络信息交换逐步已成为人们获取和交换信息的主要形式，信息安全变得越来越重要。密码技术在解决网络信息安全中发挥着重要作用，信息安全服务要依赖各种安全机制来实现，而许多安全机制需要依赖密码技术。使用密码技术不仅可以有效保障信息的机密性，而且可以保护信息的完整性和真实性，防止信息被篡改、伪造和假冒等。因此，密码技术是信息安全的基础技术，而密码算法又是密码技术的核心，其重要性不言而喻。可以说，密码学贯穿于网络信息安全的整个过程，在信息的机密性保护、可鉴别性、完整性保护和信息抗抵赖性等方面发挥着极其重要的作用。因此，密码学是信息安全学科建设和信息系统安全工程实践的基础理论之一。密码技术已渗透到信息系统安全工程的多个领域和大部分安全技术或机制中。毫不夸张地说，对密码学或密码技术一无所知的人不可能从技术层面上完全理解信息安全。

1.2 密码技术发展简介

密码技术源远流长，其起源可以追溯到几千年前的古埃及、古巴比伦、古罗马和古希腊。早在4000多年以前，古埃及人就在墓志铭中使用过类似于象形文字的奇妙符号，这是历史记载的最早的密码形式。古代密码虽然不是起源于战争，但其发展成果却首先被用于战争。可以说，人类社会自从有了战争，有了保密通信的需求，就有了密码技术的研究和应用。交战双方为了保护自己的通信安全、窃取对方的情报而研究各种信息加密技术和密码分析技术。

根据不同时期密码技术采用的加密和解密实现手段的不同，密码技术的发展历史大致可以划分为三个时期，即古典密码、近代密码和现代密码时期。

1.2.1 古典密码时期

这一时期从古代到19世纪末,长达数千年。由于这个时期社会生产力水平低下,产生的许多密码体制都是以"手工作业"的方式进行的,用纸笔或简单的器械来实现加密和解密,一般称这个阶段产生的密码体制为"古典密码体制",这是密码学发展的手工阶段。

中国历史上的密码轶事虽不多,但在我国古代却早有以藏头诗、藏尾诗、漏格诗及绘画等形式,将要表达的真正意思或秘密信息隐藏在诗文或画卷中特定位置的记载。

早期的古希腊人在战争中使用一种"秘密书写"的方法来安全传送军事情报,奴隶主先将奴隶的头发剃光,然后将情报刺在奴隶的头上,等奴隶的头发长出来以后,将他派往另一个部落,到达后再剃光头发使信息显现出来,从而实现了两个部落间的秘密通信。

古希腊著名作家艾奈阿斯在其著作《城市防卫论》中曾提到一种被称为"艾奈阿斯绳结"的密码。它的做法是从绳子的一端开始,每隔一段距离打一个绳结,而绳结之间距离不等,不同的距离表达不同的字母。按此规定把绳子上所有绳结的距离按顺序记录下来,并替换成字母,就可以理解它所传递的信息。

公元前440多年的斯巴达克人发明了一种称为"天书"(skytale)的加密器械来秘密传送军事情报,这是人类历史上有文献记载的最早使用的密码器械。"天书"是将一个带状物,如纸带、羊皮带或皮革类的带子,呈螺旋形紧紧地缠在一根权杖或木棍上,之后再沿着棍子的纵轴书写文字,在这条带状物解开后,上面的文字将杂乱无章、无法理解,但收信人只需用一根同样直径的棍子重复这个过程,就可以看到明文。这是最早的移位密码(也称换位密码或置换密码)。

大约在公元前一世纪左右,罗马帝国的凯撒(Caesar)大帝就设计出一种较简单的替换式密码,并在高卢战争中使用。这种密码把信中每个文字的字母都用字母顺序表中相隔两位后的一个字母取代。

公元16世纪中期,意大利数学家卡尔达诺发明了卡尔达诺漏格板,他利用硬纸上留出的空格,经过数次移位后,把需要传递的秘密信息写到信纸的一些位置上,然后在其他地方填上一些文字,组成通信的公开信文。收信人只要在信纸上铺上同样的漏格板,即可读出秘密信文。1917年,法国的密码分析专家就成功地破译了德国间谍利用旋转漏格移位法加密的情报。

17世纪,英国著名的哲学家弗朗西斯·培根在他所著的《学问的发展》一书中给密码下了最早的定义,"所谓密码应具备三个必要的条件,即易于翻译、第三者无法理解、在一定场合下不易引人注意。"

古典密码的形式是多种多样的,其基本加密方法包括各种隐写术、文字替换或移位,大多使用手工或简单机械变换的方式实现。现代英语中的"cryptography"(密码编码学)一词就是由古希腊语的"kryptos"(隐藏)和"graphcin"(写)这两个单词组合而成的。

这一时期的密码技术仅是一种文字变换艺术,其研究与应用远没有形成一门科学,最多只能称其为密码术。

1.2.2 近代密码时期

近代密码时期是指20世纪初到20世纪50年代左右。1895年无线电诞生后,各国在

通信、特别是军事通信中普遍采用无线电技术。由于通过无线电波送出的每条信息不仅传给了己方,也传送给了敌方,为了实现保密通信,各国随即开始研究无线电密码的编制和破译。因此人类历史上早已伴随战争出现的密码就立即与无线电结合,产生了无线电密码。直到第一次世界大战结束,所有无线电密码都使用手工编码,毫无疑问,手工编码效率极其低下,由于受到手工编码与解码效率的限制,许多复杂的、保密性强的加密方法无法在实际中应用,而简单的加密方法又很容易被破译,因此在军事通信领域,急需一种安全可靠而又简便有效的方法。

为了适应无线电密码通信的需要,在1918年以后的几十年中,密码研究人员设计出了各种各样采用机电技术的转轮密码机(简称转轮机,Rotor)来取代手工编码加密方法,实现保密通信的自动编解码。随着转轮机的出现,几千年以来主要通过手工作业实现加密/解密的密码技术有了很大进展。

1918年,美国加利福尼亚州奥克兰市的Edward H. Hebern申请了第一个转轮机专利,这种装置在此后的近50年里被指定为美军的主要密码设备。毫无疑问,这项工作奠定了第二次世界大战中美国在密码学方面的重要地位。

1919年,德国人亚瑟·谢尔比乌斯(Arthur Scherbius)利用机械电气技术发明了一种能够自动编码的转轮密码机(简称转轮机,Rotor),这就是历史上著名的德国"埃尼格玛"(ENIGMA,意为哑谜)密码机,如图1.1(a)所示。在第二次世界大战期间,ENIGMA曾作为德国陆、海、空三军最高级密码机,并使得英军从1942年2月到同年12月一直无法解读德国潜艇发出的信号。

英国在第二次世界大战期间发明并使用的TYPEX密码机,如图1.1(b)所示,这种密码机是德国三轮密码机ENIGMA的改进型,它增加了两个转轮,使得破译更加困难,在英军密码通信中广泛使用,并帮助英军破译了德军信号。

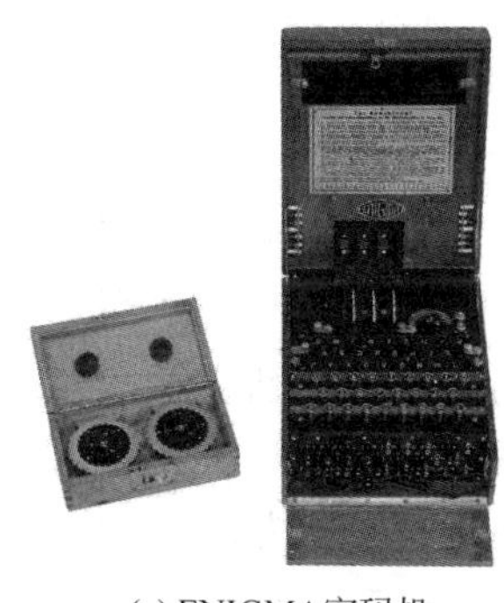

(a) ENIGMA密码机

(b) TYPEX密码机

图1.1　第二次世界大战期间的密码机

1944年5月31日,美国海军的一个反潜特遣大队在巡逻中发现了一艘德国的"U-505"型潜艇。6月4日对潜艇发起攻击,深水炸弹很快就将潜艇的外壳炸开了一个大洞,潜艇被迫浮上水面。美军派出海军陆战队员从破洞中钻进潜艇,缴获了德军的现用密码本、加密机及密钥表。和击沉一艘潜艇相比,所缴获的东西重要得多。美军迅速将战利品送到了密码破译机构那里。由于德国潜艇指挥机构认为这艘"U-505"已被击沉,所以没有更换密码。从此,德国的密码对美军就毫无秘密可言了。据统计,在欧战结束前的11个月里,依靠破译的密码,美军和同盟国军队共击沉德国潜艇300多艘,平均每天一艘,同时大幅减少了自己舰船的损失,对战争的最终结果产生了重大影响。

转轮密码机的使用大大提高了加密的速度,但由于密钥数量有限,二战期间,波兰人和英国人破译了ENIGMA密码,美国密码分析人员攻破了日本的RED、ORANGE和PURPLE密码,这对盟军在第二次世界大战中获胜起到了重要作用。

第二次世界大战后,随着电子技术的发展,电子学开始引入密码机中。第一个电子密码机仅仅是一台转轮机的转轮被电子器件所代替。这些电子转轮机的唯一优势在于操作速度,但它们仍然受到机械式转轮机密码周期有限、制造费用高等固有弱点的影响。

近代密码时期可以看作科学密码学的"前夜",这一阶段的密码技术可以说是一种艺术,是一种技巧和经验的综合体,但还不是一门科学,密码专家常常凭直觉和信念来进行密码设计和分析,而不是推理和证明。因此,也有很多学者将古典和近代密码时期划分为一个阶段,即古典密码阶段。

1.2.3 现代密码时期

1949年,香农(Claude Shannon)的奠基性论文"保密系统的通信理论"(Communication Theory of Secrecy System)在《贝尔系统技术杂志》上发表,首次将信息论引入密码技术的研究,用统计学的观点对信源、密码源、密文进行数学描述和定量分析,引入了不确定性、多余度、唯一解距离等安全性测度概念和计算方法,为现代密码学研究与发展奠定了坚实的理论基础,把已有数千年历史的密码技术推向了科学的轨道,使密码学(Cryptology)成为了一门真正的科学。

从1949年到1967年,密码学文献近乎空白。1967年,戴维·卡恩(David Kahn)出版了专著《破译者》(The Codebreaker),该书对以往的密码学历史进行了相当完整的记述,甚至包括政府认为仍然是秘密的一些事情。《破译者》的意义在于它不仅记述了1967年之前密码学发展的历史,而且使成千上万的人了解了密码学。

实际上,20世纪70年代中期以前的密码学研究和应用主要集中在军事、外交领域,研究工作也大多是秘密进行的,密码学的真正蓬勃发展和广泛应用是从20世纪70年代中期开始的。

1977年,美国国家标准局(NBS,即现在的美国国家标准与技术研究所NIST)正式公布实施了美国的数据加密标准(DES,Data Encryption Standard),DES被批准用于美国政府非机密单位及商业上的保密通信,并被多个部门和标准化机构采纳为标准,甚至成为事实上的国际标准。具有更重要意义的是DES密码开创了公开全部密码算法的先例,从而揭开了密码学的神秘"面纱",大大推动了分组密码理论的发展和技术的应用。

1976年11月,美国斯坦福大学的著名密码学家迪菲(Diffie W.)和赫尔曼(Hellman M.)发表了"密码学新方向"(New Direction in Cryptography)一文,首次提出了公钥密码体制的概念和设计思想,开辟了公开密钥密码学的新领域,开启了公钥密码的研究。受他们的思想启迪,各种公钥密码体制被提出,特别是1978年,美国的里维斯特(Rivest R. L.)、沙米尔(Shamir A.)和阿德勒曼(Adleman L.)提出了第一个较完善的公钥密码体制——RSA,成为公钥密码的杰出代表和事实标准,这是密码学历史上的一个里程碑。可以说:"没有公钥密码的研究就没有现代密码学"。

“保密系统的通信理论”“密码学新方向”这两篇重要论文的发表和美国数据加密标准DES的实施，标志着密码学的理论与技术的划时代变革，宣布了现代密码学的开始。这一时期，现代密码学随着计算机技术、电子通信技术和网络技术的进步而蓬勃发展，密码算法的设计与分析相互促进，出现了大量密码算法和各种攻击分析方法。密码使用的范围也在不断扩张，出现了许多通用的加密标准，促进了网络通信技术的发展。

同时，由于计算机技术及网络通信技术研究与应用的迅速发展，由网络通信而带来的网络信息安全问题引起了人们的极大关注，密码学在理论和应用领域都出现了许多新的课题。例如，在分组密码领域，过去人们认为具有足够安全性的DES算法，在新的分析方法及计算技术面前已证明不够安全。于是，1997年4月美国国家标准和技术研究所（NIST）发起了征集高级数据加密标准（AES，Advanced Encryption Standard）算法的活动，以取代逐渐走向末路的DES。2000年10月，比利时密码学家Joan Daemen和Vincent Rijmen提出的“Rijndael数据加密算法”被确定为AES算法，作为新一代数据加密标准。

20世纪末的AES算法征集活动使密码学界又掀起了一次分组密码研究的高潮。同时，在公钥密码领域，椭圆曲线密码体制由于其安全性高、计算速度快等优点引起了人们的普遍关注和研究，并在公钥密码技术中取得重大进展，成为公钥密码技术研究的新方向。目前，椭圆曲线密码已经被列入一些标准作为推荐算法。一些新的公钥密码体制相继被提出，如基于格的公钥体制NTRU（Number Theory Research Unit）、基于身份的和无证书的公钥密码体制。在数字签名方面，各种具有不同实际应用背景的签名方案，如盲签名、群签名、一次性签名、不可否认签名等不断出现。另外，由于嵌入式的发展和智能卡的应用，这些设备上所使用的密码算法由于系统本身的资源限制，要求以较少的资源快速实现，于是，各种公开密钥密码算法的快速实现成为一个新的研究热点。

在我国，为了保障商用密码的安全性，由国家商用密码管理办公室牵头制定了一系列密码标准，如SM1、SM2、SM3、SM4、SM7、SM9和ZUC等。其中SM1、SM4和ZUC是对称密码算法，SM2和SM9是非对称密码算法，SM3是哈希算法。目前国密算法已广泛应用到各个领域中。

在密码应用方面，各种有实用价值的密码体制的快速实现受到高度重视，许多密码标准、应用软件和产品被开发和应用，美国、德国、日本和中国等许多国家已经颁布了数字签名法，使数字签名在电子商务和电子政务等领域得到了法律的认可，推动了密码学研究和应用的发展。

随着其他技术的发展，一些具有潜在密码应用价值的技术也逐渐得到了密码学家的重视，出现了一些新的密码技术，例如量子密码、生物密码、混沌密码等。这些新的密码技术正在逐步地走向实用化。人们甚至预测，当量子计算机成为现实时，经典密码体制将无安全可言，而量子密码可能是未来光通信时代保障网络通信安全的可靠技术。

随着信息时代的到来，人们将越来越离不开现代密码技术，各种基于密码技术的应用系统将不断出现，现代密码学面临着前所未有的挑战和发展机遇。由于现代密码学的研究内容十分广泛。对现代密码学的最新进展进行更深入的阐述已经超出了本书作者的能力，感兴趣的读者可以查阅相关资料。

1.3 密码学的基本概念

1.3.1 密码学的主要任务

经典的密码学主要是关于加密和解密的理论,主要用于保密通信。但今天,密码学已得到了更加深入、广泛的发展,其内容已不再是单一的加解密技术。著名密码学家 S. Vanstone 曾说,密码学(Cryptology)不仅仅是提供信息安全的一些方法,更是一个数学技术的集合。毫无疑问,密码学主要是为了应对信息安全问题而存在的学科。但总的来说,在信息安全的诸多涉及面中,密码学主要为存储和传输中的数字信息提供如下几方面的安全保护。

(1) 机密性。

机密性是一种允许特定用户访问和阅读信息,而非授权用户对信息内容不可理解的安全属性。在密码学中,信息的机密性通过加密技术实现。

(2) 数据完整性。

数据完整性即确保数据在存储和传输过程中不被非授权修改的安全属性。为提供这种信息安全属性,用户必须有检测非授权修改的能力。非授权修改包括数据的篡改、删除、插入和重放等。密码学可通过数据加密、报文鉴别或数字签名等技术来实现数据的完整性保护。

(3) 鉴别。

鉴别是一种与数据来源和身份识别有关的安全服务。鉴别服务包括对身份的鉴别和对数据源的鉴别。对于一次通信,必须确信通信的对方是预期的实体,这就涉及身份的鉴别。对于数据,仍然希望每一个数据单元发送到或来源于预期的实体,这就是数据源鉴别。数据源鉴别隐含地提供数据完整性服务。密码学可通过数据加密、数字签名或鉴别协议等技术来提供这种真实性服务。

(4) 抗抵赖性。

抗抵赖性是一种用于阻止通信实体抵赖先前的通信行为及相关内容的安全特性。密码学通过对称加密或非对称加密及数字签名等技术,并借助可信机构或证书机构的辅助来提供这种服务。

密码学的主要任务是从理论上和实践上阐述和解决这四个问题。它是研究信息的机密性、完整性、真实性和抗抵赖性等信息安全问题的一门学科。

密码学主要包括密码编码学(Cryptography)和密码分析学(Cryptoanalysis)两个分支。密码编码学的主要任务是寻求有效密码算法和协议,以保证信息的机密性或认证性。它主要研究密码算法的构造与设计,也就是密码体制的构造。它是密码理论的基础,也是保密系统设计的基础。密码分析学的主要任务是研究加密信息的破译或认证信息的伪造。它主要是对密码信息的解析方法进行研究,例如试图通过分析密文获取对方的真正明文。密码分析是检验密码体制安全性最为直接的手段,只有通过实际密码分析考验的密码体制,才是真正可用的。这一点香农在几十年前就已表明:只有密码分析者才能评判密码体制的安全性。因此,密码编码学和密码分析学是密码学的两个方面,两者既互相对立,又互相促进和发展。

1.3.2 保密通信模型

密码技术的一个基本功能是实现保密通信，典型的保密通信模型如图1.2所示。将消息的发送者称为信源，消息的接收者称为信宿。原始的消息称为明文，经过变换(称为加密)的消息称为密文。用来传输消息的通道称为信道。通信过程中，信源端为了和信宿端进行保密通信，首先从密钥源产生或选择适当的加密变换参数 k(称为密钥)，并把它通过安全的信道(如武装信使、预先安全分发并存储等)送给信宿，通信时，利用加密变换 E 把明文 m 变换成密文 c，然后通过普通信道(不安全，可能存在密码攻击者的拦截)发送给信宿端，信宿端则可利用信源端从安全信道送来的密钥 k，通过解密变换 D 解密密文 c，恢复出明文 m。

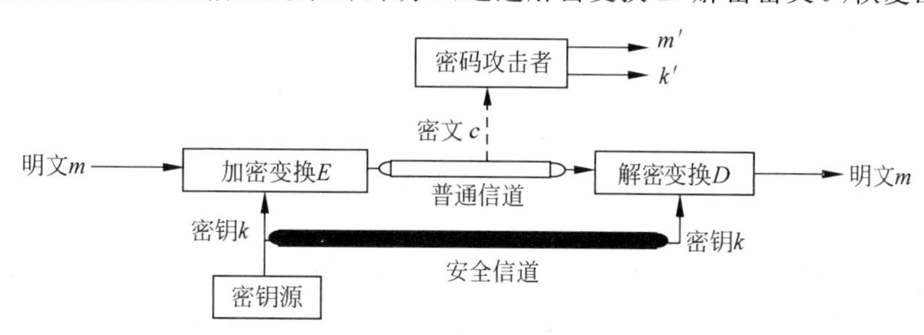

图1.2 典型的保密通信模型

需要说明的是，这里用一个保密通信模型来完整描述密码系统，可能并不全面和准确，因为现在的密码系统不单单只提供信息的保密性服务，但是考虑实现保密通信是密码技术的一个基本功能，在不会引起混淆的情况下，利用这个保密通信模型给出一个密码系统，也称为密码体制(Cryptosystem)的有关基本概念，并在后文就密码系统的攻击、安全性等问题进行阐述。

明文(Plaintext)：待伪装或加密的消息(Message)。在通信系统中它可能是比特流，如文本、位图、数字化的语音流或数字化的视频图像等。一般可以简单地认为明文是有意义的字符或比特集，或通过某种公开的编码标准就能获得的消息。明文常用 m 或 p 表示。

密文(Ciphertext)：对明文施加某种伪装或变换后的输出，也可认为是不可直接理解的字符或比特集，密文常用 c 表示。

加密(Encrypt)：把原始的信息(明文)转换为密文的信息变换过程。

解密(Decrypt)：把已加密的信息(密文)恢复成原始信息(明文)的过程，也称为脱密。

密码算法(Cryptography Algorithm)：也简称密码，通常是指加、解密过程所使用的信息变换规则，是用于信息加密和解密的数学函数。对明文进行加密时所采用的规则称作加密算法，而对密文进行解密时所采用的规则称作解密算法。加密算法和解密算法的操作通常都是在一组密钥的控制下进行的。

密钥(Secret Key)：密码算法中的一个可变参数，通常是一组满足一定条件的随机序列。用于加密算法的叫作加密密钥，用于解密算法的叫作解密密钥，加密密钥和解密密钥可能相同，也可能不相同。密钥常用 k 表示。在密钥 k 的作用下，加密变换通常记为 $E_k(\cdot)$，解密变换记为 $D_k(\cdot)$ 或 $E_k^{-1}(\cdot)$。

通常一个密码体制包括如下几个部分：

① 消息空间 M(又称明文空间)：所有可能的明文 m 的集合；

② 密文空间 C：所有可能的密文 c 的集合；

③ 密钥空间 K：所有可能的密钥 k 的集合，其中每一密钥 k 由加密密钥 k_e 和解密密钥 k_d 组成，即 $k=(k_e,k_d)$；

④ 加密算法 E：一簇由加密密钥控制的、从 M 到 C 的加密变换；

⑤ 解密算法 D：一簇由解密密钥控制的、从 C 到 M 的解密变换。

五元组$\{M,C,K,E,D\}$就称为一个密码系统。在密码系统中，对于每一个确定的密钥 k，加密算法将确定一个具体的加密变换，解密算法将确定一个具体的解密变换，而且解密变换就是加密变换的逆变换。对于明文空间 M 中的每一个明文 m，加密算法 E 在加密密钥 k_e 的控制下将明文 m 加密成密文 c；而解密算法 D 则在密钥 k_d 的控制下将密文 c 解密成同一明文 m，即

$$\forall m \in M,(k_e,k_d) \in K, \quad 有\ D_{k_d}(E_{k_e}(m))=m$$

从数学的角度来讲，一个密码系统就是一族映射，它在密钥的控制下将明文空间中的每一个元素映射到密文空间上的某个元素。这族映射由密码方案确定，具体使用哪一个映射由密钥决定。

在上面的通信模型中，还存在一个密码攻击者或破译者可从普通信道上拦截到的密文 c，其工作目标就是要在不知道密钥 k 的情况下，试图从密文 c 恢复出明文 m 或密钥 k。如果密码攻击者可以仅由密文推算出明文或密钥，或者可以由明文和密文推算出密钥，那么就称该密码系统是可破译的，否则称该密码系统不可破译。

1.3.3 密码系统的安全性

一个密码系统的安全性主要与两方面的因素有关。一方面是所使用密码算法本身的安全强度。密码算法的安全强度取决于密码设计水平、破译技术等，可以说一个密码系统所使用密码算法的安全强度是该系统安全性的技术保证。

另一方面就是密码算法之外的不安全因素。因为即使一个密码算法能够达到足够高的安全强度，攻击者却有可能通过其他非技术手段(例如用社会工程手段收买相关密钥管理人员)攻破一个密码系统。这些不安全因素来自于密码系统的管理或使用中的漏洞。

因此，密码算法的安全强度并不等价于密码系统整体的安全性。一个密码系统必须同时完善技术与管理要求，才能保证整个密码系统的安全。本书仅讨论影响一个密码系统安全性的技术因素，即密码算法本身。

评估密码系统的安全性主要有以下三种方法。

(1) 无条件安全性。

这种评价方法假定攻击者拥有无限的计算资源，但仍然无法破译该密码系统。按照信息论的观点，攻击者观察到的密文前后明文的不确定性相等，即攻击者通过观察密文不会得到任何有助于破译密码系统的信息。这种密码系统就是理论上不可破译的，或者称该密码体制具有完善保密性(Perfect Secrecy)或无条件安全性。

1918 年，AT&T 公司的工程师 Gilbert Vernam 发明的“一次一密”密码方案是最早被人们认识的无条件安全的密码体制。这种密码系统使用与消息一样长的随机密钥，且密钥使用永不重复，由于它产生的是不与明文有任何统计关系的随机输出，因此这种方案如果被正确使用，就是理论上不可破译的密码系统。这一方案虽然安全性能卓越，但实际上不实

用，因为其密钥生成十分困难，密钥不能重复使用，密钥管理的实现非常艰难，完全的“一次一密”密码体制往往只具有理论上的意义。

（2）可证明安全性。

这种方法是将密码系统的安全性归结为某个经过深入研究的数学难题（如大整数素因子分解、计算离散对数等），该数学难题被证明求解困难。这种评估方法存在的问题是它只说明了这个密码方法的安全性与某个困难问题相关，并没有完全证明问题本身的安全性，并给出它们的等价性证明。

（3）计算安全性。

计算安全性又称为实际安全性，这种评价方法是指如果使用目前最好的方法攻破该密码系统所需要的计算资源远远超出攻击者的计算资源水平，则可以定义这个密码系统是安全的。

在理论上，只有一次一密的系统才能真正实现无条件安全性，除此之外的系统都至少可以使用一种只有密文的攻击方法来破译，这就是穷举攻击法。实际上，采用强力攻击方法虽然在理论上可行，但当密码系统的密钥空间足够大时，由于攻击者受计算条件、资源的限制，而且有其特定的目的，若不能在期望的时间内或实际可能的条件下破译成功，则称之为计算上不可破译(Computationally Unbreakable)，可以认为该密码系统就是实际上不可破译的。

综上，一个密码系统要实现实际安全性，就要满足以下准则：

① 破译该密码系统所需的实际计算量（包括计算时间或费用）巨大，以致于在实际上是无法实现的。

② 破译该密码系统所需要的计算时间超过被加密信息的生命周期。例如，战争中发起攻击的作战命令只需要在战斗打响前保密；重要新闻消息在公开报道前需要保密的时间往往也只有几个小时。

③ 破译该密码系统所需的费用超过被加密信息本身的价值。

如果一个密码系统能够满足以上准则之一，就可以认为它是满足实际安全性的。对于实际应用中的密码系统而言，由于至少存在一种破译方法，即强力攻击法，因此都不能够满足无条件安全性，只提供计算安全性。

1.3.4　密码系统设计的基本原则

在设计和评估密码系统时还应当遵循公开设计原则，这就是著名的柯克霍夫斯(Kerckhoffs)原则。它是由荷兰人Auguste Kerckhoff于1883年在其名著《军事密码学》中提出的密码学的基本假设，其核心内容是：即使密码系统中的算法为密码攻击者所知，攻击者也难以从截获的密文推导出明文或密钥。也就是说，密码体制的安全性仅应依赖于对密钥的保密，而不应依赖于对算法的保密。只有在假设攻击者对密码算法有充分的研究，并且拥有足够的计算资源的情况下仍然安全的密码系统才是安全的密码系统。

不把密码系统的安全性建立在算法保密性上，意味着密码算法可以公开，也可以被分析，即使攻击者知道密码算法也没有关系。对于商用密码系统而言，公开密码算法的优点包括以下几方面：

① 有利于对密码算法的安全性进行公开测试和评估；

② 防止密码算法设计者在算法中隐藏后门；

③ 有利于实现密码算法的标准化;

④ 有利于实现密码算法产品的规模化生产,实现低成本和高性能。

但是必须指出,密码设计的公开原则并不等于所有的密码系统在应用时都一定要公开密码算法,例如世界各国的军政核心密码都不公开其加密算法。世界各大国都有强大的专业密码设计与分析队伍,他们仍然坚持密码的公开设计原则,在内部进行充分的分析,只是对外不公开而已。在公开设计原则下是安全的密码,在实际使用时再对算法进行保密,将会更加安全。对于商业密码则坚持在专业部门指导下的公开征集、公开评价的原则。

归纳起来,一个提供机密性服务的密码系统是实际可用的,必须满足如下基本要求:

① 系统的保密性不依赖于对加密体制或算法的保密,而仅依赖于密钥的安全性。"一切秘密寓于密钥之中"是密码系统设计的一个重要原则。

② 满足实际安全性,使破译者取得密文后在有效时间和成本范围内,确定密钥或相应明文在计算上是不可行的。

③ 加密和解密算法应适用于明文空间、密钥空间中的所有元素。

④ 加密和解密算法能有效地计算,密码系统易于实现和使用。

最后还需要指出,对一个密码系统仅仅截获密文来进行分析的这类攻击称作被动攻击,这往往针对的是加密系统,如上述安全性讨论中提到的密码系统。而更一般意义下的密码系统还可能遭受另一类攻击,这就是主动攻击。在这类攻击中,攻击者主动采用删除、修改、增加、填入、重放、伪造等手段向密码系统注入假信息,以破坏密码系统提供的信息完整性、真实性及抗抵赖性等安全属性的保护服务,而不仅仅是从截获的密文分析导出相应明文或系统密钥。

1.3.5 密码体制的分类及特点

对密码体制的分类方法有多种,常用的分类方法有以下三种。

(1) 根据密码算法所用的密钥数量。

根据加密算法与解密算法所使用的密钥是否相同,或是否能简单地由加/解密密钥导出解/加密密钥,可以将密码体制分为**对称密码体制**(Symmetric Cipher,也称为单钥密码体制、秘密密钥密码体制、对称密钥密码体制或常规密码体制)和**非对称密码体制**(Asymmetric Cipher,也称为双钥密码体制、公开密钥密码体制或非对称密钥密码体制)。

如果一个提供保密服务的密码系统,它的加密密钥和解密密钥相同,或者虽然不同,但由其中的任意一个密钥可以很容易地导出另外一个,那么该系统所采用的就是对称密码体制。本书所介绍的 DES、AES、IDEA、RC6 等都是典型的对称密码体制。显然,使用对称密码体制时,如果某个实体拥有加密(或解密)能力,也就必然拥有解密(或加密)能力。

如果一个提供保密服务的密码系统,其加密算法和解密算法分别用两个不同的密钥实现,并且由加密密钥不能推导出解密密钥,则该系统所采用的就是非对称密码体制。采用非对称密码体制的每个用户都有一对选定的密钥,其中一个是可以公开的,称为公开密钥(Public Key),简称公钥;另一个由用户自己秘密保存,称为私有密钥(Private Key),简称私钥。如本书中所介绍的 RSA、ElGamal、椭圆曲线密码等都是非对称密码体制的典型实例。

在安全性方面,对称密钥密码体制是基于复杂的非线性变换与迭代运算实现算法安全

性的，而非对称密钥密码体制则一般是基于某个公认的数学难题而实现安全性的。由于后者的安全程度与现实的计算能力具有密切的关系，因此，有人认为非对称密钥密码体制的安全强度似乎没有对称密钥密码体制高，但也具有对称密钥密码体制所不具备的一些特性，例如它适用于开放性的使用环境，密钥管理相对简单，可以方便、安全地实现数字签名和验证等。

（2）根据对明文信息的处理方式。

根据密码算法对明文信息的处理方式，可将对称密码体制再分为分组密码（Block Cipher）和序列密码（Stream Cipher，也称为流密码）。

分组密码是将消息进行分组，一次处理一个数据块（分组）元素的输入，对每个输入块产生一个输出块。在用分组密码加密时，一个明文分组被当作一个整体来产生一个等长的密文分组并输出。分组密码通常使用的分组大小是64比特或128比特。本书所介绍的DES、AES、IDEA、RC6等即为分组密码算法。

序列密码则是连续地处理输入元素，并随着处理过程的进行，一次产生一个元素的输出。在用序列密码加密时，一次加密1比特或1字节。典型的序列密码算法有RC4、A5、SEAL等。

（3）根据是否能进行可逆的加密变换。

根据是否能进行可逆的加密变换，密码算法又可分为单向函数密码体制和双向变换密码体制。

单向函数密码体制是一类特殊的密码体制，其性质是可以很容易地把明文转换成密文，但再把密文转换成正确的明文却是不可行的，有时甚至是不可能的。单向函数只适用于某种特殊的、不需要解密的应用场合，如用户口令的存储、信息的完整性保护与鉴别等。典型的单向函数包括MD4、MD5、SHA-1等。

双向变换密码体制是指能够进行可逆的加密、解密变换。绝大多数加密算法都属于这一类，它要求所使用的密码算法能够进行可逆的双向加解密变换，否则接收者就无法把密文还原成明文。

关于密码体制的分类还有一些其他的方法，例如按照在加密过程中是否引入了客观随机因素，可以分为确定型密码体制和概率密码体制等，在此将不再进行详细介绍。

使用对称密码体制实现的保密通信模型如图1.3所示。在保密通信前，由消息的发送方（信源）生成密钥，并通过安全的信道送到消息的接收方（信宿）；或者由可信的第三方生成密钥，并通过安全信道送到消息的发送方和接收方。在进行保密通信时，由发送方利用加密算法，根据输入的明文消息 m 和密钥 k 生成密文 c，并通过不安全的普通信道（存在密码攻击者）传送到接收方。接收方通过解密算法根据输入的密文 c 和密钥 k 解密，恢复出明文 m。

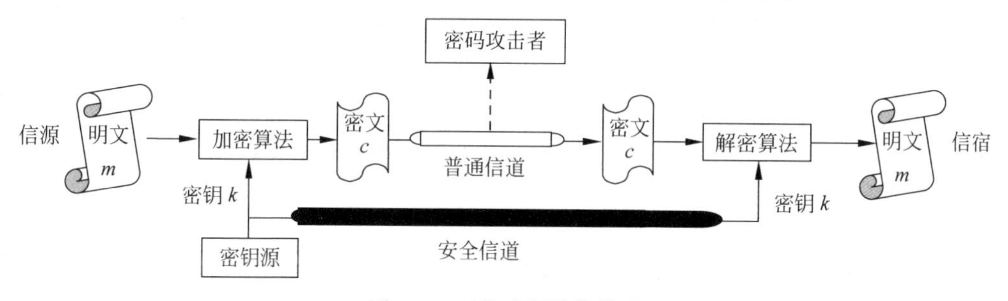

图1.3　对称密码通信模型

对称密码体制的主要优点是加密、解密的处理速度快，效率高，算法安全性高。而其局限性或不足主要有以下几点。

① 对称密码算法的密钥分发过程复杂，所花代价高。对称密码保密通信模型要求在通信前要建立安全信道，以保证将密钥安全地传送到通信的接收方。但如何才能将密钥安全地送到接收方，这是对称密码算法的突出问题，甚至可能成为“不可逾越的障碍”(Catch-22)。

② 密钥管理困难。在实现多用户保密通信时，密码系统的密钥数量会急剧增加，使密钥管理更加复杂。例如，要实现 n 个用户之间的两两保密通信，每个用户都需要安全获取并保管 $(n-1)$ 个密钥，系统总共需要的密钥数量为 $C(n, 2)=n(n-1)/2$，当 $n=100$ 时，密钥数量为 4995；当 $n=5000$ 时，密钥数量则高达 12 497 500。

③ 保密通信系统的开放性差。通信双方必须安全地拥有相同的密钥，才能开始保密通信。如果收发双方素不相识或没有可靠的密钥传递渠道，就不能进行保密通信。

④ 存在数字签名的困难。当用对称密码算法实现数字签名时，由于通信双方拥有相同的秘密信息(密钥)，使得接收方可以伪造数字签名，发送方也可以抵赖发送过的消息，难以实现抗抵赖性的安全需求。

使用非对称密码体制实现的保密通信模型如图 1.4 所示。在保密通信前，假定每个用户都有一对用于加密和解密的密钥对，其中每个用户的加密密钥公开发布，任何人都可以很容易地获取；而每个用户的解密密钥则由各个用户自己安全保管，不得泄露。在进行保密通信时，由发送方利用加密算法、根据输入的明文消息 m 和接收方的加密密钥(公开密钥) k_e 生成密文 c，并通过不安全的普通信道(存在密码攻击者)传送给接收方。接收方则可利用解密算法，根据输入的密文 c 和秘密保管的私有密钥(解密密钥) k_d 解密，恢复出明文 m。

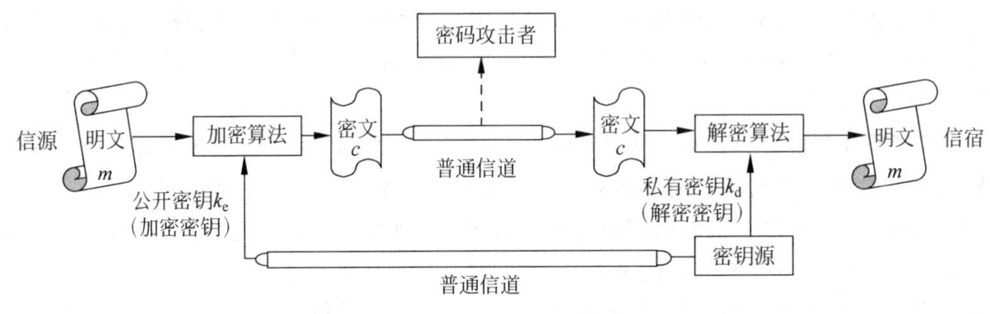

图 1.4　非对称密码通信模型

而攻击者通过截获密文 c，利用加解密算法和接收方的公开密钥(加密密钥) k_e 或除接收方私有密钥 k_d 之外的其他密钥，想要得出明文 m 或接收方的私有密钥(解密密钥) k_d 则是计算不可行的。

需要强调的是，在非对称密码体制中，加密算法、解密算法及公开密钥是可以公开的信息，而私有密钥是需要保密的。用公开密钥对明文进行加密后，仅能采用与之对应的私有密钥解密，才能恢复出明文。

非对称密码体制的优点主要有以下几点。

① 密钥分配简单。不需要安全信道和复杂的安全协议来传送密钥，每个用户的公开密钥可基于公开的渠道(如密钥分发中心)分发给其他用户，而私有密钥则由用户自己秘密保管。

② 系统密钥量少，便于管理。系统中的每个用户只需要保存自己的私有密钥，n 个用户仅需要产生 n 对密钥。

③ 系统开放性好。

④ 可以实现数字签名。

与对称密码体制相比，非对称密码体制的局限性是加密、解密运算复杂，处理速度较慢，同等安全强度下，非对称密码体制的密钥位数较多。

另外，由于加密密钥是公开发布的，客观上存在"可能报文攻击"的威胁，即攻击者截获密文后，可以利用公开的加密密钥，尝试遍历加密所有可能的明文，并与截获的密文进行比较。若可能的明文数量不多，这种攻击是很有效的。为了对抗这种攻击，可以引入随机化因子，使相同的明文加密后的密文不相同。

思考题与习题

1-1　简述密码学与信息安全的关系。

1-2　简述密码学发展的三个阶段及其主要特点。

1-3　现代密码学的主要标志是什么？

1-4　什么是密码学中的"密码"？它和计算机的开机密码、银行储蓄/信用卡的"密码"等有何区别与联系？

1-5　密码学的五元组是什么？简述其各自的含义。

1-6　如何理解"一切秘密寓于密钥之中"的密码系统公开设计原则？

1-7　分析比较对称密码体制与非对称密码体制的主要特点。

1-8　密码编码学和密码分析学的主要任务和目标分别是什么？

第2章 古典密码技术

“人类使用密码的历史几乎与使用文字的时间一样长。”

——戴维·卡恩(David Kahn)

密码技术的应用一直伴随着人类文化的发展,以其古老甚至原始的方法奠定了现代密码学的基础。在密码编码体制中,有两种最基本也是最古老的编码体制一直沿用至今,它们是替代密码(Substitution Cipher)和置换密码(Permutation Cipher),由于其历史悠久并且是现代密码体制的基本组成部分,因而在密码学的研究与应用中占有重要地位。古典密码和近代密码是密码学发展的重要阶段,也是现代密码学产生和发展的渊源,尽管其密码体制大多比较简单,一般可用手工或机电方式实现加密和解密过程,破译也较为容易,目前已很少采用,但了解它们的设计原理对于进一步理解、设计和分析现代密码体制是十分重要的。

2.1 替代密码

替代是古典密码中用到的最基本的处理技巧之一,它在现代密码学中也得到了广泛使用。所谓替代就是将明文中的一个字母由其他字母、数字或符号替换的方法。替代密码是指先建立一个替换表,加密时将需要加密的明文字符依次通过查表,替换为相应的字符,生成无任何意义的字符串,即密文;解密时则利用对应的逆替换表,将需要解密的密文依次通过查表,替换为相应的字符即可恢复出明文。替代密码的密钥就是其替换表。

根据密码算法加解密时使用替换表的个数不同,替代密码又可分为单表替代密码和多表替代密码。

(1) 单表替代密码。密码算法加解密时使用一个固定的替换表。明文消息中出现的同一个字母,在加密时都用同一个固定的字母来替代,而不管它出现在什么地方。

(2) 多表替代密码。密码算法加解密时使用多个替换表。这样,明文消息中出现的同一个字母,在加密时不完全被同一个固定的字母替代,而是根据其出现的位置次序,用不同的字母替代。

2.1.1 单表替代密码

单表替代密码对明文中的所有字母都使用一个固定的映射(明文字母表到密文字母表)。

设 $A=\{a_0,a_1,\cdots,a_{n-1}\}$为包含了 n 个字母的明文字母表,$B=\{b_0,b_1,\cdots,b_{n-1}\}$为包含 n 个字母的密文字母表,单表替代密码使用了 A 到 B 的映射关系:

$$f: A \to B,\quad f(a_i)=b_j \quad (i,j=0,1,\cdots,n-1)$$

一般情况下,f 是一一映射,以保证加密的可逆性。加密变换过程就是将明文中的每一个字母替换为密文字母表中的一个字母。而单表替代密码的密钥就是映射 f 或密文字母表。

通常密文字母表与明文字母表的字符集是相同的,这时的密钥就是映射 f。下面给出几种典型的单表替代密码。

1. 一般单表替代密码

一般单表替代密码的原理是以 26 个英文字母集合上的一个置换 π 为密钥,对明文消息中的每个字母依次进行变换,变换的方法是把明文消息中的每个字母用它在置换 π 下的像去替代。解密时则用 π 的逆置换 π^{-1} 进行替代。

一般单表替代密码可描述为:明文空间 M 和密文空间 C 都是 26 个英文字母的集合,密钥空间 $K=\{\pi: Z_{26}\to Z_{26}\mid \pi \text{ 是置换}\}$是所有可能的置换的集合。

对任意 $\pi\in K$,定义加密变换为 $e_\pi(m)=\pi(m)=c$,解密变换为 $d_\pi(c)=\pi^{-1}(c)=m$,π^{-1} 是 π 的逆置换。

【例 2.1】 设置换 π 的对应关系如下:

a b c d e f g h i j k l m n o p q r s t u v w x y z

q w e r t y u i o p a s d f g h j k l z x c v b n m

试用单表替代密码以 π 为密钥对明文消息 message 加密,然后写出逆置换 π^{-1},并对密文解密。

解:以 π 为密钥、用单表替代密码对明文消息 message 加密,所得密文消息为

$$\pi(\mathrm{m})\ \pi(\mathrm{e})\ \pi(\mathrm{s})\ \pi(\mathrm{s})\ \pi(\mathrm{a})\ \pi(\mathrm{g})\ \pi(\mathrm{e})=\mathrm{dtllqut}$$

置换 π 可写出逆置换 π^{-1} 为

a b c d e f g h i j k l m n o p q r s t u v w x y z

k x v m c n o p h q r s z y i j a d l e g w b u f t

以 π^{-1} 为密钥、用单表替代密码对密文消息 dtllqut 解密,所得明文消息为

$$\pi^{-1}(\mathrm{d})\ \pi^{-1}(\mathrm{t})\ \pi^{-1}(\mathrm{l})\ \pi^{-1}(\mathrm{l})\ \pi^{-1}(\mathrm{q})\ \pi^{-1}(\mathrm{u})\ \pi^{-1}(\mathrm{t})=\mathrm{message}$$

一般单表替代密码算法的特点如下:

① 密钥空间 K 很大,$|K|=26!\approx 4\times 10^{26}$,破译者穷举搜索计算不可行,$1\mu s$ 试一个密钥,遍历全部密钥需要 10^{13} 年;

② 移位密码体制是替换密码体制的一个特例,它仅含 26 个置换作为密钥空间;

③ 密钥 π 不便记忆。

针对一般替换密码的密钥 π 不便记忆的问题,又衍生出了各种形式的单表替代密码。

2. 移位密码

明文空间 M、密文空间 C 和密钥空间 K 满足 $M=C=K=\{0,1,2,\cdots,25\}=Z_{26}$,即把 26 个英文字母与整数 0~25 一一对应,如表 2.1 所示。

表 2.1　字母与数字映射表

字母	a	b	c	d	e	f	g	h	i	j	k	l	m	n	o	p	q	r	s	t	u	v	w	x	y	z
数字	0	1	2	3	4	5	6	7	8	9	10	11	12	13	14	15	16	17	18	19	20	21	22	23	24	25

加密变换为 $E=\{E: Z_{26}\to Z_{26}, E_k(m)=m+k \pmod{26}\mid m\in M, k\in K\}$。

解密变换为 $D=\{D: Z_{26} \to Z_{26}, D_k(c)=c-k(\text{mod } 26) \mid c \in C, k \in K\}$。

解密后再把 Z_{26} 中的元素转换为英文字母。

显然,移位密码是一般单表替代密码的一个特例。当移位密码的密钥 $k=3$ 时,就是历史上著名的凯撒(Caesar)密码。根据其加密函数的特点,移位密码也称为加法密码。

【例 2.2】 设明文消息为 china,试用凯撒密码对其进行加密,然后再进行解密。

解:明文消息对应的数字依次为 2,7,8,13,0,用凯撒密码对其依次进行加密如下。

$E_3(\text{c})=E_3(2)=2+3(\text{mod } 26)=5$,对应字母为 f;

$E_3(\text{h})=E_3(7)=7+3(\text{mod } 26)=10$,对应字母为 k;

$E_3(\text{i})=E_3(8)=8+3(\text{mod } 26)=11$,对应字母为 l;

$E_3(\text{n})=E_3(13)=13+3(\text{mod } 26)=16$,对应字母为 q;

$E_3(\text{a})=E_3(0)=0+3(\text{mod } 26)=3$,对应字母为 d。

即密文消息为 fklqd。对密文解密的过程如下:

$D_3(\text{f})=D_3(5)=5-3(\text{mod } 26)=2$,对应字母为 c;

$D_3(\text{k})=D_3(10)=10-3(\text{mod } 26)=7$,对应字母为 h;

$D_3(\text{l})=D_3(11)=11-3(\text{mod } 26)=8$,对应字母为 i;

$D_3(\text{q})=D_3(16)=16-3(\text{mod } 26)=13$,对应字母为 n;

$D_3(\text{d})=D_3(3)=3-3(\text{mod } 26)=0$,对应字母为 a。

即明文消息为 china。

3. 仿射密码

仿射密码也是一般单表替代密码的一个特例,是一种线性变换。仿射密码的明文空间和密文空间与移位密码相同,但密钥空间为 $K=\{(k_0,k_1) \mid k_0,k_1 \in Z_{26}, \gcd(k_1,26)=1\}$。对任意 $m \in M, c \in C, k=(k_0,k_1) \in K$,定义加密变换为

$$c=E_k(m)=k_1 m+k_0(\text{mod } 26)$$

相应的解密变换为

$$m=D_k(c)=k_1^{-1}(c-k_0)(\text{mod } 26)$$

其中,$k_1 k_1^{-1}=1 \text{ mod } 26$。很明显,$k_1=1$ 时即为移位密码,而 $k_0=0$ 时则称为乘法密码。

【例 2.3】 设明文消息为 china,密钥 $k=(k_1,k_0)=(9,2)$,试用仿射密码对其进行加密,然后再进行解密。

解:利用扩展的欧几里得算法(参见附录 A.1.2)可计算出 $k_1^{-1}=3$。

加密变换为:$E_k(m)=k_1 m+k_0(\text{mod } 26)=9m+2(\text{mod } 26)$

解密变换为:$D_k(c)=k_1^{-1}(c-k_0)(\text{mod } 26)=3\times(c-2)(\text{mod } 26)=3c-6(\text{mod } 26)$

明文消息对应的数字依次为 2,7,8,13,0,用仿射密码对明文进行加密如下:

$$E_k(m)=9\times\begin{pmatrix}2\\7\\8\\13\\0\end{pmatrix}+\begin{pmatrix}2\\2\\2\\2\\2\end{pmatrix}\equiv\begin{pmatrix}20\\13\\22\\15\\2\end{pmatrix}\text{mod } 26\Rightarrow\begin{pmatrix}\text{u}\\\text{n}\\\text{w}\\\text{p}\\\text{c}\end{pmatrix}=c$$

即密文消息为 unwpc。而解密过程如下:

$$D_k(c)=3\times\begin{pmatrix}20\\13\\22\\15\\2\end{pmatrix}-\begin{pmatrix}6\\6\\6\\6\\6\end{pmatrix}\equiv\begin{pmatrix}2\\7\\8\\13\\0\end{pmatrix}\bmod 26\Rightarrow\begin{pmatrix}c\\h\\i\\n\\a\end{pmatrix}=m$$

即恢复明文消息为 china。

仿射密码要求 $\gcd(k_1,26)=1$,即 k_1 与 26 互素,否则就会有多个明文字母对应同一个密文字母的情况。由于与 26 互素的整数有 12 个:1,3,5,7,9,11,15,17,19,21,23,25,因此仿射密码密钥空间大小为$|K|=12\times26=312$。

若将仿射密码的加密函数换为多项式函数,即为多项式密码如下:

$$c=E_k(m)=k_1m+k_2(\bmod n)$$

$$c=E_k(m)=k_tm^t+k_{t-1}m^{t-1}+\cdots+k_1m+k_0(\bmod n)$$

其中 $\gcd(k_i,n)=1,i=1,2,\cdots,t$,且 $0<k_0<n$。

4. 密钥短语密码

密钥短语密码选择一个英文短语或单词串作为密钥,去掉其中重复的字母,得到一个无重复字母的字符串,然后再将字母表中的其他字母依次写于此字母串后,就可构造出一个字母替代表。如密钥为 key 时,替代表如表 2.2 所示。

表 2.2 密钥为 key 的单表替代密码

明文字母	a	b	c	d	e	f	g	h	i	j	k	l	m	n	o	p	q	r	s	t	u	v	w	x	y	z
密文字母	k	e	y	a	b	c	d	f	g	h	i	j	l	m	n	o	p	q	r	s	t	u	v	w	x	z

当选择密钥 key 进行加密时,若明文为“china”,则密文为“yfgmk”。

显然,不同的密钥可以得到不同的替代表,对于明文为英文单词或短语的情况,密钥短语密码最多可能有 $26!=4\times10^{26}$ 个不同的替代表。

2.1.2 多表替代密码

单表替代密码的一个表现是明文中单字母出现的频率分布与密文中相同,而多表替代密码使用从明文字母到密文字母的多个映射来隐藏单字母出现的频率分布,每个映射是简单替代密码中的一对一映射(即处理明文消息时使用不同的单字母代替)。多表替代密码将明文划分为长度相同的消息单元,称为明文分组,对明文成组地进行替代,即使用多张字母替代表。这样一来,同一个字母对应不同的密文,改变了单表替代密码中密文的唯一性,使密码分析更加困难。

多表替代密码的特点是使用两个或两个以上替代表。例如使用有 5 个简单替代表的替代密码,明文的第一个字母用第一个替代表,第二个字母用第二个替代表,第三个字母用第三个替代表,以此类推,循环使用这 5 个替代表。

多表替代密码由莱昂・巴蒂斯塔于 1568 年发明,著名的维吉尼亚(Vigenere)密码和希尔(Hill)密码等均是多表替代密码。

1. 维吉尼亚密码

维吉尼亚密码是极古老而且极著名的多表替代密码体制之一,它以法国密码学家

Blaise de Vigenere(1523—1596)命名。维吉尼亚密码与移位密码体制相似,但它的密钥是周期性动态变化的。

该密码体制有一个参数 n。在加/解密时,同样把英文字母映射为 0～25 的数字再进行运算,并按 n 个字母一组进行变换。明文空间、密文空间及密钥空间都是长度为 n 的英文字母串的集合,因此可表示为 $M=C=K=(Z_{26})^n$。

加密变换定义如下:

设密钥 $k=(k_1,k_2,\cdots,k_n)$,明文 $m=(m_1,m_2,\cdots,m_n)$,则加密变换为

$E_k(m)=(c_1,c_2,\cdots,c_n)$,其中 $c_i=(m_i+k_i)(\bmod 26)$,$i=1,2,\cdots,n$

对密文 $c=(c_1,c_2,\cdots,c_n)$,密钥 $k=(k_1,k_2,\cdots,k_n)$,解密变换为

$D_k(c)=(m_1,m_2,\cdots,m_n)$,其中 $m_i=(c_i-k_i)(\bmod 26)$,$i=1,2,\cdots,n$

【例 2.4】 设密钥 $k=$cipher,明文消息为 appliedcryptosystem,试用维吉尼亚密码对其进行加密,然后再进行解密。

解:由密钥 $k=$cipher,得 $n=6$,密钥对应的数字序列为(2,8,15,7,4,17)。

然后将明文按每 6 个字母一组进行分组,并将这些明文字母转换为相应的数字,加上对应密钥数字后再模 26,其加密过程如表 2.3 所示。

表 2.3 密钥为 cipher 的维吉尼亚密码加密过程

明文	a	p	p	l	i	e	d	c	r	y	p	t	o	s	y	s	t	e	m
	0	15	15	11	8	4	3	2	17	24	15	19	14	18	24	18	19	4	12
密钥	c	i	p	h	e	r	c	i	p	h	e	r	c	i	p	h	e	r	c
	2	8	15	7	4	17	2	8	15	7	4	17	2	8	15	7	4	17	2
密文	2	23	4	18	12	21	5	10	6	5	19	10	16	0	13	25	23	21	14
	c	x	e	s	m	v	f	k	g	f	t	k	q	a	n	z	x	v	o

即密文为:cxesmvfkgftkqanzxvo。

解密使用相同的密钥,但用模 26 的减法代替模 26 加法,这里不再赘述。

2. 希尔密码

希尔密码算法的基本思想是将 n 个明文字母通过线性变换,转换为 n 个密文字母。解密只需做一次逆变换即可。

算法的密钥 $\boldsymbol{K}=\{Z_{26}$ 上的 $n\times n$ 可逆矩阵$\}$,明文 $\boldsymbol{M}$ 与密文 $\boldsymbol{C}$ 均为 n 维向量,记为

$$\boldsymbol{M}=\begin{pmatrix} m_1 \\ m_2 \\ \vdots \\ m_n \end{pmatrix},\quad \boldsymbol{C}=\begin{pmatrix} c_1 \\ c_2 \\ \vdots \\ c_n \end{pmatrix},\quad \boldsymbol{K}=(k_{ij})_{n\times n}=\begin{bmatrix} k_{11} & k_{12} & \cdots & k_{1n} \\ k_{21} & k_{22} & \cdots & k_{2n} \\ \vdots & \vdots & \ddots & \vdots \\ k_{n1} & k_{n2} & \cdots & k_{nn} \end{bmatrix}$$

$$\text{其中,}\begin{cases} c_1=k_{11}m_1+k_{12}m_2+\cdots+k_{1n}m_n \bmod 26 \\ c_2=k_{21}m_1+k_{22}m_2+\cdots+k_{2n}m_n \bmod 26 \\ \qquad\vdots \\ c_n=k_{n1}m_1+k_{n2}m_2+\cdots+k_{nn}m_n \bmod 26 \end{cases}$$

或写成

$$\boldsymbol{C}=\boldsymbol{KM}(\bmod 26)$$

解密变换则为 $M=K^{-1}C \pmod{26}$。其中，K^{-1} 为 K 在 mod 26 上的逆矩阵，满足：

$$K \cdot K^{-1} = K^{-1} \cdot K = I \pmod{26}\text{（这里 } I \text{ 为单位矩阵）}$$

定理 2.1　假设 $A=(a_{i,j})$ 为一个定义在 Z_{26} 上的 $n\times n$ 矩阵，若 A 在 mod 26 上可逆，则有

$$A^{-1}=(\det A)^{-1}A^{*} \pmod{26}\text{（这里 } A^{*} \text{ 为矩阵 } A \text{ 的伴随矩阵）}$$

在 $n=2$ 的情况下，有下列推论。

假设 $A=\begin{pmatrix} a_{1,1} & a_{1,2} \\ a_{2,1} & a_{2,2} \end{pmatrix}$ 是一个 Z_{26} 上的 2×2 矩阵，它的行列式 $\det A = a_{1,1}a_{2,2} - a_{1,2}a_{2,1}$ 是可逆的，那么有

$$A^{-1}=(\det A)^{-1}\begin{pmatrix} a_{2,2} & -a_{1,2} \\ -a_{2,1} & a_{1,1} \end{pmatrix} \bmod 26$$

例如，有

$$K=\begin{pmatrix} 11 & 8 \\ 3 & 7 \end{pmatrix}$$

$$\det\begin{pmatrix} 11 & 8 \\ 3 & 7 \end{pmatrix} = 11\times 7 - 3\times 8 \pmod{26} = 77-24 \pmod{26} = 53 \pmod{26} = 1$$

这时 $1^{-1} \bmod 26=1$，所以 K 的逆矩阵为

$$K^{-1}=\begin{pmatrix} 11 & 8 \\ 3 & 7 \end{pmatrix}^{-1} = 1^{-1}\times\begin{pmatrix} 7 & -8 \\ -3 & 11 \end{pmatrix} = \begin{pmatrix} 7 & 18 \\ 23 & 11 \end{pmatrix} \bmod 26$$

【例 2.5】　设明文消息为 good，试用 $n=2$，密钥 $K=\begin{pmatrix} 11 & 8 \\ 3 & 7 \end{pmatrix}$ 的 Hill 密码对其进行加密，然后再进行解密。

解：将明文划分为两组：(g,o) 和 (o,d)，即 (6,14) 和 (14,3)。加密过程如下：

$$\begin{pmatrix} c_1 \\ c_2 \end{pmatrix} = K\begin{pmatrix} m_1 \\ m_2 \end{pmatrix} = \begin{pmatrix} 11 & 8 \\ 3 & 7 \end{pmatrix}\begin{pmatrix} 6 \\ 14 \end{pmatrix} = \begin{pmatrix} 178 \\ 116 \end{pmatrix} \equiv \begin{pmatrix} 22 \\ 12 \end{pmatrix} \pmod{26} \Rightarrow \begin{pmatrix} \mathrm{w} \\ \mathrm{m} \end{pmatrix}$$

$$\begin{pmatrix} c_3 \\ c_4 \end{pmatrix} = K\begin{pmatrix} m_3 \\ m_4 \end{pmatrix} = \begin{pmatrix} 11 & 8 \\ 3 & 7 \end{pmatrix}\begin{pmatrix} 14 \\ 3 \end{pmatrix} = \begin{pmatrix} 178 \\ 63 \end{pmatrix} \equiv \begin{pmatrix} 22 \\ 11 \end{pmatrix} \pmod{26} \Rightarrow \begin{pmatrix} \mathrm{w} \\ \mathrm{l} \end{pmatrix}$$

因此，good 的加密结果是 wmwl。显然，明文中不同位置的字母“o”加密后的密文字母不同。为了解密，由前面计算有 $K^{-1}=\begin{pmatrix} 7 & 18 \\ 23 & 11 \end{pmatrix}$，可由密文解密计算出明文如下：

$$\begin{pmatrix} m_1 \\ m_2 \end{pmatrix} = K^{-1}\begin{pmatrix} c_1 \\ c_2 \end{pmatrix} = \begin{pmatrix} 7 & 18 \\ 23 & 11 \end{pmatrix}\begin{pmatrix} 22 \\ 12 \end{pmatrix} = \begin{pmatrix} 370 \\ 638 \end{pmatrix} \equiv \begin{pmatrix} 6 \\ 14 \end{pmatrix} \pmod{26} \Rightarrow \begin{pmatrix} \mathrm{g} \\ \mathrm{o} \end{pmatrix}$$

$$\begin{pmatrix} m_3 \\ m_4 \end{pmatrix} = K^{-1}\begin{pmatrix} c_3 \\ c_4 \end{pmatrix} = \begin{pmatrix} 7 & 18 \\ 23 & 11 \end{pmatrix}\begin{pmatrix} 22 \\ 11 \end{pmatrix} = \begin{pmatrix} 352 \\ 627 \end{pmatrix} \equiv \begin{pmatrix} 14 \\ 3 \end{pmatrix} \bmod 26 \Rightarrow \begin{pmatrix} \mathrm{o} \\ \mathrm{d} \end{pmatrix}$$

因此，解密可得到正确的明文为 good。

Hill 密码的特点如下：

① 可以较好地抑制自然语言的统计特性，不再具有单字母替换的一一对应关系，对抗“唯密文攻击”有较高安全强度；

② 密钥空间较大,在忽略密钥矩阵 $\boldsymbol{K}$ 的可逆限制条件下,$|\boldsymbol{K}|=26^{n\times n}$;

③ 易受已知明文攻击及选择明文攻击(详见11.2.3节相关分析)。

3. 一次一密密码(One Time Pad)

若替代密码的密钥是一个随机且不重复的字符序列,则这种密码称为一次一密密码,因为它的密钥只使用一次。

该密码体制是由 Major Joseph Mauborgne 和 AT&T 公司的 Gilbert Vernam 在1917年为电报通信设计的一种密码,又称 Vernam 密码。Vernam 密码在对明文加密前首先将明文编码为(0,1)序列,然后再进行加密变换。

设 $m=(m_1m_2\cdots m_i\cdots)$ 为明文,$k=(k_1k_2\cdots k_i\cdots)$ 为密钥,其中 $m_i,k_i\in\{0,1\},i\geqslant1$,则加密变换为

$c=(c_1c_2\cdots c_i\cdots)$, 其中 $c_i=m_i\oplus k_i,i\geqslant1$, 这里 $\oplus$ 为模2加法(或异或运算)

解密变换为

$$m=(m_1m_2\cdots m_i\cdots),\quad 其中\ m_i=c_i\oplus k_i,i\geqslant1$$

在应用 Vernam 密码时,如果对不同的明文使用不同的随机密钥,这时 Vernam 密码即为一次一密密码。由于每一个密钥序列都是等概率随机产生的,攻击者没有任何信息用来对密文进行密码分析。香农从信息论的角度证明了这种密码体制在理论上是不可破译的。但如果重复使用同一个密钥加密不同的明文,则这时的 Vernam 密码就较容易破译。

如果攻击者获得了一个密文 $c=(c_1c_2\cdots c_i\cdots)$ 和对应的明文 $m=(m_1m_2\cdots m_i\cdots)$,就很容易得出密钥 $k=(k_1k_2\cdots k_i\cdots)$,其中 $k_i=c_i\oplus m_i,i\geqslant1$。因此,如果重复使用密钥,该密码体制就很不安全。

实际上 Vernam 密码属于序列密码,加密解密方法都使用模2加法,这使软硬件实现都非常简单。这种密码体制虽然理论上是不可破译的,然而在实际应用中,真正的一次一密系统却受到很大的限制,其主要原因在于该密码体制要求如下:

① 密钥是真正的随机序列;

② 密钥长度大于或等于明文长度;

③ 每个密钥只用一次(一次一密)。

分发和存储这样的随机密钥序列,并确保密钥的安全是很困难的;另外,如何生成真正的随机序列也是一个现实问题。因此,人们转而寻求实际上不可攻破的密码系统。

4. Playfair 密码

Playfair 密码是一种著名的双字母单表替代密码,它是由英国著名的科学家查尔斯·惠斯通(Charles Wheatstone)在1854年发明的,但它的命名取自于率先发起这种密码应用的莱昂·普莱弗尔(Lyon Playfair)。

实际上 Playfair 密码属于一种多字母替代密码,它将明文中的双字母作为一个单元对待,并将这些单元转换为密文字母组合。

替代是基于一个5×5的字母矩阵。该字母矩阵构造方法同密钥短语密码类似,即选择一个英文短语或单词串作为密钥,去掉其中重复的字母,得到一个无重复字母的字符串,然后再将字母表中剩下的字母依次从左到右、从上到下填入矩阵中,字母i、j占同一个位置。

例如,密钥 k=playfair is a digram cipher,除去重复字母后,r=playfirsdgmche,可得到如图2.1所示的字母矩阵。

对每一对明文字母 m_1、m_2 的加密方法如下：

p	l	a	y	f
i/j	r	s	d	g
m	c	h	e	b
k	n	o	q	t
u	v	w	x	z

图 2.1　Playfair 密码的字母矩阵示例

① 若 m_1、m_2 在同一行，密文 c_1、c_2 分别是紧靠 m_1、m_2 右端的字母。

② 若 m_1、m_2 在同一列，密文 c_1、c_2 分别是紧靠 m_1、m_2 下方的字母。

③ 若 m_1、m_2 不在同一行，也不在同一列，则 c_1、c_2 是由 m_1、m_2 确定的矩形另两角上的字母，且 c_1 和 m_1 在同一行，c_2 和 m_2 在同一行。

④ 若 $m_1=m_2$，则在两个字母间插入一个预先约定的字母，如 x，并用前述方法处理；如 balloon，则以 balxloon 来加密。

⑤ 若明文字母数为奇数，则在明文末尾填充约定字母。

算法还约定，字母矩阵中第一列看作最后一列的右边一列，第一行看作最后一行的下一行。

【例 2.6】 设明文消息为 playfair cipher，试用密钥 $k=$ playfair is a digram cipher 的 Playfair 密码对其进行加密。

解：先将明文消息按两个字母一组分为若干分组，再用图 2.1 所示的字母矩阵进行变换，得到的结果如下。

明文分组：pl　ay　fa　ir　ci　ph　er

密文分组：la　yf　py　rs　mr　am　cd

Playfair 密码在解密时，同样将密文分为两个字母一组，根据由密钥产生的字母矩阵，若两个密文字母在同一行，则明文为紧靠左端的字母，若两个密文字母在同一列，则明文为紧靠上端的字母。其他情况类似，只要对相应的加密变换进行逆变换即可，这里不再赘述。

2.2　置换密码

置换密码又称为换位密码，这种密码通过改变明文消息中各元素的相对位置，但明文消息元素本身的取值或内容形式不变；而在前面的替代密码中，则可以认为是保持明文的符号顺序，但是将它们用其他符号来替代。

置换密码是把明文中各字符的位置次序重新排列来得到密文的一种密码体制。实现的方法多种多样。直接把明文顺序倒过来，然后排成固定长度的字母组作为密文就是一种最简单的置换密码。例如，明文为 this cryptosystem is not secure。密文则为 eruc、esto、nsim、etsy、sotp、yrcs、iht。

下面再给出几种典型的置换密码算法。

2.2.1　周期置换密码

周期置换密码是将明文字符按一定长度 n 分组，把每组中的字符按 $1,2,\cdots,n$ 的一个置换 π 重排位置次序来得到密文的一种加密方法。其中的密钥就是置换 π，在 π 的描述中包含了分组长度的信息。解密时，对密文字符按长度 n 分组，并按 π 的逆置换 π^{-1} 把每组字符重排位置次序来得到明文。周期置换密码可描述如下。

设 n 为固定的正整数,$M=C=(Z_{26})^n$,K 由$\{1,2,\cdots,n\}$的所有置换构成。对一个密钥 $\pi\in K$,定义如下。

加密变换:$E_\pi(m_1, m_2,\cdots,m_n)=(m_{\pi(1)},m_{\pi(2)},\cdots,m_{\pi(n)})=(c_1,c_2,\cdots,c_n)$

解密变换:$D_\pi(c_1,c_2,\cdots,c_n)=(c_{\pi^{-1}(1)},c_{\pi^{-1}(2)},\cdots,c_{\pi^{-1}(n)})$,这里 π^{-1} 为 π 的逆置换

注意,这里的加密与解密变换仅仅用了置换,不涉及代数运算。

【例 2.7】 给定明文为 cryptography,使用密钥 $\pi=(3\quad 5\quad 1\quad 6\quad 4\quad 2)$的置换密码对其进行加密,然后再对密文进行解密。

解:密钥长度是 6,所以按周期长度 6 对明文分组,对每组字母$(m_1,m_2,m_3,m_4,m_5,m_6)$,用密钥 π 进行重排得到对应的加密结果。

明文分组为 crypto|graphy,再利用置换密钥 π 进行加密变换,得:

$$E_\pi(\text{crypto})=(\text{ytcopr})$$

$$E_\pi(\text{graphy})=(\text{ahgypr})$$

即密文消息为 ytcoprahgypr。

显然由加密置换可求出逆置换 $\pi^{-1}=(3\quad 6\quad 1\quad 5\quad 2\quad 4)$,根据密文和逆置换 π^{-1} 即可得到明文。

必须指出,置换密码实质上是 Hill 密码的特例,下面给出分析。

给定一个集合$\{1,2,\cdots,n\}$的置换 π,写出置换矩阵为

$$\boldsymbol{K}_\pi=(k_{ij})_{n\times n},\quad k_{ij}=\begin{cases}1 & 若\ j=\pi(i)\\ 0 & 否则\end{cases}$$

表示仅矩阵第 i 行的第 $\pi(i)$ 个元素为 1,其余为零。

这时,置换矩阵是每一行和每一列都刚好有一个“1”而其余元素为“0”的稀疏矩阵。如例 2.7 的加解密置换 $\pi=(3\quad 5\quad 1\quad 6\quad 4\quad 2)$,$\pi^{-1}=(3\quad 6\quad 1\quad 5\quad 2\quad 4)$,对应的置换矩阵为

$$\boldsymbol{K}_\pi=\begin{bmatrix}0&0&1&0&0&0\\0&0&0&0&1&0\\1&0&0&0&0&0\\0&0&0&0&0&1\\0&0&0&1&0&0\\0&1&0&0&0&0\end{bmatrix},\quad \boldsymbol{K}_{\pi^{-1}}=\begin{bmatrix}0&0&1&0&0&0\\0&0&0&0&0&1\\1&0&0&0&0&0\\0&0&0&0&1&0\\0&1&0&0&0&0\\0&0&0&1&0&0\end{bmatrix}$$

加密变换:$E_\pi(M)=E_\pi(m_1,m_2,\cdots,m_n)=(m_{\pi(1)},m_{\pi(2)},\cdots,m_{\pi(n)})=\boldsymbol{K}_\pi M=(c_1,c_2,\cdots,c_n)$

解密变换:$D_\pi(C)=D_\pi(c_1,c_2,\cdots,c_n)=(c_{\pi^{-1}(1)},c_{\pi^{-1}(2)},\cdots,c_{\pi^{-1}(n)})=\boldsymbol{K}_{\pi^{-1}}C=M$

所以,置换密码实质上是输入分组的一个线性变换。

2.2.2 列置换密码

简单来讲,这种密码的加密方法就是将明文按行填写到一个列宽固定(设为 m)的表格或矩阵中,然后按$(1,2,\cdots,m)$的一个置换 π 交换列的位置次序,再按列读出即得密文。解密时,将密文按列填写到一个行数固定(也为 m)的表格或矩阵中,按置换 π 的逆置换交换列的位置次序,然后按行读出即得到明文。置换 π 可看成算法的密钥。

【例 2.8】 设明文 M = This boy is a worker，固定列宽 $m=4$，置换密钥 $\pi=(4\ 3\ 2\ 1)$，即加密时按 4，3，2，1 列的次序读出得到密文，试写出加解密的过程与结果。

解：加密时，把明文字母按 4 个一组进行分组，每组写成一行，这样明文 M = This boy is a worker 被写成 4 行 4 列，然后把这 4 行 4 列按 4，3，2，1 列的次序写出，得到密文 C = sior iywe hoak tbsr。解密时，把密文字母按 4 个一列写出，再按置换密钥 π 的逆置换 $\pi^{-1}=(4\ 3\ 2\ 1)$ 重排列的次序，最后按行读出，即得到明文。

具体加解密过程如下所示：

加密时，对明文按 4 个字母一行写出：

t h i s
b o y i
s a w o
r k e r

再按(4 3 2 1)的列序输出密文：C = sior iywe hoak tbsr

解密时，对密文按 4 个字母一列写出：

s i h t
i y o b
o w a s
r e k r

再按(4 3 2 1)进行列置换：

t h i s
b o y i
s a w o
r k e r

按行读出，得到明文：M = this boy is a worker

请读者思考，在此列置换密码中，如果明文字母的长度不是列宽 m 的整倍数，加解密时会有什么问题？应如何处理？

由于置换密码只需打乱原明文字符的排列顺序、形成乱码来实现加密变换，因此，置换的方法还有很多。例如，图形置换密码就是先按一定的方向把明文输入某种预先规定的图形中，再按另一种方向输出密文字符，不足部分填入随机字符，这里就不一一列举了。

2.3　转轮机密码

在机械设备出现以前，密码算法的研究和实现主要是通过手工计算来完成的。到了 20 世纪 20 年代，随着机械和机电技术的成熟，以及电报和无线电的安全需求，美国人 Hebern 发明了转轮密码机，简称转轮机(Rotor)。转轮机是密码学发展的重要标志之一，它由一个键盘、一组用线路连接起来的机械轮组成，能够实现长周期的多表替代密码，曾广泛地应用于两次世界大战的密码通信中。

转轮机的基本结构由一个键盘、若干灯泡和一系列转轮组成，如图 1.1(a)所示。键盘一共有 26 个键，其排列和现在的计算机键盘基本一样，但没有空格、数字和标点符号键。键盘上方就是标示了字母的 26 个小灯泡，当键盘上的某个键被按下时，与这个字母被加密后的密文字母所对应的小灯泡就亮了起来。在显示器的上方是几个转轮，它们是转轮机的核心部件，每个转轮是 26 个字母的任意组合。图 2.2 是一个三转轮密码机的原理示意图，图中3个矩形框代表3个转轮，从左到右分别称为慢转子、中转子和快转子。每个转轮有26个输入引脚(转轮左边)和26个输出引脚(转轮右边)，其内部连线将每个输入引脚连接到一个对应的输出引脚，这样每个转轮内部相当于一个单表替代。

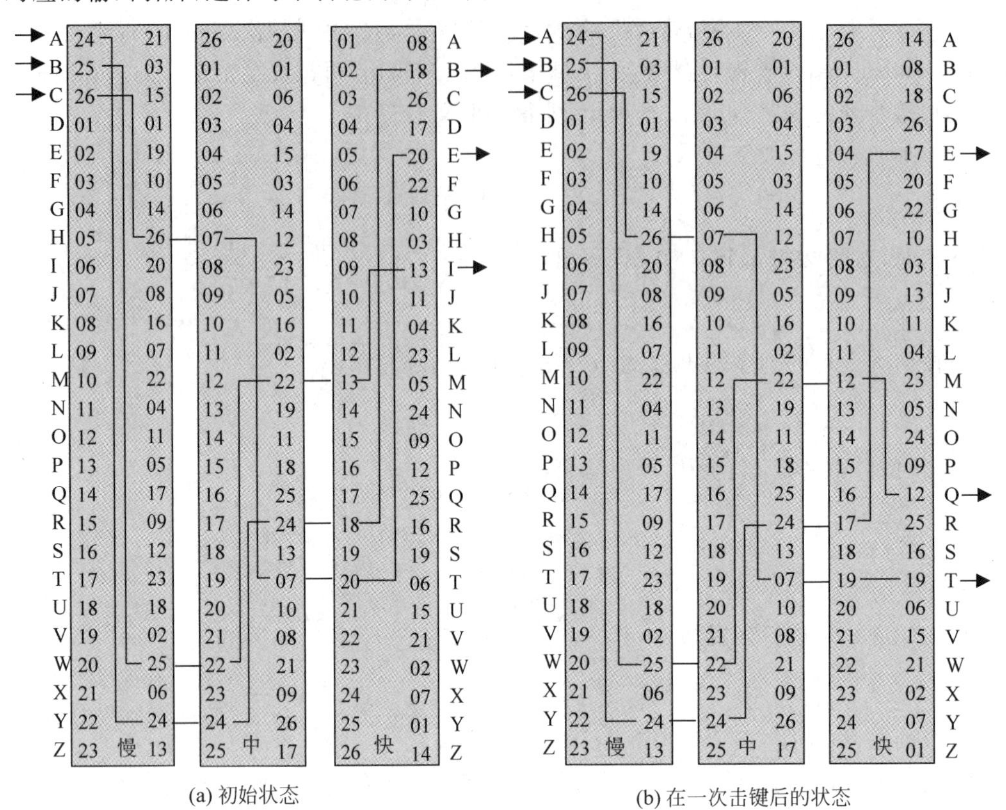

(a) 初始状态　　(b) 在一次击键后的状态

图2.2　三转轮密码机的原理示意图

当按下某一键时，电信号从慢转子的输入引脚进入，通过内部连线经过每个转轮，最后从快转子的输出引脚信号输出对应密文字母(点亮)。例如，在图2.2(a)中，如果按下字母B，则相应电信号被加到慢转子的输入引脚25，并通过内部连线连接到慢转子的输出引脚25，经过中转子的输入引脚22和输出引脚22，连接到快转子的输入引脚13，最后从快转子的输出引脚13输出密文字母(I)。

如果转轮密码机始终保持图2.2(a)所示的连接状态，则按下字母键B，输出的密文字母始终是I，按下字母键A，输出的密文字母则始终是B，……，这实现的是传统的单表替代密码。转轮密码机为了能够实现复杂的多表替代密码，打破明文与密文之间固定的替代关系，在每次击键输出密文字母后，快转子都要转动一个位置，以改变中转子与快转子之间的对应关系。例如，在图2.2(a)所示的初始状态下，按下任意一个键(如B键)后，转轮密码机输出密文字母(B键对应密文字母为I)，然后快转子转动一个位置，即快转子的所有引脚向下循环移动一个位置，此时转轮密码机的状态如图2.2(b)所示。显然，这时若再按下B键，最后从快转子输出的密文变为字母Q，而不是上一次的字母I。

实际上，转轮密码机的转子就像现在许多家庭使用的机械式水表一样，每个转子都有可能转动，当快转子转动26次后，中转子就转动一个位置；而当中转子转动26次后，慢转子就转动一个位置。因此，在加密（或解密）$26\times26\times26=17576$ 个字母后，所有转轮就会恢复到初始状态。也就是说，有 n 个转轮的转轮密码机是一个周期长度为 26^n 的多表替代密码。实际上，转轮密码机还利用了键盘和第一个转子之间的连接板实现的简单替换，以增加输出的可能性来对抗穷举破译法，其详细过程这里不再赘述。

使用转轮密码机通信时，发送方首先要调节各个转轮的位置（这个转轮的初始位置就是密钥），然后依次输入明文，并把显示器上灯泡闪亮的字母依次记下来，最后把记录的闪亮字母按照顺序用正常的电报方式发送出去。接收方收到电文后，也使用同样一台转轮机，并按照原来的约定，把转轮的位置调整到和发送方相同的初始位置上，然后依次输入收到的密文，则显示器上自动闪亮的字母就是明文。

需要指出的是，尽管古典密码体制受到当时历史条件的限制，没有涉及非常高深或者复杂的理论，但在其漫长的发展演化过程中，已经充分体现了现代密码学的两大基本思想——替代和置换，而且还将数学的方法引入密码分析和研究中。这为后来密码学成为系统的学科以及相关学科的发展奠定了坚实的基础，如计算机科学、复杂性理论等。

2.4 古典密码的统计分析

古典密码的分析思想比较简单，便于学习，因此把它独立出来，进行比较详细的分析。

在一定的条件下，古典密码体制中的任何一种都可以被破译。移位密码、仿射密码、维吉尼亚密码、置换密码等对已知明文攻击都是非常脆弱的。即使用唯密文攻击，大多数古典密码体制都容易被攻破。由于古典密码多用于保护用英文语言表达的信息，所以英文语言的统计特征是攻击古典密码的有力工具。这是因为大多数古典密码体制都不能很好地隐藏明文消息的统计特征。

下面就分别针对单表替代密码、多表替代密码和 Hill 密码来介绍利用英文语言的统计特征和密码特点，运用唯密文攻击或已知明文攻击等方式破译古典密码的基本方法。

2.4.1 单表替代密码分析

对于单表替代密码，加法密码和乘法密码的密钥数量比较少，可利用穷举密钥的方法进行破译。仿射密码、多项式密码的密钥数量也只有成百上千，古代密码分析者企图用穷举全部密钥的方法破译密码可能会有一定困难，然而在计算机出现后就很容易了。

本质上，密文字母表是明文字母表的一种排列。设明文字母表含 n 个字母，则共有 $n!$ 种排列，对于明文字母表为英文字母表的情况，可能的密文字母表有 $26!$ 个。由于密钥词组代替密码的密钥词组可以随意选择，这 $26!$ 种不同的排列中的大部分被用作密文字母表是完全可能的，即使企图使用计算机穷举一切密钥来破译密钥词组替代密码也是计算不可行的。

但是，穷举不是攻击密码的唯一方法。一旦密文的消息足够长，密码分析者便可利用语言的统计特性进行分析。任何自然语言都有许多固有的统计特性，如果这种统计特性在明文中有所反映，密码分析者便可通过分析明文和密文的统计规律而破译密码。许多著名的古典密码都可利用统计分析的方法来进行破译。

通过对大量英文语言的研究可以发现，每个字母出现的频率不一样，e 出现的频率最高。如果所统计的文献足够长，便可发现各字母出现的频率比较稳定。而且只要不是太特殊的文献,不同文献统计出的频率都大体一致,如表 2.4 所示(表中字母出现频率为字母出现次数除以文本字母总数)。应该指出的是,由于用于统计的明文长度不同,以及明文的内容类型不同,如诗歌、小说、科技文献等,不同的文献中给出的 26 个英文字母出现的统计频率可能略有差别。

表 2.4 26 个英文字母出现频率统计表

字母	出现频率	字母	出现频率
a	0.0856	n	0.0707
b	0.0139	o	0.0797
c	0.0279	p	0.0199
d	0.0378	q	0.0012
e	0.1304	r	0.0677
f	0.0289	s	0.0607
g	0.0199	t	0.1045
h	0.0528	u	0.0249
i	0.0627	v	0.0092
j	0.0013	w	0.0149
k	0.0042	x	0.0017
l	0.0339	y	0.0199
m	0.0249	z	0.0008

通过对 26 个英文字母出现频率的分析,得到以下结果:

(1) e 出现的频率最高,约为 0.13;

(2) t,a,o,i,n,s,h,r 出现的频率为 0.06~0.1;

(3) d,l 出现的频率在 0.04 附近;

(4) c,u,m,w,f,g,y,p,b 出现的频率为 0.015~0.029;

(5) v,k,j,x,q,z 出现的频率小于 0.01。

在密码分析中,除了考虑单字母的统计特性外,掌握双字母、三字母的统计特性以及字母之间的连缀关系等信息也是很有用的。

出现频率最高的 30 个双字母组合依次是:

th he in er an re ed on es st en at to nt ha
nd ou ea ng as or ti is et it ar te se hi of

出现频率最高的 20 个三字母组合依次是:

the ing and her ere ent tha nth was eth for
dth hat she ion int his sth ers ver

特别地,the 出现的频率几乎是 ing 的 3 倍,这在密码分析中很有用。此外,统计资料还表明,英文单词以 e、s、d、t 字母结尾的超过一半,英文单词以 t、a、s、w 为起始字母的约占一半。

以上这些统计数据是通过对非专业性文献中的字母进行统计得到的。对于密码分析者来说,这些都是十分有用的信息。除此之外,密码分析者对明文相关知识的掌握对破译密码也是十分重要的。

字母和字母组合的统计数据对于密码分析者是十分重要的。因为它们可以提供有关密钥的许多信息。例如,字母 e 比其他字母的频率都高得多,如果是单表替代密码,可以预计大多数密文都将包含一个频率比其他字母都高的字母。当出现这种情况时，可以猜测这个字母所对应的明文字母为 e，进一步比较密文和明文的各种统计数据及其分布，便可确定密钥，从而破译单表替代密码。

下面通过一个具体实例来说明如何借助于英文语言的统计规律来破译单表替代密码。该例取自参考文献[1]。

【例 2.9】 设某一段明文经单表替代密码加密后的密文如下：

YIFQ FMZR WQFY VECF MDZP CVM R ZWNM DZVE JBTX CDDUMJ
NDIF EFMD ZCDM QZKC EYFC JMYR NCWJ CSZR EXCH ZUNMXZ
NZUC DRJX YYSM RTMEYIFZ WDYV ZVYF ZUMR ZCRW NZDZJJ
XZWG CHSM RNMD HNCM FQCH ZJMX JZWI EJYU CFWD JNZDIR

试分析出对应明文。为了表述清楚，本例的密文用大写字母，明文用小写字母。

解：将加密变换记为 E_k，解密变换记为 D_k，密文中共有 168 个字母。

第一步：统计密文中各个字母的出现次数和出现频率，如表 2.5 所示。

表 2.5　例 2.9 中各个密文字母的出现次数和出现频率

字　母	出现次数	出现频率	字　母	出现次数	出现频率
A	0	0.000	N	9	0.054
B	1	0.006	O	0	0.000
C	15	0.089	P	1	0.006
D	13	0.077	Q	4	0.024
E	7	0.042	R	10	0.060
F	11	0.065	S	3	0.018
G	1	0.006	T	2	0.012
H	4	0.024	U	5	0.030
I	5	0.030	V	5	0.030
J	11	0.065	W	8	0.048
K	1	0.006	X	6	0.036
L	0	0.000	Y	10	0.060
M	16	0.095	Z	20	0.119

第二步：从出现频率最高的几个字母及双字母组合、三字母组合开始，假定它们是英语中出现频率较高的字母及字母组合对应的密文，逐步推测各密文字母对应的明文字母。

从表 2.5 可以看出，密文字母 Z 出现的次数高于任何其他密文字母，出现频率约为 0.12。因此，可以猜测：$D_k(Z)=e$，除 Z 外，出现至少 10 次的密文字母为 C、D、F、J、M、R、Y，它们的出现频率为 0.06～0.095。因此，可以猜测密文字母集合{C,D,F,J,M,R,Y}可能对应于明文字母集合{t,a,o,i,n,s,h,r}中的字母，但不能肯定具体如何对应。

因为已经假设密文 Z 解密成 e，现在考虑密文中形如—Z 和 Z—的双字母组合的出现情况，如表 2.6 所示。

表 2.6　例 2.9 密文中包含字母 Z 的双字母组合出现次数

—Z	出现次数	Z—	出现次数
DZ	4	ZW	4
NZ	3	ZU	3

续表

—Z	出现次数	Z—	出现次数
RZ	2	ZR	2
HZ	2	ZV	2
XZ	2	ZC	2
FZ	2	ZD	2
		ZJ	2

从表 2.6 可以知道,DZ 和 ZW 出现 4 次,NZ 和 ZU 出现 3 次,RZ、HZ、XZ、FZ、ZR、ZV、ZC、ZD 和 ZJ 各出现 2 次。

由于 ZW 出现 4 次而 WZ 一次也没出现,同时 W 出现的频率为 0.048,因此可猜测 $D_k(\mathrm{W})=\mathrm{d}$。

又因为 DZ 出现 4 次,ZD 出现 2 次,故可猜测 $D_k(\mathrm{D})\in\{\mathrm{r},\mathrm{s},\mathrm{t}\}$,但具体是哪一个字母还不能确定。

在 $D_k(\mathrm{Z})=\mathrm{e}$ 和 $D_k(\mathrm{W})=\mathrm{d}$ 的假设前提下,继续观察密文可以注意到密文开始部分出现的 ZRW 和 RZW,在后面还出现了 RW,因为 R 在密文中频繁出现,而 nd 是一个明文中常见的双字母组合,因此可以猜测 $D_k(\mathrm{R})=\mathrm{n}$。

到目前为止,已经得到了 3 个密文字母可能对应的明文字母,表 2.7 列出了明文与密文的部分对应关系。

表 2.7 明文与密文的部分对应关系(1)

—	—	—	—	—	—	e	n	d	—	—	—	—	—	—	—	—	—	e	—
Y	I	F	Q	F	M	Z	R	W	Q	F	Y	V	E	C	F	M	D	Z	P
—	—	—	n	e	d	—	—	—	e	—	—	—	—	—	—	—	—	—	—
C	V	M	R	Z	W	N	M	D	Z	V	E	J	B	T	X	C	D	D	U
—	—	—	—	—	—	—	—	—	—	e	—	—	—	—	e	—	—	—	—
M	J	N	D	I	F	E	F	M	D	Z	C	D	M	Q	Z	K	C	E	Y
—	—	—	—	—	n	—	—	d	—	—	—	e	n	—	—	—	—	e	—
F	C	J	M	Y	R	N	C	W	J	C	S	Z	R	E	X	C	H	Z	U
—	—	—	e	—	e	—	—	—	n	—	—	—	—	—	—	n	—	—	—
N	M	X	Z	N	Z	U	C	D	R	J	X	Y	Y	S	M	R	T	M	E
—	—	—	e	d	—	—	—	e	—	—	—	e	—	—	n	e	—	n	d
Y	I	F	Z	W	D	Y	V	Z	V	Y	F	Z	U	M	R	Z	C	R	W
—	e	—	e	—	—	—	e	d	—	—	—	—	—	n	—	—	—	—	—
N	Z	D	Z	J	J	X	Z	W	G	C	H	S	M	R	N	M	D	H	N
—	—	—	—	—	—	e	—	—	—	—	e	d	—	—	—	—	—	—	—
C	M	F	Q	C	H	Z	J	M	X	J	Z	W	I	E	J	Y	U	C	F
d	—	—	—	e	—	—	n												
W	D	J	N	Z	D	I	R												

由于 NZ 是密文中出现次数较多的双字母组合,而 ZN 没有出现,所以可以猜测 $D_k(\mathrm{N})=\mathrm{h}$。

如果这个猜测是正确的,则根据明文片段 ne-ndhe 又可以猜测 $D_k(\mathrm{C})=\mathrm{a}$。结合这个假设,明文与密文的部分对应关系进一步如表 2.8 所示。

表 2.8　明文与密文的部分对应关系(2)

—	—	—	—	—	—	e	n	d	—	—	—	—	—	a	—	—	—	e	—
Y	I	F	Q	F	M	Z	R	W	Q	F	Y	V	E	C	F	M	D	Z	P
a	—	—	n	e	d	h	—	—	e	—	—	—	—	—	—	a	—	—	—
C	V	M	R	Z	W	N	M	D	Z	V	E	J	B	T	X	C	D	D	U
—	—	h	—	—	—	—	—	—	—	e	a	—	—	—	e	—	a	—	—
M	J	N	D	I	F	E	F	M	D	Z	C	D	M	Q	Z	K	C	E	Y
	a				n	h	a	d		a		e	n			a		e	
F	C	J	M	Y	R	N	C	W	J	C	S	Z	R	E	X	C	H	Z	U
h	—	—	e	h	e	—	a	—	n	—	—	—	—	—	—	n	—	—	—
N	M	X	Z	N	Z	U	C	D	R	J	X	Y	Y	S	M	R	T	M	E
—	—	—	e	d	—	—	—	e	—	—	—	e	—	—	n	e	a	n	d
Y	I	F	Z	W	D	Y	V	Z	V	Y	F	Z	U	M	R	Z	C	R	W
h	e	—	e	—	—	—	e	d	—	a	—	—	—	n	h	—	—	—	h
N	Z	D	Z	J	J	X	Z	W	G	C	H	S	M	R	N	M	D	H	N
a	—	—	—	a	—	e	—	—	—	—	e	d	—	—	—	—	—	a	—
C	M	F	Q	C	H	Z	J	M	X	J	Z	W	I	E	J	Y	U	C	F
d	—	—	h	e	—	—	n												
W	D	J	N	Z	D	I	R												

现在考虑出现次数位列第二的密文字母 M，由前面分析可知，密文段 RNM 对应的明文为 nh—，这说明 h—可能是一个明文单词的首字母，所以 M 可能代表明文中的一个元音字母。因为前面的猜测已经有 $D_k(\mathrm{C})=\mathrm{a}$ 和 $D_k(\mathrm{Z})=\mathrm{e}$，所以猜测 $D_k(\mathrm{M})\in\{\mathrm{i},\mathrm{o}\}$。因为明文双字母组合 ai 比 ao 的出现次数更多，所以可以先猜测 $D_k(\mathrm{M})=\mathrm{i}$，这样明文与密文的部分对应关系进一步如表 2.9 所示。

表 2.9　明文与密文的部分对应关系(3)

—	—	—	—	—	i	e	n	d	—	—	—	—	—	a	—	i	—	e	—
Y	I	F	Q	F	M	Z	R	W	Q	F	Y	V	E	C	F	M	D	Z	P
a	—	i	n	e	d	h	i	—	e	—	—	—	—	—	—	a	—	—	—
C	V	M	R	Z	W	N	M	D	Z	V	E	J	B	T	X	C	D	D	U
i	—	h	—	—	—	—	—	i	—	e	a	—	i	—	e	—	a	—	—
M	J	N	D	I	F	E	F	M	D	Z	C	D	M	Q	Z	K	C	E	Y
—	a	—	i	—	n	h	a	d	—	a	—	e	n	—	—	a	—	e	—
F	C	J	M	Y	R	N	C	W	J	C	S	Z	R	E	X	C	H	Z	U
h	i	—	e	h	e	—	a	—	n	—	—	—	—	—	i	n	—	i	—
N	M	X	Z	N	Z	U	C	D	R	J	X	Y	Y	S	M	R	T	M	E
—	—	—	e	d	—	—	—	e	—	—	—	e	—	i	n	e	a	n	d
Y	I	F	Z	W	D	Y	V	Z	V	Y	F	Z	U	M	R	Z	C	R	W
h	e	—	e	—	—	—	e	d	—	a	—	—	i	n	h	i	—	—	h
N	Z	D	Z	J	J	X	Z	W	G	C	H	S	M	R	N	M	D	H	N
a	i	—	—	a	—	e	—	i	—	—	e	d	—	—	—	—	—	a	—
C	M	F	Q	C	H	Z	J	M	X	J	Z	W	I	E	J	Y	U	C	F
d	—	—	h	e	—	—	n												
W	D	J	N	Z	D	I	R												

下面再来确定明文 o 对应的密文。因为 o 是一个常见的明文字母,所以可以猜测相应的密文字母是 D、F、J、Y 中的一个。Y 的可能性最大,否则由密文片段 CFM 或 CJM 将得到长串的元音字母 aoi,这在英文中是不太可能出现的。因此,可以猜测 $D_k(\mathrm{Y})=\mathrm{o}$。

剩下密文字母中三个出现次数较高的字母是 D、F、J,可以猜测 $D_k(\mathrm{D}), D_k(\mathrm{F}), D_k(\mathrm{J}) \in \{\mathrm{r}, \mathrm{s}, \mathrm{t}\}$,密文中三字母组合 NMD 出现了两次,故可猜测 $D_k(\mathrm{D})=\mathrm{s}$,这样,密文 NMD 对应的明文三字母组合为 his,这与前面假设 $D_k(\mathrm{D}) \in \{\mathrm{r}, \mathrm{s}, \mathrm{t}\}$ 是一致的。

对于密文片段 HNCMF,可猜测它对应的明文可能是 chair,由此又有 $D_k(\mathrm{H})=\mathrm{c}$,$D_k(\mathrm{F})=\mathrm{r}$。于是,通过排除法有 $D_k(\mathrm{J})=\mathrm{t}$。这时,明文与密文的部分对应关系如表 2.10 所示。

表 2.10 明文与密文的部分对应关系(4)

o	—	r	—	r	i	e	n	d	—	r	o	—	—	a	r	i	s	e	—
Y	I	F	Q	F	M	Z	R	W	Q	F	Y	V	E	C	F	M	D	Z	P
a	—	i	n	e	d	h	i	s	e	—	—	t	—	—	—	a	s	s	—
C	V	M	R	Z	W	N	M	D	Z	V	E	J	B	T	X	C	D	D	U
i	t	h	s	—	r	—	r	i	s	e	a	s	i	—	e	—	a	—	o
M	J	N	D	I	F	E	F	M	D	Z	C	D	M	Q	Z	K	C	E	Y
r	a	t	i	o	n	h	a	d	t	a	—	e	n	—	—	a	c	e	—
F	C	J	M	Y	R	N	C	W	J	C	S	Z	R	E	X	C	H	Z	U
h	i	—	e	h	e	—	a	s	n	t	—	o	o	—	i	n	—	i	—
N	M	X	Z	N	Z	U	C	D	R	J	X	Y	Y	S	M	R	T	M	E
o	—	r	e	d	s	o	—	e	—	o	r	e	—	i	n	e	a	n	d
Y	I	F	Z	W	D	Y	V	Z	V	Y	F	Z	U	M	R	Z	C	R	W
h	e	s	e	t	t	—	e	d	—	a	c	—	i	n	h	i	s	c	h
N	Z	D	Z	J	J	X	Z	W	G	C	H	S	M	R	N	M	D	H	N
a	i	r	—	a	c	e	t	i	—	t	e	d	—	—	t	o	—	a	r
C	M	F	Q	C	H	Z	J	M	X	J	Z	W	I	E	J	Y	U	C	F
d	s	t	h	e	s	—	n												
W	D	J	N	Z	D	I	R												

第三步:利用与上述分析类似的方法,可以很容易地确定其余密文字母和明文字母的对应关系。最后,将得到的明文加上标点符号,得到完整的明文如下:

Our friend from Paris examined his empty glass with surprise, as if evaporation had taken place while he wasn't looking. I poured some more wine and he settled back in his chair, face tilted up towards the sun.

以上讨论的是破解一般单表替代密码的统计分析方法,如果已知所用的密码体制,则相应的分析工作会更简单一些。例如,对于位移密码、加法密码、乘法密码和仿射密码等,只需知道一两个密文字母所对应的明文字母,就可通过计算的方法求出密钥,进而破解密码。而且对于这些简单替代密码,由于密钥数量比较少,还可以通过穷举攻击求得密钥。

从这个例子可以看出,破译单表替代密码的大致过程是:首先,统计密文的各种统计特征,如果密文量比较大,则完成这步后便可确定大部分密文字母;然后,分析密文双字母、三字母组合,以区分元音和辅音字母;最后,分析字母较多的密文多字母组合,在这一过程中大胆使用猜测的方法,如果猜对一个或几个单词,就会大大加快破译过程。

2.4.2 多表替代密码分析

与单表替代密码相比，多表替代密码在一定程度上隐藏了明文消息的一些统计特征，破译相对较为困难，需要采用其他一些方法。

在多表替代密码的分析中，首先要确定密钥的长度，也就是要确定所使用的加密表的个数，然后再分析确定具体的密钥。

确定密钥长度的常用方法有两种，即 Kasiski 测试法(Kasiski test)和重合指数法(index of coincidence)。下面以维吉尼亚(Vigenere)密码为例来说明多表替代密码的分析方法。

1. Kasiski 测试法

这是 F. Kasiski 于 1863 年描述的一种重码分析法。基本思想是：用给定的 n 个字母表周期性地对明文字母加密，则当两个相同的明文段在明文序列中间隔的字母数为 n 的整数倍时，将加密成相同的密文段。反过来，如果有两个相同的密文段，对应的明文段不一定相同，但相同的可能性很大。将密文中相同的字母组合找出来，并对其距离进行综合分析，找出其距离的最大公因子，就有可能提取出密钥的长度 n。

考虑下面这个维吉尼亚密码的简单例子。

明文：r e q u e s t s　　a d d i t i o n a l　　t e s t
密钥：T E L E X T E L　　E X T E L E X T E L　　E X T E
密文：C A V K T B L T　　E U Q WS WJ G E A　　L T B L

其中，明文包含字母序列 est 两次，而这两次又碰巧被同样的密钥片段加密，因而对应的密文都是 TBL。出现这种情况反映了如下事实：序列 est 位于密钥长度(或周期)的整倍数处。显然，相同字母组合之间的距离反映了密钥长度 n 的相关信息。

例如，一段给定密文包括若干重复的字母组合，如表 2.11 所示。由于出现重复字母组合的距离中公共的因子是 3，所以密钥长度最有可能是 3。

表 2.11 重复的字母组合及距离示例

字母序列	距　离
PQA	$150=2\times5^2\times3$
RET	$42=7\times2\times3$
FRT	$10=2\times5$
ROPY	$81=3^4$
DER	$57=19\times3$
RUN	$117=13\times3^2$

Kasiski 的测试过程如下：搜索长度至少为 2 的相邻的一对对相同的密文段，记下它们之间的距离，而密钥长度 n 可能就是这些距离的最大公因子。

2. 重合指数法

如果考虑来自 26 个字母表的完全随机文本，则每个字母都以相同的概率 1/26 出现，假定另一个随机文本放在第一个的下面，在上下位置出现相同字母 a 的概率为$(1/26)^2$。在两个随机文本的上下对应位置找到任意两个相同字母的总概率为 $26\times(1/26)^2=1/26\approx0.0385$。但实际上，由于英文字母出现的概率是不同的(见表 2.5)，设字母 a,b,c,…,z 出现

的概率分别为 $p_0,p_1,p_2,\cdots,p_{25}$,则找到两个相同字母的概率为 $\sum_{i=0}^{25} p_i^2=0.065$。这个值比随机文本的概率大得多,称为重合指数。

定义 2.1 设一个语言由 n 个字母构成,每个字母 i 出现的概率为 p_i,$1\leqslant i\leqslant n$,则重合指数是指其中两个随机元素相同的概率,记为 $\mathrm{CI}=\sum_{i=1}^{n} p_i^2$。

这样对于一个完全随机的文本(CI=0.0385)与一个有意义的英语文本(CI=0.065)来说,差异是比较明显的。

实际分析中,重合指数的利用体现在几个方面。如果密文的重合指数较低,那么就可能是多表替代密码。维吉尼亚密码将密文分行,每行是单表替代密码。在单表替代时,明文的字母被其他字母代替,但不影响文本的统计属性,即加密后密文的重合指数不变,CI(明文)=CI(密文),由此可以判断文本是用单表替代还是用多表替代加密的。如果密钥长度(即密文分行的列数)正确,同一行密文有相同字母的概率接近 0.065;如果密钥长度不对,则概率将大大小于 0.065,显得更随机,由此得到密钥长度(可与 Kasiski 测试的结果对比)。另外,重合指数的估算能用于分析两个不同的密文,例如接收到两段文本 C_1 和 C_2,如果它们用同样的方式加密,则 $\mathrm{CI}(C_1)\approx\mathrm{CI}(C_2)$。

实际密文长度有限,从密文中计算的重合指数值总是不同于理论值,所以通常用 CI 的估计值 CI′,以字母出现的频度近似表示概率,则

$$\mathrm{CI}'=\sum_{i=1}^{m} C_{x_i}^2/C_L^2=\sum_{i=1}^{m} x_i(x_i-1)/L(L-1)$$

其中 L 代表密文长度,x_i 是密文 i 出现的频度(数目)。可以证明,CI′是 CI 的无偏估计值。

在古典密码的分析中,除了 Kasiski 测试和使用重合指数确定密钥长度外,Chi 测试可用来确定是否采用了相同或不同的替代,也能用来简化多表替代为单表替代。

Chi 测试(χ-test)提供了一个比较两个频率分布的直接方式,即完成以下计算:

$$\chi=\sum_{i=1}^{n} p_i q_i$$

其中,p_i 表示符号 i 在第一个分布中发生的概率,q_i 表示符号 i 在第二个分布中发生的概率。

当两个频率分布类似时,χ 的值相对较高。假定收到两个密文 C_1 和 C_2,它们都是位移密码加密的结果。设第一个替代表是将源字母表移动 k_1 个字母得到的,第二个替代表是源字母表移动 k_2 个字母得到的。如果 $k_1=k_2$,说明 C_1 和 C_2 是由同样的位移替代密码加密的,这时 χ 值较大,因为 C_1 的统计特性与 C_2 类似。反之,如果 $k_1\neq k_2$,χ 值将小一些。

χ 除了用来确定是否采用相同或不同的替代外,也能用来简化多表替代为单表替代。

【例 2.10】 一个密钥为 RADIO、用 Vigenere 密码加密的明文和密文如下:

明文:e x e c u t e   t h e s e   c o m m a n d s
密钥:R A D I O R A   D I O R A   D I O R A D I O
密文:V X H K I K E   W P S J E   F W A D A Q L G

为了还原密文到明文,用下面的矩阵表示(列数等于密钥长度):

R	A	D	I	O
V	X	H	K	I
K	E	W	P	S
J	E	F	W	A
D	A	Q	L	G

可以看出，矩阵的第一行为密钥，第一列R下的密文字母通过“减”R解密，第二列A下的密文字母通过“减”A解密，依次类推。密文的第一列和第二列是用两个不同的移位密码加密的结果。

考虑密钥中每个字母和第一个字母R在字母表中的相对距离如下：

R	A	D	I	O
0	9	12	17	23

现在把第二列所有字母前移9个位置，第三列所有字母前移12个位置，第四、五列同样处理，可获得下面的文本块：

V	O	V	T	L
K	V	K	Y	V
J	V	T	F	D
D	R	E	U	J

这样，用密钥RADIO加密的文字，就转化为只用R加密的密文，即把基于多表替代密码的解密问题转化为基于单表替代密码的解密问题。

尽管密码分析者可能没有密钥字母的相对距离这个信息，然而，Chi测试提供了发现这个距离的线索。在该例中，密文列被移位使得它们都用同一个替代密码解密。如果两列是用同样的单表替代加密的，则两列的χ值将相同，而且是最大值。分析者通过尝试距离值，直到得到这一列和第一列的χ最大值出现，然后就可以用和第一列同样的方式解密。

【例2.11】 在很短的时间内收到以下两段密文。

密文C_1：

K O O M M A C O M O Q E G L X X M Q C C K U E Y F C U R
Y L Y L I G Z S X C X V B C K M Y O P N P O G D G I A Z
T X D D I A K N V O M X H I E M R D E Z V X B M Z R N L
Z A Y Q I Q X G K K K P N E V H O V V B K K T C S S E P
K G D H X Y V J M R D K B C J U E F M A K N T D R X B I
E M R D P R R J B X F Q N E M X D R L B C J H P Z T V V
I X Y E T N I I A W D R G N O M R Z R R E I K I O X R U
S X C R E T V

密文C_2：

Z A O Z Y G Y U K N D W P I O U O R I Y R H H B Z X R C
E A Y V X U V T X K C M A X S T X S E P B R X C S L R U
K V B X T G Z U G G D W H X M X C S B I K T N S L R J Z
H B X M S P U N G Z R G K U D X N A U F C M R Z X J R Y
W Y M I

由于这两段密文相隔时间很短,很有可能是用同样方式加密的。这个猜想可以通过两个文本的CI′值来证实(计算过程从略):

$$\mathrm{CI}'(C_1)=0.0421,\quad \mathrm{CI}'(C_2)=0.0445$$

这两个值近似相等,所以可假定这两段文本是用同样方式加密的。

考虑到CI′值处在随机文本和有意义的英语文本的CI′值之间,因此可猜想是用多表替代加密的。采用Kasiski测试,首先找到重复的字母序列,计算它们之间的距离;接着将这些距离值分解为素因子的乘积,发现数字7出现最频繁,因此周期可能为7,把密文写成为7列矩阵形式(见表2.12)。

表2.12 密文的矩阵表示

K	O	O	M	M	A	C	K	G	D	H	X	Y	V	H	H	B	Z	X	R	C
O	M	O	Q	E	G	L	J	M	R	D	K	B	C	E	A	Y	V	X	U	V
X	X	M	Q	C	C	K	J	U	E	F	M	A	K	R	X	K	C	M	A	X
U	E	Y	F	C	U	R	N	T	D	R	X	B	I	S	T	X	S	E	P	B
Y	L	Y	L	I	G	Z	E	M	R	D	P	R	R	R	X	C	S	L	R	U
S	X	C	Z	V	B	C	J	B	X	F	Q	N	E	K	V	B	X	T	G	Z
K	M	Y	O	P	N	P	M	X	D	R	L	B	C	U	G	G	D	W	H	X
O	G	D	G	I	A	Z	J	H	P	Z	T	V	V	M	X	C	S	X	B	I
T	X	D	D	I	A	K	I	X	Y	E	T	N	I	K	T	N	S	L	R	J
N	V	O	M	X	H	I	I	A	W	D	R	G	N	Z	H	B	X	M	S	P
E	M	R	D	E	Z	V	O	M	R	Z	R	R	E	U	N	G	Z	R	G	K
X	B	M	Z	R	N	E	I	K	I	O	X	R	U	U	D	X	N	A	U	F
Z	A	Y	Q	I	Q	X	S	X	C	R	E	T	V	C	M	R	Z	X	J	R
G	K	K	K	P	N	E	Z	A	O	Z	Y	G	Y	Y	W	Y	M	I		
V	H	O	V	V	B	K	U	K	N	D	W	P	I							
K	T	C	S	S	E	P	O	U	O	R	I	Y	R							

然后计算每列的重合指数,有:

CI′(列1)=0.0522　CI′(列2)=0.0801　CI′(列3)=0.0734
CI′(列4)=0.0744　CI′(列5)=0.0705　CI′(列6)=0.0717
CI′(列7)=0.0606

观察每一列的重合指数,似乎每一列都是用一个单表替代密码加密的。尝试将多表替代的密文转换为某个单表替代加密的密文。首先,重复移动各列字母,移动的距离分别是1~25,分别计算各列相对于第一列的χ值,并把最大值用下画线标识出来。

列1和列2:0.0388　0.0487　0.0317　0.0326　0.0274　0.0340　0.0421　0.0402
0.0321　0.0350　0.0425　0.0411　0.0662　0.0350　0.0317　0.0359
0.0491　0.0331　0.0236　0.0378　0.0345　0.0288　0.0567　0.0525
0.0302

列1和列3:0.0378　0.0274　0.0331　0.0331　0.0250　0.0581　0.0491　0.0458
0.0284　0.0383　0.0529　0.0491　0.0307　0.0250　0.0312　0.0444
0.0392　0.0359　0.0392　0.0354　0.0421　0.0657　0.0416　0.0269
0.0232

列1和列4:0.0317　0.0369　0.0364　0.0312　0.0454　0.0383　0.0558　0.0302

0.0388　0.0345　0.0520　0.0250　0.0359　0.0336　0.0477　0.0260
0.0435　0.0520　0.0406　0.0369　0.0468　0.0468　0.0326　0.0307
0.0326

列1和列5：0.0430　0.0586　0.0279　0.0274　0.0331　0.0473　0.0298　0.0359
0.0336　0.0354　0.0302　0.0491　0.0548　0.0265　0.0359　0.0406
0.0506　0.0312　0.0345　0.0336　0.0440　0.0354　0.0506　0.0411
0.0321

列1和列6：0.0382　0.0271　0.0502　0.0449　0.0295　0.0319　0.0440　0.0522
0.0372　0.0372　0.0343　0.0396　0.0391　0.0391　0.0280　0.0324
0.0454　0.0430　0.0614　0.0362　0.0324　0.0343　0.0498　0.0338
0.0275

列1和列7：0.0285　0.0444　0.0362　0.0382　0.0357　0.0353　0.0343　0.0415
0.0377　0.0483　0.0333　0.0396　0.0425　0.0300　0.0565　0.0348
0.0329　0.0348　0.0454　0.0304　0.0377　0.0324　0.0449　0.0295
0.0444

根据以上结果推知，各列相对于第一列的距离分别是：

列2：13，　列3：22，　列4：7，　列5：2，　列6：19，　列7：15

用这些值来转换密文 C_1 和 C_2，得到下列文本：

K B K T O T R O Z K X G Z A X K I X E
V Z U R U M E N G Y Y U S K Z O S K Y
G X U R K Z U V R G E O T Z N K T O T
K Z K K T Z N I K T Z A X E Z N K G S
K X O I G T G A Z N U X K J M G X G R
R G T V U K C X U Z K G Y Z U X E K T
Z O Z R K J Z N K M U R J H A M O T Z
N G Z Y Z U X C Z N K R K G J O T M S
G T M K Z Y N U R J U L G V O K I K U
L V G X I N S K T Z C O Z N G T K T I
X E V Z K J S K Y Y G M K Z N K G A Z
N U X J K Y I X O H K Y K R G H U X G
Z K R E N U C Z N K R K G J O T M S G
T Z G I Q R K Y Z N K J K I X E V Z O
U T C K Y A M M K Y Z Z U X K G J Z N
K Y Z U X E O L E U A C G T Z Z U Q T
U C N U C Z N G Z C G Y J U T K

现在就可用单表替代密码的破译方法解密这段文本了，其详细解密过程留作练习，请读者自行完成。

2.4.3　对Hill密码的已知明文分析

Hill密码能较好地抵抗字母频率的统计分析，采用唯密文攻击较难攻破，但采用已知明文攻击就容易破译。

假定密码分析者知道加密分组长度为 n，且有至少 $N(N>n)$ 个不同的明文-密文分组对，$\boldsymbol{M}_1/\boldsymbol{C}_1,\boldsymbol{M}_2/\boldsymbol{C}_2,\cdots,\boldsymbol{M}_N/\boldsymbol{C}_N$，满足：

$$\boldsymbol{C}_1=\boldsymbol{KM}_1 \pmod{26},\quad \boldsymbol{C}_2=\boldsymbol{KM}_2 \pmod{26},\cdots,\boldsymbol{C}_N=\boldsymbol{KM}_N \pmod{26}$$

记为：

$$(\boldsymbol{C}_1\ \boldsymbol{C}_2\ \boldsymbol{C}_3\ \cdots\ \boldsymbol{C}_N)=(\boldsymbol{M}_1\ \boldsymbol{M}_2\ \boldsymbol{M}_3\ \cdots\ \boldsymbol{M}_N)\boldsymbol{K} \pmod{26}$$

其中 $\boldsymbol{M}_i$、$\boldsymbol{C}_i(i=1,2,\cdots,N)$ 均为 n 维列向量，$\boldsymbol{K}$ 为未知的密钥矩阵。

利用 n 个已知的明文-密文分组对定义如下两个 $n\times n$ 矩阵：

$$\boldsymbol{M}=(\boldsymbol{M}_1\ \boldsymbol{M}_2\ \boldsymbol{M}_3\ \cdots\ \boldsymbol{M}_n)$$

$$\boldsymbol{C}=(\boldsymbol{C}_1\ \boldsymbol{C}_2\ \boldsymbol{C}_3\ \cdots\ \boldsymbol{C}_n)$$

则有矩阵方程

$$\boldsymbol{C}=\boldsymbol{KM} \pmod{26}$$

若提供的矩阵 $\boldsymbol{M}$ 是可逆的，则能计算出 $\boldsymbol{K}=\boldsymbol{CM}^{-1} \pmod{26}$，从而破译该密码体制。

若矩阵 $\boldsymbol{M}$ 关于模 26 不可逆，攻击者可通过尝试其他明文-密文对来产生新的矩阵 $\boldsymbol{M}$，直到找到一个可逆的明文矩阵 $\boldsymbol{M}$ 就可破译 Hill 密码。

【例 2.12】 假设明文 worker 利用 $n=2$ 的 Hill 密码加密，得到密文 qihryb，求密钥 $\boldsymbol{K}$。

解：将明文、密文划分为三组：(w,o)、(r,k)、(e,r) 和(q,i)、(h,r)、(y,b)，即(22,14)、(17,10)、(4,17)和(16,8)、(7,17)、(24,1)，分别满足：

$$\begin{pmatrix}16\\8\end{pmatrix}=\boldsymbol{K}\begin{pmatrix}22\\14\end{pmatrix},\quad \begin{pmatrix}7\\17\end{pmatrix}=\boldsymbol{K}\begin{pmatrix}17\\10\end{pmatrix},\quad \begin{pmatrix}24\\1\end{pmatrix}=\boldsymbol{K}\begin{pmatrix}4\\17\end{pmatrix}$$

利用前两个明文-密文对，构造矩阵方程如下：

$$\begin{pmatrix}16 & 7\\8 & 17\end{pmatrix}=\boldsymbol{K}\begin{pmatrix}22 & 17\\14 & 10\end{pmatrix}$$

计算明文矩阵行列式

$$\det\begin{pmatrix}22 & 17\\14 & 10\end{pmatrix}=-18$$

由于$(-18,26)\neq 1$，即该矩阵没有逆元，于是考虑第二、第三组明文-密文对，得到矩阵方程如下：

$$\begin{pmatrix}7 & 24\\17 & 1\end{pmatrix}=\boldsymbol{K}\begin{pmatrix}17 & 4\\10 & 17\end{pmatrix}$$

由 $\det\begin{pmatrix}17 & 4\\10 & 17\end{pmatrix}=249,249\times 7\equiv 1 \bmod 26$

可得 $\boldsymbol{K}=\begin{pmatrix}7 & 24\\17 & 1\end{pmatrix}\times\begin{pmatrix}17 & 4\\10 & 17\end{pmatrix}^{-1}=\begin{pmatrix}7 & 24\\17 & 1\end{pmatrix}\times\begin{pmatrix}15 & 24\\8 & 15\end{pmatrix}=\begin{pmatrix}11 & 8\\3 & 7\end{pmatrix} \bmod 26$

显然，通过对比第一个明文-密文对很容易验证该密钥。

如果密码分析者不知道加密分组长度的值，那么可以通过逐一尝试不同的长度值来得到密钥。

虽然 Hill 密码体制看起来几乎没有实用价值，但它对密码学的发展却产生了深刻的影响。Hill 密码体制的重要性在于它无可辩驳地表明了数学方法在密码学中的地位。

思考题与习题

2-1　一般单表替代密码的明文空间、密文空间和密钥空间各是什么？

2-2　单表替代密码和多表替代密码的主要特点是什么？

2-3　简述替代密码和置换密码的主要特点。

2-4　使加密算法成为对合函数的密钥 k 称为对合密钥，即对于任意明文 m，有 $E_k(E_k(m))=m$。

(1) 试给出定义在 Z_{26} 上的移位密码体制中的对合密钥。

(2) 一般而言，对于移位密码，设明文字母表和密文字母表含有 n 个字母，n 为大于或等于 2 的正整数，求其对合密钥 k。

2-5　设维吉尼亚密码的密钥为 DILIGENCE，试对消息 we are cryptographer 进行加密。

2-6　假设 $M=C=Z_{26}$，已知单表加密变换为 $c=5m+7(\bmod 26)$，其中 m 表示明文，c 表示密文。试对明文 HELPME 加密。

2-7　假设 Hill 密码加密使用密钥 $\boldsymbol{K}=\begin{pmatrix}11 & 8\\3 & 7\end{pmatrix}$，试对明文 abcd 加密。

2-8　假设 $M=C=Z_{26}$，Hill 密码的加密密钥矩阵为 $\boldsymbol{K}=\begin{pmatrix}17 & 17 & 5\\21 & 18 & 21\\2 & 2 & 19\end{pmatrix}$，试加密消息 pay more money 并给出密文。

2-9　假设 $M=C=Z_{26}$，截获密文 WGI FGJ TMR LHH XTH WBX ZPS BRB，已知采用的是 Hill 密码，且加密密钥矩阵为 $\boldsymbol{K}=\begin{pmatrix}11 & 2 & 19\\5 & 23 & 25\\20 & 7 & 17\end{pmatrix}$，试计算对应的明文字符串。

2-10　已知 Hill 密码中的明文分组长度为 2，密钥 $\boldsymbol{K}$ 是 Z_{26} 上的一个 2 阶可逆方阵。假设明文 Friday 所对应的密文为 PQCFKU，试求密钥 $\boldsymbol{K}$。

2-11　试用 Playfair 算法加密明文 Network security is very important，设其密钥为 security。

2-12　试计算移位密码、仿射密码、单表替代密码、分组长度为 10 的维吉尼亚密码及分组长度为 10 的周期置换密码的密钥空间的大小。

2-13　使用仿射密码(mod 26)加密信息，然后再使用另一个仿射密码(mod 26)加密密文，请问这样做比只用一次仿射密码有优势吗？为什么？

2-14　已知用某仿射密码(mod 26)加密明文字符 e、h 的对应密文字符为 F、W，试求该仿射密码的密钥 $\boldsymbol{K}$。

2-15　假设明文是 Network security is very important，按密钥 $\pi=(4,3,5,1,2)$ 进行周期置换加密。

2-16　实践题：编程实现例 2.4 维吉尼亚加解密算法。

第3章 分组密码体制

3.1 概　　述

设明文消息编码表示后的二元数字序列为 $M=\{x_0,x_1,\cdots,x_k,\cdots\}$。分组密码首先将 M 划分成长为 m 的组块 $\boldsymbol{B}_i=(x_{i\times m},x_{i\times m+1},\cdots,x_{i\times m+m-1})$（长为 m 的向量）的集合，然后各组分别在密钥 $\boldsymbol{K}$ 的控制下变换成长度为 n 的组块 $\boldsymbol{C}_i=(y_{i\times n},y_{i\times n+1},\cdots,y_{i\times n+n-1})$（长为 n 的向量）。若 $n>m$，则为有数据扩展的分组密码；若 $n<m$，则为有数据压缩的分组密码；若 $n=m$，则为无数据扩展和压缩的分组密码，通常研究的是最后这种情况。

通常记 $E_K(\cdot)$为密钥为 $\boldsymbol{K}$ 时的加密函数，称 $E_K(\cdot)$的逆函数为密钥为 $\boldsymbol{K}$ 时的解密函数，记为 $D_K(\cdot)$。分组密码的数学模型如图 3.1 所示。

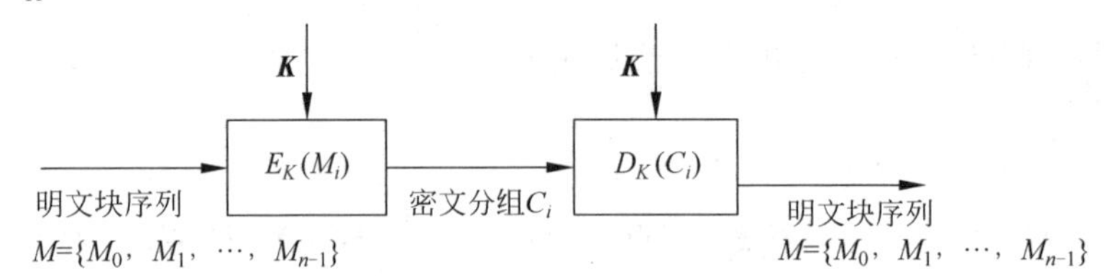

图 3.1　分组密码的数学模型

分组密码具有速度快、易于标准化和便于软硬件实现等特点，通常是信息与网络安全中实现数据加密和认证的核心体制，在计算机通信和信息系统安全领域有着最广泛的应用。

3.2 分组密码的设计原则与评估

3.2.1 分组密码的设计原则

分组密码的设计就是找到一种算法，能在密钥控制下从一个足够大且足够“好”的置换子集合中简单而迅速地选出一个置换，用来对当前输入的明文进行加密变换。一个好的分组密码应该既难破译又容易实现。加密函数 $E_k(\cdot)$和解密函数 $D_k(\cdot)$都必须是容易计算的，但是要从方程 $y=E_k(x)$或 $x=D_k(y)$中解出密钥 k 应该是一个困难问题。分组密码的设计原则可以分为安全性原则和实现原则。

1. 针对安全性的一般设计原则

分组长度和密钥长度：当明文分组长度为 n 位时，至多需要 2^n 个明文—密文对就可以破解该密码。同理，当密钥长度为 n 位时，对一个截获的密文，至多需要试验 2^n 个密钥就可以破解所使用的密钥。因此从安全性角度来考虑，明文分组长度和密钥长度应尽可能大。

扰乱原则：又称混淆原则，是指人们所设计的密码应使得密钥和明文、密文之间的依赖关系足够复杂，以至于这种依赖性对密码分析者来说是无法利用的。

扩散原则：人们所设计的密码应使得密钥的每一位影响密文的许多位，以防止对密钥进行逐段破译；而且明文的每一位也应影响密文的许多位，以便隐藏明文的统计特性。

另外还有一个重要的设计原理：密码体制必须能抵抗现有的所有攻击方法。

2. 针对实现的设计原则

分组密码可以用软件或硬件来实现。硬件实现的优点是可获得高速率，而软件实现的优点是灵活性强、代价低。基于软件和硬件的不同性质，分组密码的设计原则可根据预定的实现方法来考虑。

软件实现的设计原则：使用子块和简单的运算。密码运算在子块上进行，要求子块的长度能自然地适应软件编程，如64、128和256位等(想想看为什么)。在软件实现中，按位置换是难于实现的，因此应尽量避免使用。子块所进行的密码运算应该是一些易于软件实现的，最好是标准处理器所具有的基本指令，如加法、乘法和移位等。

硬件实现的设计原则：加密和解密的相似性，即加密和解密过程的区别应该仅仅在于密钥的使用方式不同，以便同样的器件既可用来加密，又可用来解密；尽量使用规则结构，因为密码应有一个标准的组件结构以便其能适于用超大规模集成电路实现。

3.2.2　分组密码的评估

对分组密码的评估主要有3个方面：安全性；性能；算法和实现特性。

安全性是评估中的最重要因素，包括下述要点：算法抗密码分析的强度，可靠的数学基础，算法输出的随机性，与其他候选算法比较时的相对安全性。

算法性能主要包括在各种平台上的计算效率和对存储空间的需求。计算效率主要是指算法在用软硬件实现时的执行速度。

算法和实现特性主要包括灵活性、硬件和软件适应性、算法的简单性等。算法的灵活性是指可以满足更多应用的需求，例如：①密钥和分组长度可以进行调整；②在许多不同类型的环境中能够安全、有效地实现；③可以为序列密码、HASH函数等的实现提供帮助；④算法必须能够用软件和硬件两种方法实现。另外，算法设计应相对简单也是一个评估因素。

3.3　分组密码的基本设计结构

分组密码算法各不相同，但有些重要的结构在很多分组密码算法中都会有所应用。当今绝大多数的分组密码都是乘积密码。所谓乘积密码，就是以某种方式连续使用两个或多个密码，以使得所得到的最后结果或乘积比使用其中任意一个密码都更强。乘积密码通常伴随一系列置换与代换操作，常见的乘积密码是迭代密码，即对同一个密码进行迭代使用。下面首先介绍分组密码设计所使用的四种常用结构，然后再介绍基本结构的细化。

3.3.1　Feistel结构

Feistel结构是Horst Feistel① 于1973年在设计Lucifer分组密码时发明的，随着分组

---

① Horst Feistel，德国密码学家，曾在IBM公司从事密码设计工作，是最早研究分组密码设计和理论的非政府研究人员之一。

密码算法 DES(Data Encryption Standard)的使用而流行。许多分组密码算法采用了 Feistel 结构,以下会对其中部分算法进行介绍。

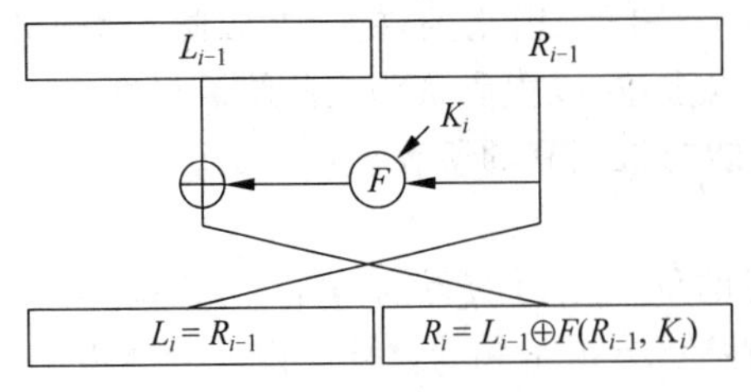

图 3.2 Feistel 结构的第 i 轮

Feistel 结构是典型的迭代密码,图 3.2 是其一轮的结构示意图。对一个分组长度为 $2n$ 位的 r-轮 Feistel 型密码,其加密过程如下:

(1) 给定明文 P,记 $P=L_0R_0$,这里 L_0 是 P 的最左边 n 位,R_0 是 P 的最右边 n 位。

(2) 进行 r 轮完全相同的运算,如第 $i(1\leqslant i\leqslant r)$轮的运算如下:

$$L_i=R_{i-1}$$
$$R_i=L_{i-1}\oplus F(R_{i-1},K_i)$$

这里的 F 是轮函数,$K_1,K_2,\cdots,K_r$ 是由种子密钥生成的子密钥。

(3) 输出密文 $C=R_rL_r$。

Feistel 结构保证了加密过程的可逆性,因为:

$$R_{i-1}=L_i$$
$$L_{i-1}=R_i\oplus F(L_i,K_i)$$

再注意到,Feistel 结构在加密的最后一轮略去“左右交换”,可以看出 Feistel 结构的解密与加密是完全一样的,除了所使用的子密钥的顺序正好相反。

“加解密相似”是 Feistel 型密码在实现上的优点。但另一方面,Feistel 型密码的扩散要慢一些。例如,算法至少需要两轮才能改变输入的每一位。这导致 Feistel 型密码的轮数较多,一般大于或等于 16。

3.3.2 SPN 结构

SPN(Substitution-Permutation Network)结构也是一种特殊的迭代密码,著名分组密码算法 AES(Advanced Encryption Standard)就是基于此结构。SPN 结构分为两层:第一层为 S 层,也称为替换层,主要起扰乱的作用;第二层为 P 层,也称为置换层,主要起扩散的作用。

在这种密码的每一轮中,首先输入被作用于一个由密钥控制的可逆函数 S,然后再被作用于一个置换(或一个可逆的线性变换)P。SPN 结构如图 3.3 所示,其中 X_i 表示第 i 轮的输出,也就是第 $i+1$ 轮的输入。

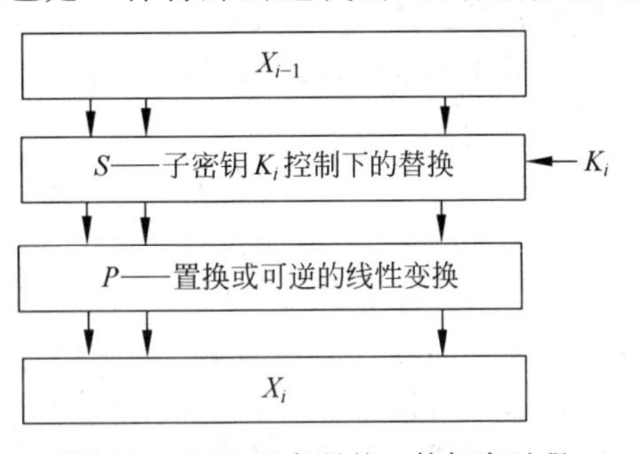

图 3.3 SPN 型密码的一轮加密过程

SPN 结构和 Feistel 结构相比,可以得到更快的扩散,但是 SPN 密码的加解密通常不相似。

3.3.3 Feistel 结构的变种

在基本 Feistel 结构的基础上,又发展出多种衍生结构,如三类广义 Feistel 结构、收缩

Feistel 结构、扩张 Feistel 结构等[2,11]。以下介绍三类 Feistel 结构变种。

Type-1 型广义 Feistel 结构继承了 Feistel 结构加解密相似的特点。该结构提出后受到了广泛的关注，CAST-256 算法就采用了 Type-1 型广义 Feistel 结构。该结构的表达式为

$$g_i(X_{i,1},X_{i,2},\cdots,X_{i,d})=\begin{cases}F_i(X_{i,1}\oplus K_i)\oplus X_{i,2},X_{i,3},\cdots,X_{i,d},X_{i,1}, & \text{若 } 1\leqslant i<r;\\ X_{i,1},F_i(X_{i,1}\oplus K_i)\oplus X_{i,2},X_{i,3},\cdots,X_{i,d}, & \text{若 } i=r\end{cases}$$

以四路 Type-1 结构为例，其结构如图 3.4 所示。

Type-2 型广义 Feistel 结构同样继承了 Feistel 结构加解密相似的优点。CIEFIA 算法就采用了 Type-2 型广义 Feistel 结构。同样，Type-2 型广义 Feistel 结构由图 3.5 通过 r 轮迭代得到，最后一轮取消拉线变换。

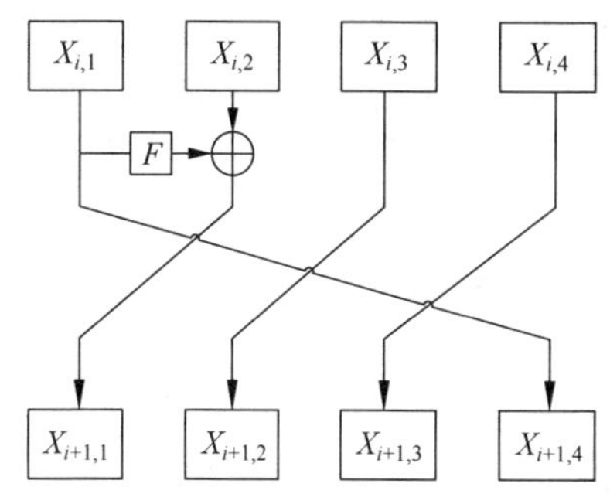

图 3.4 四路 Type-1 结构

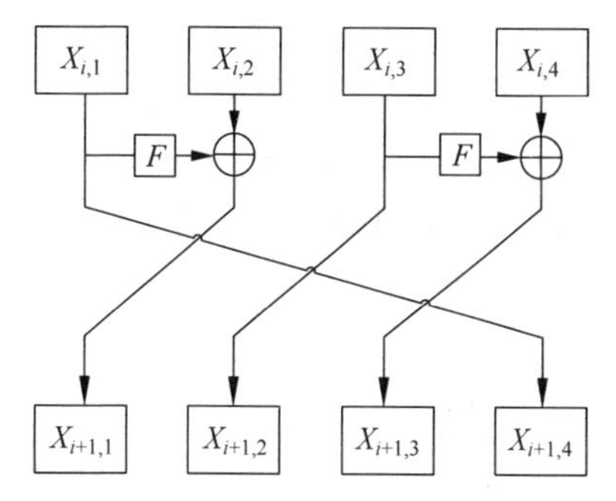

图 3.5 四路 Type-2 结构

设第 i 圈从左向右数的第 j 个轮函数为 $F_{i,j}(1\leqslant j\leqslant d/2)$，轮子密钥为 $K_{ij}\in\{0,1\}^{n/d}$，第 i 圈的 d 个输入分别为 $X_{i,1},X_{i,2},\cdots,X_{i,d}\in\{0,1\}^{n/d}$。每一圈的函数表达式为

$$g_i(X_{i,1},X_{i,2},\cdots,X_{i,d})=\begin{cases}(F_{i,1}(X_{i,1}\oplus K_{i,1})\oplus X_{i,2},X_{i,3},F_{i,2}(X_{i,3}\oplus K_{i,2})\oplus X_{i,4},\cdots,\\ \quad F_{i,\frac{d}{2}}(X_{i,d-1}\oplus K_{i,\frac{d}{2}})\oplus X_{i,d},X_{i,1}), \quad \text{若 } 1\leqslant i<r;\\ (X_{i,1},F_{i,1}(X_{i,1}\oplus K_{i,1})\oplus X_{i,2},X_{i,3},F_{i,2}(X_{i,3}\oplus K_{i,2})\oplus X_{i,4},\cdots,\\ \quad F_{i,\frac{d}{2}}(X_{i,d-1}\oplus K_{i,\frac{d}{2}})\oplus X_{i,d}), \quad \text{若 } i=r\end{cases}$$

Type-3 型广义 Feistel 结构与 Type-1 型和 Type-2 型广义 Feistel 结构一样，其与 Type-1 型和 Type-2 型最大的区别为每圈的圈函数中含有的非线性轮函数数目。Type-1 型广义 Feistel 结构每圈有一个非线性轮函数，Type-2 型广义 Feistel 结构每圈有 $d/2$ 个非线性轮函数，Type-3 型广义 Feistel 结构每圈有 $d-1$ 个非线性轮函数。Type-3 型广义 Feistel 结构如图 3.6 所示。

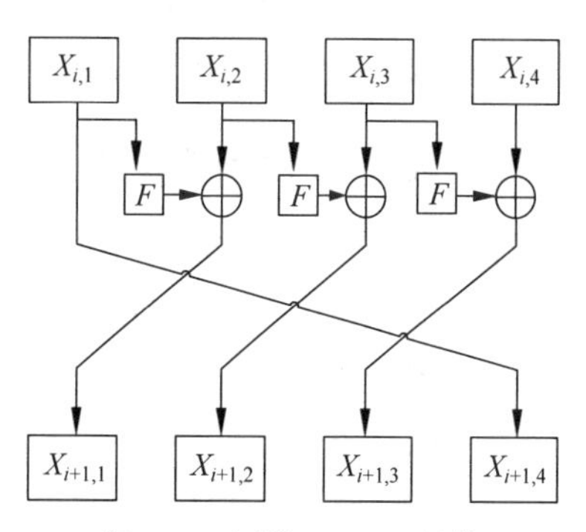

图 3.6 四路 Type-3 结构

设第 i 圈从左向右数的第 j 个轮函数为 $F_{i,j}(1\leqslant j\leqslant d/2)$，轮子密钥为 $K_{i,1},K_{i,2},\cdots,K_{i,d-1}\in\{0,1\}^{n/d}$，第 i 圈的 d 个输入分别为 $X_{i,1},X_{i,2},\cdots,X_{i,d}\in\{0,1\}^{n/d}$。第 i 圈的函数表达式如下：

$$g_i(X_{i,1},X_{i,2},\cdots,X_{i,d})=\begin{cases}(F_{i,1}(X_{i,1}\oplus K_{i,1})\oplus X_{i,2},F_{i,2}(X_{i,2}\oplus K_{i,2})\oplus X_{i,3},\cdots,\\ \quad F_{i,d-1}(X_{i,d-1}\oplus K_{i,d-1})\oplus X_{i,d-1},X_{i,1}), & \text{若 } 1\leqslant i<r;\\ (X_{i,1},F_{i,1}(X_{i,1}\oplus K_{i,1})\oplus X_{i,2},F_{i,2}(X_{i,2}\oplus K_{i,2})\oplus X_{i,3},\cdots,\\ \quad F_{i,d-1}(X_{i,d-1}\oplus K_{i,d-1})\oplus X_{i,d-1}), & \text{若 } i=r\end{cases}$$

3.3.4 Lai-Massey 结构

Lai-Massey 结构由 Serge Vaudenay① 提出，该结构由模加、减运算和一个正型置换 σ 构建而成。实际上，Lai-Massey 结构出自 Lai② 和 James Lee Massey③ 在 1990 年共同提出的 IDEA 分组密码算法[13]，在当时被称为 PES(Proposed Encryption Standard，推荐加密标准)。2000 年，Vaudenay 提取出 IDEA 中的结构来构建一般化的密码模型[3]，并且用原设计者的名字为之命名。Lai-Massey 结构虽然不如 Feistel 结构著名，但其优点为实现代价低，运算速度快。Lai-Massey 结构的运算有群中加和减，这里仅仅对$\oplus$运算的情况进行介绍。Lai-Massey 结构如图 3.7 所示。

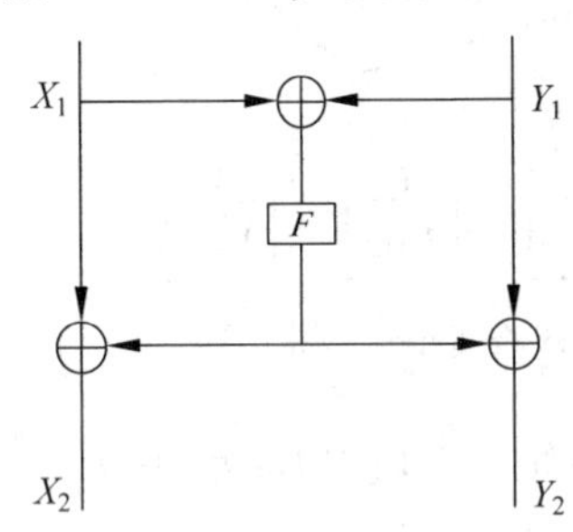

图 3.7 Lai-Massey 结构

令 $x\in\{0,1\}^{2n}$，F 为轮函数，定义基本 Lai-Massey 结构 $\mathrm{LM}_p(x,y)\in P_{2n}$ 如下：

$$\mathrm{LM}_p(x,y)=(x\oplus F(\Delta,K),y\oplus F(\Delta,K)),$$

其中 $\Delta=x\oplus y$

因为 $x_0\oplus y_0=x_1\oplus y_1$，任意轮的 L-M 结构都不具有伪随机性。这个问题可以通过对左侧的输入加入一个 σ 函数，对 x 做一个简单变换来解决。例如，$\sigma(x_L,x_R)=(x_R,x_L\oplus x_R)$并且 Lai-Massey 结构中的模运算也统一为异或运算时，有

$$\mathrm{LM}_p(x,y)=((\sigma(x_R\oplus F_R(\Delta,K))\parallel(x_L\oplus x_R\oplus F_R(\Delta,K)\oplus F_L(\Delta,K)),y\oplus F(\Delta,K))$$

Lai-Massey 结构是一个典型的密码结构，被广泛应用于算法领域，其中包括分组密码算法 IDEA 和 FOX[3]等。由 Vaudenay 等人对 Lai-Massey 结构的分析结果可知，加入了上述变换的四轮 Lai-Massey 结构在传统的安全性假设下可以实现强伪随机性，而三轮 Lai-Massey 结构只能具有伪随机性[12]。

3.3.5 基本设计结构的细化

实际上，在设计现代分组密码算法时，很多时候会基于多种结构，这些结构会进一步考虑其中涉及的子模块函数所使用的结构，从而得到具体细化的整体结构。其中，通常把 Feistel 结构和 SPN 结构结合起来，就可以得到一些细化的分组密码算法的整体结构[4]：

(1) Feistel-Feistel 结构：算法整体结构是 Feistel 结构，轮函数 F 也采用 Feistel 结构。特别地，三轮 Feistel 结构具有伪随机性。

(2) Feistel-SPN 结构：算法整体结构是 Feistel 结构，轮函数 F 采用 SPN 结构。

① Serge Vaudenay，法国密码学家，于 2006 年当选国际密码学研究协会理事。

② 来学嘉，上海交通大学教授，中国密码学家。

③ James Lee Massey，信息理论家和密码学家，苏黎世联邦理工学院数字技术名誉教授。

(3) SPN-Feistel结构：算法的整体结构是SPN结构，轮函数F中嵌套Feistel结构。

除此之外，还有其他一些设计结构，如SPN-SPS结构(其中SPS是指Substitution-Permutation-Substitution函数)、将广义Feistel结构和SPN结构结合的GFN-SPN结构等。

3.4　数据加密标准DES

1972年，美国国家标准局(NBS)制定了一个保护计算机和通信开发计划，准备开发一个标准的密码算法，来规范密码技术应用的混乱局面。要求这个算法能够被测试和验证，不同设备间可以互操作，且实现成本低。

1973年5月15日，NBS在《联邦记事》上发布了征集保密传输存储系统中计算机数据密码算法的请求及相关的技术、经济和兼容性要求如下：

(1) 算法具有较高的安全性，安全性仅依赖于密钥，不依赖于算法；

(2) 算法完全确定，且易于理解；

(3) 算法对任何用户没有区别，适合于各种用途；

(4) 实现算法的电子器件必须很经济；

(5) 算法必须能够验证和出口。

但是，由于公众此前对密码知识的缺乏，所以，虽反响强烈，但提交的方案均不理想。

1974年8月27日，NBS再次发布征集公告，第一次IBM公司提交了一个良好的候选算法。该算法是Luciffer密码算法的改进，由Feistel于1971年设计。1975年3月17日，NBS在《联邦记事》上公布了这一算法的细节，随后发表通知，征求公众的评论。

尽管受到了强烈的批评和责难，1976年11月23日，这一算法还是被采纳为联邦标准，并授权在非密级的政府通信中使用。该标准的正式文本FIPS PUB46(DES)在1977年1月15日公布，其他文件如FIPS PUB81(DES工作方式)、FIPS PUB74(DES实现和使用指南)、FIPS PUB112(DES口令加密)、FIPS PUB113(DES计算机数据鉴别)等联邦信息处理标准也相继于20世纪80年代初公布。1981年，美国国家标准研究所(ANST)批准DES作为私营部门的数据加密标准，称为DEA，相关文件如ANSI X3.92(DEA)、ANSI X3.106(DEA工作方式)、ANSI X3.105(网络加密标准)等相继公布。

3.4.1　算法描述

DES是一种明文分组为64位、有效密钥为56位、输出密文为64位的，具有16轮迭代的分组对称密码算法。DES由初始置换、16轮迭代和初始逆置换组成。

1. DES的基本运算

1) 初始置换IP和初始逆置换IP^{-1}

表3.1和表3.2分别给出了初始置换IP和初始逆置换IP^{-1}。从表中容易看出这两个置换是互补的。

表3.1　初始置换IP

58	50	42	34	26	18	10	2
60	52	44	36	28	20	12	4

续表

62	54	46	38	30	22	14	6
64	56	48	40	32	24	16	8
57	49	41	33	25	17	9	1
59	51	43	35	27	19	11	3
61	53	45	37	29	21	13	5
63	55	47	39	31	23	15	7

表 3.2　初始逆置换 $\mathbf{IP}^{-1}$

40	8	48	16	56	24	64	32
39	7	47	15	55	23	63	31
38	6	46	14	54	22	62	30
37	5	45	13	53	21	61	29
36	4	44	12	52	20	60	28
35	3	43	11	51	19	59	27
34	2	42	10	50	18	58	26
33	1	41	9	49	17	57	25

2) E-扩展运算

E-扩展运算是扩位运算,将 32 位扩展为 48 位,用方阵形式可以容易地看出其扩展位,其中中间四列为原始输入数据,如表 3.3 所示。

表 3.3　E-扩展运算

32	1	2	3	4	5
4	5	6	7	8	9
8	9	10	11	12	13
12	13	14	15	16	17
16	17	18	19	20	21
20	21	22	23	24	25
24	25	26	27	28	29
28	29	30	31	32	1

3) S-盒运算

S-盒运算由 8 个 S-盒函数构成,如下:

$$S(x_1x_2\cdots x_{48})=S_1(x_1\cdots x_6)\parallel S_2(x_7\cdots x_{12})\parallel\cdots\parallel S_8(x_{43}\cdots x_{48})$$

其中,每一个 S-盒都是 6 位的输入、4 位的输出。$S_i(h_1\cdots h_6)$的值对应表 3.4 的 s_i 中 $(h_1h_6)_2$ 行和$(h_2h_3h_4h_5)_2$ 列上的值,其中$(h_1h_6)_2$ 和$(h_2h_3h_4h_5)_2$ 为二进制表示,即,$S_i(h_1\cdots h_6)=s_i((h_1h_6)_2,(h_2h_3h_4h_5)_2)$。

表 3.4　S-盒运算

		0	**1**	**2**	**3**	**4**	**5**	**6**	**7**	**8**	**9**	**10**	**11**	**12**	**13**	**14**	**15**
$\mathbf{S_1}$	**0**	14	4	13	1	2	15	11	8	3	10	6	12	5	9	0	7
	1	0	15	7	4	14	2	13	1	10	6	12	11	9	5	3	8
	2	4	1	14	8	13	6	2	11	15	12	9	7	3	10	5	0
	3	15	12	8	2	4	9	1	7	5	11	3	14	10	0	6	13

续表

		0	1	2	3	4	5	6	7	8	9	10	11	12	13	14	15
S_2	0	15	1	8	14	6	11	3	4	9	7	2	13	12	0	5	10
	1	3	13	4	7	15	2	8	14	12	0	1	10	6	9	11	5
	2	0	14	7	11	10	4	13	1	5	8	12	6	9	3	2	15
	3	13	8	10	1	3	15	4	2	11	6	7	12	0	5	14	9
S_3	0	10	0	9	14	6	3	15	5	1	13	12	7	11	4	2	8
	1	13	7	0	9	3	4	6	10	2	8	5	14	12	11	15	1
	2	13	6	4	9	8	15	3	0	11	1	2	12	5	10	14	7
	3	1	10	13	0	6	9	8	7	4	15	14	3	11	5	2	12
S_4	0	7	13	14	3	0	6	9	10	1	2	8	5	11	12	4	15
	1	13	8	11	5	6	15	0	3	4	7	2	12	1	10	14	9
	2	10	6	9	0	12	11	7	13	15	1	3	14	5	2	8	4
	3	3	15	0	6	10	1	13	8	9	4	5	11	12	7	2	14
S_5	0	2	12	4	1	7	10	11	6	8	5	3	15	13	0	14	9
	1	14	11	2	12	4	7	13	1	5	0	15	10	3	9	8	6
	2	4	2	1	11	10	13	7	8	15	9	12	5	6	3	0	14
	3	11	8	12	7	1	14	2	13	6	15	0	9	10	4	5	3
S_6	0	12	1	10	15	9	2	6	8	0	13	3	4	14	7	5	11
	1	10	15	4	2	7	12	9	5	6	1	13	14	0	11	3	8
	2	9	14	15	5	2	8	12	3	7	0	4	10	1	13	11	6
	3	4	3	2	12	9	5	15	10	11	14	1	7	6	0	8	13
S_7	0	4	11	2	14	15	0	8	13	3	12	9	7	5	10	6	1
	1	13	0	11	7	4	9	1	10	14	3	5	12	2	15	8	6
	2	1	4	11	13	12	3	7	14	10	15	6	8	0	5	9	2
	3	6	11	13	8	1	4	10	7	9	5	0	15	14	2	3	12
S_8	0	13	2	8	4	6	15	11	1	10	9	3	14	5	0	12	7
	1	1	15	13	8	10	3	7	4	12	5	6	11	0	14	9	2
	2	7	11	4	1	9	12	14	2	0	6	10	13	15	3	5	8
	3	2	1	14	7	4	10	8	13	15	12	9	0	3	5	6	11

4）P-置换

P-置换是对8个S-盒的输出进行变换，可以扩散单个S-盒的效果，如表3.5所示。

表3.5　P-置换

16	7	20	21	29	12	28	17
1	15	23	26	5	18	31	10
2	8	24	14	32	27	3	9
19	13	30	6	22	11	4	25

2. DES结构

DES是一个16轮的Feistel型密码，它的分组长度为64位，密钥长度为56位。在进行16轮加密之前，先对明文做一个固定的初始置换IP，$IP(M)=L_0R_0$。在16轮加密之后，对比特串$L_{16}R_{16}$换位为$R_{16}L_{16}$后做逆置换IP^{-1}来给出密文C，如图3.8所示。DES的一轮加密如图3.9所示。

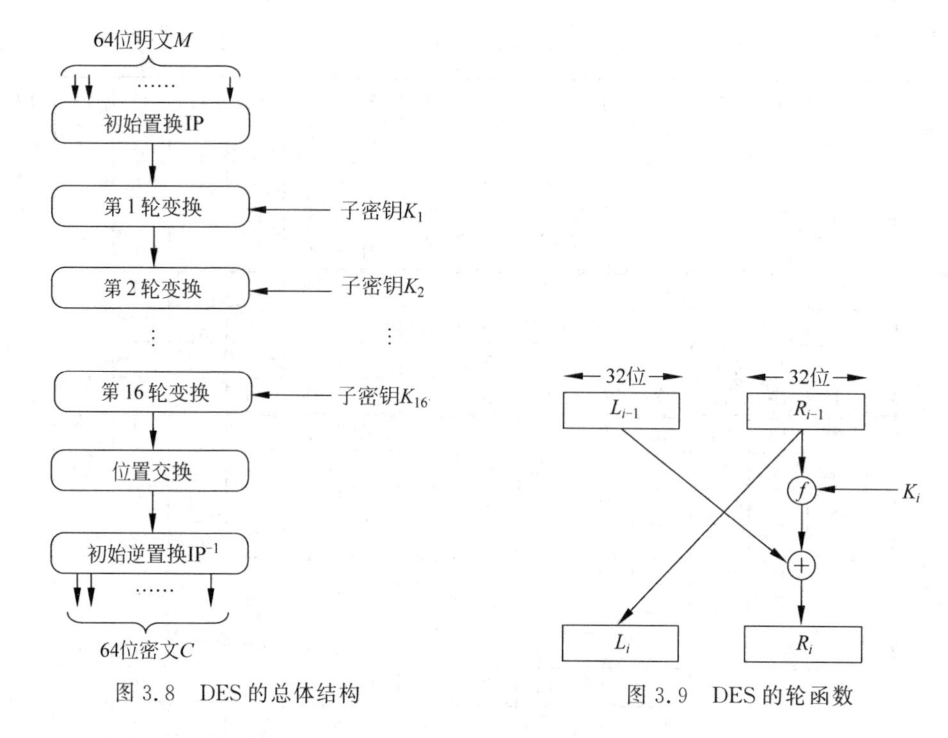

图3.8 DES的总体结构

图3.9 DES的轮函数

其中 f 函数为 $f(R,K_i)=P(S(K_i \oplus E(R)))$,如图3.10所示。

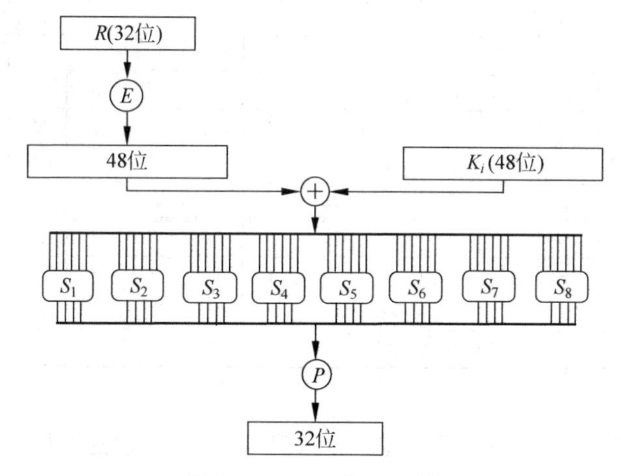

图3.10 DES的 f 函数

3.4.2 密钥扩展算法

DES的每一轮都使用不同的、从算法密钥 K 导出的48位子密钥 K_i(也称轮密钥)。密钥是一个64位的分组,但是其中8位用于奇偶校验,所以密钥的有效位只有56位。子密钥的生成过程如下:

(1) 给定一个64位的密钥 K,删掉8个校验位并利用一个固定的置换PC-1(见表3.6)来置换剩下的56位,记PC-1(K)$=C_0D_0$,这里 C_0 是PC-1(K)的前28位,D_0 是后28位。

(2) 对每一个 $i(1 \leqslant i \leqslant 16)$,计算

$$C_i = \mathrm{LS}_i(C_{i-1})$$

$$D_i = \mathrm{LS}_i(D_{i-1})$$

$$K_i = \mathrm{PC\text{-}2}(C_i D_i)$$

其中 LS_i 表示一个或两个位置的左循环移位，LS_i 的具体取值见表 3.7；PC-2 是另一个固定置换，如表 3.8 所示。密钥方案的计算过程如图 3.11 所示。

表 3.6 置换选择 PC-1

57	49	41	33	25	17	9
1	58	50	42	34	26	18
10	2	59	51	43	35	27
19	11	3	60	52	44	36
63	55	47	39	31	23	15
7	62	54	46	38	30	22
14	6	61	53	45	37	29
21	13	5	28	20	12	4

表 3.7 LS_i 的取值

轮数(i)	1	2	3	4	5	6	7	8	9	10	11	12	13	14	15	16
LS_i	1	1	2	2	2	2	2	2	1	2	2	2	2	2	2	1

表 3.8 置换选择 PC-2

14	17	11	24	1	5	3	28
15	6	21	10	23	19	12	4
26	8	16	7	27	20	13	2
41	52	31	37	47	55	30	40
51	45	33	48	44	49	39	56
34	53	46	42	50	36	29	32

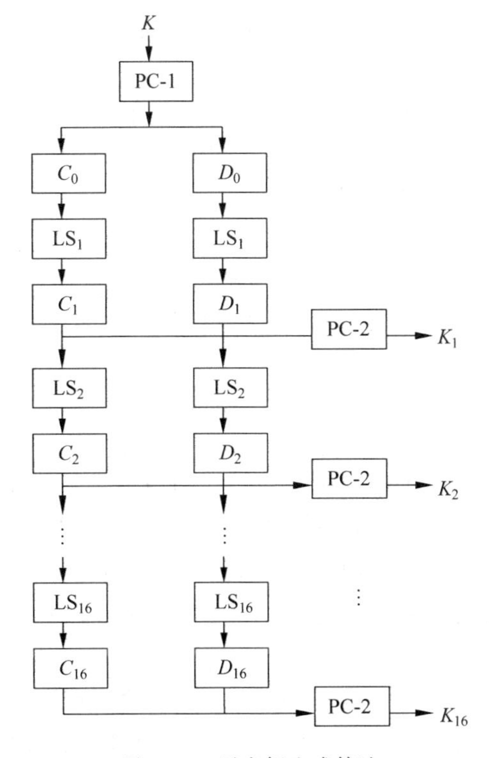

图 3.11 子密钥生成算法

3.4.3 三重DES算法

DES运用了置换、替代、代数等多种密码技术,算法结构紧凑,条理清楚,而且加密与解密算法类似,便于工程实现。

然而,从DES诞生之日起,人们就对它的安全持怀疑态度,并展开了激烈的争论,主要表现在以下几点。

1. S-盒的设计准则

这个问题涉及美国国家安全局(NSA),他们修改了IBM公司的S-盒。虽然修改后的S-盒满足IBM公司关于S-盒的设计原则,但是,人们还是怀疑NSA在S-盒中嵌入了陷门,使得NSA可以借助于这个陷门及56位的短密钥解密DES。

在1990年以前,S-盒的设计准则一直没有公布,直到差分密码分析方法发表后才公布。公布的S-盒设计准则如下。

P1:S-盒的每一行是整数0,1,…,15的一个置换;

P2:没有一个S-盒是它输入的线性或仿射函数;

P3:改变S-盒的一个输入位至少会引起两位输出的改变;

P4:如果固定输入的最左边和最右边的2位,变换中间4位,则每个可能的4位输出只能得到一次;

P5:如果两个输入仅中间2位不同,则它们的输出至少有2位不同;

P6:对任何一个S-盒,如果两个输入的前两位不同,而最后两位相同,则两个输出一定不同;

P7:对任何一个S-盒,如果固定一个输入位保持不变而使其他5位输入变化,观察一个固定输出位的值,使这个输出位为D的输入的数目与使这个输出位为I的输入的数目总数接近相等;

P8:在有相同且非零的差分的32对输入中,至多有8对具有相同的输出差分。

但是,S-盒的设计准则还没有完全公开,我们仍然不知道S-盒的构造中是否使用了进一步的设计准则,这也使得人们的猜测无法消除。

2. 56位有效密钥太短

对DES的批评中,最中肯的是关于DES密钥长度的争议。实际上,在IBM公司最初向NSA提交的方案当中,密钥的长度为112位,但在DES成为一个标准时,密钥被削减至56位。

56位的密钥确实太短,下面两个事件很有说服力。

(1) 分布式穷举攻击:1997年1月28日,美国数据安全公司RSA在Internet上开展了一项名为"秘密密钥挑战"的竞赛,悬赏一万美元来破解一段DES密文,得到了许多网络用户的积极响应。美国科罗拉多州的程序员R. Verser设计了一个可以通过互联网分段运行的密钥搜索程序,组织了一个称为DESCHALL的搜索行动,成千上万志愿者加入该计划中。第96天,即竞赛发布后的第140天,1997年6月17日晚上,美国盐湖城的M. Sanders成功找到了密钥并解密出明文。

(2) 专用搜索机:1998年5月,美国电子边境基金会宣布已将一台价值20万美元的计算机改装成专用设备,仅用56小时就破译了DES。这更加直接地说明了56位密钥太短,彻

底宣布了 DES 的终结。

3. 弱密钥和半弱密钥

如果对于初始密钥 k，生成的 16 个子密钥都相同，则称 k 是弱密钥。显然，$\mathrm{DES}_k(\mathrm{DES}_k(x))=x$。在 DES 中有 4 个弱密钥。如果有一对密钥 k_1、k_2，使得：$\mathrm{DES}_{k_2}(\mathrm{DES}_{k_1}(x))=\mathrm{DES}_{k_1}(\mathrm{DES}_{k_2}(x))=x$，则称 k_1、k_2 是(互逆的)半弱密钥。在 DES 中有 12 个半弱密钥。

虽然 DES 存在弱密钥，但这并不是较大的安全问题。弱密钥与半弱密钥的数量与密钥总量相比是微不足道的。如果随机地选择密钥，那么选中这些弱密钥或半弱密钥的概率可以忽略不计。而且，也可以在密钥产生时进行检查，确保不使用弱密钥或半弱密钥作为 DES 的密钥。

4. 代数结构存在互补对称性

由 DES 中函数 f 的结构可知：

$$f(R_{i-1},K_i)=f(\overline{R_{i-1}},\overline{K_i})$$

其中 $\overline{K}$ 表示 K 的按位取反。再考虑 DES 的结构，有：

$$\mathrm{DES}_{\overline{K}}(\overline{M})=\overline{\mathrm{DES}_K(M)}$$

这种特性称为互补对称性。

由于互补对称性，攻击者在进行穷举攻击时仅需试验所有 2^{56} 个密钥的一半。

为了提高 DES 算法的安全性，人们提出了 DES 的许多改进方案。其中，称为三重 DES 的多重加密算法是 DES 的一个重要的改进算法。多重加密使用同一算法，在多重密钥的作用下，多次加密同一个明文分组。在多重密钥彼此不同且独立的情况下，多重加密对提高密码的安全性有所帮助。

三重 DES 最主要的一般结构如图 3.12 所示。

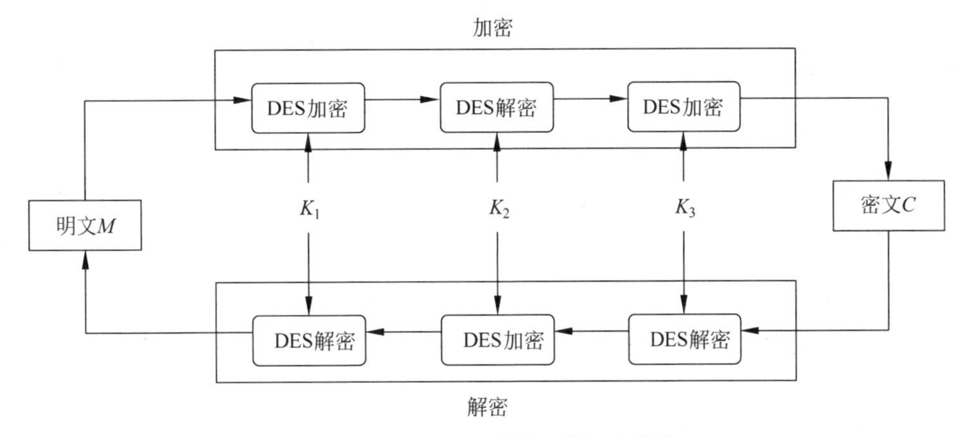

图 3.12　三重 DES 最主要的一般结构

即三重 DES 的加密过程为

$$C=E_{K_3}(D_{K_2}(E_{K_1}(M)))$$

解密过程为

$$M=D_{K_1}(E_{K_2}(D_{K_3}(C)))$$

再根据 K_1 是否等于 K_3，可以把三重 DES 分为两个密钥和三个密钥两种类型。能不能使用二重DES来代替两个密钥的三重DES呢?答案是否定的,因为存在一种简单的攻击方式使得二重DES的有效密钥长度远远小于112,具体原因请读者自己思考。

三重DES的主要优点是密钥长度增加到112或168位,可以有效抵抗DES面临的穷举搜索攻击。其主要缺点是:(1)由于三重加密,处理速度相对较慢;(2)分组长度仍为64位,就效率和安全性而言,与密钥的增长不相匹配,分组长度应更长。

3.5 高级加密标准AES

在DES的安全性难以保证的情况下,1997年1月2日,美国国家标准与技术研究所(NIST)开始了征集DES替代者的工作。该替代者称为高级加密标准,即AES。制定AES的主要目标是确保信息可实现100年的安全性,即加密后的密文在100年内不会被破解,因此其安全性与运算效率需在三重DES之上。1997年9月12日,NIST发布了征集算法的正式公告,要求AES具有128位的分组长度,并支持128、192和256位的密钥长度,而且要求AES能在全世界范围内免费使用。

在截至1998年6月15日提交的21个算法里,有15个满足所有的必备条件并被接纳为AES的候选算法。NIST在1998年8月20日的"第一次AES候选大会"上公布了15个AES的候选算法。1999年3月"第二次AES候选大会"举行,1999年8月,5个候选算法入围了决赛:MARS、RC6、Rijndael、Serpent和Twofish。

2000年4月举行了"第三次AES候选大会"。2000年10月2日,Rijndael被选择为AES。2001年2月28日,NIST宣布关于AES的联邦信息处理标准的草案可供公众讨论。2001年11月26日,AES被采纳为标准,并在2001年12月4日的联邦记录中作为FIPS197公布。

AES的征集过程以其公开性和国际性而闻名。第二次候选算法大会和官方请求公众评审,为候选算法的意见反馈、公众讨论与分析提供了足够的机会,而且这一过程为置身其中的每一个人所称道。15个AES候选算法的作者代表着不同国家:澳大利亚、比利时、加拿大、哥斯达黎加、法国、德国、以色列、日本、韩国、挪威、英国及美国,这正表明了AES的国际性。最终被选为AES的Rijndael算法就是由两位比利时研究者J. Daemen和V. Rijmen提出的。

AES的候选算法根据以下三条主要原则进行评判:

(1) 安全性;

(2) 代价;

(3) 算法与实现特性。

其中,算法的"安全性"无疑是最重要的,因为一个算法如果被发现不安全就不会再被考虑。"代价"指的是各种实现的计算效率(速度和存储需求),包括软件实现、硬件实现和智能卡实现。"算法与实现特性"包括算法的灵活性、简捷性及其他因素。最后,五个入围最终决赛的算法都被认为是安全的。Rijndael之所以当选是由于它集安全性、高性能、高效率、可实现性及灵活性于一体,被认为优于其他四个算法。

3.5.1 AES算法的数学基础

1. 有限域GF(2^8)

AES把1字节看成在有限域GF(2^8)上的一个元素，并采用多项式表示域中的元素。对于1字节b，其二进制表示为$b_7b_6b_5b_4b_3b_2b_1b_0$，可以把b看成系数在{0,1}中的多项式：

$$b_7x^7+b_6x^6+b_5x^5+b_4x^4+b_3x^3+b_2x^2+b_1x+b_0$$

例如，十六进制数{57}(二进制表示为"01010111")该字节对应于如下多项式：

$$x^6+x^4+x^2+x+1$$

下面给出一些例子来说明GF(2^8)中的运算。

(1) 加法。

在多项式表示中，两个元素的和是一个多项式，其系数是两个元素的系数模2加(即异或)。

例如，{57}和{83}的和为{57}+{83}={D4}，或者采用其多项式记法如下：

$$(x^6+x^4+x^2+x+1)+(x^7+x+1)=x^7+x^6+x^4+x^2$$

显然，该加法与简单的以字节为单位的按位异或是一致的。

(2) 乘法。

在多项式表示的域中，有限域GF(2^8)中的乘法就是两个多项式模一个特定的、次数为8的不可约多项式的乘积。对于AES，这个不可约多项式称为$m(x)$，且由下式给出：

$$m(x)=x^8+x^4+x^3+x+1$$

或由十六进制的{11B}表示。

例如，{57}×{83}={C1}，因为

$$(x^6+x^4+x^2+x+1)(x^7+x+1)$$
$$=x^{13}+x^{11}+x^9+x^8+x^6+x^5+x^4+x^3+1$$
$$(x^{13}+x^{11}+x^9+x^8+x^6+x^5+x^4+x^3+1) \bmod m(x)$$
$$=(x^{13}+x^{11}+x^9+x^8+x^6+x^5+x^4+x^3+1) \bmod (x^8+x^4+x^3+x+1)$$
$$=x^7+x^6+1$$

(3) x乘法。

如果用多项式x乘以$b(x)$，有

$$b_7x^8+b_6x^7+b_5x^6+b_4x^5+b_3x^4+b_2x^3+b_1x^2+b_0x$$

将上面的结果进行模$m(x)$化简就得到$x \cdot b(x)$。如果$b_7=0$，则这一化简是恒等运算，即为$b_6x^7+b_5x^6+b_4x^5+b_3x^4+b_2x^3+b_1x^2+b_0x$；如果$b_7=1$，则必须减掉$m(x)$。由此得出$x$乘法可以用字节内左移操作和紧接着的一个与{1B}的有条件的按位异或操作来实现，故x乘法的实现效率非常高，该运算记为xtime(b)。

可以利用x乘法来加快GF(2^8)中任意两个元素的乘法。

【例3.1】 计算{57}×{13}。

解： 因为

{57}×{13}={57}×({01}+{02}+{10})={57}×{01}+{57}×{02}+{57}×{10}

{57}×{02}=xtime({57})={AE}

$$\{57\}\times\{10\}=\text{xtime}(\text{xtime}(\text{xtime}(\text{xtime}(\{57\}))))$$
$$=\text{xtime}(\text{xtime}(\text{xtime}(\{AE\})))$$
$$=\text{xtime}(\text{xtime}(\{47\}))$$
$$=\text{xtime}(\{8E\})$$
$$=\{07\}$$

所以

$$\{57\}\times\{13\}=\{57\}\times\{01\}+\{57\}\times\{02\}+\{57\}\times\{10\}$$
$$=\{57\}+\{AE\}+\{07\}$$
$$=\{FE\}$$

2. GF(2^8)域上的多项式

一个字(4 字节)可以看作是 GF(2^8)域上的多项式,每个字对应一个次数小于 4 的多项式。

多项式对应的系数简单相加可以实现多项式的相加。由于 GF(2^8)中的加法为位异或,因此,两个字的加法是一个简单的按位异或。

乘法则比较复杂。假设有 GF(2^8)上的两个多项式:$a(x)=a_3x^3+a_2x^2+a_1x+a_0$ 和 $b(x)=b_3x^3+b_2x^2+b_1x+b_0$,它们的乘积 $c(x)=a(x)b(x)$如下:

$$c(x)=c_6x^6+c_5x^5+c_4x^4+c_3x^3+c_2x^2+c_1x+c_0$$

其中

$$c_0=a_0b_0$$
$$c_1=a_1b_0\oplus a_0b_1$$
$$c_2=a_2b_0\oplus a_1b_1\oplus a_0b_2$$
$$c_3=a_3b_0\oplus a_1b_2\oplus a_2b_1\oplus a_0b_3$$
$$c_4=a_3b_1\oplus a_2b_2\oplus a_1b_3$$
$$c_5=a_3b_2\oplus a_2b_3$$
$$c_6=a_3b_3$$

显然,$c(x)$不能再被表示为 4 字节。通过模一个 4 次多项式 $c(x)$进行化简,这样,乘法的结果可以化简为一个次数小于 4 的多项式。

在 AES 中,使用的模数多项式为 $M(x)=x^4+1$。由于

$$x^j \bmod (x^4+1)=x^{j \bmod 4}$$

记 $a(x)b(x) \bmod (x^4+1)$的结果为 $d(x)=a(x)\otimes b(x)$,设 $d(x)=d_3x^3+d_2x^2+d_1x+d_0$,则有

$$d_0=a_0b_0\oplus a_3b_1\oplus a_2b_2\oplus a_1b_3$$
$$d_1=a_1b_0\oplus a_0b_1\oplus a_3b_2\oplus a_2b_3$$
$$d_2=a_2b_0\oplus a_1b_1\oplus a_0b_2\oplus a_3b_3$$
$$d_3=a_3b_0\oplus a_2b_1\oplus a_1b_2\oplus a_0b_3$$

其矩阵表示为

$$\begin{bmatrix} d_0 \\ d_1 \\ d_2 \\ d_3 \end{bmatrix} = \begin{bmatrix} a_0 & a_3 & a_2 & a_1 \\ a_1 & a_0 & a_3 & a_2 \\ a_2 & a_1 & a_0 & a_3 \\ a_3 & a_2 & a_1 & a_0 \end{bmatrix} \begin{bmatrix} b_0 \\ b_1 \\ b_2 \\ b_3 \end{bmatrix}$$

注意：模 $M(x)=x^4+1$ 不是 $GF(2^8)$ 上的不可约多项式，因为 $M(x)=x^4+1=(x+1)(x^3+x^2+x+1)$。因此，与一个固定多项式相乘的乘法将不一定是可逆的。

在 AES 中，这里选择了一个具有逆元的固定多项式进行这样的乘法，从而保证了乘法的可逆性。

3.5.2 算法的总体描述

AES 的分组长度为 128 位，有三种可选的密钥长度，即 128 位、192 位和 256 位。AES 是一个迭代型密码，轮数 N_r 依赖于密钥长度。如果密钥长度为 128 位，则 $N_r=10$；如果密钥长度为 192 位，则 $N_r=12$；如果密钥长度为 256 位，则 $N_r=14$。AES 的密钥长度与加解密轮数之间的对照如表 3.9 所示。

表 3.9 AES 的密钥长度与加解密轮数的对照表

算法名称	密钥长度	加解密轮数(N_r)
AES-128	128	10
AES-192	192	12
AES-256	256	14

AES 中的操作都是以字节为基础的，所有用到的变量都由适当数量的字节组成。中间变量 State 用如下 4×4 字节矩阵表示：

$s_{0,0}$	$s_{0,1}$	$s_{0,2}$	$s_{0,3}$
$s_{1,0}$	$s_{1,1}$	$s_{1,2}$	$s_{1,3}$
$s_{2,0}$	$s_{2,1}$	$s_{2,2}$	$s_{2,3}$
$s_{3,0}$	$s_{3,1}$	$s_{3,2}$	$s_{3,3}$

下面给出 AES 加密过程的总体描述：

(1) 给定一个明文 M，将 State 初始化为 M，并将轮密钥与 State 异或(称为 AddRoundKey)；

(2) 对前 N_r-1 轮中的每一轮，用 S-盒进行一次替换操作(称为 SubBytes)，对替换的结果 State 做行移位操作(称为 ShiftRows)，再对 State 做列混合变换(MixColumns，也称为列混淆变换)，然后进行 AddRoundKey 操作；

(3) 在最后一轮中依次进行 SubBytes、ShiftRows 和 AddRoundKey 操作；

(4) 将 State 定义为密文 C。

AES 的加密过程可用如下伪代码描述：

```
AESCipher(byte in[16], byte out[16], word w[4 * (Nr + 1)])
//in[]、out[]和 w[]分别表示 AES 加密的输入、输出和子密钥
{
    byte state [4,4]; //中间变量
```

```
    state = in;   //用以列为顺序的输入来初始化中间变量,即 state[r, c] = in[r + 4c], 0 <= r、c < 4
    AddRoundKey (state, w[0, 3]);

    //前 Nr - 1 轮加密
    for(int round = 1; round < Nr - 1; round++)
    {
        SubBytes (state);
        ShiftRows (state);
        MixColumns (state);
        AddRoundKey (state, w[4 * round, 4 * round + 3]);
    }

        //最后一轮加密
        SubBytes (state);
        ShiftRows (state);
        AddRoundKey (state, w[4 * Nr, 4 * Nr + 3]);

        out = state;
}
```

AES 的解密算法与加密算法有较大的不同,它的伪代码描述如下:

```
AESDecipher(byte in[16], byte out[16], word w[4 * ( Nr + 1)])
{
    byte state[4, 4];

    state = in;
    AddRoundKey(state, w[4 * Nr, 4 * Nr + 3]);

    //前 Nr - 1 轮解密
    for(int round = Nr - 1; round > 0; round -- )
    {
        InvShiftRows(state);
        InvSubBytes(state);
        AddRoundKey(state, w[4 * round, 4 * round + 3]);
        InvMixColumns(state);
    }
    //最后一轮解密
    InvShiftRows(state);
    InvSubBytes(state);
    AddRoundKey(state, w[0, 3]);
}
```

容易看出,AES 的解密过程使用了四种逆变换,即 InvSubBytes(•)、InShiftRows(•)、InvMixColumns(•)和 AddRoundKey(•)(AddRoundKey 的逆变换是它自身),以相反的顺序对由密文映射得到的状态矩阵进行变换。另外,AES 的解密过程使用的子密钥与加密过程相同,但使用的顺序相反。下面介绍算法中的基本变换。

3.5.3 算法的基本变换

本节介绍 6 种基本变换,其中后三种变换为解密变换中涉及的基本变换。

1. 字节替换变换(SubBytes)

字节替换操作使用一个 S-盒对 State 的每字节都进行独立的替换。表 3.10 给出了

AES 的 S-盒。

表 3.10　AES 的 S-盒

	Y															
		0	1	2	3	4	5	6	7	8	9	a	b	c	d	e	f
X	0	63	7c	77	7b	f2	6b	6f	c5	30	01	67	2b	fe	d7	ab	76
	1	ca	82	c9	7d	fa	59	47	f0	ad	d4	a2	af	9c	a4	72	c0
	2	b7	fd	93	26	36	3f	f7	cc	34	a5	e5	f1	71	d8	31	15
	3	04	c7	23	c3	18	96	05	9a	07	12	80	e2	eb	27	b2	75
	4	09	83	2c	1a	1b	6e	5a	a0	52	3b	d6	b3	29	e3	2f	84
	5	53	d1	00	ed	20	fc	b1	5b	6a	cb	be	39	4a	4c	58	cf
	6	d0	ef	aa	fb	43	4d	33	85	45	f9	02	7f	50	3c	9f	a8
	7	51	a3	40	8f	92	9d	38	f5	bc	b6	da	21	10	ff	f3	d2
	8	cd	0c	13	ec	5f	97	44	17	c4	a7	7e	3d	64	5d	19	73
	9	60	81	4f	dc	22	2a	90	88	46	ee	b8	14	de	5e	0b	db
	a	e0	32	3a	0a	49	06	24	5c	c2	d3	ac	62	91	95	e4	79
	b	e7	c8	37	6d	8d	d5	4e	a9	6c	56	f4	ea	65	7a	ae	08
	c	ba	78	25	2e	1c	a6	b4	c6	e8	dd	74	1f	4b	bd	8b	8a
	d	70	3e	b5	66	48	03	f6	0e	61	35	57	b9	86	c1	1d	9e
	e	e1	f8	98	11	69	d9	8e	94	9b	1e	87	e9	ce	55	28	df
	f	8c	a1	89	0d	bf	e6	42	68	41	99	2d	0f	b0	54	bb	16

与 DES 的 S-盒相比，AES 的 S-盒能进行代数上的定义，而且不是像 DES 的 S-盒那样比较明显的“随机”代换。

S-盒按如下方式构造：

(1) 行 x、列 y 的字节值初始化为十六进制的{xy}；

(2) 把 S-盒中的每字节映射为在有限域 $GF(2^8)$ 中的逆，{00}不变；

(3) 把 S-盒中的每字节转换为二进制表示($b_7,b_6,b_5,b_4,b_3,b_2,b_1,b_0$)，然后进行如下的仿射变换：

$$\begin{bmatrix} b'_0 \\ b'_1 \\ b'_2 \\ b'_3 \\ b'_4 \\ b'_5 \\ b'_6 \\ b'_7 \end{bmatrix} = \begin{bmatrix} 1 & 0 & 0 & 0 & 1 & 1 & 1 & 1 \\ 1 & 1 & 0 & 0 & 0 & 1 & 1 & 1 \\ 1 & 1 & 1 & 0 & 0 & 0 & 1 & 1 \\ 1 & 1 & 1 & 1 & 0 & 0 & 0 & 1 \\ 1 & 1 & 1 & 1 & 1 & 0 & 0 & 0 \\ 0 & 1 & 1 & 1 & 1 & 1 & 0 & 0 \\ 0 & 0 & 1 & 1 & 1 & 1 & 1 & 0 \\ 0 & 0 & 0 & 1 & 1 & 1 & 1 & 1 \end{bmatrix} \begin{bmatrix} b_0 \\ b_1 \\ b_2 \\ b_3 \\ b_4 \\ b_5 \\ b_6 \\ b_7 \end{bmatrix} + \begin{bmatrix} 1 \\ 1 \\ 0 \\ 0 \\ 0 \\ 1 \\ 1 \\ 0 \end{bmatrix}$$

【例 3.2】 这里用一个小例子来说明 S-盒的构造算法。以十六进制的{53}开始，二进制表示为 01010011，它表示有限域 $GF(2^8)$ 中的元素为

$$x^6 + x^4 + x + 1$$

它在有限域 $GF(2^8)$ 中的乘法逆元素为

$$x^7 + x^6 + x^3 + x$$

因此,在二进制下有

$$(b_7,b_6,b_5,b_4,b_3,b_2,b_1,b_0)=(1,1,0,0,1,0,1,0)$$

下面计算

$$\begin{aligned} b'_0 &= (b_0+b_4+b_5+b_6+b_7+1) \bmod 2 \\ &= (0+0+0+1+1+1) \bmod 2 \\ &= 1 \end{aligned}$$

同理,可计算其他位,结果为

$$(b'_0,b'_1,b'_2,b'_3,b'_4,b'_5,b'_6,b'_7)=(1,1,1,0,1,1,0,1)$$

以十六进制表示就是{ED},故 S 盒中的第 5 行、第 3 列中的元素为{ED},即 SubBytes({53})={ED}。

2. 行移位变换(ShiftRows)

State 的第一行保持不变,第二行循环左移 1 字节,第三行循环左移 2 字节,第四行移行循环左移 3 字节,如图 3.13 所示。

$s_{0,0}$	$s_{0,1}$	$s_{0,2}$	$s_{0,3}$	不变 →	$s_{0,0}$	$s_{0,1}$	$s_{0,2}$	$s_{0,3}$
$s_{1,0}$	$s_{1,1}$	$s_{1,2}$	$s_{1,3}$	左移1字节 →	$s_{1,1}$	$s_{1,2}$	$s_{1,3}$	$s_{1,0}$
$s_{2,0}$	$s_{2,1}$	$s_{2,2}$	$s_{2,3}$	左移2字节 →	$s_{2,2}$	$s_{2,3}$	$s_{2,0}$	$s_{2,1}$
$s_{3,0}$	$s_{3,1}$	$s_{3,2}$	$s_{3,3}$	左移3字节 →	$s_{3,3}$	$s_{3,0}$	$s_{3,1}$	$s_{3,2}$

图 3.13 行移位变换

3. 列混合变换(MixColumns)

列混合变换对 State 中的每列进行独立的操作,它把每列都看成 GF(2^8)中的一个四项多项式 $s(x)$,再与 GF(2^8)上的固定多项式 $a(x)=\{03\}x^3+\{01\}x^2+\{01\}x+\{02\}$进行模 x^4+1 的乘法运算。如对第 c 列($0\leqslant c\leqslant 3$),其对应的 GF(2^8)中的多项式为 $s_c(x)=s_{0,c}+s_{1,c}x+s_{2,c}x^2+s_{3,c}x^3$,则列混合变换后为 $s'_c(x)=s_c(x)\otimes a(x)$。其矩阵乘法表示如下:

$$\begin{bmatrix} s'_{0,c} \\ s'_{1,c} \\ s'_{2,c} \\ s'_{3,c} \end{bmatrix} = \begin{bmatrix} 02 & 03 & 01 & 01 \\ 01 & 02 & 03 & 01 \\ 01 & 01 & 02 & 03 \\ 03 & 01 & 01 & 02 \end{bmatrix} \begin{bmatrix} s_{0,c} \\ s_{1,c} \\ s_{2,c} \\ s_{3,c} \end{bmatrix}$$

其中 $0\leqslant c\leqslant 3$。

4. InvSubBytes 变换

InvSubBytes 变换是字节替换变换(SubBytes)的逆变换,即先用到了仿射变换的逆变换,再计算 GF(2^8)中的乘法逆。逆 S-盒对状态矩阵中的每字节进行逆变换。InvSubBytes 变换可以通过如表 3.11 所示的逆 S-盒实现。

表 3.11 AES 解密过程中的逆 S-盒

		Y															
		0	1	2	3	4	5	6	7	8	9	a	b	c	d	e	f
X	0	52	09	6a	d5	30	36	a5	38	bf	40	a3	9e	81	f3	d7	fb
	1	7c	e3	39	82	9b	2f	ff	87	34	8e	43	44	c4	de	e9	cb

续表

		Y															
		0	1	2	3	4	5	6	7	8	9	a	b	c	d	e	f
	2	54	7b	94	32	a6	c2	23	3d	ee	4c	95	0b	42	fa	c3	4e
	3	08	2e	a1	66	28	d9	24	b2	76	5b	a2	49	6d	8b	d1	25
	4	72	f8	f6	64	86	68	98	16	d4	a4	5c	cc	5d	65	b6	92
	5	6c	70	48	50	fd	ed	b9	da	5e	15	46	57	a7	8d	9d	84
	6	90	d8	ab	00	8c	bc	d3	0a	f7	e4	58	05	b8	b3	45	06
	7	d0	2c	1e	8f	ca	3f	0f	02	c1	af	bd	03	01	13	8a	6b
X	8	3a	91	11	41	4f	67	dc	ea	97	f2	cf	ce	f0	b4	e6	73
	9	96	ac	74	22	e7	ad	35	85	e2	f9	37	e8	1c	75	df	6e
	a	47	f1	1a	71	1d	29	c5	89	6f	b7	62	0e	aa	18	be	1b
	b	fc	56	3e	4b	c6	d2	79	20	9a	db	c0	fe	78	cd	5a	f4
	c	1f	dd	a8	33	88	07	c7	31	b1	12	10	59	27	80	ec	5f
	d	60	51	7f	a9	19	b5	4a	0d	2d	e5	7a	af	93	c9	9c	ef
	e	a0	e0	3b	4d	ae	2a	f5	b0	c8	eb	bb	3c	83	53	99	61
	f	17	2b	04	7e	ba	77	d6	26	e1	69	14	63	55	21	0c	7d

5．InvShiftRows 变换

InvShiftRows 变换是行移位变换(ShiftRows)的逆变换，即对状态矩阵的各行按相反的方向进行循环移位操作。因此，状态矩阵各行的移位情况如下：第一行保持不变；第二行循环右移 1 字节；第三行循环右移 2 字节；第四行循环右移 3 字节。

6．InvMixColumns 变换

InvMixColumns 变换是列混合变换(MixColumns)的逆变换。InvMixColumns 同样逐列处理状态矩阵，它把每一列都当作系数 $GF(2^8)$ 有限域上的四项多项式。

与 MixColumns 变换对应，InvMixColumns 变换把列多项式与多项式 $a(x)$ 相对于模多项式 x^4+1 的逆 $a^{-1}(x)$ 相乘，即

$$a^{-1}(x)=\{0b\}\cdot x^3+\{0d\}\cdot x^2+\{09\}\cdot x+\{0e\}$$

设列多项式为 $s_c(x)=s_{0,c}+s_{1,c}x+s_{2,c}x^2+s_{3,c}x^3, 0\leqslant c\leqslant 3$，InvMixColumns 变换可改写为如下的矩阵形式：

$$\begin{bmatrix} s'_{0,c} \\ s'_{1,c} \\ s'_{2,c} \\ s'_{3,c} \end{bmatrix}=\begin{bmatrix} 0e & 0b & 0d & 09 \\ 09 & 0e & 0b & 0d \\ 0d & 09 & 0e & 0b \\ 0b & 0d & 09 & 0e \end{bmatrix}\begin{bmatrix} s_{0,c} \\ s_{1,c} \\ s_{2,c} \\ s_{3,c} \end{bmatrix}, \quad 0\leqslant c\leqslant 3$$

3.5.4 密钥扩展算法

轮密钥是由密钥经过一个扩展算法产生的，其长度由加解密轮数决定，具体地说，轮密钥有(分组长度)×(N_r+1)位。例如，AES-128 的加解密轮数为 10，则轮密钥共有 128×(10+1)=1408 位。

密钥扩展算法以一个字(即 4 字节)为基本单位，其伪代码描述如下：

```
KeyExpansion(byte key[4 * Nk], word w[4 * (Nr + 1)], Nk)
```

```
// key[]表示初始密钥,w[]表示扩展后的密钥,Nk 为密钥长度(以字为单位)
{
    word temp;
    //扩展密钥的前 Nk 个字是初始密钥
    for (i = 0;i < Nk;i++)
        //把四个单字节按照从高位到低位的顺序表示为一个字
        w[i] = (key[4 * i], key[4 * i + 1], key[4 * i + 2], key[4 * i + 3]);
    for(i = Nk; i<4 * ( Nr + 1); i++)
    {
        temp = w[i - 1];
        if (i % Nk == 0)
            temp = SubWord(RotWord(temp)) ^ Rcon[i/ Nk];
        else if(Nk == 8 && (i % Nk == 4))
            temp = SubWord(temp);
        w[i] = w[i - Nk] ^ temp;
    }
}
```

密钥扩展算法中包括两个函数 RotWord 和 SubWord。RotWord(B_0,B_1,B_2,B_3)对输入的 4 字节进行循环左移操作,即

$$\mathrm{RotWord}(B_0,B_1,B_2,B_3)=(B_1,B_2,B_3,B_0)$$

SubWord(B_0,B_1,B_2,B_3)对输入的 4 字节分别使用 S-盒的替换操作 SubBytes。Rcon[i]=(RC[i],'00','00','00'),RC[i]的所有可能值(用十六进制表示)如表 3.12 所示。实际上,RC[i]的值为有限域 GF(2^8)中的多项式 x^{i-1} 的十六进制表示。

表 3.12 RC[・]

i	1	2	3	4	5	6	7	8	9	10	11
RC[i]	01	02	04	08	10	20	40	80	1B	36	6c

可以看到,扩展密钥的最前面 N_k 个字是直接由输入的密钥填充的,而后面的每个字 $w[i]$则主要由前面的字 $w[i-1]$与 N_k 个位置之前的字 $w[i-N_k]$进行异或运算得到。

3.6 国密分组密码算法 SM4

3.6.1 算法的总体描述

SM4 分组密码算法[5]是我国无线局域网标准 WAPI 中所使用的密码标准,该算法采用非平衡 Feistel 结构(一种基本 Feistel 结构的变种),分组长度为 128 位,密钥长度为 128 位。加密算法与密钥扩展算法均采用非线性迭代结构。加密运算和解密运算的算法结构相同,解密运算的轮密钥使用顺序与加密运算相反。

SM4 分组密码算法的加密密钥长度为 128 位,表示为 $MK=(MK_0,MK_1,MK_2,MK_3)$,其中 $MK_i(i=0,1,2,3)$为 32 位。轮密钥表示为$(rk_0,rk_1,\cdots,rk_{31})$,其中 $rk_i(i=0,1,\cdots,31)$为 32 位。轮密钥由加密密钥生成。$FK=(FK_0,FK_1,FK_2,FK_3)$为系统参数,$CK=(CK_0,CK_1,\cdots,CK_{31})$为固定参数,用于密钥扩展算法,其中 $FK_i(i=0,1,\cdots,3)$,$CK_i(i=0,1,\cdots,31)$均为 32 位。

SM4 加密算法由 32 次迭代运算和 1 次反序变换 R 组成。设明文输入为$(X_0,X_1,X_2,$

$X_3) \in (Z_2^{32})^4$，密文输出为$(Y_0, Y_1, Y_2, Y_3) \in (Z_2^{32})^4$，轮密钥为 $\mathrm{rk}_i \in Z_2^{32}$，$i=0,1,\cdots,31$。加密算法的运算过程如下：

(1) 首先执行 32 次迭代运算：

$$X_{i+4}=F(X_i, X_{i+1}, X_{i+2}, X_{i+3}, \mathrm{rk}_i), \quad i=0,1,\cdots,31$$

其中 F 为轮函数。

(2) 对最后一轮数据进行反序变换如下：

$$(Y_0, Y_1, Y_2, Y_3)=R(X_{32}, X_{33}, X_{34}, X_{35})=(X_{35}, X_{34}, X_{33}, X_{32})$$

SM4 的加密和解密算法的变换结构相同，不同的只有轮密钥的使用顺序，解密时反序使用轮密钥。

轮函数 F 的细节如下。

设输入为$(X_0, X_1, X_2, X_3) \in (Z_2^{32})^4$，轮密钥为 $\mathrm{rk} \in Z_2^{32}$，则轮函数 F 为

$$F(X_0, X_1, X_2, X_3, \mathrm{rk})=X_0 \oplus T(X_1 \oplus X_2 \oplus X_3 \oplus \mathrm{rk})$$

其中，T：$Z_2^{32} \rightarrow Z_2^{32}$ 是一个可逆变换，由非线性变换 τ 和线性变换 L 复合而成，即 $T(\cdot)=L(\tau(\cdot))$。

非线性变换 τ 由 4 个并行的 S-盒(见表 3.13)构成，设输入为 $\mathbf{A}=(a_0, a_1, a_2, a_3) \in (Z_2^8)^4$，非线性变换 τ 的输出为 $\mathbf{B}=(b_0, b_1, b_2, b_3) \in (Z_2^8)^4$，即

$$(b_0, b_1, b_2, b_3)=\tau(\mathbf{A})=(\mathrm{Sbox}(a_0), \mathrm{Sbox}(a_1), \mathrm{Sbox}(a_2), \mathrm{Sbox}(a_3))$$

表 3.13 SM4 加密过程的 S-盒

	0	1	2	3	4	5	6	7	8	9	A	B	C	D	E	F
0	D6	90	E9	FE	CC	E1	3D	B7	16	B6	14	C2	28	FB	2C	05
1	2B	67	9A	76	2A	BE	04	C3	A	44	13	26	49	86	06	99
2	9C	42	50	F4	91	EF	98	7A	33	54	0B	43	E	CF	AC	62
3	E4	B3	1C	A9	C9	08	E8	95	80	DF	94	F	75	8F	3F	A6
4	47	07	A7	FC	F3	73	17	BA	83	59	3C	19	E6	85	4F	A8
5	68	6B	81	B2	71	64	DA	8B	F8	EB	0F	4B	70	56	9D	35
6	1E	24	0E	5E	63	58	D1	A2	25	22	7C	3B	01	21	78	87
7	D4	00	46	57	9F	D3	27	52	4C	36	02	E7	A0	C4	C8	9E
8	E	BF	8A	D2	40	C7	38	B5	A3	F7	F2	CE	F9	61	15	A1
9	E0	AE	5D	A4	9B	34	1A	55	A	93	32	30	F5	8C	B1	E3
A	1D	F6	E2	2E	82	66	CA	60	C0	29	23	AB	0	53	4E	6F
B	D5	DB	37	45	DE	FD	8E	2F	03	FF	6A	72	6	6C	5B	51
C	8D	1B	A	92	BB	DD	BC	7F	11	D9	5C	41	1F	10	5A	D8
D	0A	C1	31	88	A5	CD	7B	BD	2D	74	D0	12	B8	E5	B4	B0
E	89	69	97	4A	0C	96	77	7E	65	B9	F1	09	C5	6E	C6	84
F	18	F0	7D	EC	3A	DC	4D	20	79	EE	5F	3E	D	CB	39	48

设 S-盒的输入为 EF，则经 S-盒运算的输出结果为第 E 行、第 F 列的值，即 Sbox(EF)=0x84。

L 是线性变换，非线性变换 τ 的输出是线性变换 L 的输入。设输入为 $B \in Z_2^{32}$，则：

$$C=L(B)=B(B \lll 2) \oplus (B \lll 10) \oplus (B \lll 18) \oplus (B \lll 24)$$

其中，$\lll i$ 表示 32 位循环左移 i 位；Z_2^n 表示长度为 n 的二进制序列集合。

3.6.2 密钥扩展算法

本算法的轮密钥由加密密钥通过密钥扩展算法生成。设加密密钥为 MK，$MK=(MK_0,MK_1,MK_2,MK_3)\in(Z_2^{32})^4$。

轮密钥生成方法如下：

$$K_0=MK_0\oplus FK_0$$

$$K_1=MK_1\oplus FK_1$$

$$K_2=MK_2\oplus FK_2$$

$$K_3=MK3\oplus FK_3$$

$$rk_i=K_{i+4}\oplus T'(K_{i+1}\oplus K_{i+2}\oplus K_{i+3}\oplus CK_i),\quad i=0,1,2,\cdots,31$$

式中：T'是将合成置换 T 的线性变换 L 替换为 $L'(B)=B\oplus(B<<<13)\oplus(B<<<23)$。

系统参数 FK 的取值如下：

$$FK_0=(A2B1BAC6)$$

$$FK_1=(56AA3350)$$

$$FK_2=(677D9197)$$

$$FK_3=(B27022DC)$$

固定参数 CK 的取值方法如下：

设 $ck_{i,j}$ 为 CK_i 的第 j 字节($i=0,1,\cdots,31$；$j=0,1,2,3$)，即 $CK_i=(ck_{i,0},ck_{i,1},ck_{i,2},ck_{i,3})\in(Z_2^8)^4$，则 $ck_{i,j}=(4i+j)\times 7(\text{mod } 256)$。

固定参数 $CK_i(i=0,1,2,\cdots,31)$的具体取值如下：

00070E15,1C232A31,383F464D,545B6269,
70777E85,8C939AA1,A8AFB6BD,C4CBD2D9,
E0E7EEF5,FC030A11,181F262D,343B4249,
50575E65,6C737A81,888F969D,A4ABB2B9,
C0C7CED5,DCE3EAF1,F8FF060D,141B2229,
30373E45,4C535A61,686F767D,848B9299,
A0A7AEB5,BCC3CAD1,D8DFE6ED,F4FB0209,
10171E25,2C333A41,484F565D,646B7279

解密密钥同加密密钥，解密使用的轮密钥由解密密钥生成，生成方法同加密过程的轮密钥生成方法。

3.7 轻量级分组密码

本节将介绍轻量级分组密码算法的相关内容。所谓轻量级分组密码算法是指相对于传统的分组密码算法(如 DES 和 AES)来说算法结构简单，在硬件实现和运行功耗上有明显优势的一类分组密码算法。轻量级分组密码算法更适合于资源受限的应用场景(如物联网相关的应用场景)。下面将具体介绍两种著名的轻量级分组密码算法 PRESENT[6] 和 CLEFIA[7]，这两个算法均已入选国际标准化组织(ISO)的轻量级分组密码标准。

3.7.1 PRESENT 密码算法

在 2007 年的密码硬件和嵌入式系统国际会议上，丹麦密码学家 Bogdanov、Kundsen 等公布了 PRESENT 算法[6]，该算法属于超轻量级加密算法。所谓分组密码算法的量级，主要通过其硬件实现时的复杂程度来衡量。PRESENT 算法与其他一些轻量级分组密码算法相比，有着最简单的硬件实现，因此它被称为超轻量级密码算法。PRESENT 算法为 SPN 结构，分组长度为 64 位，密钥长度有 80 位和 128 位两种，两种均为 31 轮。硬件实现 80 位密钥的 PRESENT 算法仅需要约 1570 个与非门。该算法在功耗方面也有很优秀的表现：在物联网的低耗节点中，80 位的密钥能够提供足够的安全性，至于 128 位的密钥可以用在安全性要求更高的场景。PRESENT 面向硬件设计，因此硬件性能良好，但软件性能一般，甚至较差。

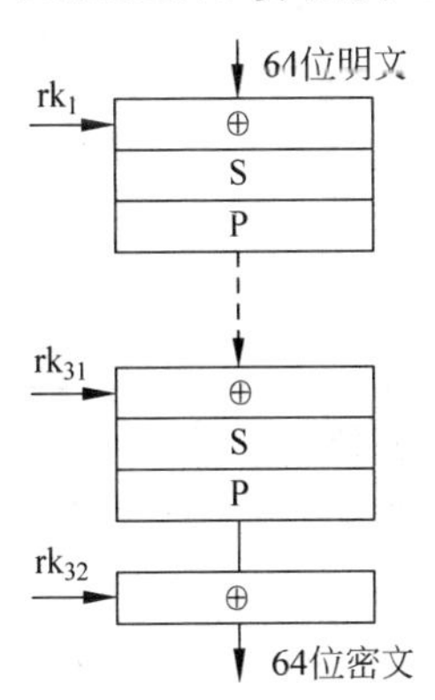

图 3.14 PRESENT 加密算法的结构

PRESENT 加密算法的结构如图 3.14 所示。算法先将轮函数迭代 31 次，轮函数包括轮密钥加(addRoundKey)、非线性置换 S 层(sBoxLayer)、线性置换 P 层(pLayer)，再经过一次轮密钥加运算后得到密文。

设 64 位的明文 $P=p_{63}p_{62}p_{61}p_{60}\cdots p_0$，其中 p_0 表示最低位，p_{63} 表示最高位。轮函数各步操作如下：

① 轮密钥加。完成 64 位中间状态与 64 位轮密钥的异或运算。

② 设 S 层(见表 3.14)输入 $W=w_{63}w_{62}w_{61}\cdots w_0$，输出 $V=v_{63}v_{62}v_{61}\cdots v_0$，则有：

$$v_{63}v_{62}v_{61}v_{60}=S(v_{63}v_{62}v_{61}v_{60})$$

$$v_{59}v_{58}v_{57}v_{56}=S(v_{59}v_{58}v_{57}v_{56})$$

$$\cdots$$

$$v_3v_2v_1v_0=S(v_3v_2v_1v_0)$$

③ P 层将输入的每一位映射到输出的另一位，取值如表 3.15 所示。

表 3.14 PRESENT 算法的 S 层

x	0	1	2	3	4	5	6	7	8	9	A	B	C	D	E	F
***S*(*x*)**	C	5	6	B	9	0	A	D	3	E	F	8	4	7	1	2

表 3.15 P 层真值表

i	0	1	2	3	4	5	6	7	8	9	10	11	12	13	14	15
***P*(*i*)**	0	16	32	48	1	17	33	49	2	18	34	50	3	19	35	51
i	16	17	18	19	20	21	22	23	24	25	26	27	28	29	30	31
***P*(*i*)**	4	20	36	52	5	21	37	53	6	22	38	54	7	23	39	55
i	32	33	34	35	36	37	38	39	40	41	42	43	44	45	46	47
***P*(*i*)**	8	24	40	56	9	25	41	57	10	26	42	58	11	27	43	59
i	48	49	50	51	52	53	54	55	56	57	58	59	60	61	62	63
***P*(*i*)**	12	28	44	60	13	29	45	61	14	30	46	62	15	31	47	63

解密时先将解密轮函数迭代 31 次，再经过一次轮密钥加，得到明文。与加密不同的方面如下：

① 解密轮函数依次是：轮密钥加、线性置换逆 P 层、非线性置换逆 S 层；

② 轮密钥加实现中间状态与轮密钥的异或，轮密钥的使用顺序与加密时相反，依次是 $rk_{32}, rk_{31}, \cdots, rk_2$，最后一步轮密钥加使用 rk_1；

③ 逆 P 层的表达式为

$$P^{-1}(i)=\begin{cases}(4i)\%63, & i\neq 63\\ 63, & i=63\end{cases}$$

④ 逆 S 层依次将连续 4 位经过逆 S 层，逆 S 层的取值如表 3.16 所示。

表 3.16 PRESENT 运算的逆 S 层

x	0	1	2	3	4	5	6	7	8	9	A	B	C	D	E	F
$S^{-1}(x)$	5	E	2	8	C	1	2	D	B	4	6	3	0	7	9	A

密钥扩展算法

设 80 位的种子密钥为 $K=k_{79}k_{78}k_{77}\cdots k_0$，最左边的 64 位作为第一轮的轮密钥，即 $rk_1=k_{79}k_{78}k_{77}\cdots k_{16}$，接着循环执行如下步骤 31 次，每次将最左边 64 位作为轮密钥。

① 循环左移 61 位，即

$$k_{79}k_{78}k_{77}\cdots k_0 \leftarrow k_{18}k_{17}k_{16}\cdots k_{19}$$

② 将最左边 4 位经过 S 层，即

$$k_{79}k_{78}k_{77}k_{76} \leftarrow S(k_{79}k_{78}k_{77}k_{76})$$

③ 将轮常量 i 和 $k_{19}k_{18}k_{17}k_{16}k_{15}$ 异或，即

$$k_{19}k_{18}k_{17}k_{16}k_{15} \leftarrow i \oplus k_{19}k_{18}k_{17}k_{16}k_{15}$$

轮常量依次是 1、2、3、…、31。

3.7.2 CLEFIA 密码算法

CLEFIA[7]是由 SONY 公司研制开发的一种分组加密算法，该算法被用来保护 SONY 公司的音乐和图像等数字内容，以及进行“高级”版权的保护与认证。CLEFIA 算法在 2007 年的快速软件加密国际会议上公布。SONY 公司称 CLEFIA 算法可以抵抗“现有的密码破解手段”，他们希望这种新技术可以应用到软件和 AV 硬件中。

CLEFIA 算法由数据处理部分和密钥扩展部分组成。它的基本结构是一种广义的 Feistel 结构，由四条输入分支组成。每一轮中有两个 F 函数，每个 F 函数使用两个不同的 S-盒以及两个不同的扩散矩阵。密钥扩展部分与数据处理部分共享 Feistel 结构，从而使得 CLEFIA 只需要较小的硬件和软件规模。

CLEFIA 算法支持 128 位的分组长度，密钥长度可选 128/192/256 位。密钥长度是 128 位、192 位和 256 位时，加密轮数分别是 18 轮、22 轮和 26 轮。下面以 128 位密钥为例对 CLEFIA 算法进行详细介绍，如图 3.15 所示。

设 $P=(P_0,P_1,P_2,P_3)$ 和 $C\in\{0,1\}^{128}$ 分别为 128 位的明文和密文，其中 $P_i, C_i\in\{0,1\}^{32}(0\leqslant i<4)$ 为 32 位的分支；$K_i\in\{0,1\}^{32}(0\leqslant i<2r)$ 为轮密钥，$WK_0, WK_1, WK_2, WK_3\in\{0,1\}^{32}$ 为白化密钥。r 轮 CLEFIA 算法加密过程如下。

① 初始白化层 $T=(T_0,T_1,T_2,T_3)=(P_0,P_1\oplus WK_0,P_2,P_3\oplus WK_1)$ 为第一轮的输入。

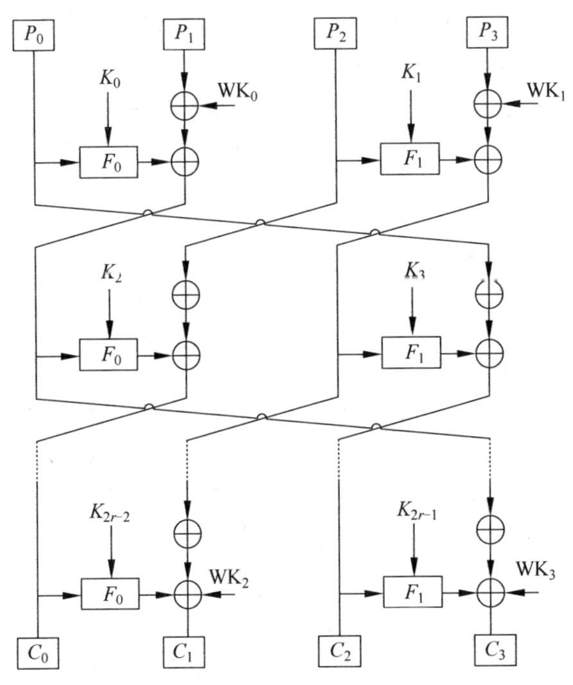

图 3.15 CLEFIA 加密算法的结构

② r 轮轮变换。设 $T^{(i-1)}=(T_0^{(i-1)},T_1^{(i-1)},T_2^{(i-1)},T_3^{(i-1)})$ 为第 i 轮的输入,则第 i 轮的输出为

$$
\begin{aligned}
T^{(i)} &= (T_0^{(i)},T_1^{(i)},T_2^{(i)},T_3^{(i)}) \\
&= (F_0(T_0^{(i-1)},K_{2i-2}) \oplus T_1^{(i-1)},T_2^{(i-1)},F_1(T_2^{(i-1)},K_{2i-1}) \oplus T_3^{(i-1)},T_0^{(i-1)})
\end{aligned}
$$

③ 末尾白化层。密文 $C=(C_0,C_1,C_2,C_3)=(T_3^{(r)},T_0^{(r)}\oplus \mathrm{WK}_2,T_1^{(r)},T_2^{(r)}\oplus \mathrm{WK}_3)$。

上述 F_0 和 F_1 是两个非线性可逆函数,F_0 定义如下。

① 轮密钥加:计算 $A=T_0^{(i-1)}\oplus K_{2i-2}$;

② 非线性变换 $A=(A_0,A_1,A_2,A_3)$,其中 $A_i\in\{0,1\}^8$ $(0\leqslant i\leqslant 3)$,计算 $B_0=S_0(A_0),B_1=S_1(A_1),B_2=S_0(A_2),B_3=S_1(A_3)$;

③ 线性变换:计算 $\boldsymbol{D}=\boldsymbol{M}_0(B_0,B_1,B_2,B_3)^{\mathrm{T}}$。

其中,S_0 和 S_1 是两个非线性 S-盒,$\boldsymbol{M}_0$ 为一个 4×4 的矩阵。非线性函数 F_1 的定义与 F_0 类似,只需将其中的 S_0 和 S_1 的位置互换,将 $\boldsymbol{M}_0$ 变为 $\boldsymbol{M}_1$ 即可。$\boldsymbol{M}_0$ 和 $\boldsymbol{M}_1$ 的十六进制表示如下:

$$
\boldsymbol{M}_0=\begin{pmatrix}
0\mathrm{x}01 & 0\mathrm{x}02 & 0\mathrm{x}04 & 0\mathrm{x}06 \\
0\mathrm{x}02 & 0\mathrm{x}01 & 0\mathrm{x}06 & 0\mathrm{x}04 \\
0\mathrm{x}04 & 0\mathrm{x}06 & 0\mathrm{x}01 & 0\mathrm{x}02 \\
0\mathrm{x}06 & 0\mathrm{x}04 & 0\mathrm{x}02 & 0\mathrm{x}01
\end{pmatrix}
$$

$$
\boldsymbol{M}_1=\begin{pmatrix}
0\mathrm{x}01 & 0\mathrm{x}08 & 0\mathrm{x}02 & 0\mathrm{x}0\mathrm{a} \\
0\mathrm{x}08 & 0\mathrm{x}01 & 0\mathrm{x}0\mathrm{a} & 0\mathrm{x}02 \\
0\mathrm{x}02 & 0\mathrm{x}0\mathrm{a} & 0\mathrm{x}01 & 0\mathrm{x}08 \\
0\mathrm{x}0\mathrm{a} & 0\mathrm{x}02 & 0\mathrm{x}08 & 0\mathrm{x}01
\end{pmatrix}
$$

矩阵与向量的乘法定义在有限域 $GF(2^8)$ 上，其本原多项式为 $z^8+z^4+z^3+z^2+1$。容易验证矩阵 $\boldsymbol{M}_0$ 和 $\boldsymbol{M}_1$ 都是自逆的，即 $\boldsymbol{M}_0=\boldsymbol{M}_0^{-1}$，$\boldsymbol{M}_1=\boldsymbol{M}_1^{-1}$。

CLEFIA 算法的解密过程与加密过程类似，如图 3.16 所示。

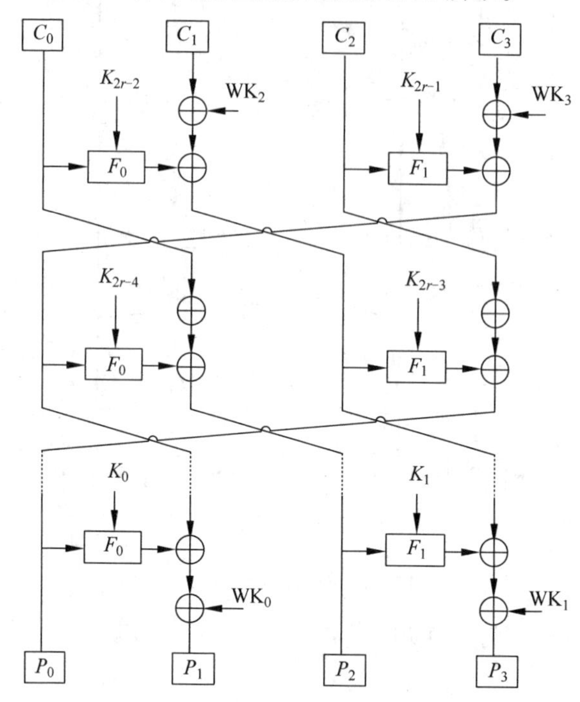

图 3.16　CLEFIA 解密算法的结构

密钥扩展算法

CLEFIA 的密钥扩展算法可分为两部分：首先由种子密钥 SK 生成 L，然后由 SK 和 L 扩展得到子密钥 WK 与 K，其中生成 L 的结构与其密钥长度有关。因此，首先定义两种整体结构 $GFN_{4,r}$ 及 $GFN_{8,r}$（$GFN_{d,r}$ 表示含有 d 个 32 位的分支和 r 轮迭代）：当密钥长度为 128 位时，密钥扩展算法的结构为 $GFN_{4,r}$，与图 3.15 中的结构相同；当密钥长度为 192/256 位时，密钥扩展算法的结构为 $GFN_{8,r}$，如图 3.17 所示。

当密钥长度为 128 位时的密钥扩展算法步骤如下：

① $L \leftarrow GFN_{4,12}(CON_0^{128}, CON_1^{128}, \cdots, CON_{23}^{128}, SK)$；

② $WK_0 | WK_1 | WK_3 | WK_4 \leftarrow SK$；

③ For $i=0$ to $i=8$

{

$T=L\oplus(CON_{24+4i}^{128} | CON_{24+4i+1}^{128} | CON_{24+4i+2}^{128} | CON_{24+4i+3}^{128})$；

$L \leftarrow \sum(L)$；

当 i 是奇数时，$T \leftarrow T\oplus SK$；

$K_{4i} | K_{4i+1} | K_{4i+2} | K_{4i+3} \leftarrow T$；

}

算法在步骤①中用到了 24 个 32 位常数 $CON_i^{128}(0\leqslant i<24)$；然后由 L 和 SK 生成子密钥 $K_i(0\leqslant i<36)$ 和 $WK_i(0\leqslant i<4)$，其中用到了 36 个 32 位常数 $CON_i^{128}(24\leqslant i<60)$。

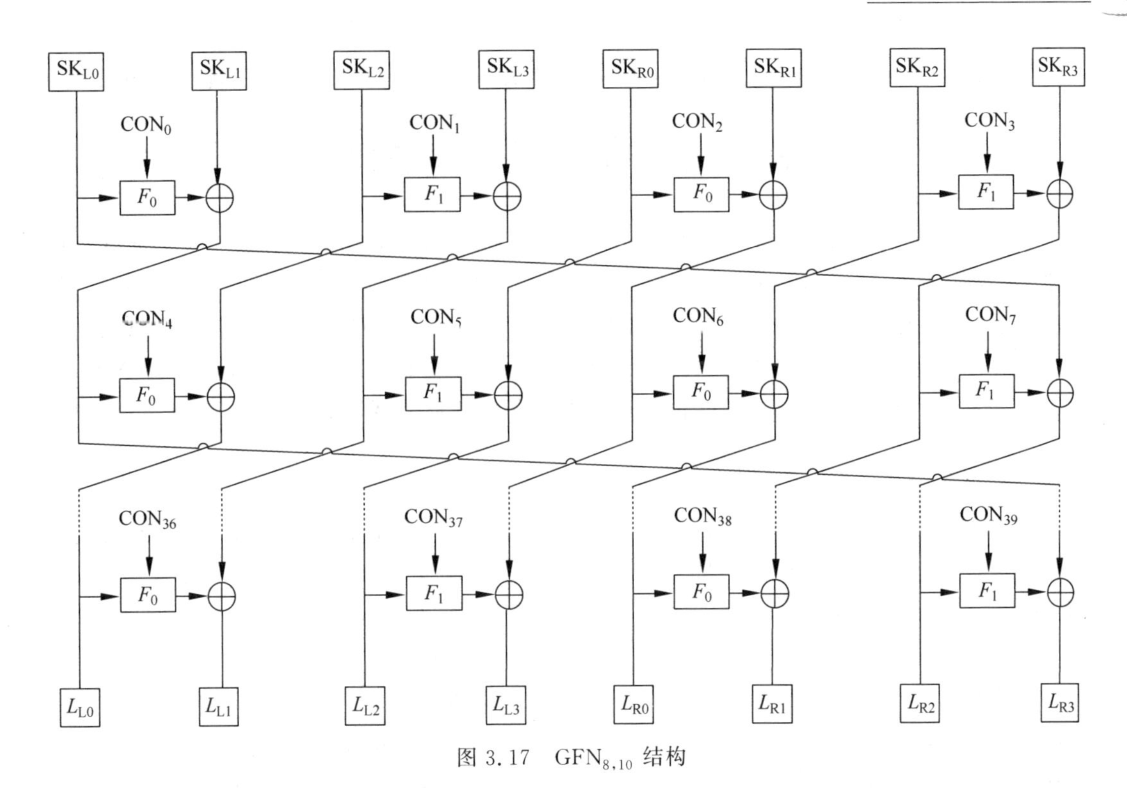

图 3.17　$GFN_{8,10}$ 结构

当密钥长度为 192 位或者 256 位两种情况下，密钥扩展算法是比较相似的，不同之处仅在于所用的常数数量不同：192 位的情况下使用了 76 个 32 位常数 CON_i^{192}，256 位密钥的情况下使用了 92 个 32 位常数 CON_i^{256}。用 k 表示密钥长度，下面是密钥长度为 192 和 256 位的密钥扩展算法的步骤：

① 当 $k=192$ 时，$SK_L \leftarrow SK_0|SK_1|SK_2|SK_3$，$SK_R \leftarrow SK_4|SK_5|\overline{SK_0}|\overline{SK_1}$；

当 $k=256$ 时，$SK_L \leftarrow SK_0|SK_1|SK_2|SK_3$，$SK_R \leftarrow SK_4|SK_5|SK_6|SK_7$；

② 令 $SK_L = SK_{L0}|SK_{L1}|SK_{L2}|SK_{L3}$，$SK_R \leftarrow SK_{R0}|SK_{R1}|SK_{R2}|SK_{R3}$，

$L_L|L_R \leftarrow GFN_{8,10}(CON_0^{(k)}, CON_1^{(k)}, \cdots, CON_{39}^{(k)}, SK_{L0}, \cdots, SK_{L3}, SK_{R0}, \cdots, SK_{R3})$；

③ $WK_0|WK_1|WK_3|WK_4 \leftarrow SK_L \oplus SK_R$；

④ For $i=0$ to $i=10$（当 $k=192$）或 $i=12$（当 $k=256$）

{

　　当 $i \bmod 4=0$ 或 1：

　　　　$T=L_L \oplus (CON_{40+4i}^{(k)}|CON_{40+4i+1}^{(k)}|CON_{40+4i+2}^{(k)}|CON_{40+4i+3}^{(k)})$；

　　　　$L_L \leftarrow \sum(L_L)$；

　　　　当 i 是奇数时，$T \leftarrow T \oplus SK_R$

　　当 $i \bmod 4=2$ 或 3：

　　　　$T=L_R \oplus (CON_{40+4i}^{(k)}|CON_{40+4i+1}^{(k)}|CON_{40+4i+2}^{(k)}|CON_{40+4i+3}^{(k)})$；

　　　　$L_R \leftarrow \sum(L_R)$；

　　　　当 i 是奇数时，$T \leftarrow T \oplus SK$；

　　$K_{4i}|K_{4i+1}|K_{4i+2}|K_{4i+3} \leftarrow T$；

}

关于密钥扩展算法中涉及的常数 $CON_i^{(k)}$，在文献[7]中有详细的介绍，此处不再赘述。

3.8 分组密码的工作模式

本节将介绍分组密码的工作模式。由于前述章节介绍的分组密码算法一次只能处理单块数据，因此，引入分组密码的工作模式可以用于处理多个数据块。这里需要注意的是，只有使用了“合适的”分组密码工作模式，才能基于具体的分组密码算法设计出能实现数据机密性的对称加密方案。下面将具体介绍五种典型的分组密码工作模式，即电子密码本模式、密码分组链接模式、密码反馈模式、输出反馈模式和计数器模式。

3.8.1 电子密码本模式(ECB)

电子密码本模式(Electronic Codebook Mode，ECB)是最简单的模式，它直接利用加密算法分别对每个明文分组使用相同密钥进行加密。设明文分组序列为 $M=M_1M_2\cdots M_n$，相应的密文分组序列为 $C=C_1C_2\cdots C_n$，则

$$C_i=E_k(M_i),\quad i=1,2,\cdots,n$$

对于长度大于 b 位的报文，整个加密前需要把这个报文分成 b 位的分组，如果必要的话对最后一个分组进行填充。使用“密码本”这个术语的原因是对每个 b 位的明文分组都有一个唯一的密文，因此可以想象一个巨大的密码本，其中对每一个可能的 b 位明文项，都有一个密文项与之对应。

在 ECB 模式下，加密算法的输入是明文，算法的输出将直接作为密文进行输出，不进行任何形式的反馈，每个明文分组的处理是相互独立的，这种方式也是分组密码工作的标准模式。

ECB 模式的主要缺点是由于没有任何形式的反馈，相同的明文加密后将产生相同的密文，这样在处理具有固定数据结构的明文数据时容易暴露明文数据的固有格式。例如某些格式化的报文，除了作业号、通信地址、发报时间、密级等数据位置固定外，明文数据也非常有规律，这些常用的数据通常加密后在密文的同一个位置出现，密码分析者就可能得到许多明文-密文对，从而为分析、破译密码提供线索。

同时，由于 ECB 模式下各个报文分组之间是相互独立的，这样，如果攻击者有能力对报文进行分组的插入与删除，就可以进行主动攻击，带来安全风险。另外，ECB 模式无法纠正传输中的同步差错，如果在传输中增加或丢失一位或多位数据，将导致密文分组的对齐错误，这样，整个密文序列都将不能正确地解密。

3.8.2 密码分组链接模式(CBC)

在密码分组链接模式(Cipher Block Chaining Mode，CBC 模式)中，加密算法的输入是当前的明文分组 M_i 和上一次产生的密文分组 C_{i-1} 的异或，其输出为密文分组 C_i，即

$$C_0=\mathrm{IV}$$

$$C_i=E_k(M_i\oplus C_{i-1}),\quad 1\leqslant i\leqslant n$$

相应的解密规则为

$$C_0=\mathrm{IV}$$

$$M_i=D_k(C_i)\oplus C_{i-1},\quad 1\leqslant i\leqslant n$$

CBC 模式的工作示意图如图 3.18 所示。

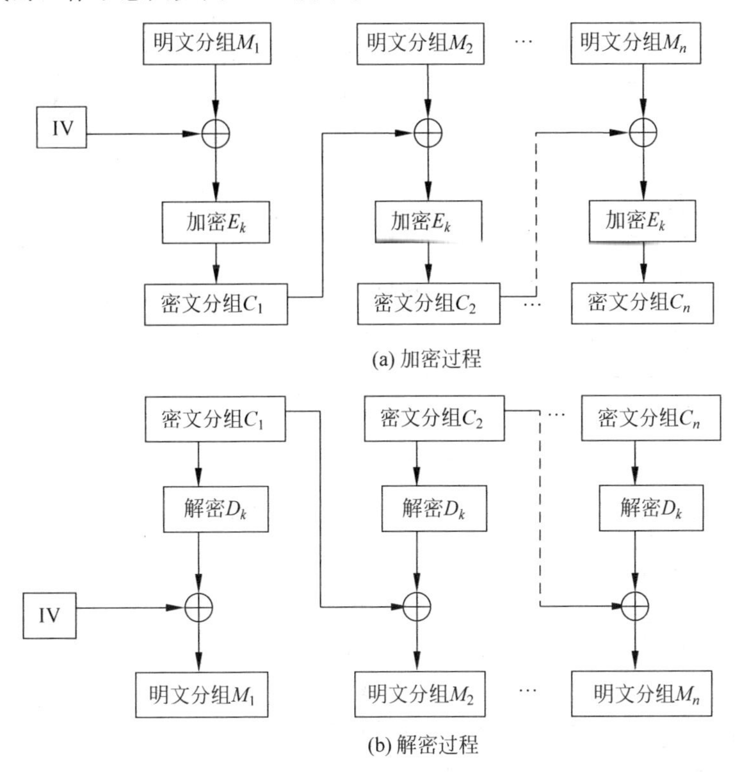

图 3.18 CBC 模式的工作示意图

IV 被用来和解密算法的输出进行异或，以产生第一个明文分组。因此，IV 必须被发送方和接收方双方所知，通常作为密文的一部分。IV 一般无须保密，但需随消息进行更换。

CBC 模式有效地改进了 ECB 模式的缺点，它能够隐蔽明文的数据模式，相同的明文对应的密文一般是不同的。同时，在一定程度上，它能够有效地抵抗密文传输过程中对数据的篡改，如分组的重放、插入和删除等。

CBC 模式由于引进了反馈，当信道噪声等干扰导致密文传输错误时，密文中的一位错误将影响当前分组及下一个分组的解密，但其他分组不受影响，人们把这种错误传播形式称为“有限传播”。请考虑，如果接收方不知道 IV，对解密有什么影响？

3.8.3 密码反馈模式(CFB)

为了实现更大的灵活性，密码反馈模式(Cipher Feedback Mode，CFB 模式)需要引入一个整数参数 s，$1\leqslant s\leqslant b$。需要注意的是，明文不是按 b 进行分组，而是按 s 分组，且明文的长度必须是 s 的倍数。故 CFB 模式能够通过对参数 s 的选择来对长度小于 b 的数据直接进行加密，而 CBC 模式却做不到。

在 s 位 CFB 模式，加密函数的输入是一个 b 位的移位寄存器，这个移位寄存器被初始化为一个初始向量 IV。加密函数处理结果的最高(最左边)s 位与明文的第一个分组 M_1 进行异或运算，产生密文分组 C_1。同时，移位寄存器的值向左移 s 位，且用 C_1 替换寄存器的最低(最右边)s 位。这个过程如此重复，直到完成加密。CFB 模式的加解密过程如图 3.19 所示。

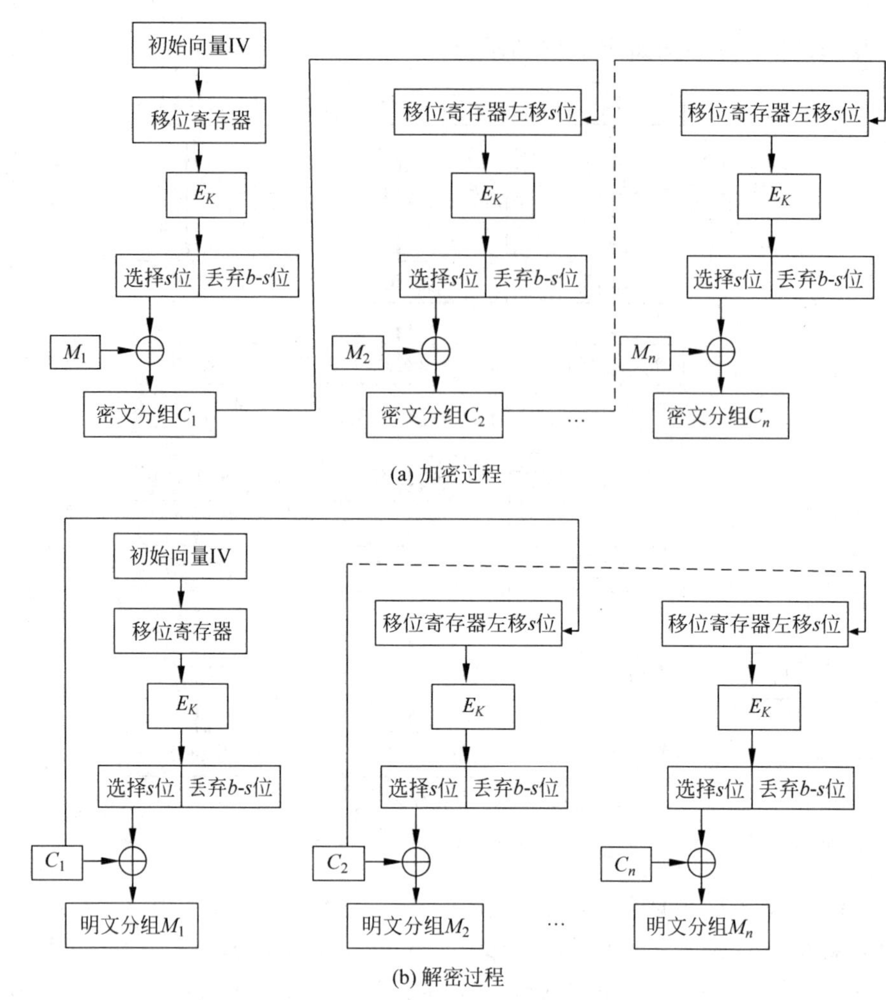

图 3.19 CFB 模式的加解密过程

令函数 $\mathrm{LSB}_i(\cdot)$表示输入的前 i 个最低有效位,函数 $\mathrm{MSB}_i(\cdot)$表示输入的前 i 个最高有效位。例如,$\mathrm{LSB}_3(111011011)=011$,和 $\mathrm{MSB}_4(111011011)=1110$。则 CFB 模式的加解密规则如下:

加密:

$$I_1=\mathrm{IV}$$
$$I_j=\mathrm{LSB}_{b-s}(I_{j-1})\parallel C_{j-1},\quad 2\leqslant j\leqslant n$$
$$C_j=M_j\oplus \mathrm{MSB}_s(E_K(I_j)),\quad 1\leqslant j\leqslant n$$

解密:

$$I_1=\mathrm{IV}$$
$$I_j=\mathrm{LSB}_{b-s}(I_{j-1})\parallel C_{j-1},\quad 2\leqslant j\leqslant n$$
$$M_j=C_j\oplus \mathrm{MSB}_s(E_K(I_j)),\quad 1\leqslant j\leqslant n$$

CFB 模式由于采用密文反馈,若某个密文分组在传输中出现一位或多位的错误,将会引起当前分组和后续部分分组的解密错误。因为只有当错误的密文位从寄存器中移出后,解密才会恢复正常,因此一个密文分组出错会影响后面最多$\left\lceil\frac{b}{s}\right\rceil$个分组的解密($\lceil x\rceil$表示

大于或等于 x 的最小整数)。

3.8.4　输出反馈模式(OFB)

在 CFB 模式中,一位密文的传输错误会影响至少 $b+1$ 位的明文,这种错误传播的影响对于有些应用来讲太大。对于这些应用来说,可以采用第四种工作模式,即输出反馈模式(Output Feedback Mode,OFB 模式)。

在 OFB 模式中,先产生一个密钥流,然后将其与明文相异或,其加解密过程如图 3.20 所示。因此,OFB 模式实际上就是一个同步流密码,通过反复加密一个初始向量 IV 来得到密钥流。这种方法有时也叫作"内部反馈",因为反馈机制独立于明文和密文而存在。

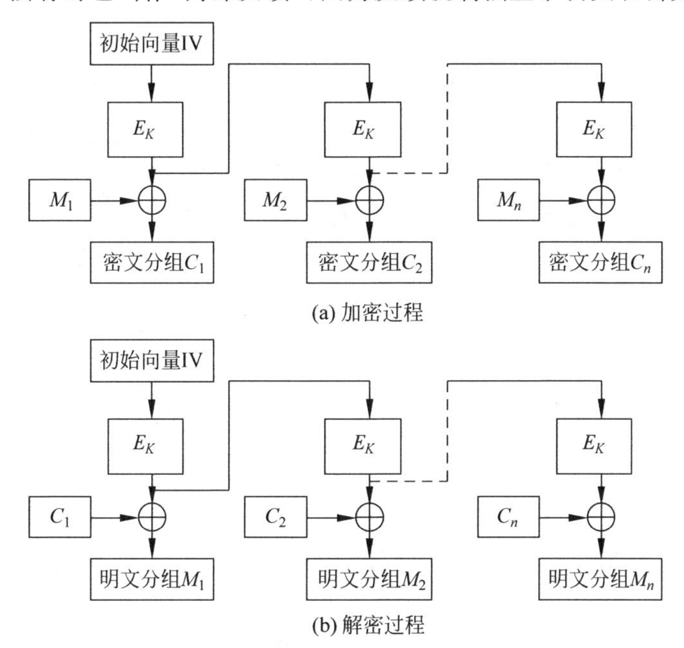

图 3.20　OFB 模式的加解密过程

定义 $Z_0=\text{IV}$,然后用下述公式计算密钥流 $Z_0Z_1\cdots Z_n$:

$$Z_i=E_K(Z_{i-1}),\quad 1\leqslant i\leqslant n$$

最后用如下简单运算来完成加解密:

加密:$C_i=M_i\oplus Z_i(1\leqslant i\leqslant n)$

解密:$M_i=C_i\oplus Z_i(1\leqslant i\leqslant n)$

OFB 模式要求在密钥相同的情况下,每次加密必须使用不同的 IV,否则消息的机密性就得不到保证。

OFB 模式具有普通序列密码的优缺点,例如可加密任意长度的数据(即不需要进行分组填充),不会传播错误,适于加密冗余度较大的数据、语音和图像数据,但对密文的篡改难以检测。

3.8.5　计数器模式(CTR)

CBC 和 CFB 等模式都存在这样一个问题:不能以随机顺序来访问加密的数据,因为当前密文数据块的解密依赖于前面的密文块。而这个问题对于很多应用来说,特别是数据库的应用,是很难接受的。例如,若用CBC模式来加密数据库,则为了访问一个特定的加密字段,就需要解密在它之前的所有数据,这是代价很高的操作。为此又出现了另一种操作模式,即计数器模式(Counter Mode,CTR模式)。

CTR模式不是用加密算法的输出填充寄存器,而是将一个计数器输入寄存器中,其加解密过程如图3.21所示。每一个分组完成加密后,计数器都要增加某个常数,典型常数值是1。其加解密公式如下:

加密:$C_i = M_i \oplus E_K(\text{CTR}+i)(1 \leqslant i \leqslant n)$

解密:$M_i = C_i \oplus E_K(\text{CTR}+i)(1 \leqslant i \leqslant n)$

其中,CTR表示计数器的初始值。

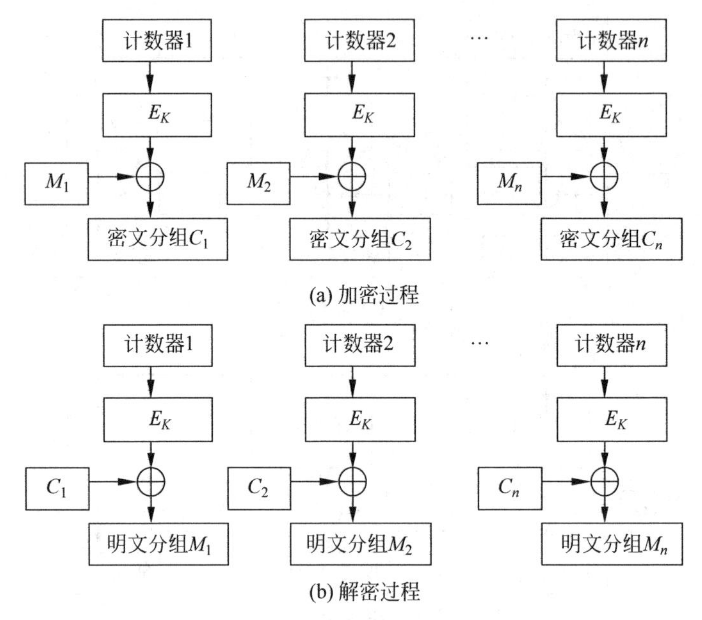

图3.21 CTR模式的加解密过程

CTR模式的主要优点如下。

(1) 随机访问特性:可以随机地对任意一个密文分组进行解密,对该密文分组的处理与其他密文分组无关。

(2) 高效率:能并行处理,即能对多个分组的加解密同时进行处理,而不必等前面分组处理完再开始;而且,CTR模式最主要和最耗时的处理并不依赖于明文或密文,因此可以提前进行预处理,这也可以极大提高处理效率。因此CTR模式很适合对实时性和速度要求很高的场景。

此外,CTR模式还可以处理任意长度的数据,而且加解密过程仅涉及加密运算,不涉及解密运算,因此不用实现解密算法。

3.9 分组密码的基本密码分析方法

本节介绍主流且通用的对分组密码算法的三种分析方法,这些方法的攻击复杂度依赖于所分析密码算法的数学结构,其中差分分析和线性分析方法被认为是现代密码学发展至今极具意义的密码分析方法。

3.9.1 差分密码分析

差分密码分析[4]是 Eli Biham① 和 Adi Shamir② 在 1990 年提出的一种分析方法，最初的差分密码分析是针对 DES 提出的，后来的发展表明差分密码分析几乎适用于所有的分组密码。差分密码分析是迄今为止攻击分组密码算法最有效的分析方法之一。差分分析是一种选择明文攻击方法，它的基本思想是：首先固定明文的差分，经若干轮后，研究明文差分对密文差分的影响，以此来恢复部分或全部的密钥位。对分组长度为 n 的 r 轮迭代密码算法，将两个 n 位串 X_i 和 X_i^* 的差分定义为

$$\Delta X_i = X_i \otimes X_i^*$$

其中：X_0 和 X_0^* 是明文对，X_i 和 X_i^* 是第 i 轮的输出，同时也是第 $i+1$ 轮的输入。若记第 i 轮的子密钥为 K_i，轮函数为 F，则 $X_i = F(X_{i-1}, K_i)$。利用加密算法获得密文对，寻找一个高概率的区分器；选择具有特定输入差分值 a_0 的明文对(X_0, X_0^*)，该明文对在最后一轮的输入差分 ΔX_{r-1} 以很高的概率为取特定值 a_{r-1}；最后，恢复最后一轮的子密钥。为了叙述方便，定义以下概念。

定义 3.1 r 轮特征 Φ 是一个差分序列：

$$a_0, a_1, \cdots, a_r$$

其中 a_0 表示明文对 X_0 和 X_0^* 的差分，$a_i(1 \leqslant i \leqslant r)$表示第 i 轮 X_i 和 X_i^* 的差分。r 轮特征 Φ 的概率是指在明文对 X_0 和 X_0^* 的差分为 a_0，且明文 X_0 和子密钥 $K_1, K_2, \cdots, K_r$ 相互独立且均匀随机的条件下，第 $i(1 \leqslant i \leqslant r)$轮输出 X_i 和 X_i^* 的差分为 a_i 的概率。

定义 3.2 如果明文对 X_0 和 X_0^* 的差分为 a_0，X_i 和 X_i^* 的差分为 a_i，$1 \leqslant i \leqslant r$，则称明文对 X_0 和 X_0^* 为特征 $\Phi = a_0, a_1, \cdots, a_r$ 的一个正确对；否则，称为特征的错误对。

用 $p_i^{\Phi} = P(\Delta F(X) = a_i \mid \Delta X = a_{i-1})$ 表示在输入差分为 a_{i-1} 的条件下，轮函数 F 的输出差分为 a_i 的概率。通常 r 轮特征 $\Phi = a_0, a_1, \cdots, a_r$ 的概率用 $\prod_{i=1}^{r} p_i^{\Phi}$ 来近似替代。

对 r 轮迭代密码算法的差分密码分析的基本过程可总结为如下步骤：

① 找出一个概率最大的$(r-1)$轮特征 $\Phi(r-1) = a_0, a_1, \cdots, a_{r-1}$；

② 均匀、随机地选择明文 X_0，计算出 X_0^*。对 2^m 个最后一轮的子密钥 K_r(或 K_r 的部分)的可能值 K_r^j，设置相应的 2^m 个计数器，用每个可能值 K_r^j 解密 X_r 和 X_r^*，得到 X_{r-1} 和 X_{r-1}^*，如果 X_{r-1} 和 X_{r-1}^* 的差分是 a_{r-1}，则相应的计数器加 1；

③ 反复执行②，若出现一个或几个明显高于其他计数器的值，则输出它们所对应的密钥或部分。

以上只是差分分析的基本原理，在实际应用中，有些步骤可能难以实现。例如，可能由于 K_r 的选取空间过大，攻击者只能转而选择推测 K_r 的部分。在 1992 年的国际密码学会议上，Biham 和 Shamir 改进了之前的攻击方法，对 16 轮的 DES 来说，差分攻击的攻击复杂度为 2^{47} 个明文密文对。

---

① Eli Biham(1960—)，以色列密码学家，目前是以色列 Technion 理工学院计算机科学系的教授。

② Adi Shamir(1952—)，RSA 算法的发明者之一，差分分析的发明者之一，Eli Biham 的博士生导师。

3.9.2 线性密码分析

线性密码分析[14]最早由松井充①于1993年提出，它起初也是针对DES的一种分析手段。线性密码分析属于已知明文攻击方法，攻击者能获取明文密文对，通过寻找明、密文间的不平衡的线性逼近表达式，从而恢复密钥。在介绍线性分析前，首先介绍线性分析中用到的堆积引理。

堆积引理 设 $X_i(1\leqslant i\leqslant n)$ 是独立的随机变量 $P(X_i=0)=p_i, P(X_i=1)=1-p_i$，则

$$P(X_1\oplus X_2\oplus\cdots\oplus X_i=0)=1/2+2^{n-1}\cdot\prod_{i=1}^{n}(p_i-1/2)$$

线性分析的第一步是寻找以下形式的不平衡的线性表达式：

$$M_{[i_1,i_2,\cdots,i_a]}\oplus C_{[j_1,j_2,\cdots,j_b]}=K_{[k_1,k_2,\cdots,k_c]}$$

其中用 $i_1,i_2,\cdots,i_a,j_1,j_2,\cdots,j_b,k_1,k_2,\cdots,k_c$ 表示固定的数据位位置。对随机的明文 M 和相应的密文 C，上述等式成立的概率 $p\neq 1/2$，将 $|p-1/2|$ 称为逼近优势，以此来刻画该等式的有效性。为了寻找非平衡的线性表达式，首先计算单个轮函数的输入、输出的线性逼近及其成立的概率，分组密码算法的线性逼近的概率与每一轮的线性逼近的概率有关，由堆积引理来计算明文密文对和密钥的线性逼近的概率。

对 r 轮迭代密码算法的线性密码分析的基本过程可以总结为以下步骤：

① 首先找出一个$(r-1)$轮线性逼近式(α,β)，其中 α 表示输入掩码，β 表示输出掩码，且其偏差$|\varepsilon(\alpha,\beta)|$较大；

② 利用区分器的输出，攻击者确定恢复的第 r 轮子密钥 K_r(或 K_r 的部分)，设攻击的密钥量为 h，对每个可能的候选密钥 gk_i，$0\leqslant i\leqslant 2^h-1$，设置相应的 2^h 个计数器；

③ 均匀、随机地选取明文 X，在同一个未知密钥 k(即在未知的轮密钥 $k_1,k_2,\cdots,k_r$)下加密，获得相应的密文 Z；

④ 对每个密文 Z，用第 r 轮中每个猜测密钥的轮密钥 gk_i 对其解密，得到 Y_{r-1}，计算 $\alpha X\oplus\beta Y_{r-1}$ 是否为0，若是，则给相应的计算器 λ_i 加1；

⑤ 将 2^h 个计数器中 $\left|\dfrac{\lambda_i}{m}-\dfrac{1}{2}\right|$ 最大值所对应的密钥 gk_i 作为攻击获得的正确密钥值。

差分密码分析和线性密码分析是现代密码学极有意义的成果之一。在这些分析手段的基础上，之后高阶差分密码分析、飞去来器攻击、不可能差分密码分析，以及两者相结合的差分-线性分析等相继被提出，这里不再赘述，感兴趣的读者可以在文献[4]中找到这些分析手段的相关原理和具体步骤。

3.9.3 中间相遇攻击

1977年，Whitfield Diffie② 等人提出中间相遇攻击方法[8]，其分析的对象依旧是DES算法。中间相遇攻击大致可分为两部分：中间相遇阶段通过部分加解密匹配过滤一部分错

---

① 松井充(1961—)，日本密码学家，现为三菱电机公司高级研究员。

② Whitfield Diffie(1944—)，美国著名密码学家，公钥加密的先驱之一。

误密钥,减小密钥空间;密钥检测阶段穷尽搜索剩余密钥,利用新的明文密文对确定唯一正确的密钥。中间相遇攻击的核心思想是将一个密码算法分为两部分:$C=E_{(k_1,k_2)}(P)=E''_{k_2}(E'_{k_1}(P))$,假设攻击者拥有明文密文对$(P_i,C_i)$,$1\leqslant i\leqslant n$,中间相遇攻击的步骤如下:

① 首先,固定明文 P_i 的某字节 x 之外的全部字节,单独取遍字节 x 的所有可能值。计算 $C_i^*=E'_{k_1}(P_i)$。记录 C_i^* 在某个位置 s 的值 y,且将 x 和 y 的关系表示为 $y=f(x)$,函数 f 可以由算法 E' 和 k_1 决定。

② 对所有可能的 k_2,计算出 $C_i^{**}=E''^{-1}_{k_2}(C_i^*)$,检查位置 s 的值 $y'=y$ 是否成立,若不成立,则淘汰相应的 k_2。

③ 对所有的 i,重复上述两步,最终获得正确的密钥。

以使用两个不同密钥的双重 DES 算法 EE_2 为例,如下:

$$\mathrm{EE}_2(m)=\mathrm{Enc}_{k_2}(\mathrm{Enc}_{k_1}(m))$$

其中 k_1 和 k_2 的密钥长度为 κ,该参数可以决定中间相遇攻击的时间和空间开销。攻击者首先选择信息 m,之后计算出在所有可能的 k_1 下的 $\mathrm{Enc}_{k_1}(m)$,并放入表中;在得到密文 c 后,使用所有的 k_2 值对 c 解密,将得到的结果放入另一个表中。通过寻找两个表中相同的值,可以得到密钥(k_1,k_2)的可能值。注意,例子中并不是对部分字节固定,而是计算了密钥的所有可能值,这是因为实际应用中需要对内存和时间代价权衡考虑,分析证明,对于双重 DES,中间相遇攻击大致需要 $2^{56+\alpha+3}$ 次加/解密操作,以及 $2^{56-\alpha}$ 条用于保存中间信息的内存,其中 α 为整数,其值与中间相遇攻击所使用的具体查询表的大小有关。

基础的中间相遇攻击需要对密钥空间进行独立子集合划分,通常要求加密结构和密钥扩展算法足够简单且扩散速度慢,这种要求在一定程度上限制了中间相遇攻击的应用范围。此后出现的多种改进的中间相遇攻击放宽了对密钥集合划分或筛选条件的限制,例如 2008 年提出的针对 8 轮 AES-256 的中间相遇攻击[9]、2014 年提出的对 AES 的安全性分析[10]等都取得了较好的效果。

思考题与习题

3-1 为了保证分组密码算法的安全强度,对分组密码算法的要求有哪些?

3-2 简述分组密码的设计原则。

3-3 什么是 SPN 网络?

3-4 什么是 Feistel 密码结构?主要有什么特点?

3-5 什么是分组密码的操作模式?分组密码有哪些主要的操作模式?其工作原理是什么?各有何特点?

3-6 简述 DES 的加密思想和 f 函数特性。

3-7 请证明 DES 结构的互补对称性,即 $\mathrm{DES}_{\overline{K}}(\overline{M})=\overline{\mathrm{DES}_K(M)}$。

3-8 请用 DES 的 8 个 S-盒对 48 位串 70a990f5fc36 进行压缩置换,用十六进制写出每个 S-盒的输出。

3-9 除三重 DES 外,还有什么方式可以提高 DES 的安全性?

3-10 设 DES 算法的 8 个 S-盒都为 $S1$,且 $R_0=\mathrm{FFFFFFFF}$,$K_1=555555555555$(均为

十六进制表示),求 $f(R_0,K_1)$。

3-11 对DES和AES进行比较,说明两者的特点和优缺点。

3-12 AES的基本变换有哪些?

3-13 设 m = b5c9179eb1cc1199b9c51b92b5c8159d,请给出AES中的字节替换变换SubBytes(m)的输出(用十六进制表示)。

3-14 AES的加密算法和解密算法之间有何不同?

3-15 在CBC模式中,若传输中一个密文字符的中位发生了错误,这个错误将传播多远?

3-16 使用C或者C++语言编程实现SM4在CBC模式和OFB模式下的加解密过程。要求指定明文文件、密钥文件、初始化向量文件的位置和名称,加密完成后密文文件的位置和名称。(加密时先分别从指定的明文文件、密钥文件和初始化向量文件中读取有关信息,然后分别按CBC和OFB模式进行加密,最后将密文(用十六进制表示)写入指定的密文文件。解密过程与此类似。)

3-17 SM4是基于非平衡Feistel结构的国密分组密码算法,PRESENT和CLEFIA是两种可面向硬件环境的轻量级分组密码算法,试从算法结构上分析和比较这三种分组密码算法。

3-18 差分密码分析和线性密码分析是针对分组密码算法的两种密码分析方法,请简述这两种方法的基本思想。

第4章 公钥密码体制

4.1 概　　述

4.1.1 公钥密码体制提出的背景

对称密码体制可以在一定程度上解决保密通信的问题，但随着计算机和网络技术的飞速发展，保密通信的需求越来越广泛，对称密码体制的局限性就逐渐表现出来，并越来越明显。对称密码体制不能完全适应应用的需要，主要表现在以下三方面。

1. 密钥管理的困难性问题

对称密码体制中，任何两个用户间要进行保密通信就需要一个密钥，不同用户间进行保密通信时必须使用不同的密钥；密钥为发送方和接收方共享，用于消息的加密和解密。在一个有 n 个用户的保密通信网络中，用户彼此间进行保密通信就需要 $n(n-1)/2$ 个密钥。当网络中的用户数量增加时，密钥的数量将急剧增大。例如当 $n=100$ 时，需要 4950 个密钥；而 $n=500$ 时，需要 124 750 个密钥。

2. 系统的开放性问题

电子商务等网络应用提出了互不认识的网络用户间进行秘密通信的问题，而对称密码体制的密钥分发方法要求共享密钥的各方互相信任，因此它不能解决陌生人间的密钥传递问题，也就不能支持陌生人间的保密通信。

3. 数字签名问题

对称密码体制难以从机制上提供数字签名功能，也就不能实现通信中的抗抵赖需求。

对称密码体制存在的上述局限性，促使人们产生了建立新的密码体制的愿望。公钥密码体制又称为非对称密码体制，或双密钥密码体制，其思想是在 1976 年由 Diffie 和 Hellman 在其开创性的论文《密码学新方向》中首先提出来的。

公钥密码体制的发展是整个密码学历史上的一次革命，具有里程碑意义。在公钥密码体制出现之前，几乎所有的密码系统都建立在基本的代替和换位基础上；公钥密码体制与以前的所有方法都截然不同，它基于一种特殊的数学函数而不是代替和换位操作，而且公钥密码体制是不对称的，它有两个配对的密钥，一个由密钥拥有者保管，另一个公开。用两个密钥中的公开密钥加密的内容，可以用对应的另一个密钥解密，这就解决了对称密码体制中存在的密钥管理、分发和数字签名难题。公钥密码体制对于保密通信、密钥管理、数字签名和鉴别等领域有着深远的影响。

4.1.2 公钥密码的基本思想

公钥密码也称为非对称密码。使用公钥密码的每一个用户都分别拥有两个密钥：加密密钥与解密密钥，两者并不相同，并且由加密密钥得到解密密钥在计算上是不可行的。每一个用户的加密密钥都是公开的(因此加密密钥也称为公钥)。所有用户的公钥都将记录在类似于电话号码簿的密钥本上，可以被所有用户访问，这样，每一个用户都可以得到其他所有用户的公钥。同时，每一个用户的解密密钥将由该用户保存并严格保密(因此解密密钥也称为私钥)。

图4.1是一般公钥密码体制的示意图。

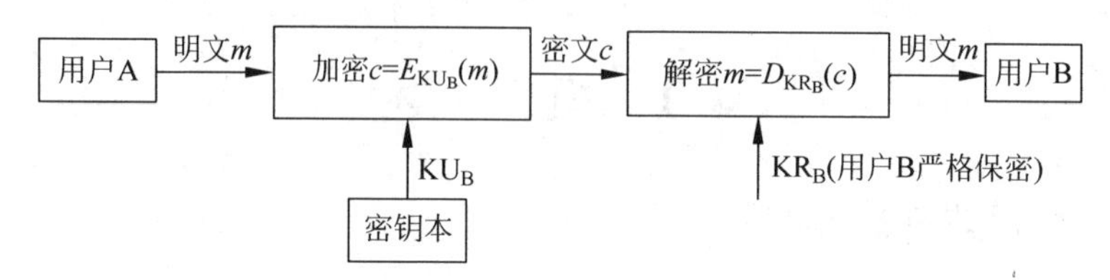

图4.1 公钥密码体制的示意图

图中$E_{KU_B}(m)$表示使用用户B的公钥KU_B对明文m进行加密，$D_{KR_B}(c)$表示用户B使用自己的私钥KR_B对密文c进行解密。

公钥密码的加密变换$E_{KU_B}(m)$与解密变换$D_{KR_B}(c)$应满足下列要求：

(1) $D_{KR_B}(c)$是$E_{KU_B}(m)$的逆变换，即对于任意明文m，均有

$$D_{KR_B}(c)=D_{KR_B}(E_{KU_B}(m))=m$$

(2) 在已知加密密钥或解密密钥时，相应的加密或解密计算是容易完成的。

(3) 如果不知道私钥KR_B，那么即使知道公钥KU_B、具体的加密与解密算法及密文，确定明文也是计算上不可行的。

上述要求指出：在公钥密码中，对任意明文进行加密变换是容易计算的；如果知道解密密钥，那么，对密文进行解密也将是容易计算的；但是，如果不知道解密密钥，对密文进行逆变换以得到正确的明文在计算上将是不可行的。具有这种性质的函数称为单向陷门函数。

较正式地，单向陷门函数可以被定义为如下函数f：

(1) 给出f的定义域中的任意元素x，$f(x)$的计算是容易完成的。

(2) 给出$y=f(x)$中的y、要计算x时，若知道设计函数f时结合的某种信息(该信息称为陷门)，则容易计算；若不知道该信息，则难以计算。

这样，设计公钥密码体制就变成了寻找单向陷门函数。目前人们主要是基于如下的数学上的困难问题来设计单向陷门函数和公钥密码体制：

(1) 大整数分解问题(如公钥密码体制RSA)；

(2) 有限域上的离散对数问题(如公钥密码体制ElGamal)；

(3) 椭圆曲线上的离散对数问题(如公钥密码体制ECC)。

4.1.3 公钥密码的应用

公钥密码自提出以来就得到了广泛的应用。一般地，公钥密码系统主要有如下的应用。

1. 机密性的实现

发送方用接收方的公钥加密消息，接收方用自己的私钥来解密。

2. 数字签名

发送方用自己的私钥来签名消息，接收方通过发送方对应的公钥来鉴别消息，并且发送方不能对自己的签名进行否认。

3. 密钥分发和协商

发送方和接收方基于公钥密码系统容易实现在公开信道上大规模的密钥分发和协商。

虽然公钥密码有很多优点，但公钥密码算法运行在很大的代数结构之中，这就意味着昂贵的代数计算。相比较而言，对称密码函数一般更加有效。例如就AES而言，它在256个元素的范围中运算；基本的运算如乘法和求逆可以通过“查表”法来完成，效率非常高。通常，公钥密码系统要比相应的对称密码系统所需的计算量大得多，故一般不用公钥密码系统来加密大量的数据。

在应用中，尤其当需要加密大量的数据时，目前一种常用的方法是采用混合密码体制。在这个密码体制中，首先产生一个随机的用于对称密码加密的临时密钥；再用公钥密码体制来加密这个临时密钥，这就在发送者和接收者之间建立了共享的临时密钥；在这个共享的临时密钥控制下，采用对称密码体制对大量数据进行加密；最后再把加密的临时密钥和密文数据组成报文一起发送出去。这种组合方案发挥了这两种密码系统的优势：公钥密码体制易于密钥分配，对称密码体制具有高效率。

4.2　RSA公钥算法

RSA公钥算法是最常见的一种公钥算法，它由美国MIT的Rivest[①]、Shamir和Adleman[②]在1978年提出。RSA是被最广泛接受并实现的通用公钥密码算法，目前已成为公钥密码的国际标准。该算法的数学基础是初等数论中的欧拉定理，其安全性建立在大整数因子分解的困难性之上。

4.2.1　RSA算法的描述

RSA公钥密码体制的具体描述如下。

1. 密钥生成

(1) 随机选择两个大素数 p 和 q，并计算

$$n = pq,\quad \varphi(n) = (p-1)(q-1)$$

(2) 选择一个随机数 e，$1 < e < \varphi(n)$ 满足 $\gcd(e, \varphi(n)) = 1$，并计算

$$d = e^{-1} \bmod (\varphi(n))$$

(3) 公钥为 (e, n)，私钥为 d。

2. 加密

对明文 $m < n$，其对应的密文为

---

① Ron Rivest(1947—)，美国密码学家，麻省理工学院教授。

② Leonard Adleman(1945—)，美国计算机科学家。2002年Rivest、Shamir和Adleman共同获得图灵奖。

$$c = m^e \bmod n$$

3. 解密

对密文 c,其对应的明文为

$$m = c^d \bmod n$$

现在来证明加密和解密是逆运算。由于

$$de \equiv 1 \bmod (\varphi(n))$$

因此存在整数 k 满足

$$de = k\varphi(n) + 1$$

当 $\gcd(m, p) = 1$ 时,由费马小定理知

$$m^{p-1} \equiv 1 \bmod p$$

因此有

$$m^{ed} = m^{k\varphi(n)+1} = m(m^{p-1})^{k(q-1)} \equiv m \bmod p$$

而此式在 $\gcd(m, p) = p$ 时显然也成立。同样可以推出

$$m^{ed} = m^{k\varphi(n)+1} \equiv m \bmod q$$

故有

$$c^d \equiv m^{ed} = m^{k\varphi(n)+1} \equiv m \bmod n$$

请思考为什么不能直接用欧拉定理来证明。

下面是一个描述 RSA 密码体制的小例子(这是不安全的,请思考为什么)。

【例 4.1】 假定用户 B 取 $p = 47, q = 71$,那么 $n = 47 \times 71 = 3337$,$\varphi(n) = 46 \times 70 = 3220$。设用户 B 取 $e = 79$,用扩展欧几里得算法可得

$$d = e^{-1} \bmod (p-1)(q-1) = 79^{-1} \bmod 3220 = 1019$$

因此用户 B 的公钥为(3337,79),私钥为 1019。

现假定用户 A 想加密消息 688 并发送给用户 B,首先需要获得用户 B 的公钥(3337,79),然后计算

$$c = 688^{79} \bmod 3337 = 1570$$

并把密文发给用户 B。用户 B 收到密文后,用私钥进行解密:

$$m = 1570^{1019} \bmod 3337 = 688$$

4.2.2 RSA 算法实现上的问题

虽然 RSA 的原理十分简单,但对实际应用来说有很多需要注意的问题。为了有效地实现 RSA 公钥密码体制,首先就必须解决如下两个主要问题。

1. 高效地计算 $a^m \bmod n$

从 RSA 的加密和解密算法可以看出,快速完成模 n 指数运算是非常重要的。因为模 n 和指数 m 都很大,所以需要考虑模指数运算的有效性。

著名的“平方-乘法”算法是计算模指数的一种有效算法,其原理解释如下。设 m 的二进制表示为 $b_k b_{k-1} \cdots b_0$,即

$$m = \sum_{i=0}^{k} b_i 2^i$$

其中 $b_i \in \{0,1\}$。所以,有

$$a^m = a^{\sum_{i=0}^{k} b_i 2^i} = (a^{b_k 2^{k-1}+\cdots+b_1})^2 a^{b_0}$$
$$= \cdots$$
$$= (\cdots((a^{b_k})^2 a^{b_{k-1}})^2 \cdots a^{b_1})^2 a^{b_0}$$

故计算 $a^m \bmod n$ 的“平方—乘法”算法的伪代码描述如下：

```
Square - and - Multiply (a, m, n) // 输出 a^m mod n 的值
{
    把 m 表示为二进制形式,即 b_k b_(k-1) … b_0;
    d←1;
    for(i = k; i >= 0;i -- )
    {
        d←d^2 mod n;
        if (b_i = = 1)
            d←(d × a) mod n;
    }
    return d;
}
```

【例 4.2】 用“平方—乘法”算法计算 $2^{11} \bmod 35$。

解：这里 $n=35, a=2, m=11$，m 的二进制表示为 1011。因为

i	b_i	d
3	1	$1^2 \times 2 \bmod 35=2$
2	0	$2^2 \bmod 35=4$
1	1	$4^2 \times 2 \bmod 35=32$
0	1	$32^2 \times 2 \bmod 35=18$

所以，$2^{11} \bmod 35=18$。

2. 快速地产生大素数

现在还没有产生任意大素数的实用技术，通常是随机选取一个需要的数量级的奇数并检验这个数是否是素数，如果不是，再重复前面的步骤，直到找到了通过检验的素数为止。

检验素性方面已经出现了许多方法，而且几乎所有的检验方法都是概率性的。也就是说，这个检验只是确定一个给定的整数很可能是素数。虽然不具有完全的确定性，但是这些检验可以按照需要重复进行，使得出错的概率尽可能接近于 0。一个比较高效和流行的素性检测算法是 Miller-Rabin 算法，其描述如下：

```
Miller - Rabin(n)
//n 是大于 3 的奇数,输出 n 是否通过素性检验
{
    将 n - 1 表示为二进制形式,即 b_k b_(k-1) … b_0;
    在{2, … , n - 1}中随机选取一个整数 a;
    d ← 1;
    for (i = k; i >= 0; i -- )
    {
        x ← d;
        d ←d^2 mod n;
        if (d = 1) and (x≠1) and (x≠ n - 1) then return FALSE;
```

```
            if (b_i = 1) then d ←(d × a) mod n;
        }
        if (d≠1) then return FALSE;
        return TRUE;
    }
```

在 Miller-Rabin 算法中,如果 n 没有通过检验,即算法返回值为 FALSE,则 n 肯定不是素数;如果返回值为 TRUE,即 n 通过了这次检验,可以证明,n 是合数的概率最多为 25%。如果 n 通过了 s 次检验,那么 n 是素数的概率至少为$(1-1/4^s)$,故 n 通过的检验次数越多,n 是素数的可能性就越大。

一般地,选取一个素数的过程如下:

(1) 随机产生一个奇数 n(例如使用伪随机数产生器)。

(2) 用某种概率性算法(如 Miller-Rabin 算法)对 n 进行一次素性检验,如果 n 没有通过检验,则转到步骤(1)。

(3) 重复步骤(2)足够多次,如果 n 都通过了检验,则认为 n 为素数。

4.2.3 RSA 算法的安全性问题

RSA 的安全性是基于大整数分解的困难性假定,之所以称为假定是因为其困难性至今还未能证明。如果 RSA 的模数 n 被成功分解为 pq,则立即获得 $\varphi(n)=(p-1)(q-1)$,从而能够确定 e 模 $\varphi(n)$的乘法逆元 d,即 $d=e^{-1}\bmod(\varphi(n))$,因此攻击成功。

随着人类计算能力的不断提高,有些原来被认为不可能分解的大整数已被成功分解。例如,RSA-129(即 n 为 129 位十进制数,大约 428 比特)已在网络上通过分布式计算历时 8 个月于 1994 年 4 月被成功分解,RSA-130 已于 1996 年 4 月被成功分解,RSA-155 已于 1999 年 8 月被成功分解。

解决大整数的分解问题,除了依靠人类的计算能力外,还有分解算法的改进。分解算法过去都采用二次筛法,如对 RSA-129 的分解。而对 RSA-130 的分解则采用了一个新算法,称为推广的数域筛法,该算法在分解 RSA-130 时所做的计算仅比分解 RSA-129 多 10%。将来可能还有更好的分解算法,因此在使用 RSA 算法时对其密钥的选取要特别注意其大小。预计在未来一段比较长的时期,密钥长度介于 2048～4096 比特之间的 RSA 算法是安全的。除了注意密钥长度之外,为避免选取容易分解的模数,研究人员建议在选取系统参数时应满足如下的要求:

(1) p 和 q 的长度应该相差不多。

(2) $p-1$ 和 $q-1$ 都应该包含大的素因子。

(3) $\gcd(p-1,q-1)$应该很小。

(4) $d<n^{1/4}$。可以证明如果 $d>n^{1/4}$,则 d 可以较容易地被确定。

除此之外,RSA 加密方案经过了攻击者的广泛研究,近年来出现的侧信道攻击、能量攻击等对 RSA 方案有很大的威胁。为了克服上述的缺点,人们通过填充随机串构造了更为安全的加密方案。

除了上述问题外,在直接应用 RSA 算法的时候还要注意一些与安全性相关的问题,主要有如下四个问题。

1. 用户之间不要共享模数 n

如果已知 n 和 $\varphi(n)$ 的一个倍数，已有快速算法来分解 n，感兴趣的读者可以阅读参考文献[15]。假设某中心选择公用的 RSA 模数 n，然后对每个用户产生一对加解密指数 e 和 d。由于对任意的 e 和 d，$ed-1$ 都是 $\varphi(n)$ 的倍数，从而任何用户都可以通过分解 n 来求出共享该模数的每个用户的解密密钥。

另外，假定用户 U_1 与 U_2 的共享模数为 n，他们的加密密钥分别是 e_1 和 e_2，而且这两个指数又互素即 $\gcd(e_1,e_2)=1$，则攻击者不需要解密密钥 d 就可能恢复出明文，其具体解释如下。

设用户 A 要向用户 U_1 与 U_2 发送明文 m 的加密信息。用户 A 分别用 U_1 与 U_2 的公钥 e_1 和 e_2 加密明文消息 m，则密文分别为

$$c_1=m^{e_1} \bmod n$$

$$c_2=m^{e_2} \bmod n$$

则可以用 n、e_1 和 e_2、c_1 和 c_2 恢复出 m。设 c_1 或 c_2 与 n 互素（概率很大），e_1 和 e_2 互素（概率很大），则攻击者由扩展的欧几里得算法能找到两个整数 s 和 t，满足 $se_1+te_2=1$。s 和 t 中必有一个是负数，假定 s 为负数，再用扩展欧几里得算法可计算 $c_1^{-1} \bmod n$。最后计算：

$$(c_1^{-1})^{-s}c_2^t=(m^{-e_1})^{-s}(m^{e_2})^t=m^{(se_1+te_2)} \bmod n=m$$

2. 不同的用户选用的素数不能相同

若用户 U_1 与 U_2 选用了同一个素数 p，设 $n_1=pq_1$，$n_2=pq_2$，分别是它们的模数，那么任何人都可以用欧几里得算法求得 $\gcd(n_1,n_2)=p$，从而得到 n_1 与 n_2 的分解式。所以，不同用户的 n 之间必须互素！

3. m 和 e 不能太小

若 $m<n^{1/e}$，$m^e \bmod n=m^e$，此时攻击者可以在 $O(\|n\|)$的时间内计算出 m，当 e 的取值较小时，朴素 RSA 的这种脆弱性就会尤为突出。例如，取 $e=3$，$\|n\|=1024$，当 m 为 300 位左右时，这种攻击依然奏效。这严重限制了朴素 RSA 的可用性。

4. 使用相同公钥加密的明文间不能相关

假设发送者要使用公钥(n,e)加密消息 m 和 $m+\delta$，其中 δ 是公开的。攻击者可以定义：

$$f_1(x)\overset{\text{def}}{=\!=}x^e-c_1 \bmod n$$

$$f_2(x)\overset{\text{def}}{=\!=}(x+\delta)^e-c_2 \bmod n$$

m 显然是上述两个多项式的根，因此$(x-m)$是两个多项式的公因子。如果 $f_1(x)$和 $f_2(x)$的最大公因子是线性的，明文 m 就暴露了。而 $f_1(x)$和 $f_2(x)$的最大公因子可以在 ploy$(\|n\|,e)$时间内计算得出，因此如果两个明文间存在联系的话，朴素 RSA 并不安全。

4.2.4 RSA 数据加密的几种实现方案

RSA 算法为确定性的加密算法，以上介绍的算法可称为朴素 RSA 算法。加密算法对于每个消息的加密取决于该消息和使用的公钥。一个消息在同一个公钥的加密下是确定不

变的。直接使用 RSA 加密方案存在很多问题和攻击手段,例如已知报文攻击就是针对 RSA 等公钥密码算法的典型攻击手段。

下面举一个例子。在实际应用时,一条明文可能包含某些攻击者知道的非秘密的部分信息,例如,如果知道一条明文是一个小于 100 000 的数(如一笔秘密的支付或工资),则通过密文,攻击者可以用不超过 100 000 次的尝试加密找出明文。故在使用 RSA 进行加密前,需要对明文做某种预处理。尽管 RSA 是不安全的,但可以通过以下方法使用 RSA 加密:在对明文 M 加密前,将 M 映射到 $\hat{M}\in Z_n^*$,之后对 $\hat{M}$ 加密。为了使接收者能够正确地还原明文 M,映射应为可逆的;为了实现 CPA(Chosen Plaintext Attack)①安全的使用需求,映射应该具有随机性而不是决定性。当然,这是 CPA 安全的必要条件,但不是充分条件。加密方案的安全性最终还是由使用的特定映射决定。

上述方法的一个简单实现方案是在加密前对原始明文进行随机填充。发送者均匀、随机地选择字符串 $r\in\{0,1\}^l$,$\hat{M}:=r\parallel m$。显然这种方案满足了可逆和随机性的需求。在安全性方面,暴力搜索攻击的次数很明显完全由参数 l 决定,如果 l 太小,安全性过低;反之,方案的效率会过低。下面介绍一种基于此方案的加密标准。

PKCS #1:RSA Encryption Version 1.5 于 1998 年在 RFC2313[15]中被提出,该文件中定义了 RSA 公开密钥算法的加密和签名机制,主要用于组织 PKCS#7 中所描述的数字签名和数字信封。用 M 表示待加密的数据,mLen 表示消息包含多少字节,k 表示 n 包含多少字节,该标准要求 mLen$\leqslant k-11$。

进行 RSA 加密运算的填充后,明文 EB 的结构如下:

$$\mathrm{EB}=00\parallel \mathrm{BT}\parallel \mathrm{PS}\parallel 00\parallel M$$

其中,00 表示 1 字节,BT 表示填充类型,占 1 字节。PS 表示填充串,长度为 $k-3-\parallel \mathrm{D}\parallel$,其内容由 BT 决定:BT=00,则 PS 的所有字节为 00;BT=01,PS 的全部字节为 FF;BT=02,PS 为伪随机生成的非零值,且应与原始数据 M 独立。显然,PS 的长度至少为 8 字节。M 为原始的数据。PKCS #1 v1.5 加密与解密算法与朴素 RSA 无异。不幸的是,PKCS #1 v1.5 方案被指出并非是 CPA 安全的,原因是允许的随机填充长度太短。另一方面,CCA(Chosen-Ciphertext Attack)攻击②可以破坏该方案的安全性。基于以上原因,RSA-OAEP(Optimal Asymmetric Encryption Padding)方案于 2003 年被提出,这种方案是 CCA 安全的。

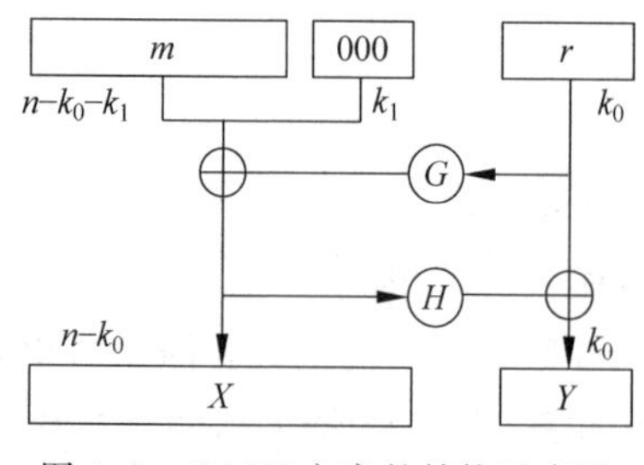

图 4.2 OAEP 方案的结构示意图

OAEP 方案[16]的结构示意图如图 4.2 所示。

其中,n 是 RSA 模数中的位数;k_0 和 k_1 是由协议固定的整数;m 是明文消息,是一个$(n-k_0-k_1)$位字符串。$G:\{0,1\}^{k_0}\rightarrow\{0,1\}^{k_1+l}$ 和 $H:\{0,1\}^{k_1+l}\rightarrow\{0,1\}^{k_0}$ 是相互独立的随机预言机(Oracle),可以用加密散列函数实现,而$\oplus$是一个异或(XOR)操作。

---

① 在 CPA 攻击中,攻击者拥有可以获得任意明文的对应密文的能力。

② 在 CCA 攻击中,攻击者拥有可以获得任意明文的对应密文,以及任意密文的对应明文的能力。在参考文献[21]中有对这些攻击下的安全定义的详细说明。

具体的填充过程如下：

(1) 原消息用 k_1 个 0 填充为 $n-k_0$ 位长；

(2) r 是随机生成的 k_0 位字符串，G 将 r 的 k_0 位扩展为 $n-k_0$ 位，$X=m00..0\oplus G(r)$；

(3) H 产生 X 的消息摘要，输出位数为 k_0 位，$Y=r\oplus H(X)$；

(4) 最终的输出为 $\hat{m}=X \| Y$。

OAEP 方案对 $\hat{m}$ 的加密过程和朴素 RSA 相同。用(n,e)表示公钥，发送者按照上述步骤生成 $\hat{m}$，输出密文 $c:=\hat{m}^e \bmod n$。接收者计算 $\hat{m}'=c^d \bmod n$，并按照相应的长度分出 $\hat{m}':=s \| t$，然后计算 $r:=H(s)\oplus t$ 和 $m':=G(r)\oplus s$。之后接收者对信息进行验证：接收者检查 m'的最后 k_1 位是否全部为 0，如果不是全部为 0，接收者拒绝接受消息；如果全部为 0，接收者继续还原出明文 m。

OAEP 方案是 CCA 安全的，其安全性证明可以参阅文献[23]。

4.3　ElGamal 公钥算法

ElGamal 公钥密码算法同样也是一种应用广泛的加密算法，它是 ElGamal 于 1985 年提出的，是极有名的公钥密码算法之一。它的安全性基于(有限域上的)离散对数问题(关于离散对数问题的描述请参见附录 A.1.5)。

ElGamal 加解密算法的具体描述如下。

1. 密钥的生成

系统选取一个大素数 p，$\alpha\in Z_p^*$ 是 p 的一个本原元。随机生成一个整数 x，$2\leqslant x\leqslant p-2$，并计算 $y=\alpha^x \bmod p$。

以(p,α,y)作为用户的公钥，而 x 作为用户的私钥。

2. 加密过程

设用户想加密的明文为 $m(<p)$，其加密过程如下：

(1) 随机选择一个整数 k，$2\leqslant k\leqslant p-2$，并计算

$$c_1=\alpha^k \bmod p$$

$$c_2=my^k \bmod p$$

(2) 密文为二元组(c_1,c_2)。

3. 解密过程

用户用私钥 x 对密文(c_1,c_2)的解密过程如下：

$$m=c_2(c_1^x)^{-1} \bmod p$$

很容易验证解密过程的有效性，因为 $c_1=\alpha^k \bmod p$，$c_2=my^k \bmod p$，而用户公钥为$y=\alpha^x \bmod p$，所以有

$$c_2(c_1^x)^{-1} \bmod p=my^k(\alpha^{kx})^{-1} \bmod p=m\alpha^{xk}(\alpha^{kx})^{-1} \bmod p=m$$

在 ElGamal 密码体制中，加密运算结果具有随机性。因为密文既依赖于明文，又依赖于加密过程中选择的随机数，所以，对于同一个明文，会有许多可能的密文，即 ElGamal 密码算法是非确定性算法。

下面以一个简单例子说明在ElGamal加解密过程中所进行的计算。

【例4.3】 设 $p=2579, \alpha=2$。可以验证 α 是模 p 的本原元。用户B选择 $x=765$ 作为自己的私钥,所以其对应公钥为

$$y=\alpha^x \bmod p=2^{765} \bmod 2579=949$$

现假设用户A想要传送消息 $m=1299$ 给用户B。假设A选择的随机数 $k=853$,那么计算如下:

$$c_1=\alpha^k \bmod p=2^{853} \bmod 2579=435$$

$$c_2=my^k \bmod p=1299\times 949^{853} \bmod 2579=2396$$

当B收到密文 $c=(435,2396)$后,解密如下:

$$m=2396\times(435^{765})^{-1} \bmod 2579=949$$

显然,ElGamal密码体制安全的一个必要条件是:Z_p^* 上的离散对数问题是困难的。因此,要仔细选取素数 p。为防止一些已知的攻击,p 应该至少有1024位,$p-1$ 应该具有至少一个较大的素数因子。另外,ElGamal密码体制可以在任何离散对数问题难处理的有限群中实现。

4.4 椭圆曲线密码体制

4.4.1 概述

基于RSA算法的公钥密码体制得到了广泛的使用,但随着计算机处理能力的提高和计算机网络技术的发展,RSA的密钥长度不断增加,显然这种增长对本来计算速度缓慢的RSA来说,无疑是雪上加霜。这个问题对于那些进行大量安全交易的电子商务网站来说显得更为突出。椭圆曲线密码体制(Elliptic Curve Cryptography,ECC)的提出改变了这种状况,实现了密钥效率的重大突破,大有以强大的短密钥取代RSA之势。

椭圆曲线密码体制是迄今被实践证明安全有效的三类公钥密码体制之一,以高效性著称,由Kablitz和Miller在1985年分别提出并在近年开始得到重视。其安全性基于椭圆曲线离散对数问题的难解性。同基于有限域上的离散对数问题的公钥密码体制相比,椭圆曲线密码体制主要有以下两方面的优点。

1. 密钥长度小

椭圆曲线离散对数问题被公认为比整数分解问题和有限域上的离散对数问题难解得多,到目前为止,ECC没有亚指数攻击,所以,在实现相同安全级别的条件下,ECC所需要的密钥长度远小于基于有限域上的离散对数问题的公钥密码体制,如表4.1所示。

表4.1 ECC、RSA和分组密码实现相同安全级别时的密钥大小比较

ECC的密钥长度/字节	RSA的密钥长度/字节	分组密码的密钥长度/字节
160	1024	80
224	2048	112
256	3072	128
384	8192	192
512	15360	256

2. 算法性能好

ECC由于密钥长度小很多,因此减少了处理开销,具有存储效率高、计算效率高和节约

通信带宽等优势，特别适用于计算和存储能力有限的系统，如智能卡、手机等。

ECC的安全性等优势使其得到了业界的认可和广泛的应用，IEEE、ANSI、ISO和IETF等国际组织已在椭圆曲线密码算法的标准化方面做了大量工作。1999年2月，椭圆曲线数字签名算法ECDSA被ANSI确定为数字签名标准ANSI X9.62-1998，椭圆曲线上的Diffie-Hellman体制ECDH被确定为ANSI X9.63；2000年2月ECDSA被确定为IEEE标准IEEE 1363-2000。

4.4.2　椭圆曲线的基本概念与相应的运算

椭圆曲线由一个二元三次方程定义，但不同数域上的椭圆曲线的表示形式是不一样的，甚至其上的运算也不一样。对于椭圆曲线上的密码体制，最常使用有限域GF(p)上的椭圆曲线和有限域GF(2^m)上的椭圆曲线。为简单起见，下面仅讨论有限域GF(p)上的椭圆曲线。

设p是大于3的素数，且$4a^3+27b^2\neq 0 \bmod p$，称曲线

$$y^2 \equiv x^3+ax+b \pmod p$$

为GF(p)上的椭圆曲线。该曲线由p、a和b完全决定，故一般可记为$E_p(a,b)$。

【例4.4】　对于GF(11)的一个椭圆曲线$E_{11}(1,6)$：$y^2\equiv x^3+x+6 \pmod{11}$，求它的所有解点。

解：对GF(11)中的每一个点x，计算$s=x^3+x+6 \pmod{11}$，然后对y求解二次方程$y^2\equiv s$，如果此时方程有解（即s为模11的平方剩余），设解为y，则$(x,\pm y)$是$E_{11}(1,6)$上的点。使用上述方法，可以求得$E_{11}(1,6)$上的所有点，如表4.2所示。

表4.2　$E_{11}(1,6)$上所有点的计算

x	$s=x^3+x+6 \pmod{11}$	s是不是模11的平方剩余	y
0	6	不是	—
1	8	不是	—
2	5	是	4,7
3	3	是	5,6
4	8	不是	—
5	4	是	2,9
6	8	不是	—
7	4	是	2,9
8	9	是	3,8
9	7	不是	—
10	4	是	2,9

故$E_{11}(1,6)$上的所有点为：(2,4)，(2,7)，(3,5)，(3,6)，(5,2)，(5,9)，(7,2)，(7,9)，(8,3)，(8,8)，(10,2)和(10,9)，共12个点。

为了使椭圆曲线上解点的集合能构成一个交换群，需要引入一个无穷远点O，并定义如下的加法运算。

加法规则1：O为单位元，即对曲线上的所有点P满足：$P+O=P$。

加法规则2：对点$P(x,y)$，有点$Q(x,-y)$满足：$P+Q=O$，称点Q为P的逆（负）元，记为$-P$。在此基础上可以定义减法规则：$P-Q=P+(-Q)$。

加法规则3：对于两个不同且不互逆的点 $P(x_1,y_1)$ 与 $Q(x_2,y_2)$，即 $x_1 \neq x_2$，则

$$P(x_1,y_1)+Q(x_2,y_2)=S(x_3,y_3)$$

其中，

$$x_3=\lambda^2-x_1-x_2$$

$$y_3=\lambda(x_1-x_3)-y_1$$

$$\lambda=\frac{y_2-y_1}{x_2-x_1}$$

加法规则4(倍点规则)：对点 $P(x_1,y_1)$，若 $P\neq -P$，即 $y_1\neq 0$，则

$$P(x_1,y_1)+P(x_1,y_1)=2P(x_1,y_1)=S(x_3,y_3)$$

其中，

$$x_3=\lambda^2-2x_1$$

$$y_3=\lambda(x_1-x_3)-y_1$$

$$\lambda=\frac{3x_1^2+a}{2y_1}$$

一般地，将 $\underbrace{P+P+\cdots+P}_{n个}$ 记为 nP，称为 P 的倍点。

关于倍点还有一个定义：设 P 是椭圆曲线 $E_p(a,b)$ 上的一点，若存在最小的正整数 n，使 $nP=O$，则称 n 是 P 点的阶，其中 O 是无穷远点。

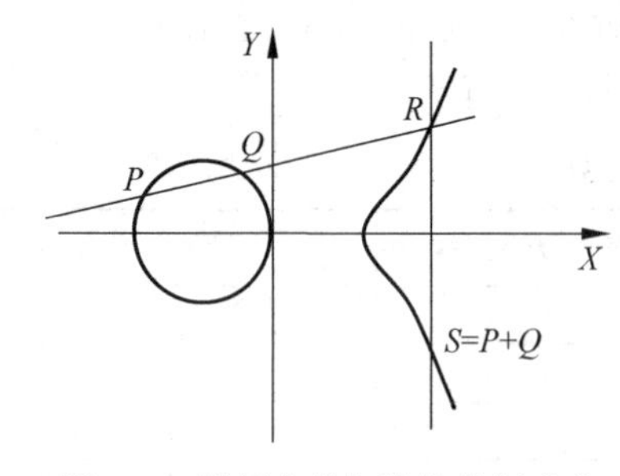

图4.3 椭圆曲线加法的几何意义

可以证明，椭圆曲线 $E_p(a,b)$ 上全体解点的集合(包括无穷远点 O)在如上定义的加法运算下构成一个加法交换群。椭圆曲线及其解点的加法运算的几何意义如图4.3所示：要对点 P 和 Q 做加法，首先过 P 和 Q 画直线(如果 $P=Q$ 就过 P 点画曲线的切线)，与椭圆曲线相交于点 R，再过无穷远点和 R 点画直线(即过 R 点向 X 轴做垂直线)，与椭圆曲线相交于点 S，则点 S 就是点 P 和 Q 的和，即 $S=P+Q$。

【例4.5】 对于有限域GF(23)上的椭圆曲线 $E_{23}(16,10)$：$y^2=x^3+16x+10$ 上，令 $P=(18,14)$，$Q=(5,10)$，$P,Q\in E$，计算 $P+Q$ 和 $2P$。

解：(1) 由椭圆曲线的加法规则得

$$\lambda=\frac{y_2-y_1}{x_2-x_1} \bmod p=\frac{4}{13} \bmod 23=18$$

$$x_3=(\lambda^2-x_1-x_2) \bmod p=(18^2-18-5) \bmod 23=2$$

$$y_3=(\lambda(x_1-x_3)-y_1) \bmod p=(18(18-2)-14) \bmod 23=21$$

因此 $P+Q=(2,21)$。

(2) 由椭圆曲线的倍点规则得

$$\lambda=\frac{3x_1^2+a}{2y_1} \bmod p=\frac{3\times 18^2+16}{2\times 14} \bmod 23=9$$

$$x_3=(\lambda^2-2x_1) \bmod p=(9^2-2\times 18) \bmod 23=22$$

$$y_3=(\lambda(x_1-x_3)-y_1) \bmod p=(9(18-22)-14) \bmod 23=19$$

因此 $2P=(22,19)$。

【例 4.6】 对例 4.4 中的椭圆曲线 $E_{11}(1,6)$，令 $P=(2,7)$，计算 P 的所有倍点，并验证 P 为 $E_{11}(1,6)$上的生成元。

解：由例 4.4 知椭圆曲线 $E_{11}(1,6)$上的点的个数为 13(包括无穷远点 O)，而 13 为素数，故该曲线上定义的加法群为循环群，且任意非单位元均为生成元。下面通过计算 P 的所有倍点来验证 P 为生成元。

先计算 $2P$。因为

$$\lambda=(3\times 2^2+1)(2\times 7)^{-1} \bmod 11=(2\times 3^{-1}) \bmod 11=8$$

$$x_3=(8^2-2-2) \bmod 11=5$$

$$y_3=(8\times(2-5)-7) \bmod 11=2$$

因此 $2P=(5,2)$。然后根据公式计算 $3P=2P+P=(8,3)$，接着可以依次计算出其他倍点：

$$P=(2,7),\quad 2P=(5,2),\quad 3P=(8,3),$$

$$4P=(10,2),\quad 5P=(3,6),\quad 6P=(7,9),$$

$$7P=(7,2),\quad 8P=(3,5),\quad 9P=(10,9),$$

$$10P=(8,8),\quad 11P=(5,9),\quad 12P=(2,4),$$

$$13P=12P+P=(2,4)+(2,7)=(2,4)+(2,-4)=O$$

显然，P 为椭圆曲线 $E_{11}(1,6)$上的生成元。

4.4.3　椭圆曲线上的加密算法

为使用椭圆曲线构造密码体制，需要指出椭圆曲线上的数学困难问题。

在椭圆曲线 E 上的交换群(E，+)上考虑方程 $P=dG$，其中 $P,G\in E$，d 为整数，则由 d 和 G 易求 P，但由 P、G 求 d 是计算上不可行的。这就是椭圆曲线上的离散对数问题，它是椭圆曲线密码体制的安全基础。

下面介绍一种非常经典的椭圆曲线上的 ElGamal 密码体制 ECELG。

1. 密码系统参数的生成

首先选择一个有限域 GF(q)和定义在 GF(q)上的一条椭圆曲线 E(a,b)和 E(a,b)上的一个阶为大素数 n 的点 G(称为基点)。椭圆曲线 E(a,b)、基点 G 和阶 n 作为系统公开参数。

2. 密钥的生成

系统用户 A 通过如下计算来产生自己的公钥私钥对：

(1) 在区间$[2,n-1]$中随机选取一个整数 d_A；

(2) 计算 $P_A=d_AG$。

则用户 A 的公钥为 P_A，私钥为 d_A。

3. 加密过程

当用户 B 要将消息 m 保密发送给用户 A 时，用户 B 进行如下的操作：

(1) 通过某种方式将明文消息 m 通过编码映射到曲线 E 上的点 P_m；

(2) 在区间$[2,n-1]$中随机选取一个整数 k；

(3) 计算 $c_1=kG, c_2=P_m+kP_A$。

将密文 $C_m=(c_1,c_2)=(kG,P_m+kP_A)$发送给用户 A。注意密文分量 c_1、c_2 都是椭圆曲线 $E(a,b)$上的点。

4. 解密过程

用户 A 收到密文(c_1,c_2)后进行解密,其过程如下:

$$P_m=c_2-d_Ac_1$$

再对 P_m 解码,获取明文 m。

很容易验证解密过程的有效性:

$$c_2-d_Ac_1=(P_m+kP_A)-d_AkG=P_m+kd_AG-d_AkG=P_m$$

另外,与 ElGamal 密码体制类似,在 ECELG 密码体制中,密文依赖于明文和随机数 k,因此,明文空间中的一个明文对应密文空间中的多个不同的密文,即密文具有“非确定性”。

【例 4.7】 选取椭圆曲线 $E_{11}(1,6)$: $y^2=x^3+x+6 \pmod{11}$,基点 $G=(2,7)$。设用户 A 选取的私钥 $d_A=7$,设用户 B 的明文消息 m 编码后为 $P_m=(10,9)$,并假设加密时选择的随机数 $r=3$,求解用户 A 的公钥 P_A 和加密后对应的密文,并给出解密过程。

解:利用例 4.6 的计算结果,用户 A 的公钥 $P_A=d_AG=7G=(7,2)$。

因为 $P_m=(10,9)$,加密选择的随机数 $k=3$,则

$$\begin{aligned}(c_1,c_2)&=(kG,P_m+kP_A)\\&=(3\times(2,7),(10,9)+3\times(7,2))\\&=((8,3),(10,2)) \bmod 11\end{aligned}$$

因此用户 B 加密完成后的密文为((8,3),(10,2))。

用户 A 利用私钥 d_A 解密时,计算过程如下:

$$\begin{aligned}P_m&=c_2-7c_1\\&=(10,2)-7\times(8,3)\\&=(10,2)-(3,5)\\&=(10,2)+(3,6)\\&=(10,9)\pmod{11}\end{aligned}$$

椭圆曲线上的 ElGamal 密码体制在实现时要面临一个难题:明文必须编码映射到椭圆曲线上的点。

为解决这一问题,Menezes 和 Vanstone 提出了另一种密码体制。Menezes-Vanstone 密码体制的系统参数生成和用户密钥产生的方法与椭圆曲线上的 ElGamal 密码体制是一样的,下面描述它的加解密过程。

假设用户 B 想将消息 m 保密发送给用户 A。用户 B 首先将 m 变化成基域 $GF(p)$上的二元组(m_1,m_2),并执行如下加密算法:

(1) 在区间$[2,n-1]$中随机选取一个整数 k;

(2) 计算密文(c_1,c_2,c_3),其中

$$\begin{aligned}&c_1=kG\\&Y=(y_1,y_2)=kP_A\\&c_2=y_1m_1 \pmod{p}\end{aligned}$$

$$c_3 = y_2 m_2 (\bmod\ p)$$

其中,$P_A = d_A G$ 为用户 A 的公开密钥。

然后用户 B 将密文(c_1, c_2, c_3)发送给 A。显然,密文$(c_1, c_2, c_3) \in E \times Z_p^* \times Z_p^*$。

当 A 收到密文后,执行如下的解密算法:

(1) 计算 $Z = (z_1, z_2) = d_A c_1$;

(2) 计算明文

$$m = (m_1, m_2) = (c_2 z_1^{-1} (\bmod\ p), c_3 z_2^{-1} (\bmod\ p))$$

很容易验证解密过程的有效性。因为

$$(z_1, z_2) = d_A c_1 = d_A kG = kd_A G = kP_A = Y = (y_1, y_2)$$

所以

$$\begin{aligned}&(c_2 z_1^{-1} \bmod p, c_3 z_2^{-1} \bmod p)\\&= (y_1 m_1 y_1^{-1} \bmod p, y_2 m_2 y_2^{-1} \bmod p) = (m_1, m_2) = m\end{aligned}$$

【例 4.8】 选取椭圆曲线 $E_{11}(1,6)$: $y^2 = x^3 + x + 6 (\bmod\ 11)$,基点 $G = (2,7)$。假设用户 A 选取的私钥 $d_A = 7$。设明文消息 $m = (9,1)$,并假设加密时选择的随机数 $k = 6$,计算对应的密文,并给出解密过程。

解:用户 A 的公钥 $P_A = d_A G = 7G = (7,2)$。

因为 $m = (9,1)$,加密选择的随机数 $k = 6$,则

$$c_1 = kG = 6 \times (2,7) = (7,9)$$

$$(y_1, y_2) = kP_A = 6 \times 7G = (13 \times 3 + 3)G = 3G = (8,3)$$

所以 $c_2 = y_1 m_1 (\bmod\ p) = 8 \times 9\ (\bmod\ 11) = 6$,$c_3 = y_2 m_2 (\bmod\ p) = 3 \times 1 (\bmod\ 11) = 3$。

因此,加密完成的密文为$(c_1, c_2, c_3) = ((7,9), 6, 3)$。

用户 A 利用私钥 d_A 解密时,计算过程如下:

$$Z = (z_1, z_2) = d_A c_1 = 7(7,9) = (8,3) = (y_1, y_2)$$

$$\begin{aligned}m &= (c_2 z_1^{-1} (\bmod\ p), c_3 z_2^{-1} (\bmod\ p))\\&= (6 \times 8^{-1} (\bmod\ 11), 3 \times 3^{-1} (\bmod\ 11))\\&= (9,1)\end{aligned}$$

4.4.4 国密公钥加密算法 SM2-3

SM2 椭圆曲线公钥密码算法[24]是由 GB/T 32918 给出的一组非对称密码算法,由国家密码管理局于 2010 年 12 月 17 日发布,其中包括 SM2-1 椭圆曲线数字签名算法、SM2-2 椭圆曲线密钥交换协议和 SM2-3 椭圆曲线公钥加密算法,分别用于实现数字签名、密钥协商和数据加密等功能。SM2 算法在数字签名、密钥交换方面不同于 ECDSA、ECDH 等国际标准,而是采取了更为安全的机制。与 RSA 算法不同的是,SM2 算法基于椭圆曲线上的点群离散对数难题,而且 256 位的 SM2 密码强度已经比 2048 位的 RSA 密码强度要高。在相同的安全程度要求下,椭圆曲线密码较其他公钥密码所需的密钥规模要小得多。

本节介绍其中的加密算法 SM2-3,而 SM2 中的其他算法在后续章节介绍。

首先,列举一些符号的含义定义如下:

$\langle G \rangle$ 基点 G 生成的循环群;

$[k]P$　椭圆曲线上的点 P 的 k 倍点；

KDF　密钥派生函数，其作用是从一个共享的秘密比特串中派生出密钥数据；

$E(F_q)$　F_q 上椭圆曲线 E 的所有有理点组成的集合；

$\#E(F_q)$　$E(F_q)$上点的数目，称为椭圆曲线 $E(F_q)$的阶；

h　余因子，$h=\#E(F_q)/n$，其中 n 是基点 G 的阶。

1. 椭圆曲线系统参数

椭圆曲线系统参数按照基域的不同可以分为以下两种情形：

- 当基域是 F_p(p 是大于 3 的素数)时，F_p 上的椭圆曲线系统参数；
- 当基域是 F_{2^m} 时，F_{2^m} 上的椭圆曲线系统参数。

F_p 上的椭圆曲线系统的参数包括：

(1) 域的规模 $q=p$，p 是大于 3 的素数；

(2) 一个长度至少为 192 位的二进制串 $SEED$；

(3) F_p 中的两个元素 a 和 b，它们定义了椭圆曲线 E 的方程 $y^2=x^3+ax+b$；

(4) 基点 $G=(x_G,y_G)\in E(F_p)$，$G\neq O$；

(5) 基点 G 的阶 n($n>2^{191}$ 且 $n>4p^{1/2}$)；

(6) $h=\#E(F_p)/n$。

F_{2^m} 上的椭圆曲线系统的参数包括：

(1) 域的规模 $q=2^m$；

(2) 一个长度至少为 192 位的二进制串 $SEED$；

(3) F_{2^m} 中的两个元素 a 和 b，它们定义了椭圆曲线 E 的方程 $y^2+xy=x^3+ax^2+b$；

(4) 基点 $G=(x_G,y_G)\in E(F_{2^m})$，$G\neq O$；

(5) 基点 G 的阶 n($n>2^{191}$ 且 $n>2^{2+m/2}$)；

(6) $h=\#E(F_{2^m})/n$。

2. 密钥对的生成

输入：一个有效的 F_q($q=p$ 且 p 为大于 3 的素数，或 $q=2^m$)上的椭圆曲线系统参数集合。

输出：与椭圆曲线系统参数相关的一个密钥对(d_B，P_B)。

(1) 首先利用随机数发生器产生正整数 $d_B\in[1,n-2]$；

(2) 以 G 为基点，计算点 $P_B=(x_P,y_P)=[d_B]G$；

(3) (d_B，P_B)作为密钥对，其中 d_B 是私钥，P_B 是对应的公钥。

3. 加密过程

用 M 表示需要发送的消息的二进制形式，klen 为 M 的长度。对明文 M 进行如下加密：

(1) 利用随机数发生器产生正整数 $k\in[1,n-1]$；

(2) 对椭圆曲线上的点 $C_1=[k]G=(x_1,y_1)$进行计算，并将 C_1 的数据类型转换为二进制串；

(3) 对椭圆曲线上的点 $S=[h]P_B$ 进行计算，若 S 是无穷远点，则报错并退出；

(4) 对椭圆曲线上的点$[k]P_B=(x_2,y_2)$进行计算，将坐标 x_2 和 y_2 的数据类型转换为二进制串；

(5) 计算 $t=\mathrm{KDF}(x_2 \| y_2, \mathrm{klen})$，若 t 为全0二进制串，则返回步骤(1)；

(6) 计算 $C_2=M\oplus t$；

(7) 计算 $C_3=\mathrm{Hash}(x_2 \| M \| y_2)$；

(8) 输出密文 $C=C_1 \| C_2 \| C_3$。

其中，KDF为密钥派生函数，可以从一个共享的秘密比特串中派生出密钥数据。

4. 解密过程

设klen为密文中 C_2 的二进制位数，对密文 $C=C_1 \| C_2 \| C_3$ 进行如下解密：

(1) 在 C 中取出比特串 C_1，将 C_1 的数据类型转换为椭圆曲线上的点，验证 C_1 是否满足椭圆曲线方程，若不满足则报错并退出；

(2) 对椭圆曲线上的点 $S=[h]C_1$ 进行计算，若 S 是无穷远点，则报错并退出；

(3) 计算 $[d_B]C_1=(x_2,y_2)$，将坐标 x_2 和 y_2 的数据类型转换为二进制串；

(4) 计算 $t=\mathrm{KDF}(x_2 \| y_2, \mathrm{klen})$，若 t 为全0二进制串，则报错并退出；

(5) 从 C 中取出二进制串 C_2 并计算 $M'=C_2\oplus t$；

(6) 计算 $u=\mathrm{Hash}(x_2 \| M' \| y_2)$，从 C 中取出二进制串 C_3，若 $u\neq C_3$，则报错并退出。

5. 数据转换

(1) 位串到8位字节串的转换：位串长度若不是8的整数倍，需要在它的左边补0，然后构造8位字节串。

输入：长度为blen的位串 B。

输出：长度为mlen的字节串 M，$\mathrm{mlen}=\lfloor(\mathrm{blen}+7)/8\rfloor$。

对位串 $B=B_0B_1\cdots B_{\mathrm{blen}-1}$ 和字节串 M：

$$M_i=B_{\mathrm{blen}-8-8(\mathrm{mlen}-1-i)}B_{\mathrm{blen}-7-8(\mathrm{mlen}-1-i)}\cdots B_{\mathrm{blen}-1-8(\mathrm{mlen}-1-i)},$$

其中 $1\leqslant i\leqslant \mathrm{mlen}-1$。

(2) 8位字节串到位串的转换：其转换过程为步骤(1)的逆过程。

(3) 整数到8位字节串的转换：基本方法为对其先使用二进制进行表示，然后将结果位串转换为8位字节串。

(4) 8位字节串到整数的转换：可以简单地把8位字节串看成以256为基表示的整数，对一个8位字节串 $M=M_0M_1\cdots M_{\mathrm{mlen}-1}$，将 M_i 看作[0,255]中的一个整数，可得

$$x=\sum_{i=0}^{\mathrm{mlen}-1}2^{8\times(\mathrm{mlen}-1-i)}M_i$$

输出 x。

4.5 针对整数分解和离散对数计算的算法

本节主要介绍一些实现整数分解和离散对数计算的常见算法，这些算法可以在一定程度上减少解决这两个问题的复杂度。

4.5.1 针对整数分解问题的算法

首先介绍常见的整数分解算法。

1. 试除法

最容易想到的方法是,用 2 到$\sqrt{n}$之间的所有素数去试除,看其是否能够整除。根据素数计数定理,只需尝试 $O(\sqrt{n}/\log n)$个素数,就可以找到 n 的素因子。所以当待分解的数没有很大的素因子时,试除法适合分解,而当分解的大数没有小素因子时,试除法所花费的时间是不可接受的。

2. 蒙特卡洛方法

蒙特卡洛方法[17]是一种基于随机数序列的分解整数的方法,最初是由 Pollard① 提出。该方法的原理如下:用 n 表示待分解的整数,p 表示 n 的一个素因子,$f(x)$表示整数环 Z 上的一元多项式。首先选择随机整数 $0<a_0<n$,并计算$\{a_0,a_1,\cdots,a_i,\cdots\}$,$a_{i+1}=f(a_i) \bmod n$。如果有 $i\neq j$ 使得 $a_i\equiv a_j \pmod p$,那么则有

$$1<\gcd(a_i-a_j,n)<n,\quad a_i\neq a_j \pmod n$$

这样就找到了 n 的一个非平凡因子[17]。蒙特卡洛方法的实质就是在一条拟随机序列中找到两个模 p 相等的整数。蒙特卡洛方法适合分解具有较小素因子的整数。基于蒙特卡洛方法,Brent 等人[17]成功地分解了第 8 个费马数。

3. $p-1$ 方法

$p-1$ 方法[18]是 Pollard 于 1974 年提出的用于分解整数的方法。这个方法适合 n 存在一个素因子 p 且 $p-1$ 的素因子较小的情况。$p-1$ 方法基于数论中的费马小定理。依旧用 n 表示待分解的整数,使用 p 表示 n 的一个素因子,根据费马小定理,如果 $p-1|q$,则对于与 n 互素的整数 a,有 $p|a^q-1$,因此有:

$$d=\gcd(a^q-1,n)>1$$

如果 $d<n$,我们就得到了 n 的一个非平凡因子。

4. 费马分解法

费马分解法[19]借助平方差公式来分解整数。若 $n=a^2-b^2$,则可以得到 $n=(a+b)(a-b)$,由此得到整数 n 的一个分解。令 $b=1,2,3,\cdots$,然后去考察 $n+b^2$,看其是否为完全平方数,如果对某一个整数 b,$n+b^2$ 为一个完全平方数,那么相应地就得到了 n 的一个分解。当 n 是两个规模差不多对等的因子乘积的时候,$b=\frac{(a+b)-(a-b)}{2}$才会比较小,尝试试除的次数也就相应地比较少,费马分解法就很有效。实际上,并不需要对所有的整数 b 都去计算 $n+b^2$。若 $n+b^2$ 是一个完全平方数,那么对所有整除 b 的奇素数 p,有勒让德符号$\left(\frac{n}{p}\right)=0$ 或者 1,所以只需要考察没有满足$\left(\frac{n}{p}\right)=-1$ 的奇素因子 p 的整数 b 即可。

5. 数域筛选法

数域筛选法[20]是目前最快的整数分解算法,它以解决 $a^2\equiv b^2 \pmod n$为目的。首先选取一个合适的整系数多项式 $f(x)$和有理整数 m,使得 $f(m)\equiv 0 \pmod n$,用 α 表示多项式 $f(x)$的一个复数根,可以定义一个从 $R=\mathbf{Z}[\alpha]$到整数域的一个环同态:

$$\varphi: R\rightarrow \mathbf{Z}_n,\quad \varphi(\alpha)=m \pmod n$$

① John M. Pollard(1941—),英国数学学家。

选择这样的整数对(a,b)，使下列等式成立：

$$\prod_i (a_i + b_i\alpha) = \beta^2$$

$$\prod_i (a_i + b_i m) = Y^2$$

$$X^2 = \varphi(\beta^2) = \varphi(\beta)^2 = \varphi\left(\prod_i a_i + b_i\alpha\right) = \prod_i (a_i + b_i m) = Y^2 \pmod n$$

则 X、Y 即为所需。数域筛选法包括多项式、数域、分解基的生成、同态映射、求根等步骤。从实际情况看，包括数域筛选法之前的算法都存在复杂度高等实质性问题，较好的结果仅仅是对数域筛选法做出一些改进。

4.5.2　针对离散对数求解问题的算法

以下介绍两种较为常见的计算离散对数的算法。

1. Pohlig-Hellman 算法

当群的阶 q 的任意一个非平凡因子已知时，Pohlig-Hellman 算法[21]可用于加速群 G 中离散对数的计算。在这里用 $\mathrm{ord}(g)$表示的元素 g 的阶。我们需要以下引理：

对于 $\mathrm{ord}(g)=q, p\mid q$，有 $\mathrm{ord}(g^p)=q/p$。

Pohlig-Hellman 算法的原理如下：假设已知生成元 g 和群中元素 h，求解 x 使得 $g^x = h$。若已知群的阶 q 的分解 $q=\prod_{i=1}^{k} q_i$，q_i 是两两互质的，此时有

$$(g^{q/q_i})^x = (g^x)^{q/q_i} = h^{q/q_i}, \quad i=1,2,3,\cdots,k$$

定义 $g_i \overset{\text{def}}{=\!=} g^{q/q_i}$，$h_i \overset{\text{def}}{=\!=} h^{q/q_i}$，现在问题变成了 k 个在较小的群内的离散对数问题。具体地说，每个问题 $g_i^x = h_i$ 都在 $\mathrm{ord}(g_i)=q_i$ 的群里。用 x_i 表示每个方程所对应的解，根据中国剩余定理，方程组

$$\begin{cases} x = x_1 \bmod q_1 \\ \vdots \\ x = x_k \bmod q_k \end{cases}$$

可以在群 G 内唯一确定出 x。

2. Pollard's kangaroos 算法

用 G 表示循环群，g、h 表示群中元素，大整数为 N，问题描述为计算 n，使其满足

$$h = g^n \quad (0 \leqslant n \leqslant N)$$

Pollard's kangaroos 算法[22]的运算次数为 $2\sqrt{N}$ 次，除此之外还有一些少量的存储空间需求。算法过程如下：

选择一个 kangaroos 的跳跃步集合 $S=(s_1,s_2,\cdots,s_k)$，集合中元素的均值 m 大小与 $\sqrt{N}$ 相当。从群 G 中随机均匀地选取一些元素，构成可区分集合 $D=\{g_1,g_2,\cdots,g_i\}$，且集合 D 的大小满足：$\frac{|D|}{|G|}=c/\sqrt{N}$，$c \gg 1$。

定义随机映射 $f: G \to S$。一只 kangaroo 的跳跃过程就对应一个 G 中的序列：

$$g_{i+1} = g_i g^{f(g_i)}, \quad i=0,1,2,\cdots$$

再定义序列 d_i,表示 kangaroo 前 i 次跳跃的距离之和。其中 $d_0=0$,

$$d_{i+1}=d_i+f(g_i),\quad i=0,1,2,\cdots$$

显然有

$$g_i=g_0 g^{d_i},\quad i=0,1,2,\cdots$$

定义两只 kangaroos 分别为 tame kangaroo 和 wild kangaroo,记为 T 和 W。每只 kangaroo 每次跳跃一步,T 从区间中点($g^{N/2}$)开始向区间右侧跳跃,W 从未知离散对数的群元素 h 开始向区间右侧跳跃,两者使用同样的随机步集合。无论何时只要 kangaroos 的落地点的群元素属于可区分点集合 D,就以三元组的形式(T_i/W_i,d_i,T/W)记录此时的落地点 $T_i(W_i)$值和 d_i 值,以及类型标志 $T(W)$。以 $T_i(W_i)$值为索引,将三元组存入索引表或二叉树中,当不同类型(T 或者 W)的 kangaroos 在某个 $T_i(W_i)$值上发生碰撞,则算法终止。若用 $d_i(T)$和 $d_i(W)$分别表示发生碰撞时 T 和 W 各自的跳跃距离和,则可求出 $n=N/2+d_i(T)-d_i(W)$。如果无法发生碰撞,则改变 S 集合或者 f 映射,重新执行算法。

思考题与习题

4-1 为什么要引入非对称密码体制?

4-2 公钥密码体制的基本思想是什么?

4-3 什么是单向陷门函数?单向陷门函数有何特点?如何将其应用于公钥密码体制中?

4-4 简述公钥密码体制的主要应用方向。

4-5 RSA 算法的理论基础是什么?

4-6 编写程序实现 RSA 算法。

4-7 如果在 RSA 算法密码参数生成阶段,p、q 不为素数,会有什么问题?

4-8 设通信双方使用 RSA 加密体制,接收方的公开密钥是(5,35),接收到的密文是11,求明文。

4-9 考虑 RSA 密码体制:

(1) 取公钥 $e=3$ 有何优缺点?可以取私钥 $d=3$ 吗?为什么?

(2) 设 $n=35$,已截获发给某用户的密文 $C=10$,并查到该用户的公钥 $e=5$,求明文 m。

4-10 在 RSA 体制中,若某给定用户的公钥 $e=31$,$n=3599$,那么该用户的私钥等于多少?

4-11 在 RSA 密码体制中,如果 $n=21$,取公钥 $e=5$,如果明文消息为 $m=8$,试用该算法加密 m 得到密文 c,并解密进行验证。

4-12 用 RSA 公钥加密系统,设 $p=43$,$q=59$,且选择公钥 $e=13$。

(1) 用欧几里得迭代算法找出私钥 d;

(2) 在 Z_{26} 空间对明文"public key encryptions"加密,求出其密文数值序列。

4-13 在 ElGamal 密码体制中,设素数 $p=71$,本原元 $\alpha=7$。

(1) 如果接收方 B 的公钥 $y_B=3$,发送方 A 选择的随机整数 $k=2$,求明文 $m_1=30$ 所对应的密文 c。

(2) 如果发送方 A 选择另一个随机整数 k',使明文 $m_1=30$ 加密后的密文 $c'=(59,$

c_2)，求 c_2。

(3) 如果发送方A同样用 $k=2$ 加密另外一个明文 m_2，加密后的密文为 $c_2=(49,13)$，求 m_2。

4-14 ECC的理论基础是什么？它有何特点？

4-15 已知 $P=(13,7)$ 和 $Q=(3,10)$ 是椭圆曲线 $E_{23}(1,1)$：$y^2=x^3+x+1 \pmod{23}$ 上的两点，试计算 $P+Q$ 和 $2P$。

4-16 已知椭圆曲线 $E_{23}(16,10)$：$y^2=x^3+16x+10 \bmod 23$ 和其上的一个点 $G=(5,10)$，计算 G 的所有倍点。

4-17 利用椭圆曲线实现ElGamal密码体制，设椭圆曲线是 $E_{11}(1,6)$，基点 $G=(2,7)$，接收方A的私钥 $d_A=5$。求：

(1) 接收方A的公钥 P_A。

(2) 发送方B欲发送消息 $P_m=(7,9)$，选择随机数 $k=3$，求密文 C_m。

(3) 完成接收方A解密 C_m 的计算过程。

4-18 设系统中每个用户都有一对公钥和私钥。假定用户A要把一个文件秘密发送给其他六个用户。若要求用户A不是给每个用户单独发送用不同用户公钥加密的秘密信息，而是给所有用户发送同一个仅含该文件的一个加密结果的消息，请给出一个实施方案。

4-19 使用C或者C++语言编程实现SM2-3算法的密钥生成及加解密过程。要求指定明文文件、密钥文件的位置和名称，以及加密完成后密文文件的位置和名称。(首先根据参数计算出公钥和私钥对并写入指定的密钥文件中，然后分别从指定的明文文件和密钥文件中读取有关信息进行加密，最后将密文(用十六进制表示)写入指定的密文文件，解密过程与此类似)

4-20 国密算法SM2-3是一种基于椭圆曲线上点群离散对数问题的高效公钥加密算法，请简述其与朴素RSA算法及ElGamal算法的区别。

第 5 章

密钥管理技术

为了保护房间里的财物，人们通常在房门上安装一把锁，通过钥匙在锁孔里的旋转使锁的栓和结构按预定的方式形成障碍，以阻止房门被打开。开锁时，插入钥匙并反方向旋转使锁的栓和结构以相反的方式工作，从而将锁打开。密码学正是基于这一原理引入了“密钥”的概念。密钥作为密码变换的参数，起到“钥匙”的作用，通过加密变换操作，可以将明文变换为密文，或者通过解密变换操作，将密文恢复为明文。

在密码学中引入密钥的好处还表现为以下两方面：

(1) 在一个加密方案中不用担心算法的安全性，即可以认为算法是公开的，只要保护好密钥就可以了，很明显，保护密钥比保护算法要容易得多；

(2) 可以使用不同的密钥保护不同的秘密，这意味着当有人攻破了某个密钥时，受威胁的只是这个被攻破密钥所保护的信息，其他的秘密依然是安全的，由此可见密钥在整个密码算法中处于十分重要的中心地位。

密钥管理就是在授权各方之间实现密钥关系的建立和维护的一整套技术和程序。密钥管理是密码学的一个重要的分支，也是密码学应用中最重要、最困难的部分。密钥管理负责密钥从产生到最终销毁的整个过程，包括密钥的生成、存储、分发、使用、备份/恢复、更新、撤销和销毁等。密钥管理作为提供机密性、实体认证、数据源认证、数据完整性和数字签名等安全密码技术的基础，在整个密码学中占有重要的地位。因为现代密码学要求所有加密体制的密码算法是可以公开评估的，整个密码系统的安全性并不取决于对密码算法的保密或者对加密设备等的保护，而是取决于密钥的安全性，一旦密钥泄露，攻击者将有可能窃取到机密信息，也就不再具有保密功能。

密钥管理是一项综合性的系统工程，要求管理与技术并重，除了技术性因素外，它还与人的因素密切相关，包括与密钥管理相关的行政管理制度和密钥管理人员的素质。密码系统的安全强度总是取决于系统最薄弱的环节。因此，如果失去了必要管理的支持，再好的技术终将毫无意义，而管理只能通过健全相应的制度以及加强对人员的教育和培训来实现。

5.1 密钥管理的原则

密钥管理是一项系统工程，必须从整体上考虑，从细节处着手，进行严密、细致的施工，充分、完善的测试，才能较好地解决密钥管理问题。为此，首先应当弄清密钥管理的一些基本原则。

(1) 区分密钥管理的策略和机制。

密钥管理策略是密钥管理系统的高级指导。策略着重原则指导，而不着重具体实现。

密钥管理机制是实现和执行策略的技术和方法。没有好的管理策略，再好的机制也不能确保密钥的安全。反之，没有好的机制，再好的策略也没有实际意义。策略通常是原则性的、简单明确的，而机制是具体的、复杂烦琐的。

(2) 全程安全原则。

必须在密钥的产生、存储、备份、分发、组织、使用、更新、终止和销毁等全过程中对密钥采取妥善的安全管理。只有在各个环节都安全时，密钥才是安全的，否则只要其中一个环节不安全，密钥就不安全。例如对于重要的密钥，从它的产生到销毁的全过程中除了在使用的时候可以以明文形式出现外，其他环节中都不应当以明文形式出现。

(3) 最小权利原则。

应当只分发给用户进行某一事务处理所需的最小的密钥集合。因为用户获得的密钥越多，他的权利就越大，因而所能获得的信息就越多。如果用户不诚实，则可能发生危害信息安全的事件。

(4) 责任分离原则。

一个密钥应当专职一种功能，不要让一个密钥兼任几种功能。例如，用于数据加密的密钥不应同时用于认证，用于文件加密的密钥不应同时用于通信加密，而应当是：一个密钥用于数据加密，另一个密钥用于认证；一个密钥用于文件加密，另一个密钥用于通信加密。因为一个密钥专职一种功能，即使密钥泄露，也只会影响一种功能，使损失最小，否则损失就会大得多。

(5) 密钥分级原则。

对于一个大的系统(例如网络)，所需要的密钥的种类和数量都很多。应当采用密钥分级的策略，根据密钥的职责和重要性，把密钥划分为几个不同级别。用高级密钥保护低级密钥，最高级的密钥采用安全的物理保护。这样，既可减少受保护的密钥的数量，又可简化密钥的管理工作。一般可将密钥划分为三级：主密钥，二级密钥，初级密钥。

(6) 密钥更新原则。

密钥必须按时更新，否则，即使是采用很强大的密码算法，使用时间越长，攻击者截获的密文越多，破译密码的可能性就越大。理想情况是一个密钥只使用一次，完全的一次一密是不现实的。一般地，初级密钥采用一次一密，二级密钥更新的频率低些，主密钥更新的频率更低些。密钥更新的频率越高，越有利于安全，但是密钥的管理就越麻烦。实际应用时应当在安全和方便之间折中。

(7) 密钥应当有足够的长度。

密码安全的一个必要条件是密钥有足够的长度。密钥越长，密钥空间就越大，攻击就越困难，因而也就越安全。同时，密钥越长，软硬件实现消耗的资源就越多。

(8) 密码体制不同，密钥管理也不相同。

由于传统密码体制与公钥密码体制是性质不同的两种密码(例如，公钥密码体制的加密密钥可以公开，其秘密性不需要保护)，因此它们在密钥管理方法上有很大的不同。

5.2　密钥的层次结构

为了简化密钥管理工作，可采用密钥分级的策略。按照美国金融机构的密钥管理标准(ANSI X9.17)，将密钥分为初级密钥、密钥加密密钥和主密钥三个层次。

1. 初级密钥(Primary Key)

用于加解密数据的密钥称为初级密钥,也叫作数据加密密钥(Data Encrypting Key),它位于整个密钥层次体系的最底层。其中,直接用于为一次通信或数据交换中的用户数据提供保护的数据加密密钥称为会话密钥(Session Key),称用于文件保密的数据加密密钥为文件密钥(File Key)。

会话密钥一般由系统自动产生,且对用户是不可见的。一般来说,会话密钥只在会话存在期间有效,本次数据加、解密操作完成之后,会话密钥就将被立即清除,这是为了保证安全性。一方面,会话密钥变动越频繁,通信就越安全,因为攻击者所能获知的信息越少;另一方面,频繁改变的会话密钥将给其分发带来更多的负担;因此,作为系统安全策略的一部分,会话密钥生命期的确定需要进行折中考虑。而初级文件密钥与其所保护的文件有一样长的生存周期,一般要比初级会话密钥的生存周期长,有时甚至很长。

2. 密钥加密密钥(Key Encrypting Key)

密钥加密密钥是指用于对密钥进行加密操作的密钥,也称为二级密钥,它在整个密钥层次体系中位于初级密钥和主密钥之间,用于保护初级密钥。

3. 主密钥(Master Key)

主密钥是密钥层次体系中的最高级密钥,主密钥主要用于对密钥加密密钥进行保护。

系统使用主密钥通过某种算法保护密钥加密密钥,再使用密钥加密密钥通过算法保护会话密钥,不过密钥加密密钥可能不止一个层次,最后会话密钥基于某种加、解密算法来保护明文数据。在整个密钥层次体系中,各层密钥的使用由相应层次的密钥协议控制。

层次化的密钥结构意味着以少量高层密钥来保护大量下层密钥或明文数据,这样,可保证除了主密钥可以以明文的形式基于严格的管理受到严密保护外(不排除受到某种变换的保护),其他密钥则以加密后的密文形式存储,改善了密钥的安全性。

具体来说,层次化的密钥结构具有以下的优点。

(1) 安全性强。

一般情况下,位于层次化密钥结构中越下层的密钥更换得越快,最底层密钥可以做到每加密一份报文就更换一次。另外,在层次化的密钥结构中,下层的密钥被破译将不会影响到上层密钥的安全。在少量最初的、处于最高层次的主密钥注入系统之后,下面各层密钥的内容可以按照某种协议不断地变化(例如可以通过使用安全算法以及高层密钥产生低层密钥)。

对于破译者来说,层次化密钥结构意味着他所攻击的已不再是一个静止的密钥系统,而是一个动态的密钥系统。对于一个静态的密钥系统,一份报文被破译(得到加密该报文所使用的密钥)就会导致使用该密钥的所有报文的泄露;而在动态的密钥系统中,密钥处在不断的变化中,在底层密钥受到攻击后,高层密钥可以有效地保护底层密钥进行更换,从而最大限度地削弱了底层密钥被攻击所带来的影响,使得攻击者无法一劳永逸地破译密码系统,有效地保护了密钥系统整体的安全性。同时,一般来讲,直接攻击主密钥是很困难的,因为主密钥使用的次数比较有限,并且可能会受到严密的物理保护。

(2) 可实现密钥管理的自动化。

由于计算机的普及应用及飞速发展,计算机系统的信息量、计算机网络的通信量和用户数不断增长,对密钥的需求量也随之迅速增加,人工交换密钥已经无法满足需要,而且不能

实现电子商务等网络应用中双方并不相识的情况下的密钥交换，因此，必须解决密钥的自动化管理问题。

层次化密钥结构中，除了主密钥需要由人工装入以外，其他各层的密钥均可以设计由密钥管理系统按照某种协议进行自动地分发、更换、销毁等。密钥管理自动化不仅大大提高了工作效率，也提高了数据安全性。它可以使得核心的主密钥仅仅掌握在少数安全管理人员的手中，这些安全管理人员不会直接接触到用户所使用的密钥(由各层密钥进行自动地协商获得)与明文数据，而用户又不可能接触到安全管理人员所掌握的核心密钥，这样，核心密钥的扩散范围控制在最小，有助于保证密钥的安全性。

5.3 密钥的生命周期

密钥的管理贯穿在密钥的产生、存储、备份、分发、组织、使用、更新、终止和销毁等过程中。在本节简要介绍密钥的产生、存储、备份、终止和销毁，5.4节、5.5节再详细介绍密钥的分发。

5.3.1 密钥的产生

对于一个密码体制，如何产生好的密钥是很关键的，因为密钥的大小与产生机制直接影响密码系统的安全，好的密钥应当具有良好的随机性和密码特性，避免弱密钥的出现。密钥的生成一般都首先通过密钥生成器借助于某种噪声源(如光标和鼠标的位置、内存状态、按下的键、声音大小等)产生具有较好的统计分布特性的序列，然后再对这些序列进行各种随机性检验以确保其具有较好的密码特性。不同的密码体制其密钥的具体生成方法一般是不相同的，与相应的密码体制或标准相联系。

而且，不同级别的密钥产生的方式一般也不同。

(1) 对于主密钥，虽然一般它的密钥量很小，但作为整个密码系统的核心，需要严格保证它的随机性，避免可预测性。因此，主密钥通常采用掷硬币、骰子或使用物理噪声发生器的方法来产生。

(2) 密钥加密密钥可以采用伪随机数生成器、安全算法或电子学噪声源产生。

(3) 初级密钥可以在密钥加密密钥的控制下通过安全算法动态地产生。

5.3.2 密钥的存储和备份

密钥的存储是密钥管理中的一个十分重要的环节，而且也是比较困难的一个环节。所谓密钥的安全存储就是要确保密钥在存储状态下的秘密性、真实性和完整性。安全可靠的存储介质是密钥安全存储的物质条件，安全严密的访问控制机制是密钥安全存储的管理条件。只有当这两个条件同时具备时，才能确保密钥的安全存储。密钥安全存储的原则是不允许密钥以明文形式出现在密钥管理设备之外。

不同级别的密钥应当采用不同的存储方式。

(1) 主密钥的存储。

主密钥是最高级的密钥，主要用于对二级密钥和初级密钥进行保护。主密钥的安全性要求最高，而且生存周期很长，需要采取最安全的存储方法。

由于主密钥是最高级的密钥,所以它只能以明文形态存储,否则便不能工作。这就要求存储器必须是高度安全的,不但物理上是安全的,而且逻辑上也是安全的。通常将其存储在专用密码装置中。

(2) 密钥加密密钥的存储。

密钥加密密钥可以以明文形态存储,也可以以密文形态存储。但是,如果以明文形式存储,则要求存储器必须是高度安全的,最好是与主密钥一样存储在专用密码装置中。如果以密文形态存储,则对存储器的要求降低。通常采用以主密钥加密的形式存储密钥加密密钥,这样可减少明文形态密钥的数量,便于管理。

(3) 初级密钥的存储。

由于会话密钥按"一次一密"的方式工作,使用时动态产生,使用完毕后即销毁,生命周期很短。因此,初级会话密钥的存储空间是工作存储器,应当确保工作存储器的安全。而对于初级文件密钥,由于它的生命周期较长,因此它需要妥善的存储。初级文件密钥一般采用密文形态存储,通常采用以二级文件密钥加密的形式存储初级文件密钥。

为了进一步确保密钥和加密数据的安全,对密钥进行备份是必要的。目的是一旦密钥遭到毁坏,可利用备份的密钥恢复原来的密钥或被加密的数据,避免造成损失。密钥备份本质上也是一种存储。

密钥的备份是确保密钥和数据安全的一种有备无患的措施。备份的方式有多种,除了用户自己备份外,也可以交由可信任的第三方进行备份,还可以以密钥分量形态委托密钥托管机构备份或以门限方案进行密钥分量的分享方式备份。因为有了备份,所以在需要时可以恢复密钥,从而避免损失。

5.3.3 密钥的终止和销毁

密钥的终止和销毁同样是密钥管理中的重要环节,但是由于种种原因这一环节往往容易被忽视。

当密钥的使用期限到期时,必须终止使用该密钥,并更换新密钥。对终止使用的密钥一般并不要求立即销毁,而需要再保留一段时间后再销毁,这是为了确保受其保护的其他密钥和数据得以妥善处理。只要密钥尚未销毁,就必须对其进行保护,丝毫不能疏忽大意。密钥销毁要彻底清除密钥的一切存储形态和相关信息,使得重复这一密钥成为不可能。这里既包括处于产生、分发、存储和工作状态的密钥及相关信息,也包括处于备份状态的密钥和相关信息。

值得注意的是,要采用妥善的方法清除存储器。对于磁记录存储器,简单地删除、清0或写1都是不安全的。

5.4 密钥分发和密钥协商

密钥分发和密钥协商过程都是用以在保密通信的双方之间建立通信所使用密钥的安全协议(或机制)。在这种协议(或机制)运行结束时,参与协议运行的双方都将得到相同的密钥,同时,所得到的密钥对于其他任何方都是不可知的,当然,可能参与的可信管理机构(Trust Authority,TA)除外。

密钥分发与密钥协商过程具有如下的一些区别：密钥分发被定义为一种机制，保密通信中的一方利用此机制生成并选择秘密密钥，然后把该密钥发送给通信的另一方或通信的其他多方；而密钥协商则是保密通信双方（或更多方）通过公开信道的通信来共同形成秘密密钥的协议。一个密钥协商方案中，用来确定密钥的值是通信双方所提供的输入的函数。

在密钥分发与密钥协商过程中，经常利用一个可信管理机构，它的作用可能包括：验证用户身份；产生、选择和传送秘密密钥给用户；等等。

5.4.1　密钥分发

密钥分发也称为密钥分配，从分发途径的不同，秘密密钥的分发可分为离线分发和在线分发两种方式。

离线分发方式是通过非通信网络的可靠物理渠道携带密钥并分发给互相通信的各用户。但这种方式有很多缺点，主要包括：随着用户的增多和通信量的增大，密钥量大大增加；密钥的更新很麻烦；不能满足电子商务等网络应用中陌生人间的保密通信需求；密钥分发成本过高。

在线分发方式是通过通信与计算机网络对密钥在线、自动地进行分发，主要是通过建立一个密钥分发中心（KDC）来实现。在这种方式中，每个用户将与 KDC 共享一个保密的密钥，KDC 可以通过该密钥来鉴别某个用户，会话密钥将按请求由 KDC 进行传送。

在具体执行密钥交换时有两种处理方式。

1. 会话密钥由通信发起方生成

如图 5.1 所示，当 A 与 B 要进行保密通信时，A 临时随机地选择一个会话密钥 $SK_{A\text{-}B}$，并用它与 KDC 间的共享密钥 $K_{A\text{-}KDC}$ 加密这个会话密钥和希望与之通信的对象 B 的身份后发送给 KDC。

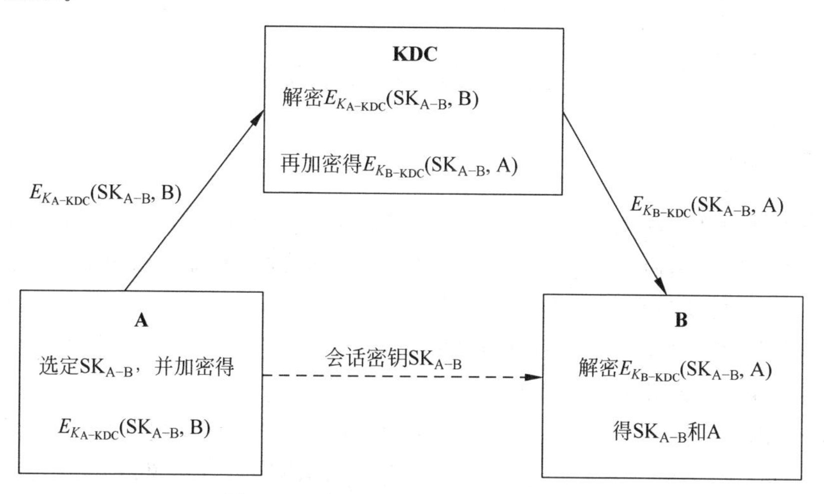

图 5.1　会话密钥由通信发起方生成

KDC 收到后再用 $K_{A\text{-}KDC}$ 解密这个密文，获得 A 所选择的会话密钥 $SK_{A\text{-}B}$ 以及 A 希望与之通信的对象 B，然后 KDC 用它和 B 之间共享的密钥 $K_{B\text{-}KDC}$ 来加密这个会话密钥 $SK_{A\text{-}B}$ 以及希望与 B 通信的对象 A 的身份，并将之发送给 B。

B 收到密文后，用它与 KDC 间共享的密钥 $K_{B\text{-}KDC}$ 来解密，从而获知 A 要与自己通信和A确定的会话密钥 $SK_{A\text{-}B}$。

然后,A和B就可以用会话密钥 $SK_{A\text{-}B}$ 进行保密通信了。

2. 会话密钥由KDC生成

如图5.2所示,当A希望与B进行保密通信时,它先向KDC发送一条请求消息表明自己想与B通信。KDC收到这个请求后就临时随机地产生一个会话密钥 $SK_{A\text{-}B}$,并将B的身份和所产生的这个会话密钥一起用KDC与A间共享的密钥 $K_{A\ KDC}$ 加密后传送给A。KDC同时将A的身份和刚才所产生的会话密钥 $SK_{A\text{-}B}$ 用KDC与B间共享的密钥 $K_{B\text{-}KDC}$ 加密后传送给B。

B收到密文后,用它与KDC间共享的密钥 $K_{B\text{-}KDC}$ 来解密,从而获知A要与自己通信和KDC确定的会话密钥 $SK_{A\text{-}B}$。

然后,A和B就可以用会话密钥 $SK_{A\text{-}B}$ 进行保密通信了。

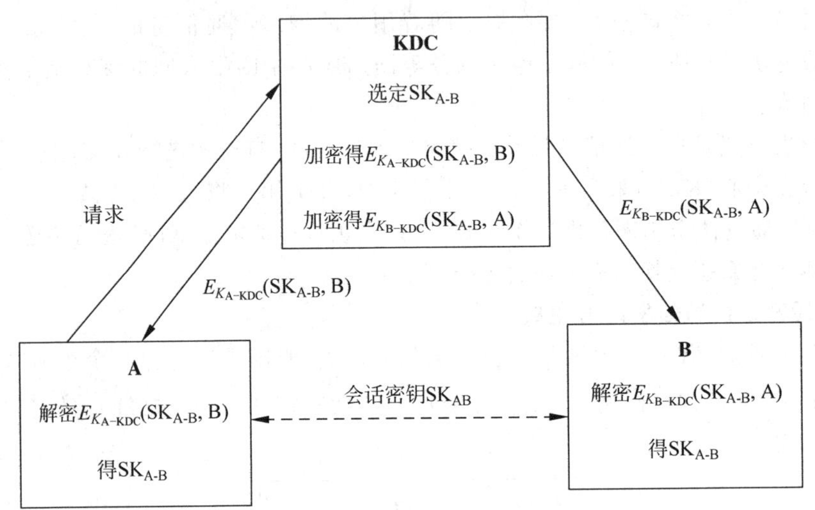

图5.2 会话密钥由KDC生成

5.4.2 密钥协商

密钥协商是一个协议,它通过两个或多个成员在一个公开的信道上通信,共同建立一个秘密密钥。在一个密钥协商方案中,密钥的值是某个函数值,其输入量由成员提供。事实证明,实现密钥协商协议时采用公开密码效果最好。

本节中将介绍三种典型的密钥协商方案。

1. Diffie-Hellman密钥协商协议

Diffie-Hellman密钥协商协议是Diffie和Hellman在1976年提出的,它是第一个公开发表的公开密钥密码算法,其安全性基于有限域 Z_p 的离散对数问题,其算法描述如下:

设 p 是一个满足安全性要求的大素数,α 是模 p 的一个本原元。α 和 p 作为系统参数公开,所有的用户都可以得到 α 和 p,它们也将为所有的用户所共用。

在两个用户A与B要通信时,他们可以通过下列步骤协商通信时所使用的密钥。

S1:用户A选取一个随机数 r_A,$1 \leqslant r_A \leqslant p-2$,计算

$$s_A = \alpha^{r_A} \pmod{p}$$

并且把 s_A 发送给用户 B；

S2：用户 B 选取一个随机数 r_B，$1 \leqslant r_B \leqslant p-2$，计算

$$s_B = \alpha^{r_B} (\bmod\ p)$$

并且把 s_B 发送给用户 A；

S3：用户 A 计算 $K = s_B^{r_A} (\bmod\ p)$；

S4：用户 B 计算 $K' = s_A^{r_B} (\bmod\ p)$。

由于有

$$K = S_B^{r_A} (\bmod\ p) = (\alpha^{r_B} (\bmod\ p))^{r_A} (\bmod\ p)$$

$$= \alpha^{r_A r_B} (\bmod\ p) = s_A^{r_B} (\bmod\ p) = K'$$

这样，通信双方 A 与 B 得到共同的密钥 K，就可以使用对称密码体制进行保密通信。

如果攻击者窃听到了信道上的消息 s_A 与 s_B，由于 r_A 与 r_B 是用户在通信时才产生的保密参数，这样，如果想获得通信密钥 K 就必须求解离散对数问题，在素数很大时，这在计算上是不可行的。

【例 5.1】 已知密钥协商协议的公开参数素数 $p=97$ 和它的一个本原元 $\alpha=5$。A 和 B 分别选择随机数 $r_A=36$ 和 $r_B=58$。两人计算公开密钥如下：

$$A：s_A = 5^{36} \bmod 97 = 50 \bmod 97$$

$$B：s_B = 5^{58} \bmod 97 = 44 \bmod 97$$

在他们交换了公开密钥后，分别计算共享的会话密钥如下：

$$A：K = s_B^{r_A} (\bmod\ p) = 44^{36} \bmod 97 = 75 \bmod 97$$

$$B：K' = s_A^{r_B} (\bmod\ p) = 50^{58} \bmod 97 = 75 \bmod 97$$

可见，他们所得到并使用的会话密钥是一样的。

显然，Diffie-Hellman 密钥交换的基本模式为

$$\text{用户 A} \underset{\{\alpha^{r_B} (\bmod\ p)\}}{\overset{\{\alpha^{r_A} (\bmod\ p)\}}{\rightleftarrows}} \text{用户 B}$$

但基本模式中，由于 Diffie-Hellman 协议没有提供身份鉴别，故容易遭受一个主动攻击者的中间人入侵攻击。主动攻击者 T 进行中间人攻击的基本模式为

$$\text{用户 A} \underset{\{\alpha^{r_B} (\bmod\ p)\}}{\overset{\{\alpha^{r_A} (\bmod\ p)\}}{\rightleftarrows}} \text{攻击者 T} \overset{\{\alpha^{r'_A} (\bmod\ p)\}}{\rightleftarrows} \text{用户 B}$$

主动攻击者 T 截取 A 与 B 之间的消息，且用自己的消息代替它们，图中 r'_A 和 r'_B 均为攻击者 T 产生。在协议结束时，用户 A 与攻击者 T 之间实际上形成了密钥 $\alpha^{r_A r'_B} (\bmod\ p)$，但误认为是与用户 B 共享的；用户 B 与攻击者 T 之间形成了密钥 $\alpha^{r'_A r_B} (\bmod\ p)$，但误认为是与用户 A 共享的。而用户 A、B 之间却并没有真正建立起共享密钥。当用户 A 要发送机密信息给用户 B 时，用户 A 用 $\alpha^{r_A r'_B} (\bmod\ p)$ 作为密钥加密信息，攻击者 T 截获并进行解密，然后把自己伪造的另一消息用密钥 $\alpha^{r_A r'_B} (\bmod\ p)$ 加密后，发送给用户 B。同样地，当用户 B 要发送加密消息给用户 A 时，情况类似。这样，攻击者 T 可成功欺骗用户 A、B，截获

并解密他们之间通信的机密信息,而用户 A、B 却不会发现被欺骗。

显然,用户 A 与用户 B 之间必须要有某种安全机制,使他们能够相互确认所形成的密钥真正是在两者之间形成,而不是与其他人(例如入侵者)共同建立的。这样,在密钥建立的同时,密钥协商协议应能同时鉴别参加者的身份,即身份鉴别过程必须与密钥协商过程紧密结合,以避免在身份鉴别后仍然有可能进行的中间人攻击,这种安全协议称为鉴别密钥协商协议。

因此在实际使用 Diffie-Hellman 协议时,必须引入某种鉴别机制,以使通信双方能够相互确认对方的身份,从而有效防止中间人攻击。

2. 端-端密钥协商协议

端-端(Stop-To-Stop,STS)协议是对 Diffie-Hellman 密钥交换协议进行安全加固后得到的密钥协商协议。该协议的基本特点是在 Diffie-Hellman 的密钥协商协议的基础上,通过引入数字签名机制来对抗中间人攻击。

该协议假定系统中每个用户都有一个数字签名方案,其中基于用户私钥的签名算法记为 Sig_A,基于用户公钥的验证算法记为 Ver_A。另外,系统中还有一个可信第三方 TA,也有一个签名方案,签名算法为 Sig_{TA},验证算法记为 Ver_{TA}。每个用户均持有由可信第三方 TA 颁发的数字证书,如用户 A 持有数字证书 $C(A)$:

$$C(A)=(ID(A), Ver_A, Sig_{TA}(ID(A), Ver_A))$$

其中,ID(A)标识了用户 A 的身份信息。

对简化的端-端密钥协商协议描述如下:

设 p 是一个满足安全性要求的大素数,α 是模 p 的一个本原元。α 和 p 作为系统参数公开。当系统中用户 A 与用户 B 要进行安全通信时,他们可以通过下列步骤协商通信时所使用的密钥。

S1:用户 A 选取一个随机数 r_A,$1\leqslant r_A\leqslant p-2$,计算 $s_A=\alpha^{r_A} \pmod p$,并把计算结果 s_A 发送给用户 B。

S2:用户 B 选取一个大的随机数 r_B,$1\leqslant r_B\leqslant p-2$,计算 $s_B=\alpha^{r_B} \pmod p$,接着计算 $K=s_A^{r_B} \pmod p$,和 $e_B=E_K(Sig_B(\alpha^{r_B} \bmod p, \alpha^{r_A} \bmod p))$,其中,$E_K(x)$表示以 K 为密钥对 x 进行对称加密,然后,用户 B 将$(C(B), s_B, e_B)$ 发送给用户 A。

S3:用户 A 计算 $K=s_B^{r_A} \pmod p$,并用 K 解密 e_B,得到用户 B 的数字签名 $Sig_B(\alpha^{r_B} \bmod p, \alpha^{r_A} \bmod p)$,然后,用户 A 用可信第三方 TA 的验证算法 Ver_{TA} 验证用户 B 的证书 $C(B)$的有效性,再用用户 B 的验证算法 Ver_B 验证用户 B 的数字签名,如有任何一个验证失败则终止密钥协商,否则进入第 4 步(S4)。

S4:用户 A 计算 $e_A=E_K(Sig_A(\alpha^{r_B} \bmod p, \alpha^{r_A} \bmod p))$,并把$(C(A), e_A)$发送给用户 B。

S5:用户 B 解密 e_A 后,得到用户 A 的数字签名 $Sig_A(\alpha^{r_A}, \alpha^{r_B})$,使用可信第三方 TA 的验证算法 Ver_{TA} 验证用户 A 的证书 $C(A)$的有效性,使用用户 A 的验证算法 Ver_A 验证用户 A 数字签名的有效性,如有任何一个验证失败则密钥协商失败。

在 STS 协议中,用户 A 与用户 B 之间的消息交换过程可以图解如下:

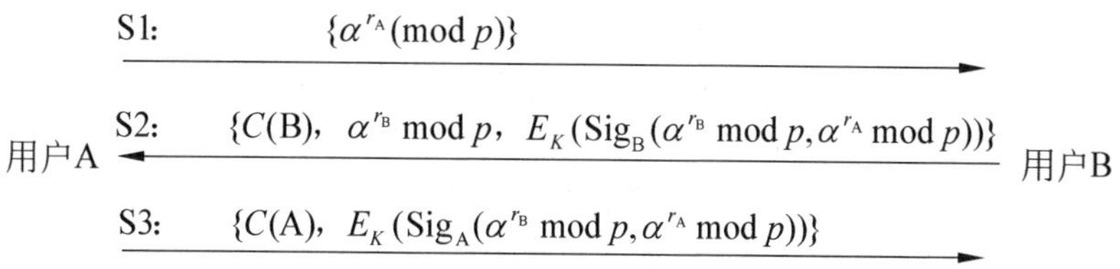

S1: $\{\alpha^{r_A}(\bmod p)\}$ →

用户A　S2: $\{C(B),\ \alpha^{r_B} \bmod p,\ E_K(\mathrm{Sig}_B(\alpha^{r_B} \bmod p, \alpha^{r_A} \bmod p))\}$ ←　用户B

S3: $\{C(A),\ E_K(\mathrm{Sig}_A(\alpha^{r_B} \bmod p, \alpha^{r_A} \bmod p))\}$ →

下面简要分析该协议是如何对抗中间人攻击的。如前所述，攻击者 T 截获步骤 S1 中用户 A 发给用户 B 的消息$\{\alpha^{r_A}(\bmod\ p)\}$，并用$\{\alpha^{r'_A}(\bmod\ p)\}$代替。之后 T 截获步骤 S2 中的消息$\{C(B), \alpha^{r_B} \bmod p, E_K(\mathrm{Sig_B}(\alpha^{r_B} \bmod p, \alpha^{r_A} \bmod p))\}$。若攻击者想用$\{\alpha^{r'_A}(\bmod\ p)\}$来代替$\{\alpha^{r_A}(\bmod\ p)\}$，就必须用 $\mathrm{Sig_B}(\alpha^{r_B} \bmod p, \alpha^{r'_A} \bmod p)$来代替 $\mathrm{Sig_B}(\alpha^{r_B} \bmod p, \alpha^{r_A} \bmod p)$，但他没有用户 B 的签名私钥，不能计算出$(\alpha^{r_B} \bmod p, \alpha^{r'_A} \bmod p)$的有效数字签名。

与此类似，因为攻击者没有用户 A 的签名私钥，从而也不能伪造用户 A 对$(\alpha^{r'_B} \bmod p, \alpha^{r_A} \bmod p)$的数字签名。

STS 协议通过数字签名验证了通信双方的身份，从而有效防止了中间人攻击。

3. 国密密钥协商协议 SM2-2

SM2-2 是国密算法 SM2 中的密钥交换协议，适用于商用密码应用中的密钥交换，可满足通信双方经过两次或可选三次信息传递过程，计算获取一个由双方共同决定的共享秘密密钥(会话密钥)。

(1) 符号和缩略语。

A,B	使用公钥密码系统的两个用户。
d_A	用户 A 的私钥。
d_B	用户 B 的私钥。
F_q	包含 q 个元素的有限域。
$E(F_q)$	F_q 上椭圆曲线 E 的所有有理点(包括无穷远点 O)组成的集合。
G	椭圆曲线的一个基点，其阶为素数。
Hash()	密码散列算法。
$H_v()$	消息摘要长度为 v 比特的密码散列算法。
h	余因子，$h=\#E(F_q)/n$，其中 n 是基点 G 的阶。
$\mathrm{ID_A}$,$\mathrm{ID_B}$	用户 A 和用户 B 的可辨别标识。
K,K_A,K_B	密钥交换协议商定的共享秘密密钥。
KDF()	密钥派生函数。
mod n	模 n 运算。例如，$23 \bmod 7=2$。
n	基点 G 的阶(n 是 $\#E(F_q)$的素因子)。
O	椭圆曲线上的一个特殊点，称为无穷远点或零点，是椭圆曲线加法群的单位元。
P_A	用户 A 的公钥。
P_B	用户 B 的公钥。

q	有限域 F_q 中元素的数目。
a,b	F_q 中的元素,它们定义 F_q 上的一条椭圆曲线 E。
r_A	密钥交换中用户 A 产生的临时密钥值。
r_B	密钥交换中用户 B 产生的临时密钥值。
$x \parallel y$	x 与 y 的拼接,其中 x、y 可以是比特串或字节串。
Z_A	关于用户 A 的可辨别标识、部分椭圆曲线系统参数和用户 A 公钥的杂凑值。
Z_B	关于用户 B 的可辨别标识、部分椭圆曲线系统参数和用户 B 公钥的杂凑值。
$\#E(F_q)$	$E(F_q)$上点的数目,称为椭圆曲线 $E(F_q)$的阶。
$[k]P$	椭圆曲线上点 P 的 k 倍点,即$[k]P=P+P+\cdots+P$,k 是正整数。
$[x,y]$	大于或等于 x 且小于或等于 y 的整数的集合。
$\lceil x \rceil$	顶函数,表示大于或等于 x 的最小整数。例如,$\lceil 7 \rceil=7$,$\lceil 8.31 \rceil=9$。
$\lfloor x \rfloor$	底函数,表示小于或等于 x 的最大整数。例如,$\lfloor 7 \rfloor=7$,$\lfloor 8.3 \rfloor=8$。
&	两个整数的按比特与运算。

(2) 算法总体描述。

密钥交换协议是两个用户 A 和 B 通过交互的信息传递,用各自的私钥和对方的公钥来商定一个只有他们知道的秘密密钥。这个共享的秘密密钥通常用在某个对称密码算法中。该密钥交换协议能够用于密钥管理和协商。

(3) 椭圆曲线系统参数。

椭圆曲线系统参数包括有限域 F_q 的规模 q(当 $q=2^m$ 时,还包括元素表示法的标识和约化多项式);定义椭圆曲线 $E(F_q)$的方程的两个元素 a、$b \in F_q$;$E(F_q)$上的基点 $G=(x_G,y_G)(G \neq O)$,其中 x_G 和 y_G 是 F_q 中的两个元素;G 的阶 n 及其他可选项(如 n 的余因子 h 等)。

(4) 用户密钥对。

用户 A 的密钥对包括其私钥 d_A 和公钥 $P_A=[d_A]G=(x_A,y_A)$。用户 B 的密钥对包括其私钥 d_B 和公钥 $P_B=[d_B]G=(x_B,y_B)$。

(5) 辅助函数。

在本部分的椭圆曲线密钥交换协议中,涉及三类辅助函数:密码杂凑算法、密钥派生函数与随机数发生器。这三类辅助函数的强弱直接影响密钥交换协议的安全性。

(6) 用户其他信息。

用户 A 具有长度为 $entlen_A$ 比特的可辨别标识 ID_A,记 $ENTL_A$ 是由整数 $entlen_A$ 转换而得的两个字节;用户 B 具有长度为 $entlen_B$ 比特的可辨别标识 ID_B,记 $ENTL_B$ 是由整数 $entlen_B$ 转换而得的两字节。在本部分规定的椭圆曲线密钥交换协议中,参与密钥协商的 A、B 双方都需要用密码杂凑算法求得用户 A 的杂凑值 Z_A 和用户 B 的杂凑值 Z_B。在本部分规定的椭圆曲线数字签名算法中,签名者和验证者都需要用密码杂凑算法求得用户 A 的杂凑值 Z_A 和用户 B 的杂凑值 Z_B。

将椭圆曲线方程的参数 a、b、G 的坐标 x_G、y_G 和 P_A 的坐标 x_A、y_A 的数据类型转换为比特串,$Z_A=H_{256}(ENTL_A \parallel ID_A \parallel a \parallel b \parallel x_G \parallel y_G \parallel x_A \parallel y_A)$。

将椭圆曲线方程参数 a、b、G 的坐标 x_G、y_G 和 P_B 的坐标 x_B、y_B 的数据类型转换为比特串，$Z_B=H_{256}(\text{ENTL}_B \parallel \text{ID}_B \parallel a \parallel b \parallel x_G \parallel y_G \parallel x_B \parallel y_B)$。

(7) 密钥交换协议及流程。

设用户 A 和 B 协商获得的密钥数据的长度为 klen 比特，用户 A 为发起方，用户 B 为响应方。用户 A 和 B 双方为了获得相同的密钥，应实现如下运算步骤。

记 $w=\lceil(\lceil \log_2(n)\rceil/2)\rceil-1$。

用户 A：

A1：用随机数发生器随机产生 $r_A\in[1,n-1]$；

A2：计算椭圆曲线点 $R_A=[r_A]G=(x_1,y_1)$；

A3：将 R_A 发送给用户 B；

用户 B：

B1：用随机数发生器随机产生 $r_B\in[1,n-1]$；

B2：计算椭圆曲线点 $R_B=[r_B]G=(x_2,y_2)$；

B3：从 R_B 中取出域元素 x_2，将 x_2 的数据类型转换为整数，计算 $\bar{x}_2=2^w+(x_2\&(2^w-1))$；

B4：计算 $t_B=(d_B+\bar{x}_2\cdot r_B)\bmod n$；

B5：验证 R_A 是否满足椭圆曲线方程，若不满足则协商失败；否则从 R_A 中取出域元素 x_1，将 x_1 的数据类型转换为整数，计算 $\bar{x}_1=2^w+(x_1\&(2^w-1))$；

B6：计算椭圆曲线点 $V=[h\cdot t_B](P_A+[\bar{x}_1]R_A)=(x_V,y_V)$，若 V 是无穷远点，则 B 协商失败；否则将 x_V，y_V 的数据类型转换为比特串；

B7：计算 $K_B=\text{KDF}(x_V \parallel y_V \parallel Z_A \parallel Z_B,\text{klen})$；

B8：(选项) 将 R_A 的坐标 x_1、y_1 和 R_B 的坐标 x_2、y_2 的数据类型转换为比特串，计算 $S_B=\text{Hash}(0\text{x}02 \parallel y_v || \text{Hash}(x_v \parallel Z_A \parallel Z_B \parallel x_1 \parallel y_1 \parallel x_2 \parallel y_2))$；

B9：将 R_B、(选项 S_B)发送给用户 A；

用户 A：

A4：从 R_A 中取出域元素 x_1，将 x_1 的数据类型转换为整数，计算 $\bar{x}_1=2^w+(x_1\&(2^w-1))$；

A5：计算 $t_A=(d_A+\bar{x}_1\cdot r_A)\bmod n$；

A6：验证 R_B 是否满足椭圆曲线方程，若不满足则协商失败；否则从 R_B 中取出域元素 x_2，将 x_2 的数据类型转换为整数，计算 $\bar{x}_2=2^w+(x_2\&(2^w-1))$；

A7：计算椭圆曲线点 $U=[h\cdot t_A](P_B+[\bar{x}_2]R_B)=(x_U,y_U)$，若 U 是无穷远点，则 A 协商失败；否则将 x_U、y_U 的数据类型转换为比特串；

A8：计算 $K_A=\text{KDF}(x_U \parallel y_U \parallel Z_A \parallel Z_B,\text{klen})$；

A9：(选项) 将 R_A 的坐标 x_1、y_1 和 R_B 的坐标 x_2、y_2 的数据类型转换为比特串，计算 $S_1=\text{Hash}(0\text{x}02 \parallel y_U \parallel \text{Hash}(y_U \parallel Z_A \parallel Z_B \parallel x_1 \parallel y_1 \parallel x_2 \parallel y_2))$，并检验 $S_1=S_B$ 是否成立，若等式不成立，则从 B 到 A 的密钥确认失败；

A10：(选项)计算 $S_A=\text{Hash}(0\text{x}03 \parallel y_U \parallel \text{Hash}(x_U \parallel Z_A \parallel Z_B \parallel x_1 \parallel y_1 \parallel x_2 \parallel y_2))$，并将 S_A 发送给用户 B。

用户 B：

B10：(选项)计算 $S_2=\text{Hash}(0\text{x}03 \parallel y_v \parallel \text{Hash}(x_v \parallel Z_A \parallel Z_B \parallel x_1 \parallel y_1 \parallel x_2 \parallel y_2))$，

并检验 $S_2=S_A$ 是否成立,若等式不成立则从 A 到 B 的密钥确认失败。

注: 如果 Z_A、Z_B 不是用户 A 和 B 所对应的散列值,则自然不能达成一致的共享秘密值。密钥交换协议流程如图 5.3 所示。

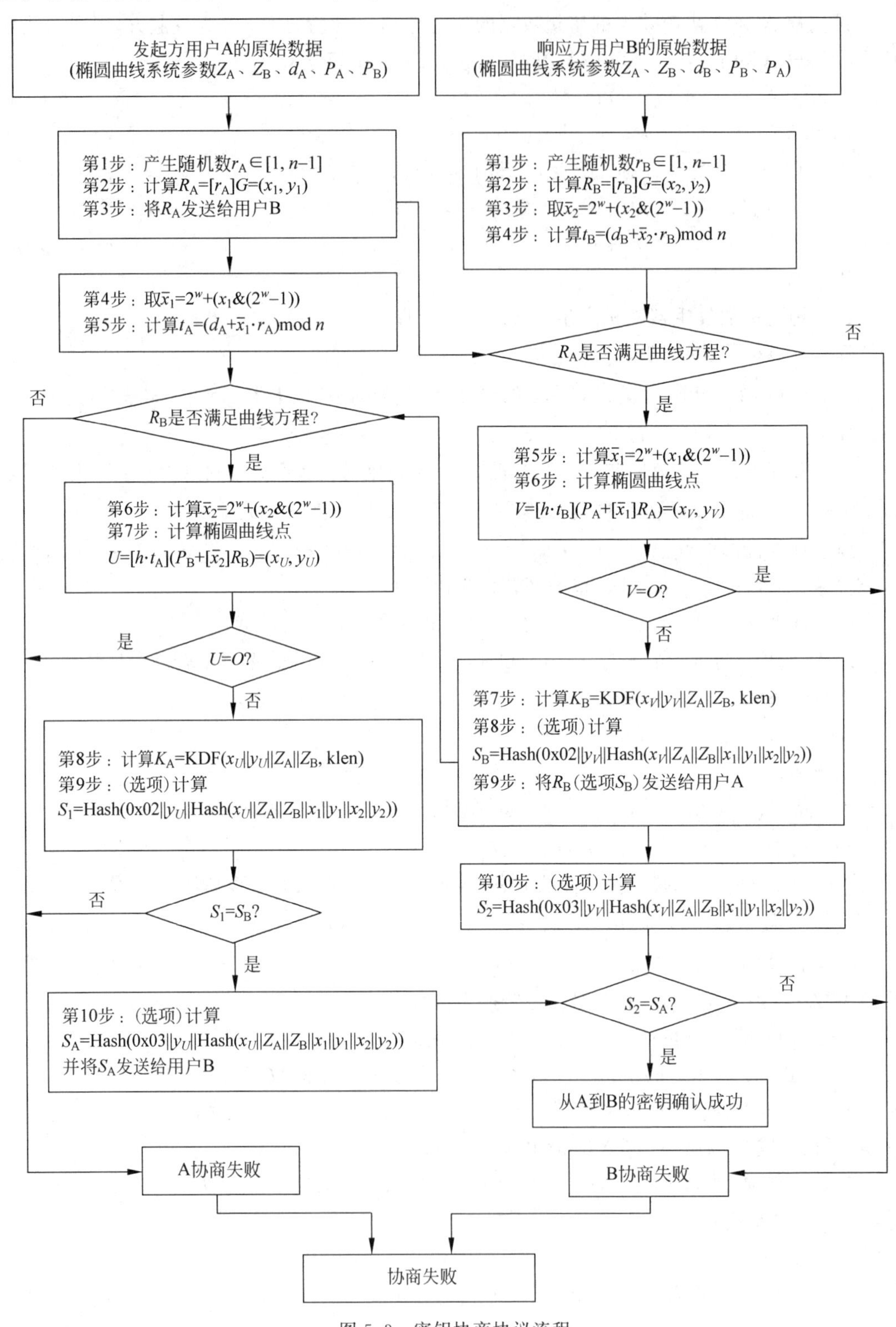

图 5.3 密钥协商协议流程

5.5　公开密钥的分发

5.5.1　公开密钥的分发方式

和传统密码体制一样，公开密钥密码体制在应用时也需要首先进行密钥分发。但是，公开密钥密码体制的密钥分发与传统密码体制的密钥分发有着本质的差别。由于传统密码体制中只要一个密钥，因此在密钥分发中必须同时确保密钥的秘密性、真实性和完整性。而公开密钥密码体制中有两个密钥，在密钥分发时必须确保用于解密或数字签名的私钥的秘密性、真实性和完整性，在实际应用中，私钥通常不需要传输，一般由使用者自己安全存储和保管。同时，因为加密密钥或签名验证密钥是公开的，因此分发公钥时，不需要确保其秘密性，但是却必须确保其真实性和完整性，绝对不允许攻击者替换或篡改用户的公钥。可以说，公开密钥密码体制中密钥管理的主要任务正是公钥的安全分发和安全管理。

归纳起来，公钥的分发方法主要有以下4种。

1）公开发布

公钥密码体制出现的原因之一是为了解决密钥分发问题，也就是公钥密码体制中的公钥可以公开，任一通信方可以将他的公钥发送给另一通信方或广播给其他通信各方。这种方法的突出优点是简便，密钥的分发不需要特别的安全渠道，相应地降低密钥管理的要求和成本；缺点是不能确保公钥的真实性和完整性，可能出现伪造公钥的公开发布，即某个用户可以假冒别的用户发送或广播公钥。

2）建立公钥目录

维护一个动态可访问的公钥目录（目录就是一组维护着用户信息的数据库）可以获得更大的安全性。这种方法要求一个称为目录管理员的可信实体或组织负责这个公开目录的维护，其他用户可以基于公开渠道访问该公钥目录来获取公钥。

这种方法比由个人公开发布公钥更安全，但也存在严重的缺点：一旦攻击者获知目录管理员的私钥，则他可以假冒任何通信方，传递伪造的公钥，或者修改目录管理员保存的记录，从而窃取发送给该通信方的消息；用户必须要知道这个公开目录的路径且信任该目录。

3）带认证的公钥分发（在线服务器方式）

一个更安全的公钥分发方法是在建立公钥目录的基础上增加认证功能：目录管理员负责维护通信各方公钥的动态目录，每个通信方可靠地知道该目录管理员的公钥，并且只有管理员知道对应的私钥。管理员向请求方返回经自己的私钥签名的被查找用户的公钥，请求方可以用管理员的公钥对所获取的签名变换过的公钥进行验证，从而确定该公钥的真实性。实际上，这是一种在线服务器式公钥分发解决方案。这种方案的处理步骤如下：

（1）A发送一条带有时间戳的消息给公钥目录管理员M，以请求B的当前公钥；

（2）M给A发送一条用其私钥 KR_M 签名的包括B的公钥 KR_B 在内的消息，这样A就可以用M的公钥对接收到的消息验证，因此A可以确信该消息来自M；

（3）A保存B的公钥，并用它对包含A的标识和及时交互号的消息加密，然后发送给B，其中及时交互号用来唯一标识本次信息交换；

（4）与A获取B的公钥一样，B以同样的方法从M处检索出A的公钥。

该方案的缺点是：只要用户与其他用户通信，就必须向目录管理员申请对方的公钥，故可信服务器必须在线，这可能导致可信服务器成为一个瓶颈。

4) 使用数字证书的公钥分发(离线服务器方式)

为了克服在线服务器式公钥分发解决方案的缺点，通信各方可以使用证书来交换密钥，获得良好的可靠性和灵活性。采用数字签名技术来确保公钥的真实性和完整性：将用户的标识符和用户的公钥联系在一起签名，则将用户的标识符和用户的公钥绑定在一起。如果破坏了这种对应关系，验证签名时将能够发现篡改行为。由此可见，采用数字签名技术可以确保公钥的安全分发。这里经过签名的一组信息的集合被称为证书，可信实体X被称为证书机构(Certification Authority，CA)。

一般地讲，证书是一个数据结构，是一种由一个可信任的管理机构签署的信息集合。在不同的应用中有不同的证书，如公钥证书、PGP证书、SET证书等，但这里只讨论公钥证书。

公钥证书是一种包含持证主体标识、持证主体公钥等信息，并由可信任的CA签署的信息集合。公钥证书主要用于确保公钥及其与用户绑定关系的安全。公钥证书的持证主体可以是人、设备、组织机构或其他主体。公钥证书的内容主要包括用户的名称、用户的公钥、证书的有效日期和CA的签名等。公钥证书能以明文的形式进行存储和分发。任何一个用户只要知道签证机构的公钥，就能检查对证书的签名的合法性。如果检查正确，那么用户就可以相信那个证书所携带的公钥是真实的，而且这个公钥就是证书所标识的那个主体的合法的公钥。

有了公钥证书系统后，如果某个用户需要任何其他已向CA注册的用户的公钥，可向持证人(或证书机构)直接索取其公钥证书，并用CA的公钥验证CA的签名，从而获得可信的公钥。由于公钥证书不需要保密，可以在互联网上分发，因而实现公钥的安全分发。又由于公钥证书有CA的签名，攻击者不能伪造合法的公钥证书。因此，只要CA是可信的，公钥证书就是可信的。其中CA公钥的获得也是通过证书方式进行的，为此CA也为自己颁发公钥证书。

使用公钥证书的主要好处是，用户只要获得CA的公钥，就可以安全地获得其他用户的公钥。因此公钥证书为公钥的分发奠定了基础，成为公开密钥密码在大型网络系统中应用的关键技术。这就是电子政务、电子商务等大型网络应用系统都采用公钥证书技术的原因。

5.5.2 X.509公钥证书

目前应用最广泛的证书格式是国际电信联盟(International Telecommunication Union，ITU)提出的X.509版本3格式。X.509标准最早于1988年颁布，在此之后又于1993年和1995年进行过两次修改。Internet工程任务组(IETF)针对X.509在Internet环境的应用，颁布了一个作为X.509子集的RFC 2459，从而使X.509在Internet环境中得到广泛应用。

1. X.509证书的结构

X.509版本3的证书结构如图5.4所示。

证书中各字段的说明如下。

版本号：证书的版本号。

证书序列号：由证书颁发者分发的本证书的唯一标识号。

版本号
证书序列号
签名算法标识符
颁发者名称
有效期
主体名称
主体公钥信息（算法标识，公钥值）
颁发者唯一标识符（可选）
主体唯一标识符（可选）
扩展项（可选）
颁发者签名

图 5.4 X.509 版本 3 的证书结构

签名算法标识符：由对象标识符加上相关参数组成，用于说明本证书所用的数字签名算法。例如，SHA-1 with RSA 说明该数字签名是利用 RSA 算法对数据的 SHA-1 的散列值进行签名。

颁发者名称：证书颁发者的可识别名。

有效期：证书有效的时间段。本字段由“起始时间”和“终止时间”两项组成，共同标识出证书的有效期。

主体名称：证书拥有者的可识别名。此字段必须是非空的，除非在扩展项中使用了其他名字形式。

主体公钥信息：主体的公钥以及所采用的公开密钥密码算法的标识符，这是必须说明的。

颁发者唯一标识符：证书颁发者的唯一标识符，属于可选字段，很少使用。

主体唯一标识符：证书拥有者的唯一标识符，属于可选字段，很少使用。

扩展项：在颁布了 X.509 版本 2 后，人们认为还有一些不足之处，于是提出一些扩展项附在版本 3 证书结构的后面。这些扩展项包括：密钥和策略信息、主体和颁发者属性以及证书路径限制。包含在扩展项中的信息可以标记为关键的，也可以标记为非关键的。如果某个扩展项标记为关键的，而应用程序又不能识别该扩展项类型，则应用程序应当拒绝该证书。如果某个扩展项标记为非关键的，即使应用程序不能识别该扩展项类型，应用程序也可以安全地忽略该扩展项并使用该证书。

颁发者签名：用证书颁发者私钥对证书其他字段生成的数字签名，以确保这个证书在颁发之后没有被篡改过。

2. 数字证书的管理

数字证书的管理包括证书的签署、发放、更新、查询以及作废等。

1）数字证书的签发

证书机构（说明见 5.6.1 节）接收、验证用户（包括下级证书机构和最终用户）数字证书的申请，将申请的内容进行备案，并根据申请的内容确定是否受理该数字证书申请。如果证书机构接受该数字证书的申请，则需进一步确定所颁发证书的类型。新证书用证书机构的私钥签名以后，发送到目录服务器供用户下载和查询。为了保证消息的完整性，返回给用户的所有应答信息都要使用证书机构的签名。

由于数字证书不需要特别的安全保护，因而可以使用不安全的协议在不可信的系统和网络上进行分发。

2）数字证书的更新

证书机构可以定期更新所有用户的证书，或者根据用户请求来更新特定用户的证书。

3）数字证书的查询

证书的查询可以分为证书申请的查询和用户证书的查询。前者要求证书机构根据用户的查询请求返回申请的处理过程和结果；后者则由目录服务器根据用户的请求返回适当的证书。

4) 数字证书的作废

数字证书都有一定的使用期限,其使用期限是由包含在证书中的开始日期和到期日期确定的,而有效期的长短(几个月至几年)则由证书机构的安全策略决定。

在某些特殊情况下(如对应的私钥已经失密、名字更改、主体与证书机构的关系已经改变等)要求提前作废该证书,证书机构通过周期性地发布并维护证书撤销列表(Certificate Revocation List,CRL)来完成上述功能。证书撤销列表是一个带时间戳的已作废数字证书列表,该列表由证书机构进行签名处理,供证书的使用者访问。CRL 可以发布在一个知名的互联网站上或是在证书机构自己的目录上进行分发。每份被撤销的证书在 CRL 中以其证书序列号进行标识。一个系统在使用一个经过认证的公钥前,不仅需要检查证书的签名和有效期,还要查询最新的 CRL 以确认该证书的序列号不在其中。因此,只有同时满足以下 3 个条件的证书才是有效的证书,即证书机构的签名有效、证书在有效期内,并且未被列入 CRL 中。

需要指出的是,随着电子商务的不断发展,SET 协议已暴露出一些问题和局限。例如,SET 协议本身比较复杂,较多的信息交互和计算代价降低了协议效率和便捷性; SET 协议更利于商家,协议没有规定收单银行给商家付款前必须要收到客户的货物接收确认证书,导致可能出现商家不发货或提供的货物与所定货物不符的问题和纠纷; 另外,SET 协议没有规定在交易结束后,如何安全处理交易数据,当交易出现问题时缺少证据来界定责任等。因此,在实际应用中,完全遵从 SET 协议的电子商务系统很少,往往都针对具体应用环境和安全需求进行了优化或改进,以增强其安全性和适用性。

5.6 公钥基础设施

公钥基础设施(Public Key Infrastructure,PKI)是网络安全建设的基础与重要工作,是电子商务、政务系统安全实施的有力保障。PKI 技术的研究和应用在近几年引起人们的广泛重视,具有得天独厚的发展优势。

PKI 在本质上是建立一种信任环境,通过数字证书来证明某个公开密钥的真实性,并通过证书撤销列表来确认某个公开密钥的有效性。

PKI 技术及其应用还在不断发展中,许多新技术正在不断涌现,证书机构之间的信任模型、使用的加解密算法、密钥管理方案等也在不断变化之中。下面介绍 PKI 应用中的一些问题,包括 PKI 的定义和服务、认证策略、证书管理协议等。

5.6.1 PKI 的定义

PKI 是基于公开密钥理论与技术来实施和提供安全服务的、具有普适性的安全基础设施的总称,它并不特指某一密码设备及其管理设备。一般可认为 PKI 是生成、管理、存储、分发和撤销基于公开密码的公钥证书所需要的硬件、软件、人员、策略和规程的总和。虽然 PKI 的定义在不断延伸和扩展,但一个完整的 PKI 在结构或功能上应该至少包括以下几部分。

1) 证书机构(Certificate Authority,CA)

又称证书管理中心,负责具体的证书颁发和管理,属于可信任的第三方范畴,其作用类

似颁发身份证的机构。CA可以具有层次结构，除直接管理一些具体的证书之外，还管理一些下级CA，同时又接受上级CA的管理。

CA作为PKI管理实体和服务的提供者，必须经由相关政策来保证其是可信的，并且通过公正的第三方测试从技术上保障其是安全的。CA通过其数字签名将某个实体的身份信息和相应的公钥捆绑在一起形成公钥证书。CA是PKI框架中唯一能够创建、撤销、维护证书生命期的实体。所有用户都知道用于验证CA签名的公钥和用于加密的公钥。

2）注册机构(Registration Authority，RA)

即证书注册审批机构。尽管证书注册的功能可以直接由CA来实现，但是用注册机构来实现实体的注册功能是很有意义的。RA承担CA的一定功能并扩展和延伸。它负责证书申请者的信息录入、审核以及证书发放等工作；对发放的证书完成相应的管理功能。发放的数字证书可以存放于智能卡或U盘等移动存储介质中。RA系统是CA得以正常运营不可缺少的一部分。

3）证书库

为使用户容易找到所需的公钥证书，必须有一个健壮的、规模可扩充的在线分布式数据库存放CA创建的所有用户公钥证书。证书库可由Web、FTP、X.500目录等来实现。ISO/ITU、ANSI和IETF等组织制定的标准X.509对公钥证书给出定义。X.509证书适用于大规模网络环境，它的灵活性和可扩展性能够满足各种应用系统不同类型的安全要求。X.509证书具有支持多种算法、多种命名机制，限制证书的用途，定义证书遵循的策略和控制信任关系的传递等特性。

4）证书撤销列表

在PKI环境中公钥证书是有有效期的。在有效期期间如果私钥遭到破坏或用户身份改变，需要有一种方法警告其他用户不能再使用这个公钥。PKI中引入证书撤销列表(CRL)，该表列出当前已经作废的公钥证书。用户在使用某用户的公钥证书时必须先查CRL，以便确认公钥的可用性。

5）密钥备份和恢复

在很多环境下(特别是在企业环境下)，由于丢失密钥造成被保护数据的丢失是完全不可接受的。某项业务中的重要文件被对称密钥加密，而对称密钥又被某个用户的公钥加密。假如相应的私钥丢失，导致已加密文件不能解密，则会造成重大损失。一个解决方案就是为多个接收者加密所有数据，但对于高度敏感数据，这个方法是不可行的。一个更可行和通用的可接受方法是备份并能恢复私钥。

6）自动密钥更新

通过用户手工操作的方式定期更新证书在某些应用环境中是不现实的，用户可能忘记自己证书的有效期，只有在认证失败时才发现问题。当用户遇到这些情况时，手工更新过程是极为复杂的，要求与CA交换数据(类似于初始化过程)。一种有效解决方法是由PKI本身自动完成密钥或证书的更新，完全无须用户干预。无论用户的证书用于何种目的，都会检查有效期，当失效日期到来时，启动更新过程，生成一个新证书来代替旧证书，但用户请求的事务处理继续进行。在很多应用环境下，对可操作的PKI来说，自动密钥更新显得十分重要。

7）密钥归档

密钥更新(无论是人工还是自动)意味着经过一段时间，每个用户都会有多个失效的旧公钥证书和至少一个有效公钥证书。这一系列证书和相应的私钥组成用户的密钥历史档案。记录用户的全部密钥历史档案是很重要的,因为要对多年前加密的文件进行解密(或验证某实体的签名),就需要从历史档案中找出当时使用的解密密钥(或某实体的公钥证书)。在任何系统中,用户自己查找正确的私钥或用每个密钥去尝试解密数据,对用户来说难度很大。PKI 必须保存所有密钥,以便正确地备份和恢复密钥,查找出正确的密钥来解密数据。因此密钥归档也应当由 PKI 自动完成。

8) 交叉认证

建立一个管理全世界所有用户的单一的全球性 PKI 是事实不可实现的。可能的现实模型是多个 PKI 独立地运行和操作,为不同的环境和不同的用户团体服务。一个群体中的用户只要有 CA 的公钥,即可相互验证对方的公钥证书。而不同群体用户间的安全通信就需要一种"交叉认证"机制,即在不同 CA 间建立信任关系。

9) 支持抗抵赖服务

PKI 本身无法提供真正的抗抵赖服务,需要有人工参与分析、判断证据,并做出最后的判决。然而,PKI 必须提供所需要的证据、支持决策,提供数据源鉴别和可信的时间戳等信息。

10) 时间戳

支持抗抵赖服务的一个关键条件就是在 PKI 中使用时间戳。PKI 中必须存在用户可信任的权威时间源。事实上,权威时间源提供的时间并不需要精确,仅仅需要用户作为一个参照时间完成基于 PKI 的事务处理,如事件 B 发生在事件 A 的后面。

11) 客户端软件

PKI 服务器为用户完成以下工作:CA 提供认证服务、资料库保存证书和证书撤销信息、备份和恢复服务器正确管理密钥历史档案、时间戳服务器为文档提供权威时间信息。然而,在客户端/服务器运行模式下,除非客户端发出请求服务。否则服务器通常不会响应客户端。

在用户本地平台上的客户必须请求认证服务。客户端软件必须查询证书和相关的证书撤销信息。客户端软件必须知道密钥历史档案,知道何时需要请求密钥更新或密钥恢复操作。客户端软件必须知道何时为文档请求时间戳。作为安全通信的接收端点,PKI 客户端软件需要理解安全策略,需要知道是否、何时和怎样去执行取消操作,需要知道证书路径处理等。客户端软件是全功能、可操作的 PKI 的必要组成部分。没有客户端软件,PKI 无法有效地提供更多服务。而且客户端软件应当独立于所有应用程序之外,完成 PKI 服务的客户端功能。应用程序通过标准接口与客户端软件连接(与其他基础设施一样),但应用程序本身并不与各种 PKI 服务器连接,就是说,应用程序使用基础设施,但并不是基础设施的组成部分。

5.6.2 PKI 提供的服务和应用

PKI 主要提供了以下 3 种安全服务。

1) 鉴别(认证)服务

PKI 提供的鉴别(认证)服务(相对于在本地环境中的非 PKI 操作的初始化鉴别,包括口令、生物特征扫描设备的单个或多个条件鉴别)采用了数字签名技术,签名产生于以下

3个方面数据的绑定值之上：

(1) 被鉴别的一些数据；

(2) 用户希望发送到远程设备的请求；

(3) 远程设备生成的随机质询信息。

第(1)项支持PKI的数据源鉴别服务，后两项支持PKI的实体鉴别服务。

2) 完整性服务

PKI提供的完整性服务可以采用两种技术。第一种是数字签名，既可以提供实体鉴别，也可以保证被签名数据的完整性。如果签名通过了验证，接收者就认为是收到了原始数据(就是未经修改的数据)。第二种是消息鉴别码(MAC)。这项技术通常采用对称分组密码(如DES-CBC-MAC)或密码散列函数(如HMAC-SHA-1)。

3) 机密性服务

PKI提供的机密性服务采用了类似于完整性服务的机制。例如，要为实体A和实体B之间的通信提供机密性服务，就要：

(1) 实体A随机生成一个对称密钥；

(2) 用对称密钥加密数据；

(3) 将加密后的数据、实体A的公钥以及用实体B的公钥加密后的对称密钥发送给实体B。

PKI提供的上述安全服务恰好能满足电子商务、电子政务、网上银行、网上证券等金融业交易的安全需求，是确保这些活动顺利进行必备的安全措施。没有这些安全服务，电子商务、电子政务、网上银行、网上证券等都无法正常运作。

1. 电子商务应用

电子商务的参与方一般包括买方、卖方、银行和作为中介的电子交易市场。买方通过自己的浏览器上网，登录到电子交易市场的Web服务器并寻找卖方。当买方登录服务器时，互相之间需要验证对方的证书以确认其身份，这被称为双向认证。

在双方身份被互相确认以后，建立起安全通道，并进行讨价还价，之后向商场提交订单。订单里有两种信息：一种是订货信息，包括商品名称和价格；另一种是提交银行的支付信息，包括金额和支付账号。买方对这两种信息进行双重数字签名，分别用商场和银行的证书公钥加密上述信息。当商场收到这些交易信息后，留下订货信息，而将支付信息转发给银行。商场只能用自己专有的私钥解开订货信息并验证签名。同理，银行只能用自己的私钥解开加密的支付信息，验证签名并进行划账。银行在完成划账以后，通知起中介作用的电子交易市场、物流中心和买方，并进行商品配送。整个交易过程都是在PKI所提供的安全服务之下进行，实现了安全、可靠、保密和不可否认性。

2. 电子政务应用

电子政务包含的主要内容有网上信息发布、办公自动化、网上办公、信息资源共享等。按应用模式可分为政府-公众模式(Government to Citizen, G2C)、政府-商务模式(Government to Business, G2B)以及政府-政府模式(Government to Government, G2G)，PKI在其中的应用主要是解决身份认证、数据完整性、数据机密性和抗抵赖性等问题。

例如，一个机密文件发给谁，或者哪一级公务员有权查阅某个机密文件等，这些都需要进行身份认证。与身份认证相关的还有访问控制，即权限控制。认证通过数字证书进行，而访问控制通过属性证书或访问控制列表(ACL)完成。有些文件在网络传输中要加密以保证数据的机密性,有些文件在网上传输时要求不能丢失和被篡改,特别是一些机密文件的收发必须要有数字签名等。只有PKI提供的安全服务才能满足电子政务中的这些安全需求。

3. 网上银行应用

网上银行是指银行借助互联网技术向客户提供信息服务和金融交易服务。银行通过互联网向客户提供信息查询、对账、网上支付、资金划转、信贷业务、投资理财等服务。网上银行的应用模式有B2C(Business to Customer)个人业务和B2B(Business to Business)对公业务两种。

网上银行的交易方式是点对点的,即客户对银行。客户浏览器端装有客户证书,银行服务器端装有服务器证书。当客户上网访问银行服务器时,银行端首先要验证客户端证书,检查客户的真实身份,确认是否为银行的真实客户;同时服务器还要到CA的目录服务器,通过LDAP协议查询该客户证书的有效期和是否进入“黑名单”。认证通过后,客户端还要验证银行服务器端的证书。双向认证通过以后,建立起安全通道,客户端提交交易信息,经过客户数字签名并加密后传送到银行服务器,由银行后台信息系统进行划账,并将结果进行数字签名返回给客户端。这样就做到了支付信息的机密和完整以及交易双方的不可否认性。

4. 网上证券应用

网上证券广义地讲是证券业的电子商务,包括网上证券信息服务、网上股票交易和网上银证转账等。一般来说,在网上证券应用中,股民为客户端,装有个人证书;券商服务器端装有Web证书。在线交易时,券商服务器只需要认证股民证书,验证是否为合法股民,是单向认证过程。认证通过后,建立起安全通道。股民在网上的交易提交同样要进行数字签名,网上信息要加密传输;券商服务器收到交易请求并解密,进行资金划账并做数字签名,将结果返回给客户端。

5.6.3 PKI的构成

PKI作为分布式计算环境中利用公钥技术所构成的基础安全服务设施,企业或组织可利用相关PKI产品建立安全域,并在其中发布和管理证书。在安全域内,PKI设施管理证书的发布、注册、撤销和更新等。PKI也允许一个组织通过证书级别或直接交叉认证等方式与其他安全域建立信任关系。这些服务和信任关系不局限于独立的网络之内,而建立在网络之间和互联网之上,为电子商务和网络通信提供安全保障。所以具有互操作性的结构化和标准化技术是PKI应用的关键。

PKI在实际应用中是一套软硬件系统和安全策略的集合,它提供了一整套安全机制,使用户在不知道对方身份或分布地很广的情况下,以证书为基础,通过一系列的信任关系进行通信和电子商务交易。

一个典型的PKI系统如图5.5所示,包括PKI安全策略、软硬件系统、证书机构(CA)、注册机构(RA)、密钥与证书管理系统和PKI应用等。

PKI安全策略建立和定义了密码系统使用的处理方法和原则。它包括一个组织怎样处理密钥和机密信息,根据安全风险级别定义安全控制级别。一般情况下,在PKI中有两种类型的策略:一种是证书策略,用于管理证书的使用。例如,可以确认某一CA是互联网上的公有CA,还是某一企业内部的私有CA。另一种是CPS(Certificate Practice Statement)。一

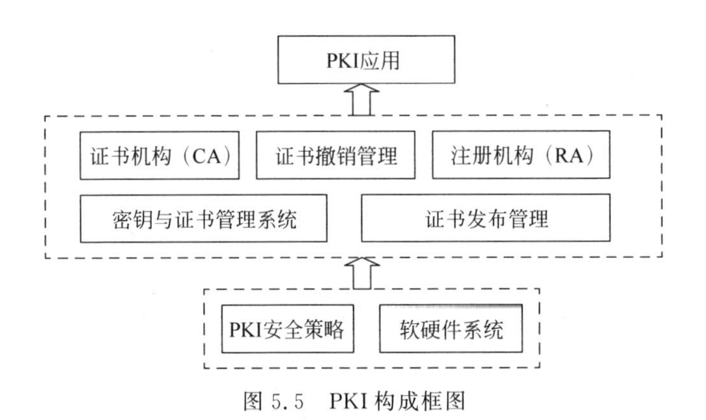

图 5.5 PKI 构成框图

些由商业证书机构(CCA)或者可信第三方操作的 PKI 系统需要 CPS。这是包含如何在实践中增强和支持安全策略的一些操作过程的详细文档。它包括 CA 是如何建立和运行的，证书是如何发布、接收和撤销的，密钥是如何产生、注册的，以及密钥是如何存储的、用户是如何得到密钥的等。

CA 是 PKI 的信任基础，它管理公钥的整个生命周期，其作用包括：发放证书、规定证书的有效期和通过发布证书撤销列表(CRL)确保必要时可以撤销证书。

RA 提供用户和 CA 之间的一个接口，它获取并鉴别用户的身份，向 CA 提出证书请求。它主要完成收集用户信息和确认用户身份的功能。这里的用户是指将要向 CA 申请数字证书的客户，既可以是个人，也可以是集团或团体、某政府机构等。注册管理一般由一个独立的注册机构来承担。它接受用户的注册申请，审查用户的申请资格，并决定是否同意 CA 给其签发数字证书。注册机构并不给用户签发证书，而只是对用户进行资格审查。因此，RA 可以设置在直接面向客户的业务部门，如银行的营业部、机构认证部门等。当然，对于一个规模较小的 PKI 应用系统来说，可将注册管理的职能由 CA 来完成，而不设立独立运行的 RA。但这并不是取消了 PKI 的注册功能，而只是将其作为 CA 的一项功能而已。PKI 国际标准推荐由一个独立的 RA 来完成注册管理的任务，可以增强应用系统的安全。

证书发布系统负责证书的发放。证书发布方法可以通过 LDAP 目录服务来实现。目录服务器可以是一个组织中现存的，也可以是 PKI 方案提供的。

PKI 应用非常广泛，包括 Web 服务器和浏览器之间的通信、电子邮件、电子数据交换(EDI)、互联网上的信用卡交易和虚拟专用网(VPN)等。

一个简单的 PKI 系统包括 CA、RA 和相应的 PKI 存储库。CA 用于签发并管理证书；RA 可以作为 CA 的一部分，也可以独立，其功能包括个人身份审核、CRL 管理、密钥产生和密钥对备份等；PKI 存储库包括 LDAP 目录服务器和普通数据库，用于对用户申请、证书、密钥、CRL 和日志等信息进行存储和管理，并提供一定的查询功能。

一个典型的 CA 系统包括安全服务器、CA 服务器、RA 服务器、LDAP 目录服务器和数据库服务器等，如图 5.6 所示。

安全服务器：面向普通用户，提供证书申请、浏览、证书撤销列表以及证书下载等安全服务。安全服务器与用户的通信采取安全信道方式。用户首先得到安全服务器的证书(该证书由 CA 颁发)，然后用户与服务器之间的所有通信，包括用户填写的申请信息以及浏览器生成的公钥均以安全服务器的密钥进行加密传输。只有安全服务器利用自己的私钥解密

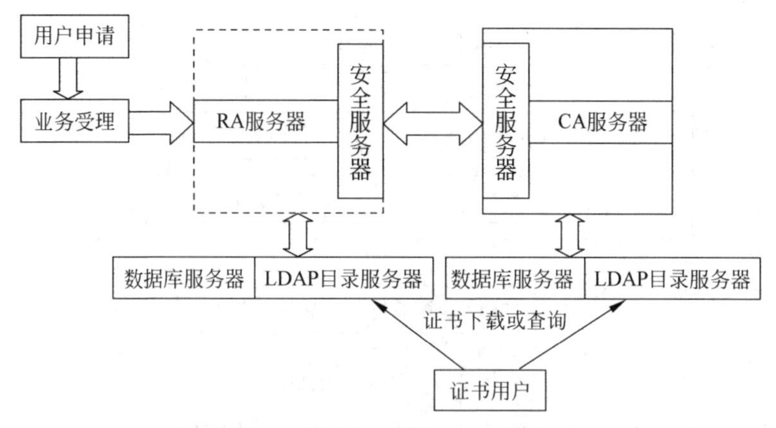

图 5.6 典型 CA 系统框架模型

才能得到明文,这样可以防止其他人通过窃听得到明文,从而保证了证书申请和传输过程中的信息安全。

CA 服务器:整个 CA 的核心,负责证书的签发。CA 服务器首先产生自身的私钥和公钥(密钥长度至少为 1024 位),然后生成数字证书,并且将数字证书传输给安全服务器。CA 还负责为操作员、安全服务器以及 RA 服务器生成数字证书。安全服务器的数字证书和私钥也需要传输给安全服务器。CA 服务器是整个结构中最为重要的部分,存有 CA 的私钥以及发行证书的脚本文件。出于安全的考虑,应将 CA 服务器与其他服务器隔离,任何通信采用人工干预的方式,确保认证中心的安全。

RA 服务器:RA 服务器面向登记中心操作员,在 CA 体系结构中起承上启下的作用。一方面向 CA 服务器转发安全服务器传输过来的证书申请请求,另一方面向 LDAP 目录服务器和安全服务器转发 CA 服务器颁发的数字证书和证书撤销列表。

LDAP 目录服务器:提供目录浏览服务,负责将注册机构服务器传输过来的用户信息以及数字证书加入服务器。这样用户通过访问 LDAP 目录服务器就能够得到其他用户的数字证书。

数据库服务器:CA 中的核心部分,用于 CA 中数据(如密钥和用户信息等)、日志和统计信息的存储和管理。实际的数据库系统应采用多种措施,如磁盘阵列、双机备份和多处理器等,以维护数据库系统的安全性、稳定性、可伸缩性和高性能。

5.6.4 PKI 标准

随着 PKI 技术的不断完善与发展以及应用的日益普及,为了更好地为社会提供优质服务,水平参差不齐的技术供应厂商的 PKI 产品迫切需要解决互联互通问题。此外,PKI 产品自身的安全性也受到越来越多生产厂商和用户的关注。这都要求专门的第三方制定相应的标准规范对 PKI 产品的安全性能进行测评认定。因此,PKI 标准化成为一种必然趋势。

涉及 PKI 的标准可分为两类:一类是与 PKI 定义相关的,另一类是与 PKI 的应用相关的。

1. 与 PKI 定义相关的标准

在 PKI 技术框架中,许多方面都有严格的定义,如用户的注册流程、数字证书的格式、CRL 的格式、证书的申请格式以及数字签名格式等。

国际电信联盟 ITU X.509 协议是 PKI 技术体系中应用最广泛、也是最为基础的一个国际标准。它的主要目的是定义一个规范的数字证书格式，以便为基于 X.500 协议的目录服务提供一种强认证手段。

PKCS(Public-key Cryptography Standards)是由美国 RSA 数据安全公司及其合作伙伴制定的一组公钥密码学标准。它与 ITU X.509 协议兼容，也与增强保密邮件(Privacy Enhanced Mail，PEM)协议兼容，并且适应二进制数据的扩充。该标准包括证书申请、证书更新、证书撤销列表(CRL)发布、扩展证书内容以及数字签名、数字信封格式等方面的一系列相关协议。到 1999 年年底，已经公布了以下 PKCS 标准：

PKCS#1：RSA 公钥函数基本格式标准。它定义了数字签名如何计算，包括待签名数据和签名本身的格式；它也定义了 RSA 公/私钥的语法。它主要用于 PKCS#7 中所描述的数字签名和数字信封。

PKCS#3：Diffie-Hellman 密钥交换协议。描述了实现 Diffie-Hellman 密钥协议的方法。

PKCS#5：基于口令的加密标准。描述了使用由口令生成的密钥来加密 8 位位串并产生一个加密的 8 位位串的方法。PKCS#5 可以用于加密私钥，以便于密钥的安全传输。

PKCS#6：扩展证书语法标准。定义了提供附加实体信息的 X.509 证书属性扩展的语法格式。

PKCS#7：密码消息语法标准。为使用密码算法的数据规定了通用语法，如数字签名和数字信封。PKCS#7 提供了许多格式选项，包括未加密或签名的格式化消息、已封装(加密)消息、已签名消息和既经过签名又经过加密的消息。

PKCS#8：私钥信息语法标准。定义了私钥信息语法和加密私钥语法，其中私钥加密使用了 PKCS#5 标准。

PKCS#9：可选属性类型。定义了 PKCS#6、PKCS#7、PKCS#8 和 PKCS#10 中用到的可选属性类型。已定义的证书属性包括 E-mail 地址、无格式姓名、内容类型、消息摘要、签名时间、签名副本(Counter Signature)、质询口令字和扩展证书属性。

PKCS#10：证书请求语法标准。定义了证书请求的语法。证书请求包含一个唯一识别名、公钥和可选的一组属性，它们一起被请求证书的实体签名(证书管理协议中的 PKIX 证书请求消息就是一个 PKCS#10)。

PKCS#11：密码令牌接口标准，称为 Cryptoki。为拥有密码信息(如加密密钥和证书)和执行密码学函数的单用户设备定义了一个应用程序接口(API)，用于智能卡和 PCMCIA 卡之类的密码设备。

PKCS#12：个人信息交换语法标准。定义了个人身份信息(包括私钥、证书、各种秘密和扩展字段)的格式。PKCS#12 有助于传输证书及对应的私钥，用户可以在不同设备间传输他们的个人身份信息。

PKCS#13：椭圆曲线密码标准。包括椭圆曲线参数的生成和验证、密钥生成和验证、数字签名和公钥加密、密钥协定，以及参数、密钥和方案标识的 ASN.1 语法。

PKCS#14：伪随机数生成标准。PKI 中用到的许多基本的密码学函数，如密钥生成和 Diffie-Hellman 共享密钥协商，都需要使用随机数。如果“随机数”不是随机的，而是取自一个可预测的取值集合，那么密码学函数的安全性将受到极大影响。因此，安全伪随机数的生成对于PKI的安全极为关键。

PKCS＃15：密码令牌信息格式标准。PKCS＃15通过定义令牌上存储的密码对象的通用格式来增进密码令牌的互操作性。

PKIX(Public Key Infrastructure on X.509)是由IETF组织中的PKI工作小组制定的系列国际标准。它定义了X.509证书在互联网上的使用,证书的生成、发布和获取,各种产生和分发密钥的机制,以及怎样实现这些标准的轮廓结构等。

OCSP(Online Certificate Status Protocol)是IETF颁布的用于检查数字证书在某一交易时刻是否仍然有效的标准。该标准提供给PKI用户一条方便快捷的数字证书状态查询通道,使PKI体系能够更有效、更安全地在各个领域中被广泛应用。

LDAP轻量级目录访问协议简化了笨重的X.500目录访问协议,并且在功能性、数据表示、编码和传输方面都进行了相应的修改。1997年,LDAP v.3成为互联网标准。目前,LDAP v.3已经在PKI体系中被广泛用于证书信息发布、CRL信息发布、CA政策以及与信息发布相关的其他方面。

2001年,Microsoft、Versign和webMethods 3家公司共同发布了XML密钥管理规范XKMS,被称为第二代PKI标准。XKMS由两部分组成：XML密钥信息服务规范X-KISS和XML密钥注册服务规范X-KRSS。XKMS通过向PKI提供XML接口使用户从烦琐的配置中解脱出来,开创了一种新的信任服务。目前,XKMS已经成为W3C的推荐标准,并被Microsoft、Versign等公司集成于所属的产品中。

2. 与PKI应用相关的标准

除了与PKI定义相关的标准外,还有一些构建在PKI体系上的应用标准或协议。国际上相继发布了多个与PKI应用领域相关的标准,如安全的套接层协议(SSL)、运输层安全协议(TLS)、安全的多用途互联网邮件扩展协议(S/MIME)和IP安全协议(IPSec)等。

S/MIME是一个用于发送安全报文的IETF标准。它采用了PKI数字签名技术并支持消息和附件的加密,无须收发双方共享相同密钥。S/MIME委员会采用PKI技术标准来实现S/MIME,并适当扩展了PKI功能。目前该标准包括密码报文语法、报文规范、证书处理以及证书申请语法等方面的内容。

SSL/TLS是互联网中访问Web服务器最重要的安全协议。当然,它们也可以应用于基于客户机/服务器模型的非Web类型的应用系统。SSL/TLS都利用PKI的数字证书来认证客户和服务器的身份。

IPSec是IETF制定的IP层加密协议,PKI技术为其提供了加密和认证过程的密钥管理功能。IPSec协议常常用于开发安全VPN。

目前,PKI体系中已经包含了众多的标准和协议。由于PKI技术的不断进步和完善,以及其应用的不断普及,将来还会有更多的标准和协议加入。

5.6.5 PKI的信任模型

选择信任模型(Trust Model)是构筑和运作PKI所必需的一个环节。选择正确的信任模型以及与它相应的安全级别是非常重要的,同时也是部署PKI所要做的较早和基本的决策之一。信任模型主要阐述了以下几个问题：

(1) 一个PKI用户能够信任的证书是怎样被确定的?

(2) 这种信任是怎样被建立的？

(3) 在一定的环境下，这种信任如何被控制？

在详细介绍 PKI 信任模型之前，先介绍几个相关的概念。

信任：在 ITU-T 推荐标准 X.509 规范中，对“信任”的定义是：如果实体 A 认为实体 B 会严格地如它期望的那样行动，则实体 A 信任实体 B。其中的实体是指在网络或分布式环境中具有独立决策和行动能力的终端、服务器或智能代理等。在 PKI 中，可以把这个定义具体化为：如果一个用户假定 CA 可以把任一公钥绑定到某个实体上，则他信任该 CA。

信任域：信任域是指一个组织内的个体在一组公共安全策略控制下所能信任的个体集合。个体可以是个人、服务器以及具体的应用程序等。公共安全策略是指系统颁发、管理和验证证书所依据的一系列规定、规则的集合。

信任模型：信任模型是指建立信任关系和验证证书时寻找和遍历信任路径的模型。信任关系并不总是直接建立在域中两个实体之间，而是建立在一定长度的信任路径之上。信任路径是指由域中多个相邻的值得信赖的个体组成的链路。

信任锚：在信任模型中，当可以确定一个实体的身份或者有一个足够可信的身份签发者证明该实体的身份时，才能作出信任该实体身份的决定。这个可信的身份签发者称为信任锚。简单地说，信任锚就是 PKI 信任模型中的信任起点。

1. 单 CA 信任模型

这是最基本的信任模型，也是企业环境中比较实用的一种模型。如图 5.7 所示，在这种模型中，整个 PKI 体系只有一个 CA，它为 PKI 中的所有终端实体签发和管理证书。PKI 中的所有终端实体都信任这个 CA。每个证书路径都起始于该 CA 的公钥，该 CA 的公钥成为 PKI 体系中唯一的用户信任锚。

单 CA 信任模型的主要优点是：容易实现，易于管理，只需要建立一个根 CA，所有的终端实体都能实现相互认证。

这种信任模型的局限性也十分明显：不易扩展支持大量的或者不同的群体用户。终端实体的群体越大，支持所有必要的应用就越困难。

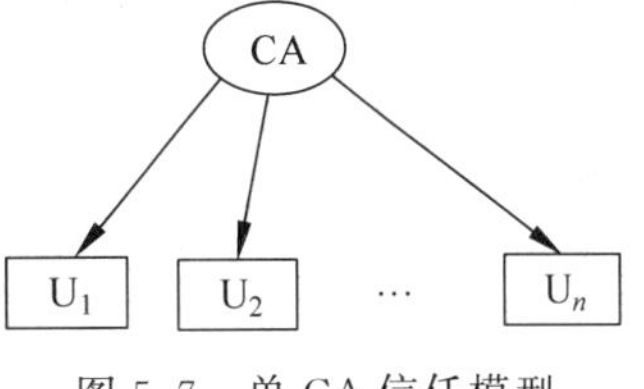

图 5.7　单 CA 信任模型

2. CA 的严格层次结构信任模型

如图 5.8 所示，CA 的严格层次结构可以描绘为一棵倒转的树，根在顶上，树枝向下伸展，树叶在下面。在这棵倒转的树上，根代表一个对整个 PKI 域内的所有实体都有特别意义的 CA——通常被叫做根 CA。作为信任的根或信任锚，所有实体都信任它。根 CA 通常不直接为终端实体颁发证书，而只为子 CA 颁发证书。

在根 CA 的下面是零层或多层子 CA，子 CA 是所在实体集合的根。与非 CA 的 PKI 实体相对应的树叶即为终端实体。两个不同的终端实体进行交互时，双方都提供自己的证书和数字签名，通过根 CA 对证书进行有效性和真实性的认证。在 CA 的严格层次结构中，信任关系是单向的，上级 CA 可以而且必须认证下级 CA，而下级 CA 不能认证上级 CA。显然，单 CA 信任模型是严格层次结构的一种特例。

严格层次结构信任模型中的每个实体(包括子 CA 和终端实体)都必须安全拥有根 CA 的公钥。下面通过一个例子说明在该信任模型中进行认证的过程。

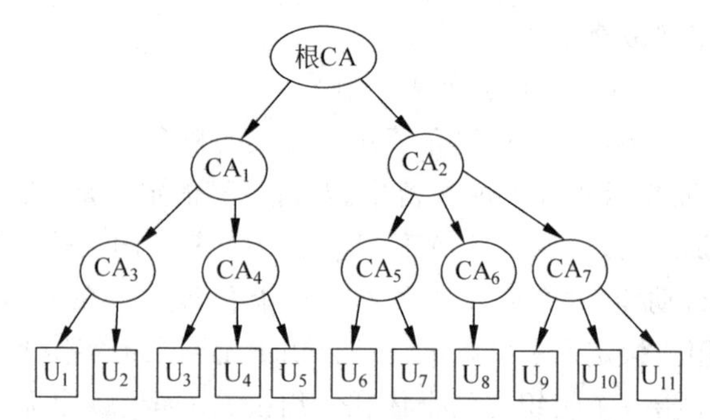

图 5.8 CA 的严格层次结构信任模型

一个持有根 CA 公钥 PK_R 的终端实体 A 可以通过下述方法验证另一个终端实体 B 的证书。假设实体 B 的证书是由 CA_2 签发的，而 CA_2 的证书是由 CA_1 签发的，CA_1 的证书是由根 CA 签发的。实体 A 利用根 CA 公钥 PK_R 能够验证 CA_1 的公钥 PK_1，因此可以从 CA_1 的证书获取到 CA_1 的可信公钥。然后，这个公钥又可以被实体 A 用来验证 CA_2 的公钥。类似地，就可以获取到 CA_2 的可信公钥 PK_2。这样，公钥 PK_2 就能够被实体 A 用来验证实体 B 的证书，从而得到实体 B 的可信公钥 PK_B。实体 A 现在就可以根据密钥的类型来使用密钥 PK_B。例如，对发给实体 B 的消息进行加密，或者验证据称是由实体 B 所签署的数字签名，从而实现实体 A 和实体 B 之间的安全通信。

CA 的严格层次结构信任模型由于其简单的结构和单向的信任关系，具有以下优点：容易增加新的信任域用户；证书路径具有单向性，到达一个特定最终实体只有唯一的信任路径；证书路径相对较短；同一机构中信任域扩展容易。

这种信任模型的主要局限性是：单个 CA 的失败会影响整个 PKI 体系，而且与根 CA 的距离越小，造成的混乱越大；由于所有的信任都集中在根 CA，一旦该 CA 出现故障(如私钥泄露)，整个信任体系就会瓦解。而且对于开放式网络而言，建造一个统一的根 CA 也是不现实的。

3. CA 的分布式信任模型

分布式信任模型也叫网状信任模型，在这种模型中，CA 间存在着交叉认证。如果任何两个 CA 间都存在着交叉认证，则这种模型就成为严格网状信任模型。

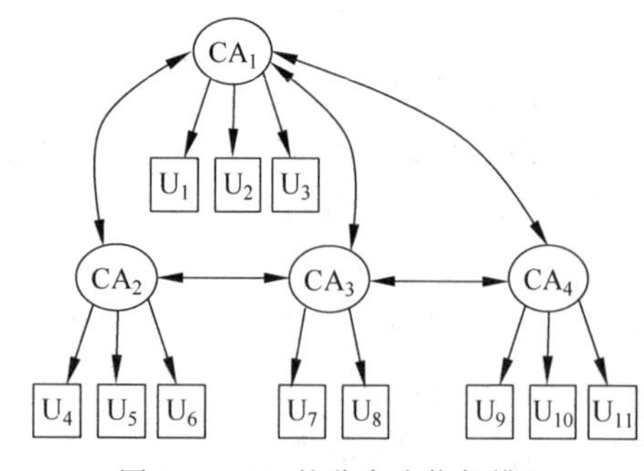

图 5.9 CA 的分布式信任模型

与在 PKI 体系中所有实体都信任唯一根 CA 的严格层次结构信任模型不同，分布式信任模型中没有一个所有用户都唯一信任的根 CA，而是把信任分散到若干个 CA 上。如图 5.9 所示，每个实体都将自己的发证 CA 作为信任的起点，各 CA 之间通过颁发交叉证书进行交叉认证，从而扩展信任关系，最终形成一种网状结构。在该模型中，每个 CA 直接对其所属用户实体颁发证书。CA 之间没有上下属关系，而是通过交叉证书联系在一起。因此，如果没有命名空间的限制，那么任何 CA 都可以对其他 CA 发证。当一个组织想要整合各个独立开发的 PKI 体系时，采用这种模型结构较适合。

分布式信任模型的最大特点在于具有更好的灵活性，任何一个独立 CA，只要与网内的某一CA建立了交叉认证，即可加入，因而信任域的扩展性也较好；此外，由于存在多个信任锚，单个CA安全性的削弱不会影响整个PKI，因此信任建立的安全性较高。另外，增加新的认证域较为容易，新的根CA只须在网中至少向一个CA发放过证书，用户不需要改变信任锚。

但也正是由于分布式信任模型的这种灵活性，使整个系统的可管理性变差。随着CA数量的增加，证书路径可能较长，信任的传递将引起信任度的衰减，信任关系处理的复杂度增加；还可能出现多条证书路径和死循环的现象，这使得证书验证变得困难。

4. CA的Web信任模型

这种模型建构在浏览器(如微软公司的Internet Explorer)的基础上，浏览器厂商在浏览器中内置了多个根CA，每个根CA相互间是平行的，浏览器用户信任这多个根CA，并把这多个根CA作为自己的信任锚。

如图5.10所示，这种模型看上去与分布式信任模型颇为相似，实际上，它更接近CA的严格层次结构模型。它通过与相关域进行互连而不是扩大现有的主体群，使客户实体成为浏览器中所给出的所有域的依托方。各个嵌入的根CA并不被浏览器厂商显式认证，而是物理地嵌入软件来发布，作为对CA名字和它的密钥的安全绑定。但是各个根CA是浏览器厂商内置的，浏览器厂商隐含认证了这些根CA。这样，浏览器厂商就成为事实上隐含的根CA。

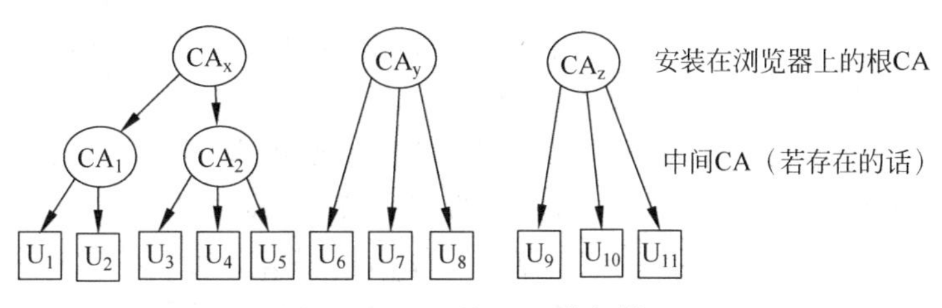

图5.10　CA的Web信任模型

CA的Web信任模型的优点主要有：方便简单，操作性强，对终端用户的要求较低，用户只需简单地信任嵌入的各个根CA。

这种模型的主要缺点如下。

(1) 安全性较差。如果这些根CA中有一个是坏的，即使其他根CA完好无损，安全性也将被破坏。

(2) 根CA与终端用户信任关系模糊。终端用户与嵌入的根CA间交互十分困难。

(3) 扩展性差。根CA都已预先安装，难以扩展。

(4) 让用户来管理如此多的公钥增加了用户负担，对用户的技术水平要求较高。

5. 以用户为中心的信任模型

如图5.11所示，在以用户为中心的信任模型中，每个用户都直接决定信任哪个证书和拒绝哪个证书。没有可信的第三方作为CA，终端用户就是自己的根CA。

下面用PGP来说明以用户为中心的信任模型。在PGP中，一个用户通过担当CA(签发其他实体的公钥)和使其公钥被其他人所认证来建立所谓的信任网。例如，当用户U_2收到一个号称属于用户U_7的公钥证书时，发现这个证书是由不认识的用户U_6签发的，用户U_6的证书又是由认识并信任的用户U_5签发的(用户U_5有由用户U_2签发的公钥证书)。

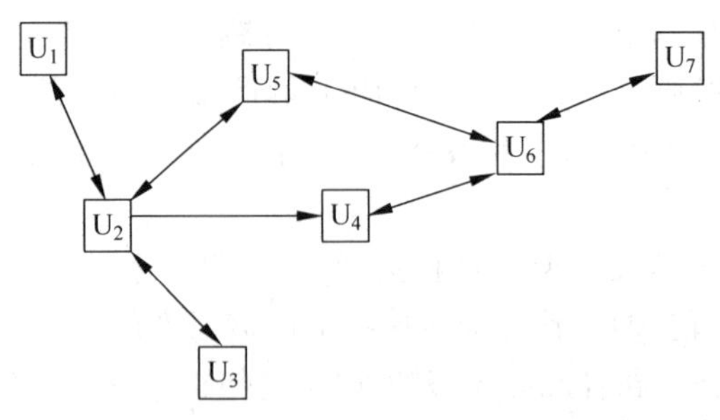

图 5.11　以用户为中心的信任模型

通过从用户 U_5 到用户 U_6 再到用户 U_7 的密钥链信任，用户 U_2 就可以决定信任用户 U_7 的密钥，当然也可以决定不接受用户 U_7 的公钥。

以用户为中心的信任模型的优点如下：

(1) 安全性很强。在高技术性和高利害关系的群体中，这种模型具有优势。

(2) 用户可控性很强。用户可自己决定是否信赖某个证书。也就是说，每个用户对决定信赖哪个证书和拒绝哪个证书直接完全负责。

这种模型的主要局限性是使用范围较窄。对于没有多少安全知识或 PKI 概念的一般群体，将发放和管理证书的任务交给用户是不现实的，不适合采用以用户为中心的信任模型。另外，这种模型也不适合有严格组织机构的群体。因为在这些群体中，往往需要以集约的方式控制一些公钥，而不希望完全由用户自己控制。这样的组织信任策略在以用户为中心的信任模型中不能用一种自动的和可实施的方式来实现。

关于 PKI 的信任模型问题，需要注意的是：信任模型实质上是决定实体对信任锚的选择。在 CA 的严格层次结构信任模型中，实体的信任锚是逻辑上离它最远的 CA(在层次结构根上的 CA)；在分布式信任模型中，实体的信任锚是逻辑上离它最近的 CA；在 Web 信任模型中，实体的信任锚实际是一组锚(CA 的根密钥预装在浏览器中)；在以用户为中心的信任模型中，实体的信任锚则是自己选择的一个或多个 CA。

信任模型的选择对于能否全面信任所赋予的目标证书公钥起着重要的作用，因此选择合理的信任模型和确定适当的模型结构是建设 PKI 平台的重要问题。

5.7 秘密分割

在密码学的应用领域存在这样一类问题：一个重要消息被加密后，解密这个重要消息需要两个(或两个以上)拥有密钥的实体共同协作才能完成，任何一个人都无法单独对加密的信息进行解密。为了解决这一问题，人们提出一种称为“秘密共享”的解决方案。

现实生活中存在大量这类问题。例如，某银行有 1 位正行长和 5 位副行长。如果每位正副行长都有可以打开银行金库的钥匙，虽然很方便但却不安全，容易导致安全事件。如果所有或指定的银行领导到场并使用各自的钥匙才能打开金库，虽然安全，但却很不方便，如可能因为某位领导出差而无法打开银行金库。一种折中的解决办法是给每位领导一个钥匙，但至少有 3 位领导同时到场并使用各自的钥匙才能打开银行金库。

当然，安全控制策略还可以更灵活一些。例如，可以给正行长两把钥匙，副行长一把钥匙；要求正行长和任意副行长一起就能打开金库；或者任意 3 位副行长一起也能打开金库；

而只有正行长，或只有3位以下的副行长却不能打开金库。

为了解决这类问题，人们从数学上提出了一种称为“秘密分割”的解决方案，也称为阈值方案、门限方案（Threshold Scheme）。

所谓秘密分割方案是指将一个秘密 s 分成 n 个子密钥 $s_1,s_2,\cdots,s_n$，也称为影子（Shadow）或份额（Share），并安全分配给 n 个参与者分别持有，使得满足下列两个条件，则称这种方案为 (k,n) 门限方案，其中 k 为门限值。

(1) 由任意 k 个或多于 k 个参与者拥有的 s_i 可重构秘密 s。

(2) 由任意 $k-1$ 个或少于 $k-1$ 个参与者拥有的 s_i 不可重构秘密 s。

如果一个参与者或一组未经授权的参与者在猜测秘密 s 时，并不比局外人猜测秘密 s 时有优势，即满足条件(3)：少于 k 个参与者所持有的部分信息得不到秘密 s 的任何信息，则称这个方案是完善的。

由于重构密钥至少需要 k 个子密钥，故暴露 $r(r\leqslant k-1)$ 个份额也不会危及秘密。少于 k 个参与者的共谋也不能得到密钥。另外，若某个份额偶然丢失或破坏，仍可以恢复密钥（只要至少有 k 个有效份额）。秘密分割方案在密钥分配中是有典型意义的。

从信息的角度看，$\{m_1,m_2,\cdots,m_n\}$ 是 (k,n) 门限方案等价于：

1) 对 $\{m_1,m_2,\cdots,m_n\}$ 中任意 $u\geqslant k$ 个 $m_{i1},m_{i2},\cdots,m_{iu}$，均有 $H(s|m_{i1},m_{i2},\cdots,m_{iu})=0$。即知道 $m_{i1},m_{i2},\cdots,m_{iu}$ 时，s 的不确定性为0，即 s 被完全确定。

2) 对 $\{m_1,m_2,\cdots,m_n\}$ 中任意 $v<k$ 个 $m_{i1},m_{i2},\cdots,m_{iv}$，均有 $H(s|m_{i1},m_{i2},\cdots,m_{iv})=H(s)$。即知道 $m_{i1},m_{i2},\cdots,m_{iv}$ 时，s 的不确定性同什么都不知道时完全一样。

下面介绍最具代表性的两个秘密分割门限方案。

5.7.1 Shamir 秘密分割门限方案

Shamir 秘密分割门限方案基于多项式的拉格朗日（Lagrange）插值公式，其基本思路如下：设 $\{(x_1,y_1),(x_2,y_2),\cdots,(x_k,y_k)\}$ 是平面上 k 个点构成的集合，其中 $x_i(i=1,2,\cdots,k)$ 均不相同，那么在平面上存在一个唯一的 $k-1$ 次多项式 $f(x)$ 通过这 k 个点，即 $f(x)=a_0+a_1x+\cdots+a_{k-1}x^{k-1}$。

若把秘密 s 取作 $f(0)$，即 a_0，n 个子密钥取作 $f(x_i)(i=1,2,\cdots,n)$，那么利用其中的任意 k 个子密钥可重构 $f(x)$，从而得到密钥 s（即 a_0）。

Shamir 秘密分割门限方案由系统初始化、秘密分发和秘密重构3个阶段组成。

1. 系统初始化

设 $\mathrm{GF}(q)$ 是一有限域，其中 q 是一大素数，满足 $q\geqslant n+1$（n 为系统参与者数）。秘密 s 是在 $\mathrm{GF}(q)\backslash\{0\}$ 上均匀选取的一个随机数，表示为 $s\in_R \mathrm{GF}(q)\backslash\{0\}$。

在 $\mathrm{GF}(q)$ 上构造一个 $k-1$ 次多项式：$f(x)=a_0+a_1x+\cdots+a_{k-1}x^{k-1}$。其中，$k-1$ 个随机选取的系数 $a_1,a_2,\cdots,a_{k-1}$ 也满足 $a_i\in_R \mathrm{GF}(q)\backslash\{0\}(i=1,2,\cdots,k-1)$。将 q 作为系统参数公开，而多项式 $f(x)$ 保密。设 n 个参与者为 $P_1,P_2,\cdots,P_n$，身份标识为 $i_1,i_2,\cdots,i_n$，且互不相同。

2. 秘密分发

秘密分发者利用各个用户标识 $i_k(1\leqslant k\leqslant n)$ 和 $f(x)$ 进行计算。将计算结果 $f(i_k)(1\leqslant k\leqslant n)$ 分发给各个用户，作为用户子密钥。

3. 秘密重构

k 个参与者利用各自的"子密钥"$f(i_k)$和身份标识 i_k($1\leqslant k\leqslant n$)构造如下线性方程组:

$$\begin{cases} a_0+a_1(i_1)+\cdots+a_{k-1}(i_1)^{k-1}=f(i_1) \\ a_0+a_1(i_2)+\cdots+a_{k-1}(i_2)^{k-1}=f(i_2) \\ \quad\vdots \\ a_0+a_1(i_k)+\cdots+a_{k-1}(i_k)^{k-1}=f(i_k) \end{cases}$$

写成矩阵的形式:

$$\begin{pmatrix} 1 & i_1 & \cdots & i_1^{k-1} \\ 1 & i_2 & \cdots & i_2^{k-1} \\ \vdots & \vdots & \ddots & \vdots \\ 1 & i_k & \cdots & i_k^{k-1} \end{pmatrix} \begin{bmatrix} a_0 \\ a_1 \\ \vdots \\ a_{k-1} \end{bmatrix} = \begin{bmatrix} f(i_1) \\ f(i_2) \\ \vdots \\ f(i_k) \end{bmatrix}$$

设系数矩阵为 $\mathbf{A}$,显然,$\mathbf{A}$ 是一个 Vandermonde 矩阵。因为 i_k($1\leqslant k\leqslant n$)均不相同,$\det(\mathbf{A})\neq 0$,因此该线性方程组有唯一解。

可由拉格朗日插值公式构造如下多项式:

$$f(x)=\sum_{f=1}^{k} f(i_j)\prod_{\substack{l=1\\ l\neq j}}^{k}\frac{(x-i_l)}{(i_j-i_l)} \bmod q$$

显然,只要知道 $f(x)$,易于计算出秘密 $s=f(0)$。其中,加、减、乘、除运算都是在 $\mathbf{Z}_p$ 上运算,除法是乘以分母的逆元素。

$$f(i_1)=a_{k-1}(i_1)^{k-1}+a_{k-2}(i_1)^{k-2}+\cdots+a_1(i_1)+a_0$$
$$f(i_2)=a_{k-1}(i_2)^{k-1}+a_{k-2}(i_2)^{k-2}+\cdots+a_1(i_2)+a_0$$
$$\vdots$$
$$f(i_n)=a_{k-1}(i_n)^{k-1}+a_{k-2}(i_n)^{k-2}+\cdots+a_1(i_n)+a_0$$

实际上参与者仅需知道 $f(x)$的常数项 $f(0)$,而无须知道整个多项式 $f(x)$,故仅需以下表达式就可重构出秘密 s:

$$s=(-1)^{k-1}\sum_{j=1}^{k} f(i_j)\prod_{\substack{l=1\\ l\neq j}}^{k}\frac{i_l}{(i_j-i_l)} \bmod q$$

4. 安全性分析

如果 $k-1$ 个参与者想获得秘密 s,他们可构造出由 $k-1$ 个方程构成的线性方程组,其中有 k 个未知量。

对 $\mathrm{GF}(q)$中的任一值 s_0,可设 $f(0)=s_0$,这样可得到第 k 个方程,并由拉格朗日插值公式得出 $f(x)$。因此对每一 $s_0\in\mathrm{GF}(q)$都有一个唯一的多项式满足线性方程组,所以已知 $k-1$ 个子密钥得不到关于秘密 s 的任何信息,因此这个方案是完善的。

Shamir 秘密分割门限方案的主要特点如下:

(1) 它是完善的门限方案;

(2) 每个份额的大小与秘密值的大小相近；

(3) 易于扩充新用户，即计算要分配的新份额不影响原来的各个份额；

(4) 安全性不依赖于未经证明的假设；

(5) 门限值固定；

(6) 秘密分发者知道参与者的份额；

(7) 不能防止秘密分发者和参与者的欺诈。

【例5.2】 设有5个参与者，标识为1、2、3、4、5，实现(3,5)秘密分割门限方案。

这里，$k=3$，$n=5$。假设系统选择参数 $q=19$，秘密 $s=11$。随机选取 $a_1=2$，$a_2=7$，得秘密多项式为

$$f(x)=(7x^2+2x+11)\bmod 19$$

分发者分别进行如下计算：

$$f(1)=(7+2+11)\bmod 19=20\bmod 19=1$$

$$f(2)=(28+4+11)\bmod 19=43\bmod 19=5$$

$$f(3)=(63+6+11)\bmod 19=80\bmod 19=4$$

$$f(4)=(112+8+11)\bmod 19=131\bmod 19=17$$

$$f(5)=(175+10+11)\bmod 19=196\bmod 19=6$$

分发者将 $f(1)$、$f(2)$、$f(3)$、$f(4)$、$f(5)$分发给各个用户。如果知道其中的3个子密钥，如 $f(1)=1$，$f(2)=5$，$f(3)=4$，就可按以下方式重构 $f(x)$：

$$1\frac{(x-2)(x-3)}{(1-2)(1-3)}=\frac{(x-2)(x-3)}{2}=(2^{-1}\bmod 19)(x-2)(x-3)$$

$$5\frac{(x-1)(x-3)}{(2-1)(2-3)}=5\frac{(x-1)(x-3)}{-1}=5((-1)^{-1}\bmod 19)(x-1)(x-3)$$

$$4\frac{(x-1)(x-2)}{(3-1)(3-2)}=4\frac{(x-1)(x-2)}{2}=4(2^{-1}\bmod 19)(x-1)(x-2)$$

可计算得 $2^{-1}\equiv 10\bmod 19$，$(-1)^{-1}\equiv 18\bmod 19$。

所以
$$\begin{aligned}f(x)&=[10(x-2)(x-3)+90(x-1)(x-3)+40(x-1)(x-2)]\bmod 19\\&=[10(x^2-5x+6)+14(x^2-4x+3)+2(x^2-3x+2)]\bmod 19\\&=7x^2+2x+11\end{aligned}$$

可得秘密信息为 $s=f(0)=11$。

5.7.2 Asmuth-Bloom门限方案

在密钥分配方案中，出现不少新的改进方案。1983年，Asmuth-Bloom基于中国剩余定理提出了一个门限方案。其中的子密钥是与秘密数据(如共享密钥)相关联的一个数的同余类。该(k,n)门限方案描述如下。

设秘密数据为一正整数 s，选取一大素数 $q(q>s)$ 以及 n 个严格递增的正整数 $m_1,m_2,\cdots,m_n$，满足：

(1) $(m_i,m_j)=1\quad(\forall i,j,i\neq j)$。

(2) $(q,m_i)=1(\forall i)$，即 m_i 不能是 q 的整倍数。

(3) $N=\prod_{i=1}^{k}m_i>q\prod_{i=1}^{k-1}m_{n-i+1}$，其中 N 为 k 个最小的 m_i 之积。显然，由于$\{m_i\}$为严

格递增序列，所以任意 k 个 m_i 的乘积 N' 一定大于 N。

进行秘密分发时，随机选取整数 A，满足 $0 \leqslant A \leqslant [N/q]-1$，公布大素数 q 和整数 A。

(4) 分发者先计算 $y=s+Aq$，$y_i \equiv y \bmod m_i (i=1,2,\cdots,n)$，$(m_i,y_i)$ 即为第 i 个子密钥(影子)，集合 $\{(m_i,y_i)\}_{i=1}^{n}$ 即构成了一个 (k,n) 门限方案。

显然，为了恢复 s，只要找到 y 就足够了。

下面验证方案的正确性。

当 k 个参与者(记为 $i_1,i_2,\cdots,i_k$)提供出自己的子密钥时，由 $\{(m_{i_j},y_{i_j})\}_{j=1}^{k}$ 建立方程组：

$$
\begin{cases}
x \equiv y_{i_1} \bmod m_{i_1} \\
x \equiv y_{i_2} \bmod m_{i_2} \\
\vdots \\
x \equiv y_{i_k} \bmod m_{i_k}
\end{cases}
$$

根据中国剩余定理可求得 $x \equiv y' \bmod N'$，式中 $N'=\prod_{j=1}^{k} m_{i_j} \geqslant N$。

由中国剩余定理知，y' 是模 N' 下同余方程的唯一解。

这时，注意秘密分发时所随机选取的整数 A 满足 $0 \leqslant A \leqslant [N/q]-1$，即 $Aq<N-q$，因此 $y=s+Aq<s+N-q$。又由 $q>s$，即 $s-q<0$，得 $y \leqslant s+N-q<N$，而 $N' \geqslant N$，可得 $y<N'$。

因此由中国剩余定理解出的 $y'=y$ 是唯一的，再计算 $s=y-Aq$ 即可恢复出秘密数据 s。

但是，若仅有 $k-1$ 个参与者提供出自己的子密钥 (m_i,y_i)，由 $\{(m_{i_j},y_{i_j})\}_{j=1}^{k-1}$ 建立方程组，则只能求得 $x \equiv y''(\bmod N'')$，式中 $N''=\prod_{j=1}^{k-1} m_{i_j}$。这时，$y''$ 是仅由 $k-1$ 个子密钥确定的同余方程的解。

由于 $\{m_i\}$ 为严格递增序列，故 $N''=\prod_{j=1}^{k-1} m_{i_j} < \prod_{i=1}^{k-1} m_{n-i+1}$。由条件(3)，$N=\prod_{i=1}^{k} m_i > q\prod_{i=1}^{k-1} m_{n-i+1}$，有 $\frac{N}{q} > \prod_{i=1}^{k-1} m_{n-i+1} > \prod_{j=1}^{k-1} m_{i_j} = N''$，因此 $N'' < \frac{N}{q}$ 或 $\frac{N}{N''} > q$。

由于 m_i 不能是素数 q 的整倍数，所以 $(N'',q)=1$，故集合 $\{[x] \mid [x]=\{x: x \bmod N'' \equiv y''\}\}$ 将覆盖所有的模 q 同余类。或者更简单地说，至少以下整数 $y''+\alpha N''(0 \leqslant \alpha < q)$ 都是 y 的可能取值，因此无法准确恢复 y。

【例 5.3】 设 $k=2$，$n=3$，$q=7$，$s=4$，$m_1=9$，$m_2=11$，$m_3=13$，则 $N=m_1 m_2=99>q \times m_3=7\times 13=91$。

在 $[0,[99/7]-1]=[0,13]$ 之间随机地取 $A=8$，求 $y=s+Aq=4+8\times 7=60$，$y_1 \equiv y \bmod m_1 \equiv 60 \bmod 9 \equiv 6$，$y_2 \equiv y \bmod m_2 \equiv 60 \bmod 11 \equiv 5$，$y_3 \equiv y \bmod m_3 \equiv 60 \bmod 13 \equiv 8$。$\{(9,6),(11,5),(13,8)\}$ 即构成 $(2,3)$ 门限方案。

若知道 $\{(9,6),(11,5)\}$，可建立方程组

$$
\begin{cases}
y \equiv 6 \bmod 9 \\
y \equiv 5 \bmod 11
\end{cases}
$$

利用中国剩余定理,可解得 $y\equiv(M_1' M_1 b_1+M_2' M_2 b_2)\bmod M\equiv(11\times5\times6+9\times5\times5)\bmod 99\equiv60$。所以,秘密信息 $s=y-Aq=60-8\times7=4$。

5.8 群 密 钥

群密钥(Group Key)又称为组密钥或会议密钥(Conference Key),是用于提供多方共享的密钥。在互联网上各种协作式应用中,如多媒体电子会议、游戏和数据库等,一个多方共享的密钥会将数据加密、数据完整性和实体鉴别等服务变得简单有效。如何有效地建立和管理这种多方共享密钥是安全服务的关键。

建立群密钥的困难主要在于以下几个问题:

- 群组成员的加入和离开;
- 群组的合并和分离;
- 叠加问题(在一个成员加入时又有其他成员加入);
- 通信和计算时间代价;
- 周期地重新建立共享密钥。

下面介绍一种典型的群密钥协议。该协议中有 n 个用户,允许任意 t 个用户组成的群组通过不安全信道推导出一个共享的群密钥。这个群密钥是动态的,且不同的 t 个用户生成的群密钥不同。

假定 n 个用户中的任意 t 个成员的标识符为 $U_0,U_1,\cdots,U_{t-1}$,p、q 是用户共享的两个大素数,其中 $q\mid(p-1)$,而 α 是 $\mathbf{Z}_p^*$ 的 q 阶元。

群密钥生成协议如下:

(1) 每个用户 $U_i(i=0,1,2,\cdots,t-1)$选取一个随机数 $r_i\in\{1,2,\cdots,q-1\}$,计算 $z_i=\alpha^{r_i}\bmod p$,并将 z_i 广播分发给该组其他 $t-1$ 个成员;

(2) 每个用户 U_i 验证 $z_i^q\equiv1\bmod p$;

(3) 每个用户 U_i 接收到用户 U_{i-1}、U_{i+1} 的消息 z_{i-1} 和 z_{i+1},计算 $x_i=(z_{i+1}/z_{i-1})^{r_i}\bmod p$,并将 x_i 分发给该组其他 $t-1$ 个成员;

(4) 每个用户 U_i 接收到 $x_j(0\leqslant j\neq i\leqslant t-1)$,计算

$$K=K_i=(z_{i-1})^{t\cdot r_i}x_i^{t-1}x_{i+1}^{t-2}\cdots x_{i+(t-2)}^{t-2}\bmod p$$

在协议的步骤(2)和步骤(3)中,下标 $i-1$、$i-2$ 和 $i+1$ 等的计算都是关于模 t 的运算。

可以证明,当协议执行完后,群组内所有合法用户都可以计算出相同的群密钥 $K=\alpha^{r_0r_1+r_1r_2+\cdots+r_{t-2}r_{t-1}+r_{t-1}r_0}\bmod p$,而群组外的其他人不能获取任何有用的信息。

特别要指出的是,当 $t=2$ 时,协议生成的群密钥为 $K=(\alpha^{r_0r_1})^2\bmod p$,恰好是标准 Diffie-Hellman 密钥交换协议密钥的平方。

该协议的主要局限是无法抵抗中间人攻击。针对这个问题,近年来出现了不少好的群密钥分发协议,读者可以参阅其他有关文献。

思考题与习题

5-1 为什么要进行密钥管理?

5-2 为什么在密钥管理中要引入层次式结构?

5-3 密钥管理的原则是什么?

5-4 密钥分配的安全性应当注意什么问题?公开密钥分发与秘密密钥分发的区别是什么?

5-5 密钥分发与密钥协商过程的目标是什么?各有何特点?

5-6 简述Diffie-Hellman密钥协商协议的原理和局限。

5-7 设Diffie-Hellman密钥交换协议的公开参数$p=719$和$\alpha=3$,用户A和用户B想建立一个共享的秘密密钥K_s。若用户A向用户B发送191,用户B以543回答。设用户A的秘密随机数$r_A=16$,求建立的秘密密钥K_s。

5-8 在Diffie-Hellman密钥交换过程中,设大素数$p=11$,$\alpha=2$是Z_p的本原元。用户U选择的随机数是5,用户V选择的随机数是7,试确定U和V之间的共享密钥。

5-9 什么是公钥数字证书,它主要包括哪些基本内容?在应用时该如何确认证书及证书持有人的有效性和真实性?

5-10 什么是PKI?简述PKI技术的主要意义。

5-11 简述PKI提供的服务功能和系统组成。

5-12 什么是PKI的信任模型?有哪几种典型的信任模型?各有何特点?

5-13 在Shamir门限方案中,设$p=17$,$k=3$,$n=5$,秘密$s=13$,选取$a_1=2$,$a_2=7$,建立秘密多项式为$f(x)=(13+10x+2x^2) \bmod 17$。分别取$x=1,2,3,4,5$,试计算出对应的5个子密钥,并根据这5个子密钥的任意3个恢复出秘密s。

5-14 设$p=17$,$k=3$,$n=5$,令$x_i=i(1\leqslant i\leqslant 5)$。假定$f(1)=8$,$f(3)=10$,$f(5)=11$,试按Shamir门限方案重构秘密信息$s$。

5-15 在Asmuth-Bloom门限方案中,设$k=2$,$n=3$,$q=5$,$m_1=7$,$m_2=9$,$m_3=11$,3个子密钥分别是6、3、4,试恢复出秘密信息s。

5-16 证明5.8节群密钥生成协议的共享密钥为$K=\alpha^{r_0r_1+r_1r_2+\cdots+r_{t-2}r_{t-1}+r_{t-1}r_0} \bmod p$。为什么说当协议执行完后,群组内所有合法用户都可以计算出相同的群密钥,而群组外的其他人不能获取任何有用的信息?

5-17 5.8节的群密钥分发方案的中间人攻击是如何实施的?请给出一种改进的办法或思路。

5-18 PKI(Public Key Infrastructure)应用实践:目的是加深对CA认证原理及其结构的理解,掌握在Windows Server环境下独立根CA的安装和使用,掌握证书服务的管理,掌握基于Web的SSL连接设置,加深对SSL的理解。应用实践完成以下内容:

(1) CA的使用:客户端通过Web页面申请证书;服务器端颁发证书;客户端证书的下载与安装。

(2) 证书服务的管理:停止/启动证书服务;CA备份/还原;证书废除;证书吊销列表的创建与查看。

(3) 基于Web的SSL连接设置:为Web服务器申请证书并安装;在Web服务器端配置SSL连接;客户端通过SSL与服务器端建立连接。

第6章 散列函数与消息鉴别

6.1 散列函数的基本概念

密码学中的散列函数又称为哈希函数(Hash 函数)、杂凑函数,它是一种单向密码体制,是一个从明文到密文的不可逆映射,只有加密过程,没有解密过程。散列函数是可将任意长度的输入消息(message)压缩为某一固定长度的消息摘要(Message Digest,MD)的函数,输出的消息摘要也称为散列码。散列函数的这种单向特性和输出数据长度固定的特征,使得可利用它生成文件或其他数据块的“数字指纹”,因此在数据完整性保护、数字签名等领域得到广泛应用。

6.1.1 散列函数的基本性质

设散列函数为 $h(m)$,$h(m)$具有以下基本特性:

(1) $h(m)$算法公开,不需要密钥。

(2) 具有数据压缩功能,可将任意长度的输入数据转换成一个固定长度的输出。

(3) 对任何给定的 m,$h(m)$易于计算。

除此之外,散列函数还必须满足以下安全性要求。

(1) 单向性。给定消息的散列值 $h(m)$,要得到消息 m 在计算上不可行。

(2) 弱抗碰撞性(weak collision resistance),也称弱抗冲突性。对任何给定的消息 m,寻找与 m 不同的消息 m',使得它们的散列值相同,即 $h(m')=h(m)$,在计算上不可行。

(3) 强抗碰撞性(strong collision resistance),也称强抗冲突性。寻找任意两个不同的消息 m 和 m',使得 $h(m)=h(m')$,在计算上不可行。

所谓散列函数的碰撞是指两个消息 m 与 m'不同,但它们的散列值相等,即 $h(m)=h(m')$。散列函数输入消息的长度可以是任意的,但输出的散列值的长度是固定的。例如,对于散列值长度为 160 位的散列函数而言,可能的散列值种数为 2^{160}。显然,不同的消息很可能产生相同的散列值,即散列函数具有碰撞的不可避免性。但是,散列算法的安全性要求就是找到一个碰撞在计算上是不可行的。也就是说,要求碰撞是不可预测的,攻击者不能指望对输入消息的预期改变可以得到一个相同的散列值。

6.1.2 散列函数的应用

散列函数的主要应用有以下三方面。

1) 保证数据的完整性

为保证数据或文件的完整性,可以使用散列函数对数据或文件生成其散列码,并加以安全保存,每当使用数据或文件时,用户可使用散列函数重新计算其散列码,并与保存的散列码进行比较,如果相等,说明数据是完整的,没有经过改动;否则,表示数据已经被篡改过。这样可以发现病毒或入侵者对程序或文档的非授权篡改。

2) 单向数据加密

将用户口令的散列码存放到一个口令表中,将用户输入的口令进行相应散列运算后,与口令表中对应用户的口令散列码比较,从而完成口令的有效性验证。这种方式可避免以明文的形式保存用户口令,也无须解密运算,增强了用户口令的安全性。这种单向数据加密至今仍然在许多信息系统中广泛使用。

3) 数字签名

将散列函数用于数字签名可以提高签名的速度,且不泄露数字签名所对应的原始消息,还可以将消息的签名变换与加密变换分开处理,因此散列函数在数字签名中得到普遍应用。

下面看看如何应用散列函数为消息提供鉴别和完整性保护。假定用户 A 希望给用户 B 发送一条消息 m,如果没有完整性保护,在网络上完全有可能受到第三方的恶意篡改,导致消息 m 的失真。为了提供消息的完整性保护,假设用户 A 与用户 B 共享了一个秘密密钥 k。那么,A 和 B 可以协商采用一个散列函数,对消息 m 作如下计算:

$d=h(m \parallel k)$ (这里 h 为散列函数,"$\parallel$"表示两个消息序列的连接)

由此产生一个定长的消息摘要 d。用户 A 发送给用户 B 的不再仅是 m,而是 $m \parallel d$。现在,若某攻击者截获消息 m,企图将 m 修改为 m'。m'必须连接消息摘要 $h(m' \parallel k)$才是合法的消息,由于攻击者不知道 k,且散列函数 $h(x)$具有强抗碰撞特性,因此难以通过计算构造出有效的 $h(m' \parallel k)$。这就意味着攻击者难以修改 m 且不被用户 B 发现。而用户 B 通过计算 $h(m \parallel k)$可以很容易验证 m 是否是真实的。

图 6.1 给出了应用散列函数实现数据完整性保护的模型。

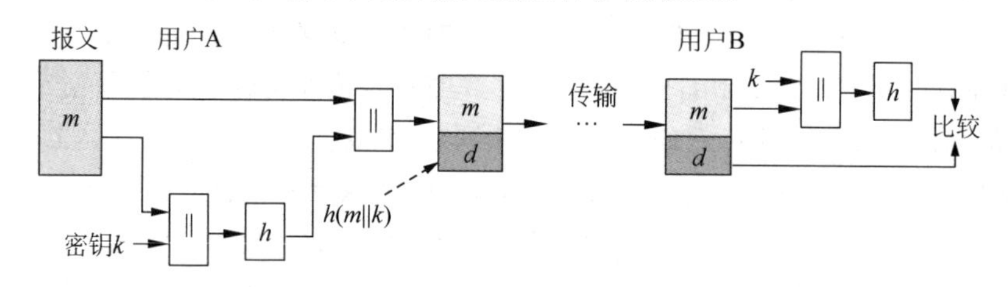

图 6.1 散列函数实现数据完整性保护的模型

实际应用中,不一定是如 $h(m \parallel k)$的计算方式,明文与密钥 k 的组合方式因不同的实现可能不同,HMAC 就给出了另一种计算方式。

6.2 散列函数的构造与设计

目前散列函数的构造方式分为两种:(1)基于压缩的散列函数构造方式;(2)基于置换的散列函数构造方式。在方式(1)中,任意长度的输入,通过散列算法,变换成固定长度的输出,该输出就是散列值,这种转换是通过压缩函数来实现的。在方式(2)中,核心在于设计置换函数，基于此置换函数设计散列函数将输入值转换为输出值。与基于压缩的方式相比，基于置换的方式对于长消息攻击和随机预言机区分攻击具有可证明安全性。

6.2.1　基于压缩的散列函数构造

许多传统的散列函数，如MD5、SHA系列等是基于压缩进行构造的，如图6.2所示。散列函数将输入消息M分为t个分组$(m_1, m_2, m_3, \cdots, m_t)$，每组固定长度为$b$位。如果最后一个分组的长度不够$b$位，需要进行填充。通常的填充方法是：在最后一个分组之后进行填充，首先保证填充后的分组的最后64位为M的总长度(以位为单位)，然后在最后一个分组中进行填充。填充的方式有两种，一种是全部填充0，另一种是填充序列的最高位为1，其余为0。这样一来，将使攻击者的攻击更为困难，即攻击者若想成功地产生假冒的消息，就必须保证假冒消息的散列值与原消息的散列值相同，而且假冒消息的长度也要与原消息的长度相等。

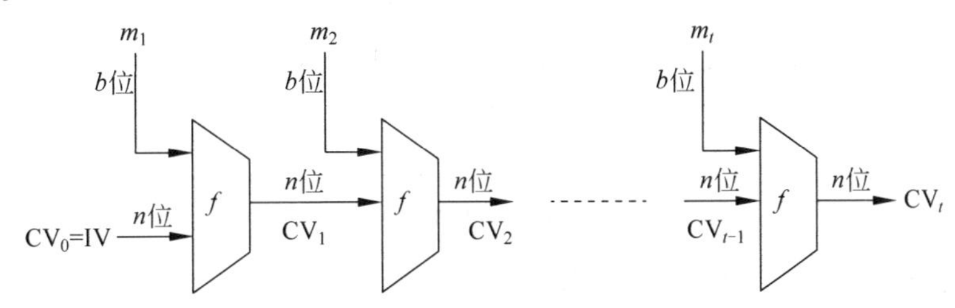

图6.2　迭代型散列函数的一般结构

算法中重复使用一个函数f。函数f的输入有两项，一项是上一轮(第$i-1$轮)的输出CV_{i-1}，称为链接变量，另一项是算法在本轮(第i轮)的b位输入分组m_i。函数f的输出为n位的CV_i，它又作为下一轮的输入。算法开始时需要指定一个初始变量IV，最后一轮输出的链接变量CV_t即为最终产生的散列值。通常有$b>n$，这样函数f将一个固定长度为b位的输入变换成较短的n位输出，因此函数f被称为压缩函数(compression function)。

散列函数的逻辑关系可表示为：

$$CV_0 = IV;$$
$$CV_i = f(CV_{i-1}, m_i);\ (1 \leqslant i \leqslant t)$$
$$h(M) = CV_t$$

散列算法的核心技术是设计抗碰撞的压缩函数f，而攻击者对散列算法的攻击重点是f的内部结构。由于函数f和分组密码一样是由若干轮处理过程组成，所以对函数f的攻击需通过对各轮之间的位模式的分析来进行，分析过程常常需要先找出函数f的碰撞。由于散列函数的碰撞具有不可避免性，因此在设计函数f时就要找出其碰撞在计算上是不可行的。

6.2.2　基于置换的散列函数构造

基于置换的散列函数常常采用海绵结构(Sponge结构)进行构造，海绵结构是由Bertoni等人提出的一种用于将输入数据流压缩为任意长度输出的函数架构[26]，如图6.3所示。在海绵结构中，内部状态是计算操作的载体，长度固定为b比特，满足$b=25\times 2^l$，$l\in\{0,1,2,3,4,5,6\}$，即$b\in\{25,50,100,200,400,800,1600\}$。置换函数$f$是海绵结构中用于处理固定长度消息的底层迭代函数,输入和输出为内部状态,其作用是将输入进行复杂的"搅拌"后输出散列结果。

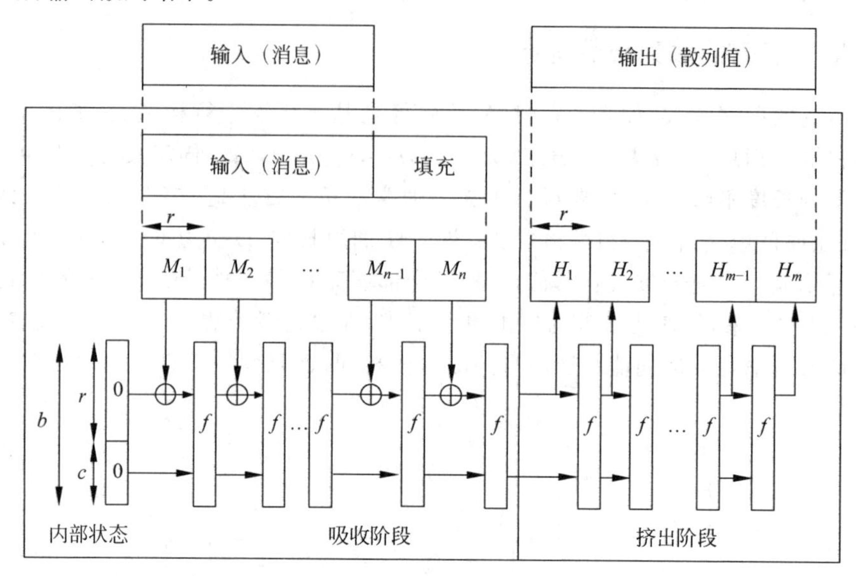

图 6.3 海绵结构

海绵结构还由 b 定义了两个分量,其中 r 表示消息分组长度,c 表示冗余容量,$b=r+c$ 是整个运算过程中处理的中间状态的位宽,三者的具体值由使用者决定。在图 6.3 中,$\{M_1,M_2,\cdots,M_n\}$是对消息填充后的分组,分组长度等于 r;$\{H_1,H_2,\cdots,H_m\}$是分步提取的散列值(即按序形成输出分组),每个散列值的长度也等于 r,提取步数 m 由使用者决定,所有散列值按提取顺序排列,合并成最终的输出消息摘要值。

海绵结构的散列函数处理过程分为两个阶段,即吸收阶段和挤出阶段。吸收阶段将输入分组依次"搅拌"进它的内部状态,初始时内部状态的所有比特置 0,接下来进行以下迭代过程:内部状态的 r 比特与输入分组 M_i 的 r 比特进行异或操作,然后将内部状态输入置换函数 f,迭代处理完成后输出内部状态,记为 S;如果输出的消息摘要长度 $L \leqslant b$,则直接返回 S 的前 L 比特作为最终的消息摘要值,此时海绵结构结束运算;如果所需消息摘要长度 $L>b$,海绵结构在上述吸收阶段结束后进入挤出阶段。挤出阶段首先返回 S 的前 r 比特,作为输出分组 H_1;接着将 S 作为置换函数 f 的输入,经过运算输出 b 比特的结果;再返回输出结果的前 r 比特,作为输出分组 H_2……重复此迭代过程,直到满足消息摘要长度要求。

海绵结构具有如下优点:对随机预言机区分攻击具有可证明安全性,且没有前向反馈,其实现只需要较小的内存和硬件开销,更适合于轻量级的散列函数构造。

6.2.3 散列函数的设计方法

散列函数的原理比较简单,且它并不要求可逆,因此,散列函数的设计自由度比较大。散列函数的基本设计方法有基于公开密钥密码算法的设计、基于对称分组密码算法的设计以及直接设计法。

1. 基于公开密钥密码算法设计散列函数

在 CBC 模式下,使用公开密钥算法的公钥 PK 以及初始变量 IV 对消息分组进行加密,

并输出最后一个密文分组 c_t 作为散列函数输出值，如图 6.4 所示。

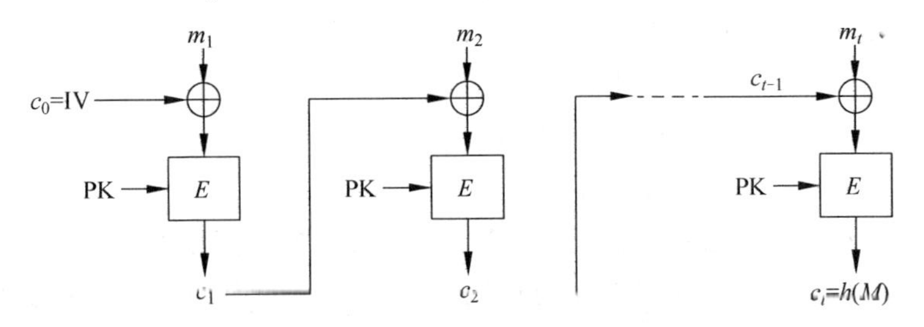

图 6.4 基于公开密钥密码算法 CBC 工作模式的散列函数

对于消息 $M=(m_1,m_2,m_3,\cdots,m_t)$，散列函数的逻辑关系可表示为：

$$c_0=\text{IV};$$

$$c_i=E_{\text{PK}}(m_i \oplus c_{i-1});\ (1\leqslant i\leqslant t)$$

$$h(M)=c_t$$

如果丢弃用户的私钥 SK，产生的散列值将无法解密，因此该方法满足了散列函数的单向性要求。

虽然在合理的假设下，可以证明这类散列函数是安全的，但由于它的计算效率太低，这类散列函数并没有实用价值。

2. 基于对称分组密码算法设计散列函数

可以使用对称密钥分组密码算法的 CBC 模式或 CFB 模式来产生散列值，如图 6.5、图 6.6 所示。该方法将使用一个对称密钥 k 及初始变量 IV 加密分组消息，并将最后的密文分组作为散列值输出。如果分组算法是安全的，那么散列函数也将是安全的。

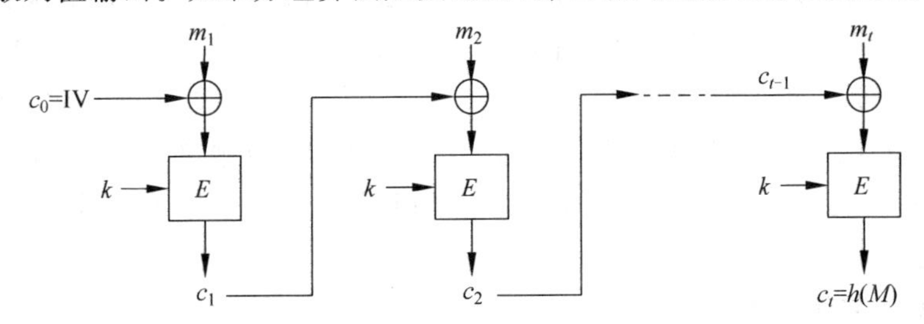

图 6.5 基于对称分组密码算法 CBC 工作模式的散列函数

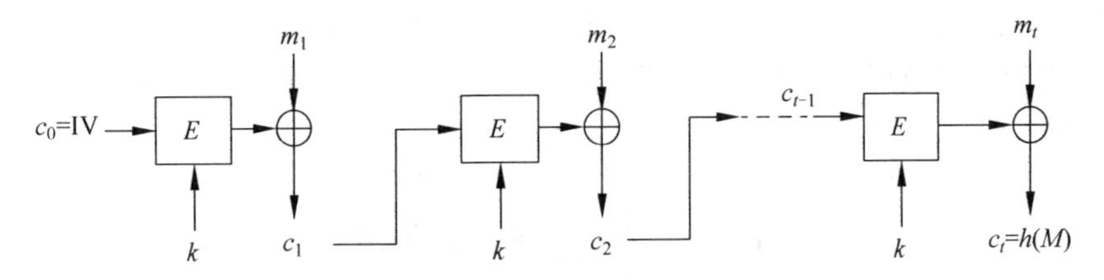

图 6.6 基于对称分组密码算法 CFB 工作模式的散列函数

对于消息 $M=(m_1,m_2,m_3,\cdots,m_t)$，CBC 模式的散列函数逻辑关系可表示为：

$$c_0=\text{IV};$$

$$c_i=E_k(m_i \oplus c_{i-1});(1\leqslant i\leqslant t)$$

$$h(M)=c_t$$

CFB 模式的散列函数逻辑关系可表示为：

$$c_0=\mathrm{IV};$$
$$c_i=m_i\oplus E_k(c_{i-1});\ (1\leqslant i\leqslant t)$$
$$h(M)=c_t$$

基于分组密码的 CBC 工作模式和 CFB 工作模式的散列函数中，密钥 k 不能公开。如果密钥 k 公开，则会使得攻击者构造消息碰撞十分容易。下面以 CBC 模式为例进行分析。

如图 6.7 所示，在 CBC 工作模式中，消息 M 被分为 t 个分组($m_1,m_2,m_3,\cdots,m_t$)，分别用密钥 k 加密，对每次输出结果进行链接得到最后的散列值 $h(M)$。如果攻击者知道密钥 k，则可以解密计算得到最后一次加密的输入 x_t。于是攻击者可以将消息 M 的前 $t-1$ 个分组 $m_1,m_2,m_3,\cdots,m_{t-1}$ 任意篡改成 $m'_1,m'_2,m'_3,\cdots,m'_{t-1}$，并计算得到 c'_{t-1}，再构造 $m'_t=c'_{t-1}\oplus x_t$，形成篡改后的消息 $M'=m'_1\parallel m'_2\parallel m'_3\parallel\cdots\parallel m'_{t-1}\parallel m'_t$。

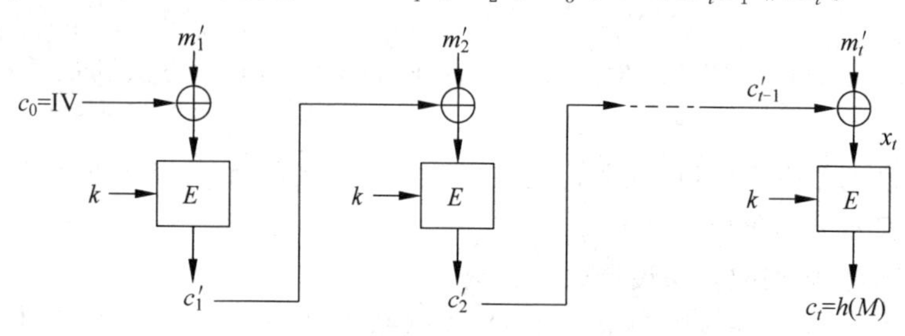

图 6.7　密钥 k 公开时对 CBC 工作模式的散列函数的攻击

虽然 $M'\neq M$，但是由于异或运算的性质，在散列函数计算的最后一步得到的 $m'_t\oplus c'_{t-1}=c'_{t-1}\oplus x_t\oplus c'_{t-1}=x_t$ 未发生变化，所以仍然有 $c'_t=c_t$，即 $h(M')=h(M)$，这样就通过计算造成了碰撞。对于 CFB 模式，也可以使用相同的方法篡改密文造成碰撞。因此，在密钥公开的情况下，基于分组密码的 CBC 工作模式和 CFB 工作模式的散列函数是不安全的，它们甚至不是弱抗碰撞的。在实际使用中密钥 k 必须保密，这种带密钥的散列函数常用于产生消息鉴别码。

3. 直接设计散列函数

这类散列函数并不基于任何假设和密码体制，而是通过直接构造复杂的非线性关系达到单向性要求来设计单向散列函数。这类散列算法典型的有 MD2、MD4、MD5、SHA 系列等。目前，直接设计散列函数的方法受到人们的广泛关注和重视，是较普遍采用的一种设计方法。下面以 SHA-1 为例进行介绍。

6.3　安全散列算法

6.3.1　SHA-1

SHA(Secure Hash Algorithm，安全散列算法)是(美国)联邦信息处理标准(Federal Information Processing Standards Publication，FIPS PUB)所认证的安全散列算法，共有 5 种，分别是 SHA-1、SHA-224、SHA-256、SHA-384 和 SHA-512，后四种有时被并称为 SHA-2。

SHA 由美国国家安全局(NSA)所设计,并由美国国家标准与技术研究院(NIST)发布。

SHA-1 是 1995 年 NIST 发布的 FIPS PUB 180-1 中的数字签名标准(Digtial Signature Standard,DSS)中使用的散列算法,它能够处理最大长度为 2^{64} 位的输入数据,输出 160 位的散列函数值。SHA-1 的输出正好适合作为数字签名算法(Digtial Signature Algorithm,DSA)的输入。

SHA-1 已在许多安全协议中使用,包括 SSL/TLS、PGP、SSH、S/MIME 和 IPSec,曾被视为更早之前被广为使用的散列函数 MD5 的后继者。

1. 基本操作和元素

1) 逐位逻辑运算

设 X、Y 为两个二进制数,$X \wedge Y$ 表示 X、Y 的逐位逻辑"与",$X \vee Y$ 表示 X、Y 的逐位逻辑"或",$X \oplus Y$ 表示 X、Y 的逐位逻辑"异或",$\overline{X}$ 表示 X 的逐位逻辑"反"。

2) 加法运算

令字长 $w=32$,若 $X \equiv x \bmod 2^w$,$Y \equiv y \bmod 2^w$,定义 $Z \equiv X+Y \bmod 2^w$。

3) 移位操作

设 x 为任意二进制数。$x \ll n$ 表示 x 向左移 n 位,右边空出的 n 位用 0 填充;$x \gg n$ 表示 x 向右移 n 位,左边空出的 n 位用 0 填充。设 X 是一个字(字长为 w),$0 \leqslant n < w$ 是一个整数,定义 $X \lll n = (X \ll n) \vee (X \gg w - n)$,即$\lll$是 w 位循环左移位操作。

2. SHA 的散列过程

(1) 消息分割与填充。

SHA-1 算法是以 512 位的数据块(或称分组)为单位来处理消息的。当消息长度大于 512 位时,需要对消息进行分割与填充。

① 将消息 x 按照每块 512 位分割成消息块 $x_1, x_2, \cdots, x_n$,最后一个块填充为

$$x_n = \overbrace{\underbrace{\cdots\cdots\cdots\cdots}_{\text{数据部分}}\underbrace{10\cdots0\underbrace{\text{length}(x)}_{64\text{位}}}_{\text{填充部分}}}^{512\text{位}}$$

其中,length(x)表示消息 x 的总长度的二进制形式,其长度为 64 位。如果 x 的长度不足 64 位,在其左边补 0,使其达到 64 位。填充部分和数据部分应该用界符"1"来分割开。

② 当消息 x 被分割成 512 位的消息块 $x_1, x_2, \cdots, x_n$ 后,每个 x_i 又被分为 16 个字,每个字为 32 位,记为 $x_i = M_0^{(i)} M_1^{(i)} M_2^{(i)} \cdots M_{14}^{(i)} M_{15}^{(i)}$。

下面具体分析 x_i 的处理过程。

(2) 初始化缓冲区。

用一个 160 位的缓冲区来存放上一个消息块散列处理后得到的结果,可表示为 5 个 32 位的数据块(H_0, H_1, H_2, H_3, H_4)。x_i 散列结果可表示为 $H^{(i)} = (H_0^{(i)}, H_1^{(i)}, H_2^{(i)}, H_3^{(i)}, H_4^{(i)})$。

在实现时还需要 5 个 32 位的寄存器(A, B, C, D, E)来保存散列处理的中间结果。在对整个消息进行散列操作之前,这 5 个寄存器的初始化值为:$A = \mathrm{H}_0^{(0)} = 67452301$,$B = \mathrm{H}_1^{(0)} = \mathrm{EFCDAB89}$,$C = \mathrm{H}_2^{(0)} = \mathrm{98BADCFE}$,$D = \mathrm{H}_3^{(0)} = 10325476$,$E = \mathrm{H}_4^{(0)} = \mathrm{C3D2E1F0}$。

(3) 处理 x_i。

SHA-1 算法的核心包含 4 个循环模块,每个循环模块由 20 个处理步骤组成,共包含 80 个处理步骤(用 t 表示)。

每个循环模块都以当前正在处理的 512 位数据块(x_i)和 160 位的缓存值 $ABCDE$ 为输入,然后更新缓存 $ABCDE$ 的内容。缓存 $ABCDE$ 的初始值为:$A=H_0^{(i-1)}$,$B=H_1^{(i-1)}$,$C=H_2^{(i-1)}$,$D=H_3^{(i-1)}$,$E=H_4^{(i-1)}$。每个循环模块还使用一个额外的常数值 K_t,其中 $t(0\leqslant t\leqslant 79)$表示 80 个步骤的某一步。实际上,80 个步骤中只有 4 个不同取值,如表 6.1 所示,其中$\lfloor x \rfloor$为 x 取整。

表 6.1 数 K_t 的值

步 数	常量 K_t(十六进制)	常量 K_t(十进制)
$0\leqslant t\leqslant 19$(第 1 轮)	5A827999	$\lfloor 2^{30}\times\sqrt{2}\rfloor$
$20\leqslant t\leqslant 39$(第 2 轮)	6ED9EBA1	$\lfloor 2^{30}\times\sqrt{3}\rfloor$
$40\leqslant t\leqslant 59$(第 3 轮)	8F1BBCDC	$\lfloor 2^{30}\times\sqrt{5}\rfloor$
$60\leqslant t\leqslant 79$(第 4 轮)	CA62C1D6	$\lfloor 2^{30}\times\sqrt{10}\rfloor$

每个循环模块在处理步骤中重复使用一个基本逻辑函数,一共使用了 4 个基本逻辑函数。这些基本函数的输入都为 3 个 32 位的字,如表 6.2 所示。

表 6.2 SHA-1 的基本逻辑函数

步 骤	函 数	表 达 式
$0\leqslant t\leqslant 19$	$f_t(A,B,C)$	$(A\wedge B)\vee(\bar{B}\wedge C)$
$20\leqslant t\leqslant 39$	$f_t(A,B,C)$	$A\oplus B\oplus C$
$40\leqslant t\leqslant 59$	$f_t(A,B,C)$	$(A\wedge B)\vee(A\wedge C)\vee(B\wedge C)$
$60\leqslant t\leqslant 79$	$f_t(A,B,C)$	$A\oplus B\oplus C$

SHA-1 的 80 个处理步骤中,每个步骤还分别需要 80 个不同的 32 位字 W_t 作为输入参数,其计算方法如图 6.8 所示。

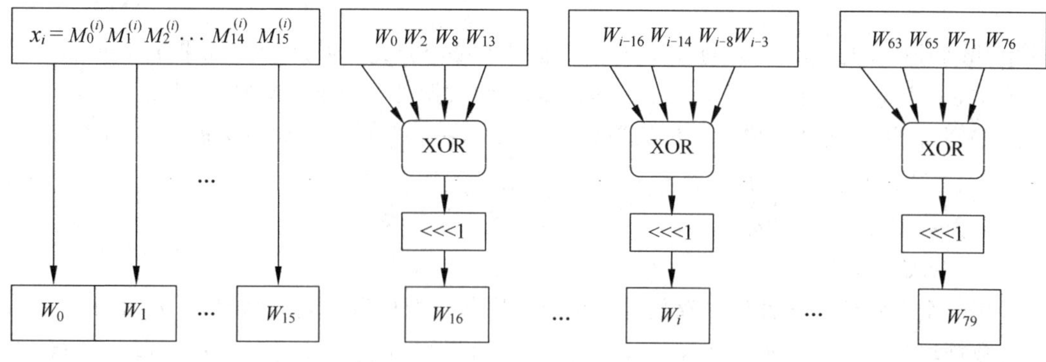

图 6.8 SHA-1 生成字 W_t 的方法

$W_0\sim W_{15}$:直接取自当前数据块 x_i 的 16 个字的值,即 $W_t=M_t^{(i)}$,$0\leqslant t\leqslant 15$。

$W_{16}\sim W_{79}$:按公式导出,即 $W_t=(W_{t-16}\oplus W_{t-14}\oplus W_{t-8}\oplus W_{t-3})<<<1$,$16\leqslant t\leqslant 79$。

也就是说,在前 16 步处理中,W_t 的值等于当前数据块 x_i 中对应字的值,余下的 64 步中 W_t 的值由前面的 4 个 W_t 值异或后,再循环左移 1 位得到。

(4) 4轮循环80步操作完成后，保存散列中间结果，再与第一轮的输入相加(模 2^{32})，得到 $H_0^{(i)}=H_0^{(i-1)}+A, H_1^{(i)}=H_1^{(i-1)}+B, H_2^{(i)}=H_2^{(i-1)}+C, H_3^{(i)}=H_3^{(i-1)}+D, H_4^{(i)}=H_4^{(i-1)}+E$。

(5) 然后，以 $H_0^{(i)}, H_1^{(i)}, H_2^{(i)}, H_3^{(i)}, H_4^{(i)}$ 作为寄存器初值，用于对分组 x_{i+1} 进行散列处理。当对最后一个数据分组 x_n 处理完成后，即得到整个输入消息 x 的160位散列值：

$$\text{SHA-1}(x)=H^{(n)}=H_0^{(n)} \parallel H_1^{(n)} \parallel H_2^{(n)} \parallel H_3^{(n)} \parallel H_4^{(n)}$$

3. SHA-1 的压缩操作

SHA-1 压缩函数操作过程如图6.9所示，是处理512位分组的4次循环中每次循环的基本压缩操作流程。

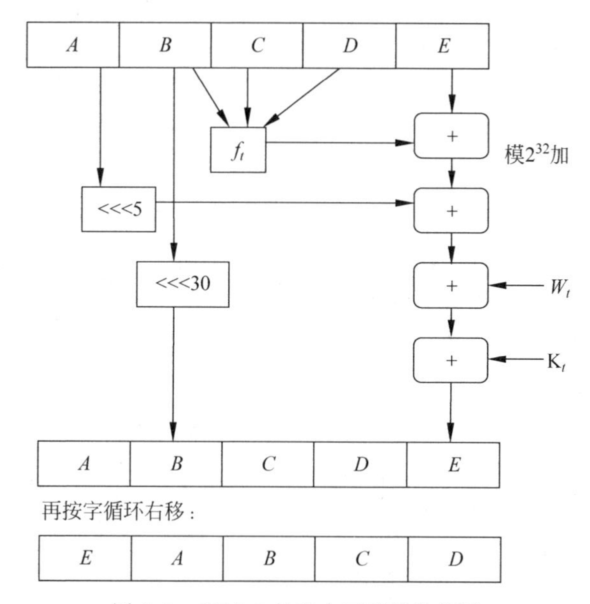

图6.9　SHA-1的基本压缩操作流程

表示为

$$(A,B,C,D,E) \leftarrow ((E+f_t(B,C,D)+A<<<5+W_t+K_t),A,B<<<30,C,D)$$

即

$$A \leftarrow (E+f_t(B,C,D)+A<<<5+W_t+K_t)$$
$$B \leftarrow A$$
$$C \leftarrow B<<<30$$
$$D \leftarrow C$$
$$E \leftarrow D$$

4. 示例

【例6.1】 计算字符串"abc"的SHA-1散列值。

字符串"abc"的二进制表示为01100001 01100010 01100011，长度为24位。按照SHA-1的填充要求，应该填充一个"1"(界符)和423个"0"，最后有两个字"00000000 00000018"(十六进制)，表明原始消息的长度为24位。本例中只有一个分组。

初始五个寄存器的值为：$H_0^{(0)}=67452301, H_1^{(0)}=\text{EFCDAB89}, H_2^{(0)}=\text{98BADCFE}$，

$H_3^{(0)}=10325476$，$H_4^{(0)}=\text{C3D2E1F0}$。

进行迭代计算，前16个32位字的值刚好取自这个分组的所有字，即 $W_0=61626380$(二进制形式为 01100001 01100010 01100011 10000000)，$W_1=W_2=\cdots=W_{14}=00000000$，$W_{15}=00000018$。对 $t=0\sim79$ 计算得到各个寄存器中的值如表6.3所示。

表6.3 寄存器 *A*、*B*、*C*、*D*、*E* 的值

步　数	A	B	C	D	E
$t=0$	0116FC33	67452301	7BF36AE2	98BADCFE	10325476
$t=1$	8990536D	0116FC33	59D148C0	7BF36AE2	98BADCEF
$t=2$	A1390F08	8990536D	C045BF0C	59D148C0	7B36AE2
$t=3$	CDD8E11B	A1390F08	626414DB	C045BF0C	59D148C0
$t=4$	CFD499DE	CDD8E11B	284E43C2	626414DB	C045BF0C
$t=5$	3FC7CA40	CFD499DE	F3763846	284E43C2	626414DB
$t=6$	993E30C1	3FC7CA40	B3F52677	F3763846	284E43C2
$t=7$	9E8C07D4	993E30C1	0FF1F290	B3F52677	F3763846
$t=8$	4B6AE328	9E8C07D4	664F8C30	0FF1F290	B3F52677
$t=9$	8351F929	4B6AE328	27A301F5	664F8C30	0FF1F290
$t=10$	FBDA9E89	8351F929	12DAB8CA	27A301F5	664F8C30
$t=11$	63188FE4	FBDA9E89	60D47E4A	12DAB8CA	27A301F5
$t=12$	4607B664	63188FE4	7EF6A7A2	60D47E4A	12DAB8CA
$t=13$	9128F695	4607B664	18C623F9	7EF6A7A2	60D47E4A
$t=14$	196BEE77	9128F695	1181ED99	18C623F9	7EF6A7A2
$t=15$	20BDD62F	196BEE77	644A3DA5	1181ED99	18C623F9
$t=16$	4E925823	20BDD62F	C65AFB9D	644A3DA5	1181ED99
$t=17$	82AA6728	4E925823	C82F758B	C65AFB9D	644A3DA5
$t=18$	DC64901D	82AA6728	D3A49608	C82F758B	C65AFB9D
$t=19$	FD9E1D7D	DC64901D	20AA99CA	D3A49608	C82F758B
$t=20$	1A37B0CA	FD9E1D7D	77192407	20AA99CA	D3A49608
$t=21$	33A23BFC	1A37B0CA	7F67875F	77192407	20AA99CA
$t=22$	21283486	33A23BFC	868DEC32	7F67875F	77192407
$t=23$	D541F12D	21283486	0CE88EFF	868DEC32	7F67875F
$t=24$	C7567DC6	D541F12D	884A0D21	0CE88EFF	868DEC32
$t=25$	48413BA4	C7567DC6	75507C4B	884A0D21	0CE88EFF
$t=26$	BE35FBD5	48413BA4	B1D59F71	75507C4B	884A0D21
$t=27$	4AA84D97	BE35FBD5	12104EE9	B1D59F71	75507C4B
$t=28$	8370B52E	4AA84D97	6F8D7EF5	12104EE9	B1D59F71
$t=29$	C5FBAF5D	8370B52E	D2AA1365	6F8D7EF5	12104EE9
$t=30$	1267B407	C5FBAF5D	A0DC2D4B	D2AA1365	6F8D7EF5
$t=31$	3B845D33	1267B407	717EEBD7	A0DC2D4B	D2AA1365
$t=32$	046FAA0A	3B845D33	C499ED01	717EEBD7	A0DC2D4B
$t=33$	2C0EBC11	046FAA0A	CEE1174C	C499ED01	717EEBD7
$t=34$	21796AD4	2C0EBC11	811BEA82	CEE1174C	C499ED01
$t=35$	DCBBB0CB	21796AD4	4B03AF04	811BEA82	CEE1174C
$t=36$	0F511FD8	DCBBB0CB	085E5AB5	4B03AF04	811BEA82

续表

步　数	*A*	*B*	*C*	*D*	*E*
$t=37$	DC63973F	0F511FD8	F72EEC32	085E5AB5	4B03AF04
$t=38$	4C986405	DC63973F	03D447F6	F72EEC32	085E5AB5
$t=39$	32DE1CBA	4C986405	F718E5CF	03D447F6	F72EEC32
$t=40$	FC87DEDF	32DE1CBA	53261901	F718E5CF	03D447F6
$t=41$	970A0D5C	FC87DEDF	8CB7872E	53261901	F718E5CF
$t=42$	7F193DC5	970A0D5C	FF21F7B7	8CB7872E	53261901
$t=43$	EE1B1AAF	7F193DC5	25C28357	FF21F7B7	8CB7872E
$t=44$	40F28E09	EE1B1AAF	5FC64F71	25C28357	FF21F7B7
$t=45$	1C51E1F1	40F28E09	FB86C6AB	5FC64F71	25C28357
$t=46$	A01B846C	1C51E1F1	503CA382	FB86C6AB	5FC64F71
$t=47$	BEAD02CA	A01B846C	8714787C	503CA382	FB86C6AB
$t=48$	BAF29337	BEAD02CA	2806E11B	8714787C	503CA382
$t=49$	120731C5	BAF29337	AFAB40B2	2806E11B	8714787C
$t=50$	641DB2CE	120731C5	EEBCE4CD	AFAB40B2	2806E11B
$t=51$	3847AD66	641DB2CE	4481CC71	EEBCE4CD	AFAB40B2
$t=52$	E490436D	3847AD66	99076CB3	4481CC71	EEBCE4CD
$t=53$	27E9F1D8	E490436D	8E11EB59	99076CB3	4481CC71
$t=54$	7B71F76D	27E9F1D8	792410DB	8E11EB59	99076CB3
$t=55$	5E6456AF	7B71F76D	09FA7C76	792410DB	8E11EB59
$t=56$	C846093F	5E6456AF	5EDC7DDB	09FA7C76	792410DB
$t=57$	D262FF50	C846093F	D79915AB	5EDC7DDB	09FA7C76
$t=58$	09D785FD	D262FF50	F211824F	D79915AB	5EDC7DDB
$t=59$	3F52DE5A	09D785FD	3498BFD4	F211824F	D79915AB
$t=60$	D756C147	3F52DE5A	4275E17F	3498BFD4	F211824F
$t=61$	548C9CB2	D756C147	8FD4B796	4275E17F	3498BFD4
$t=62$	B66C929B	548C9CB2	F5D5B051	8FD4B796	4275E17F
$t=63$	6B61C9E1	B66C929B	9523272C	F5D5B051	8FD4B796
$t=64$	19DFA7AC	6B61C9E1	ED9B0082	9523272C	F5D5B051
$t=65$	101655F9	19DFA7AC	5AD87278	ED9B0082	9523272C
$t=66$	0C3DF2B4	101655F9	0677E9EB	5AD87278	ED9B0082
$t=67$	78DD4D2B	0C3DF2B4	4405957E	0677E9EB	5AD87278
$t=68$	497093C0	78DD4D2B	030F7CAD	4405957E	0677E9EB
$t=69$	3F2588C2	497093C0	DE37534A	030F7CAD	4405957E
$t=70$	C199F8C7	3F2588C2	125C24F0	DE37534A	030F7CAD
$t=71$	39859DE7	C199F8C7	8FC96230	125C24F0	DE37534A
$t=72$	EDB42DE4	39859DE7	F0667E31	8FC96230	125C24F0
$t=73$	11793F6F	EDB42DE4	CE616779	F0667E31	8FC96230
$t=74$	5EE76897	11793F6F	3B6D0B79	CE616779	F0667E31
$t=75$	63F7DAB7	5EE76897	C45E4FDB	3B6D0B79	CE616779
$t=76$	A079B7D9	63F7DAB7	D7B9DA25	C45E4FDB	3B6D0B79
$t=77$	860D21CC	A079B7D9	D8FDF6AD	D7B9DA25	C45E4FDB
$t=78$	5738D5E1	860D21CC	681E6DF6	D8FDF6AD	D7B9DA25
$t=79$	42541B35	5738D5E1	21834873	681E6DF6	D8FDF6AD

最后得到结果为

$$H_0 = 67452301 + 42541B35 = A9993E36$$
$$H_1 = EFCDAB89 + 5738D5E1 = 4706816A$$
$$H_2 = 98BADCFE + 21834873 = BA3E2571$$
$$H_3 = 10325476 + 681E6DF6 = 7850C26C$$
$$H_4 = C3D2E1F0 + D8FDF6AD = 9CD0D89D$$

于是有 SHA-1("abc")=A9993E36 4706816A BA3E2571 7850C26C 9CD0D89D,共 160 位、20 字节。

6.3.2 SHA-2 算法族

2002 年,NIST 在 FIPS 180-1 的基础上做了修改,发布了推荐的修订版本 FIPS 180-2。在这个标准中,除了 SHA-1 外,还新增了 SHA-256、SHA-384 和 SHA-512 三个散列算法标准,它们的消息摘要长度分别为 256 位、384 位和 512 位,以便与 AES 的使用相匹配。SHA 系列散列算法的基本运算结构有很大的相似性。

SHA-1、SHA-256 的数据分组都是 512 位,SHA-384、SHA-512 的数据分组则是 1024 位。SHA-1、SHA-256 的数据分组和填充格式为

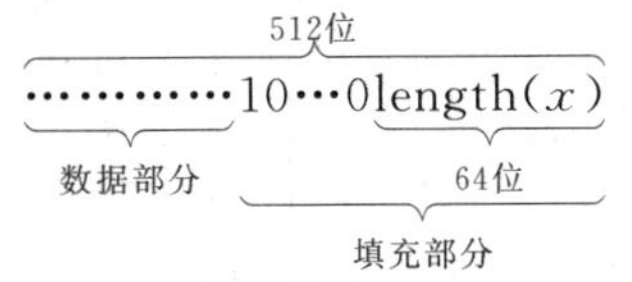

SHA-384、SHA-512 的数据分组和填充格式为

1024位
…………10…0length(x)
数据部分　128位
填充部分

1. SHA-256

SHA-256 需要进行 64 步操作,使用了 64 个 32 位的常数,这些常数定义如下(十六进制表示):

428a2f98 71374491 b5c0fbcf e9b5dba5 3956c25b 59f111f1 923f82a4 ab1c5ed5
d807aa98 12835b01 243185be 550c7dc3 72be5d74 80deb1fe 9bdc06a7 c19bf174
e49b69c1 efbe4786 0fc19dc6 240ca1cc 2de92c6f 4a7484aa 5cb0a9dc 76f988da
983e5152 a831c66d b00327c8 bf597fc7 c6e00bf3 d5a79147 06ca6351 14292967
27b70a85 2e1b2138 4d2c6dfc 53380d13 650a7354 766a0abb 81c2c92e 92722c85
a2bfe8a1 a81a664b c24b8b70 c76c51a3 d192e819 d6990624 f40e3585 106a8070
19a4c116 1e376c08 2748774c 34b0bcb5 391c0cb3 4ed8aa4a 5b9cca4f 682e6ff3
748f82ee 78a5636f 84c87814 8cc70208 90befffa a4506ceb bef9a3f7 c67178f2

SHA-256 的初始散列值 $H_0^{(0)}, H_1^{(0)}, \cdots, H_7^{(0)}$ 为 8 个 32 位数。

6a09e667 bb67ae85 3c6ef372 a54ff53a
510e527f 9b05688c 1f83d9ab 5be0cd19

6 个基本函数为

$$\mathrm{Ch}(x, y, z) = (x \wedge y) \oplus (\bar{x} \wedge z)$$

$$\mathrm{Maj}(x,y,z)=(x \wedge y)\oplus(x \wedge z)\oplus(y \wedge z)$$

$$\sum\nolimits_{1}^{(256)}(x)=(x <\!\!<\!\!< 2)\oplus(x <\!\!<\!\!< 13)\oplus(x <\!\!<\!\!< 22)$$

$$\sum\nolimits_{1}^{(256)}(x)=(x <\!\!<\!\!< 6)\oplus(x <\!\!<\!\!< 11)\oplus(x <\!\!<\!\!< 22)$$

$$\sigma_{0}^{(256)}=(x <\!\!<\!\!< 7)\oplus(x <\!\!<\!\!< 18)\oplus(x >\!\!> 3)$$

$$\sigma_{1}^{(256)}=(x <\!\!<\!\!< 17)\oplus(x <\!\!<\!\!< 19)\oplus(x >\!\!> 10)$$

其中,x、y、z 都是 32 位。

迭代过程如下。设 $X+Y \equiv X+Y \bmod 2^{32}$,对所有消息块进行如下处理。

(1) 分割消息块 $x_i=M_0^{(i)}M_1^{(i)}M_2^{(i)}\cdots M_{14}^{(i)}M_{15}^{(i)}$;

(2) 计算

$$W_t=\begin{cases} M_t^{(i)} & 0 \leqslant t \leqslant 15 \\ \sigma_1^{(256)}(W_{t-2})+W_{t-7}+\sigma_0^{(256)}(W_{t-15})+W_{t-16} & 16 \leqslant t \leqslant 63 \end{cases}$$

(3) 用上一轮的散列值结果初始化 8 个工作变量(a,b,c,d,e,f,g,h),令$(a,b,c,d,e,f,g,h)=(H_0^{(i-1)},H_1^{(i-1)},H_2^{(i-1)},H_3^{(i-1)},H_4^{(i-1)},H_5^{(i-1)},H_6^{(i-1)},H_7^{(i-1)})$。

(4) 对 $t=0\sim 63$,

$$T_1=h+\sum\nolimits_{1}^{(256)}(e)+\mathrm{Ch}(e,f,g)+\mathrm{K}_t^{(256)}+W_t$$

$$T_2=\sum\nolimits_{0}^{(256)}(a)+\mathrm{Maj}(a,b,c)$$

$$h=g,\quad g=f,\quad f=e,\quad e=d+T_1,\quad d=c,\quad c=b,\quad b=a,\quad a=T_1+T_2。$$

(5) 输出结果再与第一轮的输入相加(模 2^{32}),即 $H_0^{(i)}=H_0^{(i-1)}+a$,$H_1^{(i)}=H_1^{(i-1)}+b$,$H_2^{(i)}=H_2^{(i-1)}+c$,$H_3^{(i)}=H_3^{(i-1)}+d$,$H_4^{(i)}=H_4^{(i-1)}+e$,$H_5^{(i)}=H_5^{(i-1)}+f$,$H_6^{(i)}=H_6^{(i-1)}+g$,$H_7^{(i)}=H_7^{(i-1)}+h$。

当对最后一个数据分组 x_n 处理完成后,即得到整个输入消息 x 的散列值

$$\mathrm{SHA}_{256}(x)=H_0^{(n)}\parallel H_1^{(n)}\parallel H_2^{(n)}\parallel H_3^{(n)}\parallel H_4^{(n)}\parallel H_5^{(n)}\parallel H_6^{(n)}\parallel H_7^{(n)}$$

2. SHA-384 和 SHA-512

SHA-384 和 SHA-512 都需要进行 80 步操作,具有以下相同的 80 个常数:

428a2f98d728ae22	7137449123ef65cd	b5c0fbcfec4d3b2f	e9b5dba58189dbbc
3956c25bf348b538	59f111f1b605d019	923f82a4af194f9b	ab1c5ed5da6d8118
d807aa98a3030242	12835b0145706fbe	243185be4ee4b28c	550c7dc3d5ffb4e2
72be5b74f27b896f	80deb1fe3b1696b1	9bdc06a725c71235	c19bf174cf692694
e49b69c19ef14ad2	efbe4786384f25e3	0fc19dc68b8cd5b5	240ca1cc77ac9c65
2de92c6f592b0275	4a7484aa6ea6e483	5cb0a9dcbd41fbd4	76f988da831153b5
983e5152ee66dfab	a831c66d2db43210	b00327c898fb213f	bf597fc7beef0ee4
c6e00bf33da88fc2	d5a79147930aa725	06ca6351e003826f	142929670a0e6e70
27b70a8546d22ffc	2e1b21385c26c926	4d2c6dfc5ac42aed	53380d139d95b3df
650a73548baf63de	766a0abb3c77b2a8	81c2c92e47edaee6	92722c851482353b
a2bfe8a14cf10364	a81a664bbc423001	c24b8b70d0f89791	c76c51a30654be30
d192e819d6ef5218	d69906245565a910	f40e35855771202a	106aa07032bbd1b8

19a4c116b8d2d0c8　1e376c085141ab53　2748774cdf8eeb99　34b0bcb5e19b48a8
391c0cb3c5c95a63　4ed8aa4ae3418acb　5b9cca4f7763e373　682e6ff3d6b2b8a3
748f82ee5defb2fc　78a5636f43172f60　84c87814a1f0ab72　8cc702081a6439ec
90befffa23631e28　a4506cebde82bde9　bef9a3f7b2c67915　c67178f2e372532b
ca273eceea26619c　d186b8c721c0c207　eada7dd6cde0eb1e　f57d4f7fee6ed178
06f067aa72176fba　0a637dc5a2c898a6　113f9804bef90dae　1b710b35131c471b
28db77f523047d84　32caab7b40c72493　3c9ebe0a15c9bebc　431d67c49c100d4c
4cc5d4becb3e42b6　597f299cfc657e2a　5fcb6fab3ad6faec　6c44198c4a475817

初始散列值 $H_0^{(0)},H_1^{(0)},\cdots,H_7^{(0)}$ 为 8 个 64 位数字。SHA-384 的 8 个初始散列值为

cbbb9d5dc1059ed8　629a292a367cd507　9159015a3070dd17　152fecd8f70e5939
67332667ffc00b31　8eb44a8768581511　db0c2e0d64f98fa7　47b5481dbefa4fa4

SHA-512 的 8 个初始散列值为

6a09e667f3bcc908　bb67ae8584caa73b　3c6ef372fe94f82b　a54ff53a5f1d36f1
510e527fade682d1　9b05688c2b3e6c1f　1f83d9abfb41bd6b　5be0cd19137e2179

SHA-384 和 SHA-512 具有相同的 6 个基本函数：

$$\mathrm{Ch}(x,y,z)=(x \wedge y) \oplus (\bar{x} \wedge z)$$

$$\mathrm{Maj}(x,y,z)=(x \wedge y) \oplus (x \wedge z) \oplus (y \wedge z)$$

$$\sum\nolimits_0^{\binom{384}{512}}(x)=(x \lll 28) \oplus (x \lll 34) \oplus (x \lll 39)$$

$$\sum\nolimits_1^{\binom{384}{512}}(x)=(x \lll 14) \oplus (x \lll 18) \oplus (x \lll 41)$$

$$\sigma_0^{\binom{384}{512}}=(x \lll 1) \oplus (x \lll 8) \oplus (x \gg 7)$$

$$\sigma_1^{\binom{384}{512}}=(x \lll 19) \oplus (x \lll 61) \oplus (x \gg 6)$$

其中，x,y,z 都是 64 位。

SHA-384 和 SHA-512 具有相同的迭代算法。设 $X+Y \equiv X+Y \bmod 2^{64}$，对所有消息块进行以下处理。

(1) 分割消息块 $x_i=M_0^{(i)}M_1^{(i)}M_2^{(i)}\cdots M_{14}^{(i)}M_{15}^{(i)}$；

(2) 计算

$$W_t=\begin{cases} M_t^{(i)} & 0 \leqslant t \leqslant 15 \\ \sigma_1^{\binom{384}{512}}(W_{t-2})+W_{t-7}+\sigma_0^{\binom{384}{512}}(W_{t-15})+W_{t-16} & 16 \leqslant t \leqslant 63 \end{cases}$$

(3) 用上一轮的散列值结果初始化 8 个工作变量 (a,b,c,d,e,f,g,h)，令 $(a,b,c,d,e,f,g,h)=(H_0^{(i-1)},H_1^{(i-1)},H_2^{(i-1)},H_3^{(i-1)},H_4^{(i-1)},H_5^{(i-1)},H_6^{(i-1)},H_7^{(i-1)})$。

(4) 对 $t=0\sim79$，计算

$$T_1=h+\sum\nolimits_1^{\binom{384}{512}}(e)+\mathrm{Ch}(e,f,g)+\mathrm{K}_t^{\binom{384}{512}}+W_t$$

$T_2 = \sum_0^{\binom{384}{512}}(a) + \text{Maj}(a,b,c)$

$h=g,\quad g=f,\quad f=e,\quad e=d+T_1,\quad d=c,\quad c=b,\quad b=a,\quad a=T_1+T_2$

(5) 输出结果再与第一轮的输入相加(模 2^{64}),即 $H_0^{(i)}=H_0^{(i-1)}+a, H_1^{(i)}=H_1^{(i-1)}+b, H_2^{(i)}=H_2^{(i-1)}+c, H_3^{(i)}=H_3^{(i-1)}+d, H_4^{(i)}=H_4^{(i-1)}+e, H_5^{(i)}=H_5^{(i-1)}+f, H_6^{(i)}=H_6^{(i-1)}+g, H_7^{(i)}=H_7^{(i-1)}+h$。

当对最后一个数据分组 x_n 处理完成后,即得到整个输入消息 x 的散列值:

$$\text{SHA}_{384}(x)=H_0^{(n)}\parallel H_1^{(n)}\parallel H_2^{(n)}\parallel H_3^{(n)}\parallel H_4^{(n)}\parallel H_5^{(n)}$$

$$\text{SHA}_{512}(x)=H_0^{(n)}\parallel H_1^{(n)}\parallel H_2^{(n)}\parallel H_3^{(n)}\parallel H_4^{(n)}\parallel H_5^{(n)}\parallel H_6^{(n)}\parallel H_7^{(n)}$$

SHA-384 的处理与 SHA-512 的处理基本一致,只有以下两方面的不同:

(1) 初始散列值的设定不同;

(2) SHA-384 的散列值取自于最终输出的 512 位散列值的左边 384 位。

3. SHA-1、SHA-256、SHA-384、SHA-512 的比较

SHA-1、SHA-256、SHA-384、SHA-512 这些散列函数的主要差别在于填充方法、字长、初始常数、基本函数等,它们的基本运算结构大体相同。表 6.4 是它们的基本参数比较。

表 6.4 SHA-1、SHA-256、SHA-384 和 SHA-512 参数比较

算法	消息长度/位	分组长度/位	字长/位	散列值长/位	使用常数	基本函数	处理步骤/个
SHA-1	$<2^{64}$	512	32	160	4×32	4	80
SHA-256	$<2^{64}$	512	32	256	64×32	6	64
SHA-384	$<2^{128}$	1024	64	384	80×32	6	80
SHA-512	$<2^{128}$	1024	64	512	80×32	6	80

6.3.3 SHA-3 算法族

因为 SHA-2 使用了更长的输入和输出,它的安全性比 SHA-1 更好,但由于与 SHA-1 具有相同的算法结构,它容易受到相同类型的攻击。随着时间的推移,出于人们对 SHA-1 被成功碰撞的担忧,为防患于未然,NIST 在 2007 年公开征集第三代散列算法标准。经过三轮激烈角逐,2012 年,Keccak 算法赢得了 SHA-3 竞赛的最终胜利,成为新一代散列标准算法 SHA-3。

不同于 MD5、SHA-1 和 SHA-2 等散列函数采用的 MD(Merkle-Damgaard)结构,SHA-3 算法采用了基于置换(Permutation-based)的海绵(Sponge)结构,使得常用于攻击 MD 结构的攻击手段难以施展,从而增强了算法安全性。

在输入数据的长度上限方面,SHA-1 为 $2^{64}-1$ 比特,SHA-2 为 $2^{128}-1$ 比特,而 SHA-3 没有长度限制。在输出上,SHA-3 可生成任意长度的消息摘要(散列值),但为配合 SHA-2 的散列值长度,SHA-3 标准中规定了 SHA3-224、SHA3-256、SHA3-384、SHA3-512 这 4 种版本。

根据 SHA-3 算法标准,6.2.2 节中海绵结构的内部状态长度 b 固定为 1600 比特,根据 $b=r+c$,则对应上述 4 种版本的 SHA-3 算法中消息的分组长度 r 分别为 1152、1088、832 和 576,c 分别为 448、512、768 和 1024。

SHA-3 算法给出的消息填充方式有两种:一种是在输入(消息)的末尾附加 1 比特和若干

0比特,其中附加的0比特的数量使得填充后输入(消息)的总长度满足分组长度 r 的最小整数倍;另一种是除了在输入(消息)的末尾附加1比特和若干0比特,之后还要再附加1比特,其中附加的0比特的数量使得填充后输入(消息)的总长度满足分组长度 r 的最小整数倍。

根据SHA-3算法设计,将上述最小整数倍记为 n,l 为原始输入消息的长度,$n\times r$ 为填充后的输入(消息)的总长度,$\{M_1,M_2,\cdots,M_n\}$ 是对消息填充后的分组。经过填充和分组后,输入(消息)的结构变化如图6.10所示。

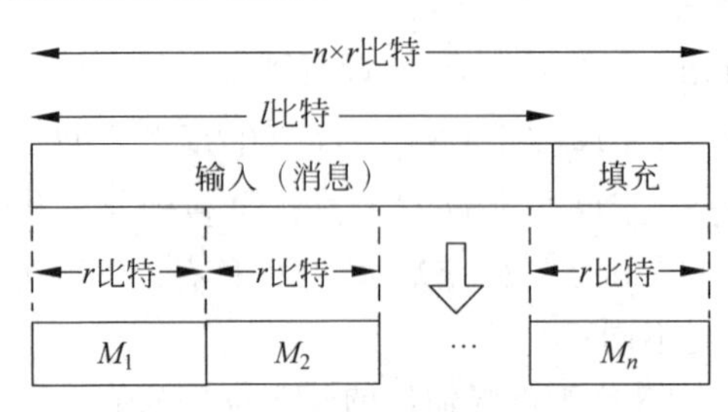

图6.10 SHA-3散列算法海绵结构填充

SHA-3算法是基于海绵结构(参见6.2.2节)进行构造的,算法分为两个阶段:吸收阶段和挤出阶段。吸收阶段将填充后的输入分组依次"搅拌"进它的内部状态;挤出阶段将吸收阶段的输出进行迭代处理,直到满足消息摘要长度要求。

作为NIST新发布的一种安全散列算法,SHA-3可以处理任意长度的输入消息,生成任意长度的消息摘要。与之前的散列算法相比,抗攻击能力更强,安全性更高。虽就目前而言,SHA-2和SHA-3都是属于可以安全商用的散列算法,SHA-3仅相当于多了一种安全选择,但可以预见SHA-3算法未来将得到更广泛的应用。

6.4 SM3散列算法

SM3是我国政府采用的一种散列(杂凑)函数标准,由国家密码管理局于2010年发布,相关标准参见GM/T 0004—2012(SM3密码散列算法)。SM3主要用于数字签名及验证、消息认证码生成及验证、随机数生成等,其安全性及效率与SHA-256相当[27]。

6.4.1 SM3散列算法流程描述

SM3散列算法流程描述如下。

(1) 消息填充分组处理:将输入消息 m(不失一般性,限制消息串的比特长度 l 小于 2^{64}),按照特定的规定填充并分组成为固定长度整数倍的消息分组序列 $B^{(i)}=B^{(0)}\cdots B^{(n-2)}B^{(n-1)}$,其中每一消息分组 $B^{(i)}$ 长度固定为512比特,并且 $B^{(n-1)}$ 中的最后64比特用来指示消息 m 的长度。

(2) 迭代处理:从0到 $n-1$ 进行迭代计算。即SM3(·):$H_{i+1}=\mathrm{CF}(H_i, B^{(i)})$。其中 H_0,即初始值为一个256比特的常量。$\mathrm{CF}(H_i, B^{(i)})$ 为输出长度为256比特的压缩函数。迭代处理完成后,输入消息比特串 X 的输出结果为:$H_n=\mathrm{SM3}(m)$,输出值 H_n 的比特长度为256。

(3) 散列值输出:对于第(2)步的256比特输出值 H_n,通过选裁函数 $g(H_n)$ 得到160比特、192比特或256比特这3种长度的散列输出值。

6.4.2 术语和定义

SM3所用术语及其定义如表6.5所示。

表6.5 SM3所用术语及其定义

术语	定义
比特串(bit string)	具有0或1值的二进制数字序列
大端(big-endian)	数据在内存中的一种表示格式,规定左边为高有效位,右边为低有效位。即数的高阶字节放在存储器的低地址,数的低阶字节放在存储器的高地址
消息(message)	任意有限长度的字符串,作为散列算法的输入数据
散列值(hash value)	散列算法作用于一条消息时输出的消息摘要(比特串)
字(word)	长度为32比特的组(串)

6.4.3 符号

SM3所用符号及其定义如表6.6所示。

表6.6 SM3所用符号及其定义

符号	定义
$ABCDEFGH$	8个字寄存器或它们的值的串联
$B^{(i)}$	第i个消息分组
CF	压缩函数
FF_j	布尔函数,随j的变化取不同的表达式
GG_j	布尔函数,随j的变化取不同的表达式
IV	初始值,用于确定压缩函数寄存器的初态
P_0	压缩函数中的置换函数
P_1	消息扩展中的置换函数
T_j	算法常量,随j的变化取不同的值
m	消息
m'	填充后的消息
mod	模运算
n	消息分组个数
$\wedge$	32比特与运算
$\vee$	32比特或运算
$\oplus$	32比特异或运算
$\neg$	32比特非运算
$+$	mod 2^{32} 比特算术加运算
$<<<k$	32比特循环左移k比特运算
$\leftarrow$	左向赋值运算符

6.4.4 常量与函数

1) 初始值

$$\mathrm{IV}=\mathrm{7380166f\quad 4914b2b9\quad 172442d7\quad da8a0600}\\ \mathrm{a96f30bc\quad 163138aa\quad e38dee4d\quad b0fb0e4e}$$

2) 常量

$$T_j=\begin{cases}\mathrm{79cc4519} & 0\leqslant j\leqslant 15\\ \mathrm{7a879d8a} & 16\leqslant j\leqslant 63\end{cases}$$

3) 布尔函数

$$FF_j(X,Y,Z)=\begin{cases}X\oplus Y\oplus Z & 0\leqslant j\leqslant 15\\(X\wedge Y)\vee(X\wedge Z)\vee(Y\wedge Z) & 16\leqslant j\leqslant 63\end{cases}$$

$$GG_j(X,Y,Z)=\begin{cases}X\oplus Y\oplus Z & 0\leqslant j\leqslant 15\\(X\wedge Y)\vee(\neg X\wedge Z) & 16\leqslant j\leqslant 63\end{cases}$$

其中,X、Y、Z 为字。

4) 置换函数

$$P_0(X)=X\oplus(X\lll 9)\oplus(X\lll 17)$$

$$P_1(X)=X\oplus(X\lll 15)\oplus(X\lll 23)$$

其中,X 为字。

6.4.5 算法描述

1) 概述

对长度为 $l(l<2^{64})$ 比特的消息 m,经过 SM3 散列算法的填充、迭代压缩,生成输出长度为 256 比特的散列值。

2) 填充过程

假设消息 m 的长度为 l 比特,则首先将比特"1"添加到消息的末尾,再添加 k 个"0",这里 k 是满足 $l+1+k\equiv 448 \pmod{512}$ 的最小非负整数;然后再添加一个 64 位比特串,是消息 m 的长度 l 的二进制表示。产生的消息 m' 的比特长度恰好为 512 的整数倍。例如,对消息 01100001 01100010 01100011,其长度 $l=24$,应用以上填充得到比特串:

$$\underbrace{01100001}\ \underbrace{01100010}\ \underbrace{01100011}\ 1\ \overbrace{00\cdots00}^{423}\ \overbrace{00\cdots0\underbrace{11000}_{l=24}}^{64}$$

3) 迭代压缩

将消息 m' 按 512 比特进行分组:$m'=B^{(0)}B^{(1)}\cdots B^{(n-1)}$,$n=(l+k+65)/512$。按顺序对每个消息分组 $B^{(i)}$ 进行以下处理:

$$\begin{aligned}&\text{FOR } i=0 \text{ TO } n-1\\&V^{(i+1)}=\text{CF}(V^{(i)},B^{(i)})\\&\text{ENDFOR}\end{aligned}$$

其中,CF 是压缩函数,$B^{(i)}$ 为填充后的消息分组。$V^{(0)}$ 为 256 比特的初始值 IV,迭代压缩的输出为 $V^{(n)}$。

4) 消息扩展算法

将消息分组 $B^{(i)}$ 按以下方法扩展成 132 个消息字,即 $W_0,W_1,\cdots,W_{67},W'_0,\cdots,W'_{63}$,用于压缩函数 CF。

(1) 将消息分组 $B^{(i)}$ 划分为 16 个字,即 $W_0,W_1,\cdots,W_{15}$。

(2) FOR $j=16$ TO 67

$$W_j\leftarrow P_1(W_{j-16}\oplus W_{j-9}\oplus(W_{j-3}\lll 15))\oplus(W_{j-13}\lll 7)\oplus W_{j-6}$$

ENDFOR

(3) FOR $j=0$ TO　63

$$W_j'=W_j\oplus W_{j+4}$$

ENDFOR

5) 压缩函数

令 A,B,C,D,E,F,G,H 为字寄存器，SS1，SS2，TT1，TT2 为中间变量。压缩函数 $V^{(i+1)}=\mathrm{CF}(V^{(i)},B^{(i)})(0\leqslant i\leqslant n-1)$的计算过程详细描述如下：

$ABCDEFGH\leftarrow V^{(i)}$

FOR $j=0$ TO　63

$\mathrm{SS1}\leftarrow((A<<<12)+E+(T<<<(j \bmod 32)))<<<7$

$\mathrm{SS2}\leftarrow \mathrm{SS1}\oplus(A<<<12)$

$\mathrm{TT1}\leftarrow \mathrm{FF}(A,B,C)+D+\mathrm{SS2}+W_j'$

$\mathrm{TT2}\leftarrow \mathrm{GG}(E,F,G)+H+\mathrm{SS1}+W_j$

$D\leftarrow C$

$C\leftarrow B<<<9$

$B\leftarrow A$

$A\leftarrow \mathrm{TT1}$

$H\leftarrow G$

$G\leftarrow F<<<19$

$F\leftarrow E$

$E\leftarrow P_0(\mathrm{TT2})$

ENDFOR

$V^{(i+1)}\leftarrow ABCDEFGH\oplus V^{(i)}$

其中，字的存储为大端格式，左边为高有效位，右边为低有效位。

压缩函数第 j 步的示意图如图 6.11 所示。其中 R、R'、S、S'表示压缩函数中循环左移的位数，且 $R=12,R'=7,S=9,S'=19$。

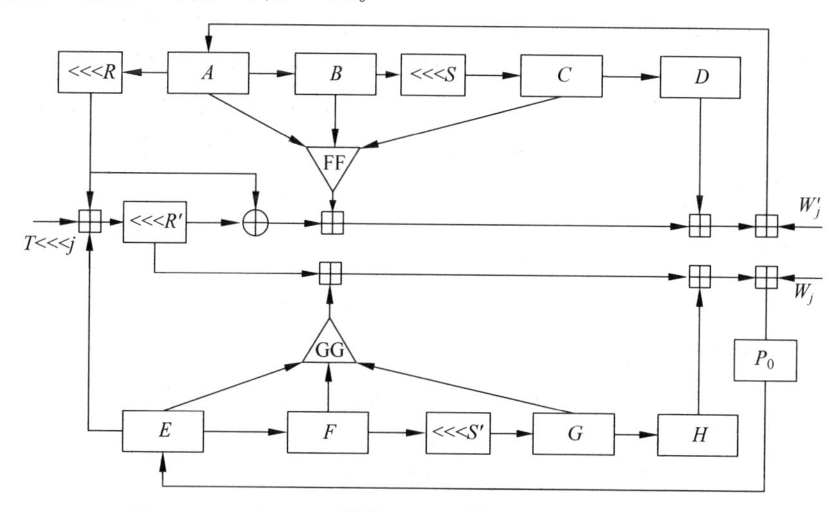

图 6.11　压缩函数 $V^{(i+1)}=\mathrm{CF}(V^{(i)},B^{(i)})$中第 j 步示意图

6.5 对散列函数的安全性分析

对散列函数的攻击是指攻击者寻找一对产生碰撞的消息的过程。评价散列函数的有效方法就是看一个攻击者找到一对产生碰撞的消息所花的代价有多高。遵循柯克霍夫斯(Kerckhoffs)原则,在讨论散列函数的安全性时,都假设攻击者已经知道了散列函数的算法。

目前对于散列函数的攻击方法可以分为以下两类。

第一类称为穷举攻击(或暴力攻击),它能对任何类型的散列函数进行攻击,其中最典型的方法就是"生日攻击"。采用这类攻击的攻击者产生许多消息,计算其散列值,并进行比较。当消息足够多时,根据概率论的有关结论,消息将以某种较大的概率发生碰撞,这时可以认为散列函数已经被攻破。这种攻击可行性的关键在于究竟需要多少消息的输入才能使发生碰撞的概率足够大。如果消息数目大到使计算上是不可行的,那么这种攻击就是不可行的;否则,可以认为该散列函数是不安全的。

第二类称为密码分析法,这类攻击方法依赖于对散列函数的结构和代数性质进行分析,采用针对散列函数弱性质的方法进行攻击。这类攻击方法有中间相遇攻击、修正分组攻击和差分分析等。另外,使用了其他密码算法构造的散列函数,还可能因为所使用的密码算法本身存在的弱点而引起攻击。例如,DES密码算法的一些安全性弱点,如互补性、弱密钥与半弱密钥等,都可用来攻击基于DES构造的散列函数。

在2004年的美国密码会议上,我国山东大学的王小云教授公开了自己多年来对散列函数的系列研究结果。她给出了计算MD5等散列算法碰撞的方法以及SHA-1的理论破解,并证明了160位SHA-1只需要约2^{69}次计算就能破解,而理论值是2^{80}次。她提出的寻找MD5碰撞的方法是极其高效的。这项研究成果在密码学界产生了强烈反响,著名密码学家Rivest说:"MD5函数十几年来经受住了众多密码学专家的攻击,而王小云教授却成功地破解了它,这实在是一项令人印象极深的卓越成就,是高水平的世界级研究成果。"2017年2月23日,Google经过两年的研究,表示其已经成功破解了SHA-1加密,同时发布了两份特制PDF文档,它们内容不同却拥有相同的SHA-1值。Google多年来一直主张弃用SHA-1方案,特别是在TLS证书签署等场景之下。Google希望自己针对SHA-1完成的实际攻击能够进一步巩固这一结论,让更多人意识到SHA-1已经不再安全可靠。

第二类方法涉及的知识已超出本书范围,下面重点介绍对散列函数的"生日攻击"。

6.5.1 生日悖论

下面考虑一个有趣的问题:一个教室中最少有多少个学生,才使得至少有两个学生的生日在同一天的概率大于0.5?计算与此相关的概率被称为生日悖论问题。

首先定义下述概率:设有k个整数,每一个都在1到n之间等概率取值,则k个整数中至少有两个取值相同的概率为$P(n,k)$。生日悖论就是求$n=365$时,$P(n,k)>0.5$的最小k值。为此考虑k个数中任意两个取值都不相同的概率,记为$Q(365,k)$。如果$k>365$,则任意两个数都不相同是不可能的,因此假设$k<365$。k个数中任意两个都不相同的所有取值方案数量为

$$365 \times 364 \times \cdots \times (365-k+1)=\frac{365!}{(365-k)!}$$

即第 1 个数可从 365 个值中任取，第 2 个数可从剩余的 364 个值中任取，以此类推，最后一个数可从 $365-k+1$ 个值中任取。而 k 个数中任意取两个值的方案总数为 356^k，所以可得

$$Q(365,k)=\frac{365!}{(365-k)!365^k}$$

$$P(365,k)=1-Q(365,k)=1-\frac{365!}{(365-k)!365^k}$$

当 $k=23$ 时，$P(365,k)=0.5073$，即生日悖论问题只需要 23 人，人数如此之少！而且，如果 k 取 100，$P(365,k)=0.9999997$，近似于 1 的概率！从引起逻辑矛盾的角度来说，生日问题并不是一种悖论，只是从这个数学事实与一般直觉相矛盾的意义上，它才称得上是一个悖论。当人数 k 给定时，至少有两个人的生日相同的概率比想象的要大得多，因为大多数人会认为，23 人中有两人生日相同的概率应该远远小于 0.5。

可以将生日问题归纳为这样一个问题：设有一个 $1\sim n$ 均匀分布的整数型随机变量，若使该变量的 k 个取值中至少有两个取值相同的概率大于 0.5，则 k 至少多大？

根据上述分析，可得

$$P(n,k)=1-Q(n,k)=1-\frac{n!}{(n-k)!n^k} \tag{6.1}$$

令 $P(n,k)>0.5$，可以解得

$$k=1.18\sqrt{n}\approx\sqrt{n} \tag{6.2}$$

与此类似的一个集合问题是：设有取整数的随机变量，它服从 $1\sim n$ 的均匀分布，另有两个含有 k 个这种随机变量的集合，若使两个集合中至少有一个元素取值相同的概率大于 0.5，则 k 至少多大？

用以上类似分析方法，可得 $k\approx\sqrt{n}$。

对此类问题感兴趣的读者还可参考文献[25]，这里不再赘述。

6.5.2　生日攻击

给定一个散列函数 h，其输出长度为 m 位，则共有 2^m 个可能的散列输出值。如果让 h 接收 k 个随机输入产生集合 X，再使用另外 k 个随机输入产生集合 Y，问 k 必须为多大才能使两个集合产生相同散列输出值的概率大于 0.5？

这时，$n=2^m$，由公式(6.2)有 $k\approx\sqrt{2^m}=2^{m/2}$。

这种寻找散列函数 h 的具有相同输出的两个任意输入的攻击方式称为生日攻击。下面举一个简单的示例来说明这种针对散列函数的生日攻击过程。

假设 Alice 是一家计算机公司的总经理，要从 Bob 的公司购买一批计算机。经过双方协商，确定了 5000 元/台的价格，于是 Bob 发来合同的电子文本征得 Alice 的同意，Alice 确认后计算出这一合同文本的散列值，用自己的私钥进行数字签名并发回给 Bob，以此作为 Alice 对合同样本的确认。

但是,Bob在发给Alice合同样本前,首先写好一份正确的合同,然后标出这份合同中无关紧要的地方。由于合同总是由许多句子构成,且这些句子可以有很多不同的表达方式,所以一份合同总可以有很多种不同的说法,却都能表达同样的意思。现在Bob把这些意思相同的合同都列为一组,然后把每份合同当中标明的价格从5000元/台改为10 000元/台,并且把修改过的合同也集中起来作为另外一组,这样他的手中就有了两组合同：一组的价格条款都是5000元/台,另一组的价格条款都是10 000元/台。Bob把这两组合同的散列值都计算一遍,从中挑出一对散列值相同的,把这一对当中的那份写明5000元/台的合同作为合同样本给Alice,并交由Alice进行签名,自己偷偷把那份10 000元/台的合同藏起来,以便在将来进行欺诈。

从生日攻击的理论上来讲,假设上述事例使用的散列函数输出为64位,那么Bob只要找到合同中32个无关紧要的地方,分别构成5000元/台和10 000元/台两组合同,则有0.5以上的概率能在这两组合同中找到碰撞,实现他的诈骗行为。

需要指出的是,就典型散列算法MD5和SHA-1而言,除去常见的穷举攻击或生日攻击,我国密码学家已经发现了效率更高的使MD5和SHA-1产生碰撞的办法,研究成果引起了密码学界的高度关注。

6.6 消息鉴别

在消息传递过程中,需要考虑两方面问题：一方面,为了抵抗窃听等被动攻击,需要对传输的消息进行加密保护；另一方面,使用消息鉴别来防止攻击者对系统进行主动攻击,如伪造、篡改消息等。消息鉴别是一个过程,用以验证接收消息的真实性(的确是由它所声称的实体发来的)和完整性(未被篡改、插入和删除),同时还用于验证消息的顺序性和时间性(如未被重排、重放和延迟等)。除此之外,还需考虑业务的不可否认性,也称抗抵赖性,即防止通信双方中的某一方对所传输消息的否认或抵赖。实现消息的不可否认性可采用数字签名,数字签名也是一种鉴别技术,可用于对抗主动攻击。消息鉴别对于开放网络中的各种信息系统的安全性具有重要作用。

例如,发送者通过一个公开的信道将消息发送给接收者的过程可以使用消息鉴别。由于信道是公开的、不安全的,攻击者可以在传送过程中进行窃听,或者篡改消息内容,甚至伪造消息发送给接收者。因此,发送者在发送消息之前应当使用消息鉴别,对待发送的消息生成一个鉴别标志,与消息捆绑在一起发送给接收者。接收者在收到消息之后,通过附加的鉴别标志来验证消息是否来自合法的发送者,以及消息是否受到过篡改。

大体来说,实现消息鉴别的手段可以分为两类：基于加密技术的消息鉴别和基于散列函数的消息鉴别。

6.6.1 基于加密技术的消息鉴别

从消息鉴别的目的出发,无论是对称密码体制,还是公钥密码体制,对于消息本身的加密都可以看作是一种鉴别的手段。

1. 利用对称密码体制实现消息鉴别

如图6.12所示,发送方A和接收方B共享密钥k。A用密钥k对消息M加密后通过公开信道传送给 B。B 接收到密文消息之后，通过能否用密钥 k 将其恢复成合法明文来判断消息是否来自 A、信息是否完整。

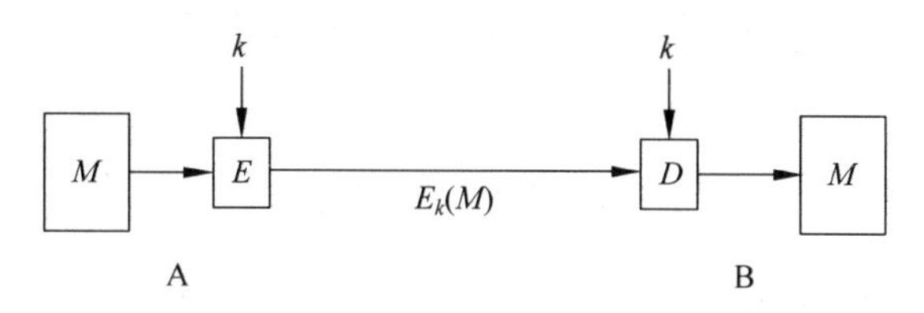

图 6.12　对称密码体制实现消息鉴别

这种方法处理的局限性在于需要接收方有某种方法能判定解密出来的明文是否合法。因此在处理中，可以规定合法的明文只能属于在可能位模式上有微小差异的一个小子集，这使得任何伪造的密文解密恢复出来后能够成为合法明文的概率十分微小。为了确定消息的真实性，可要求传递的内容具有某种可识别的结构。例如，在加密前，对每个消息附加一个帧校验序列(FCS)。接收方可以按发送方同样的方法生成 FCS，与收到的 FCS 进行比较，从而确定消息的真实性。

该方法的特点如下：

(1) 能提供机密性，只有 A 和 B 知道密钥 k；

(2) 能提供鉴别，消息只能发自 A，传输中未被改变；

(3) 不能提供数字签名，接收方可以伪造消息，发送方可以抵赖消息的发送。

2. 利用公钥密码体制实现消息鉴别

1) 提供消息鉴别

如图 6.13 所示，发送方 A 用自己的私钥 SK_A 对消息进行加密运算(但不能提供机密性保护，请思考为什么)，通过公开信道传送给接收方 B。B 用 A 的公钥 PK_A 对得到的消息进行解密运算并完成鉴别。因为只有 A 拥有自己的私钥，只有 A 才能产生用公钥 PK_A 可解密的密文，所以消息一定来自于拥有私钥 SK_A 的 A。这种机制也要求明文具有某种内部结构，以使接收方易于确定所得明文的真实性。

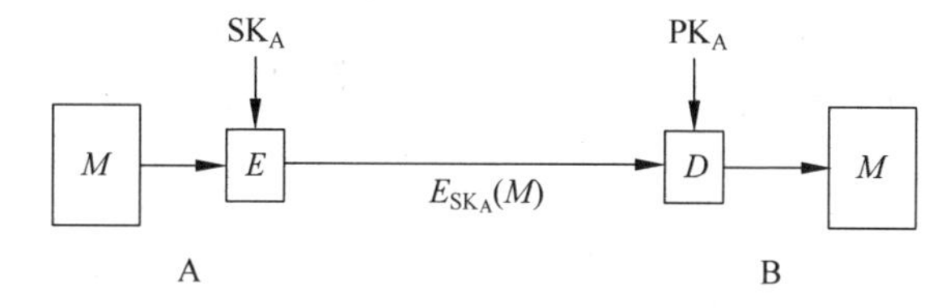

图 6.13　公钥密码体制实现消息鉴别

这种方法的特点是：实现数字签名，抗抵赖，并提供鉴别。

2) 提供消息鉴别和机密性保护

图 6.13 所示的方法只能提供数字签名，不能提供机密性，因为任何具有发送方 A 的公钥 PK_A 的人都可以解密密文。图 6.14 所示的方法是一种既能提供消息鉴别，又能提供机密性的方案。如图 6.14 所示，在 A 用自己的私钥 SK_A 进行加密运算(实现数字签名)之后，还要用 B 的公钥 PK_B 进行加密，从而实现机密性。这种方法的缺点是：一次完整的通信需要执行公钥算法的加密、解密操作各两次。

这种方法的特点是：提供机密性，实现数字签名和消息鉴别。

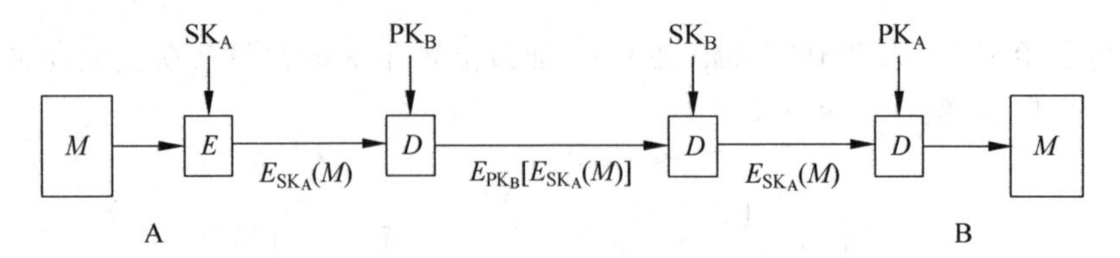

图 6.14 公钥密码体制实现签名、加密和鉴别

6.6.2 基于散列函数的消息鉴别

1. 消息鉴别码的概念

消息鉴别码(Message Authentication Code,MAC)或报文鉴别码是用于提供数据原发鉴别和数据完整性的密码校验值。MAC是使用一个特定的密钥将消息通过一种鉴别算法处理所得的一串代码。一个鉴别算法由一个秘密密钥 k 和参数化的一个簇函数 h_k 构成,h_k 具有如下特性:

(1) 容易计算——对于一个已知函数 h,给定一个值 k 和一个输入 x,$h_k(x)$是容易计算的。计算结果被称为消息鉴别码值或消息鉴别码。

(2) 压缩——h_k 把任意有限长度(比特数)的一个输入 x 映射成一个固定长度的输出 $h_k(x)$。

(3) 强抗碰撞性——要找到两个不同消息 x 和 y,使得 $h_k(x)=h_k(y)$在计算上是不可行的。

假定通信双方(A和B)共享密钥 k,且 h_k 公开。发送方A对要发送的消息 M 使用一个密钥 k 计算得到 MAC$=h_k(M)$,MAC的值只与消息 M 和密钥 k 有关。A将MAC附在消息后面得到 $M'=M\parallel$MAC,一起发送给接收方B。B收到 M'后,使用共享密钥 k 对其中的 M 执行相同的计算得到 MAC$'=h_k(M)$,然后与收到的MAC进行比较(见图6.15)。由于只有A和B知道密钥 k,故如果二者相等,可以有以下判断:

(1) B收到的消息 M 未被篡改过;

(2) 消息 M'确实来自A。

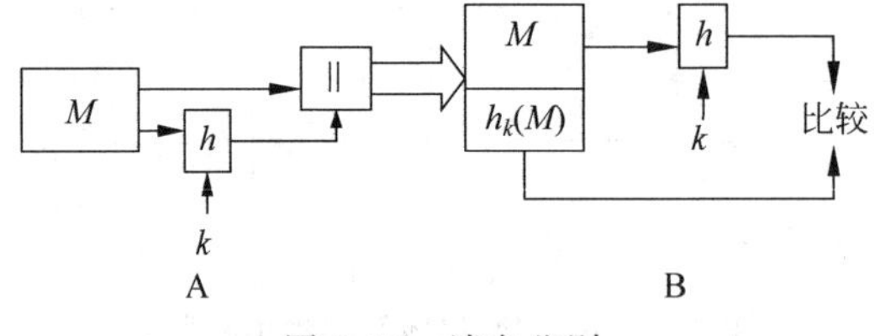

图 6.15 消息鉴别

MAC需要使用密钥 k,这类似于加密,但区别是MAC函数不需要可逆,因为它不需要解密,这个性质使得MAC比加密函数更难以破解。同时 h_k 具有压缩、强抗碰撞等特性,使它更类似于散列函数。因此在应用中往往使用带密钥的散列函数作为 h_k 来实现MAC。由于收发双方使用的是相同的密钥,因此单纯使用MAC无法提供数字签名。

图6.15所示的方法只能提供消息鉴别,不能提供机密性,因为消息 M 是以明文的形式传送的。如果在生成MAC之后(见图6.16)或者之前(见图6.17)使用加密机制,则可以获得机密性。这两种方法生成的MAC或者基于明文,或者基于密文,因此相应的鉴别或者与明文有关,或者与密文有关。一般来说,基于明文生成MAC的方法在实际应用中会更方便一些。

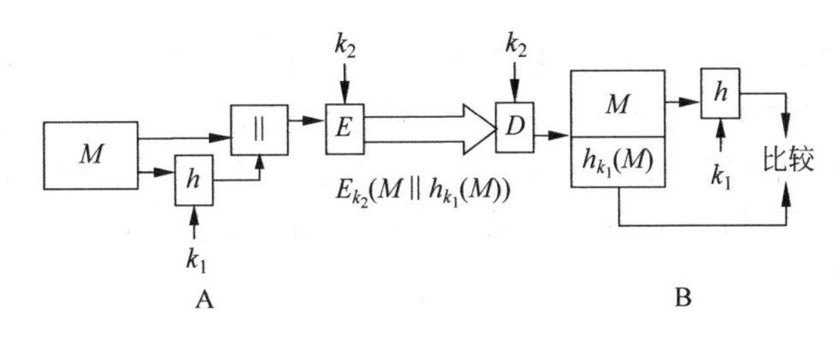

图 6.16　消息鉴别与机密性(与明文相关)

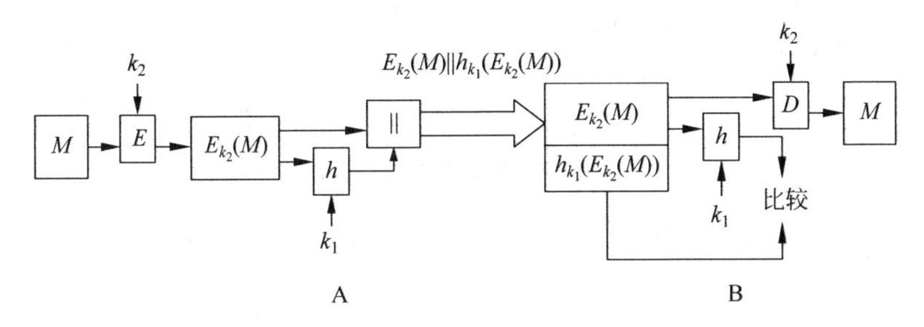

图 6.17　消息鉴别与机密性(与密文相关)

2. 基于散列函数的消息鉴别

散列函数具有以下特点：输入可变大小的消息 M，输出固定长度的散列值(即消息摘要)；计算简单，不需要使用密钥；具有强抗碰撞性。散列值只是输入消息的函数，输入消息只要有任何改变，就会导致不同的散列值输出，因此散列函数常常用于消息鉴别。

但必须注意的是，散列函数没有密钥，在散列函数公开的情况下，任何人都可以根据输入的消息计算其散列值。故在安全通信中，常常需要将一个密钥或秘密信息与散列函数结合起来产生 MAC。

基于散列函数的消息鉴别方法如图 6.18 所示，有以下六种情况。

(1) 用对称密码体制加密消息及其散列值，即 A→B: $\mathrm{E}_k(M \| h(M))$，如图 6.18(a)所示。由于只有发送方 A 和接收方 B 共享加密密钥 k，因此通过对 $h(M)$的比较鉴别可以确定消息一定来自于 A，并且未被修改过。散列值所起的作用是提供用于鉴别的冗余信息，同时 $h(M)$受到加密保护。该方法实现了对消息明文的加密保护，因此可以提供机密性。

(2) 用对称密码体制只对消息的散列值进行加密，即 A→B: $M \| \mathrm{E}_k(h(M))$，如图 6.18(b)所示。这种方法中消息 M 以明文形式传递，因此不能提供机密性，适合于对消息提供完整性保护，而不要求机密性的场合，有助于减少处理代价。

(3) 用公钥密码体制只对消息的散列值进行加密，即 A→B: $M \| \mathrm{E}_{\mathrm{SK_A}}(h(M))$，如图 6.18(c)所示。这种方法与方法(2)的区别是对散列值的加密使用公钥密码体制，即发送方 A 用其私钥对 $h(M)$进行加密(实现数字签名)，接收方 B 用 A 的公钥 PK_{A} 进行解密以实现鉴别。这种方法可提供消息鉴别和数字签名，因为只有 A 能生成 $\mathrm{E}_{\mathrm{SK_A}}(h(M))$。

(4) 混合使用公钥密码体制和对称密码体制，即 A→B: $\mathrm{E}_k(M \| \mathrm{E}_{\mathrm{SK_A}}(h(M)))$，如图 6.18(d)所示。这种方法用发送方 A 的私钥对消息的散列值进行数字签名，用对称密码体制加密消息 M 和得到的数字签名。因此，这种方法既提供鉴别和数字签名，也提供机密性，在实际应用中较为常见。

(5) 仅使用散列算法，未使用加密算法，即 A→B: $M \| h(M \| S)$，如图 6.18(e)所示。为了实现鉴别，要求发送方 A 和接收方 B 共享一个秘密信息 S，A 生成消息 M 和秘密信息

S 的散列值,然后与 M 一起发送给 B。B 按照与 A 相同的处理方式生成 M 和 S 的散列值,二者进行比较,从而实现鉴别。这种方法中,S 并不参与传递,因此可以保证攻击者无法伪造。

(6) 在方法(5)的基础上,用对称密码体制对消息 M 和生成的散列值进行加密,即 A→B: $E_k(M \| h(M \| S))$,如图 6.18(f)所示。因此,这种方法除了提供消息鉴别,还提供机密性保护。

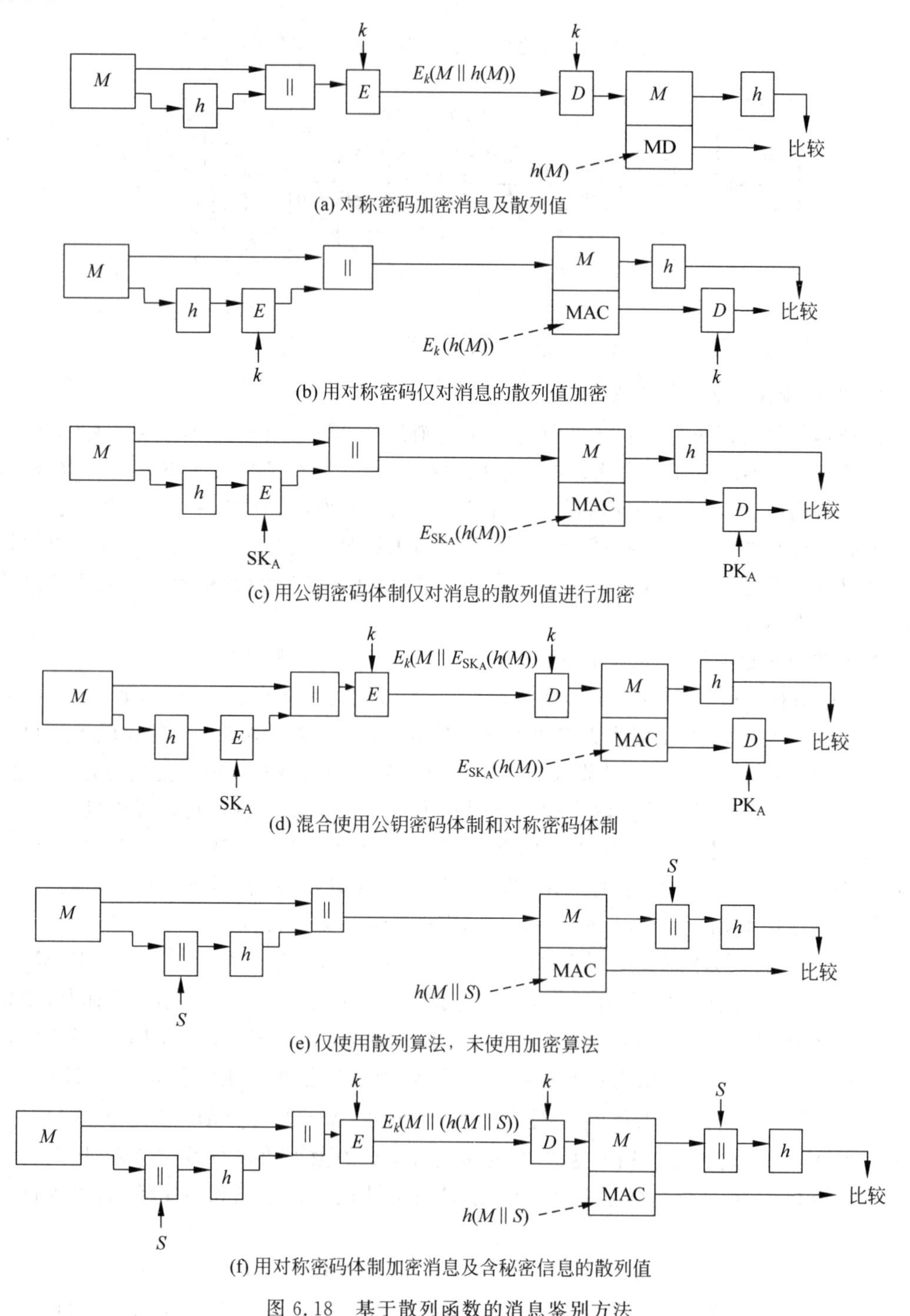

图 6.18 基于散列函数的消息鉴别方法

3. HMAC 算法

早期构造 MAC 的方法是使用分组密码的 CBC 模式，即基于分组密码的构造方法。而构造 MAC 的另一类方法是基于散列函数的构造方法。这类方法的好处是散列算法（如 MD5、SHA-1 等）的软件实现快于分组密码的软件实现，函数的库代码来源广泛、限制较少。基于散列函数的 MAC 构造的基本思想就是将某个散列函数嵌入 MAC 的构造过程中。HMAC 作为这种构造方法的代表，已经作为 RFC 2104 公布，并在 IPSec 和其他网络协议（如 SSL）中得到应用。

按照 RFC 2104，HMAC 希望达到以下设计要求：

(1) 可不经修改而使用现有的散列函数，特别是那些易于软件实现、源代码可方便获取且免费使用的散列函数。

(2) 嵌入的散列函数可易于替换为更快或更安全的散列函数，以适应不同的安全需求。

(3) 能保持嵌入的散列函数的原有性能，不因用于 HMAC 而使性能降低。

(4) 密钥的使用和处理简单方便。

(5) 以嵌入的散列函数的安全假设为基础，易于分析 HMAC 用于鉴别时的安全强度。

前两个要求是 HMAC 被公众普遍接受的主要原因。这两个要求是将散列函数当作一个黑盒使用，其好处是将散列算法模块化，容易实现和更新。散列函数作为 HMAC 的一个模块，HMAC 代码中很大一块就可事先准备好，无须修改就可使用。如果 HMAC 要求使用更快或更安全的散列函数，则只需用新模块代替旧模块即可。最后一条设计要求则是保证 HMAC 的安全强度易于分析和确认。HMAC 在嵌入其的散列函数具有合理密码强度的假设下，可证明是安全的。

图 6.19 是 HMAC 算法的实现框图。其中，h 为嵌入的散列函数（如 MD5、SHA-1），输入消息 $M=(Y_0,Y_1,\cdots,Y_{L-1})$，$Y_i(0\leqslant i\leqslant L-1)$是 b 位的一个分组，M 包含了散列函数的填充位。n 为嵌入的散列函数输出值的长度。K 为密钥，如果密钥长度大于 b，则将密钥输入散列函数产生一个 n 位的密钥。K^+ 是左边填充 0 后的 K，其长度为 b 位，ipad 为 $b/8$ 个序列串 00110110，opad 为 $b/8$ 个序列串 01011010。

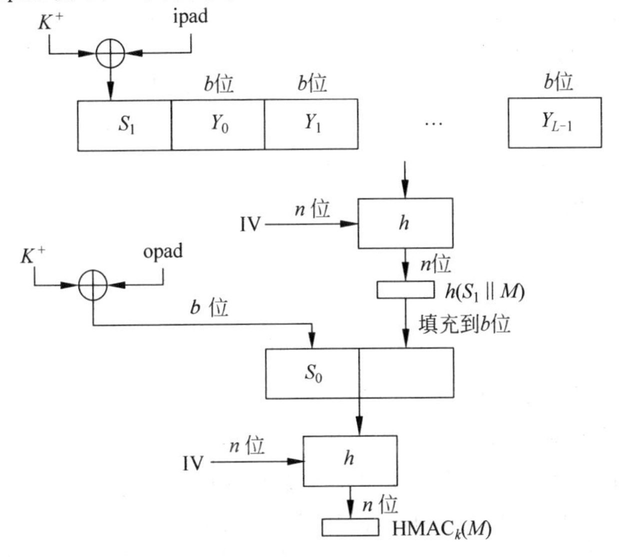

图 6.19　HMAC 算法的实现框图

HMAC算法可表示为：$\mathrm{HMAC}(M,K)=h((K^{+}\oplus \mathrm{opad})\parallel h((K^{+}\oplus \mathrm{ipad})\parallel M))$。对HMAC算法的处理过程描述如下：

(1) 对密钥 K 左边填充若干个0,以生成 b 位的 K^{+}。例如,K 的长度为160位,$b=512$,则需要填充44个0字节,即0x00。

(2) 产生 b 位的分组 $S_1=K^{+}\oplus \mathrm{opad}$。

(3) 将 M 链接到 S_1 之后,得到 $S_1\parallel M$。

(4) 将步骤(3)得到的结果输入散列函数 h,得到 $h(S_1\parallel M)$。

(5) 产生 b 位的分组 $S_0=K^{+}\oplus \mathrm{ipad}$。

(6) 将步骤(4)得到的结果链接到 S_0 之后。

(7) 将步骤(6)得到的结果输入散列函数 h,得到最后的HMAC值。

可以看到,K^{+} 分别与ipad和opad逐位异或得到 S_0 和 S_1,其结果是将 K 中的一半比特取反,但两次取反的比特位置不同,所以可以认为 S_0 和 S_1 是由 K 产生的两个伪随机密钥。而且 S_0 和 S_1 的引入仅相当于增加了两个数据分组散列处理的开销。因此,当消息 M 充分大时,$\mathrm{HMAC}(M,K)$ 的执行时间与所嵌入的散列函数 $h(M)$ 的执行时间大致相等。

仔细分析HMAC算法可以发现,两个压缩函数,即 $f(\mathrm{IV},(K^{+}\oplus \mathrm{ipad}))$ 和 $f(\mathrm{IV},(K^{+}\oplus \mathrm{opad}))$,还可以预先计算出来,如图6.20中虚线的左边部分。其中,IV是 n 位的散列函数对第一个分组的初始化向量,输出是 n 位的链接变量。这两个量的预先计算只在每次更改密钥时才需进行。这两个预先计算的量用作散列函数的初值。

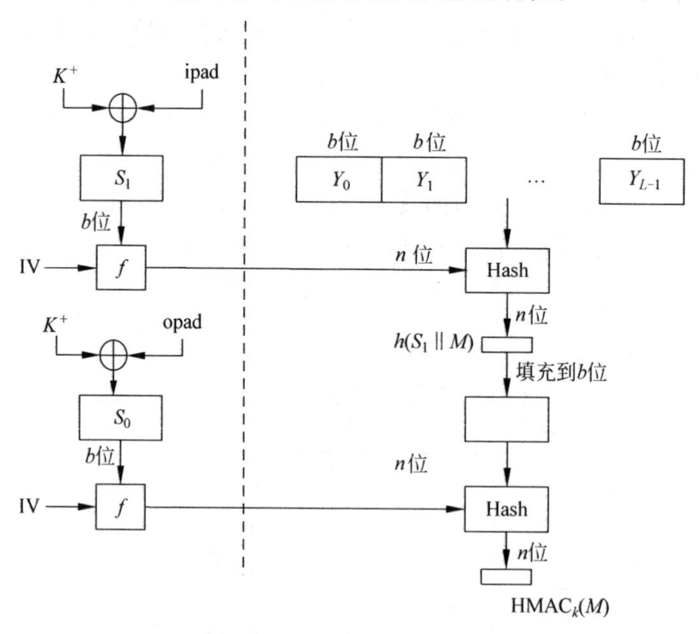

图6.20 HMAC的有效实现

由HMAC的结构可以发现,其安全性依赖于所嵌入散列函数的安全性。对HMAC的攻击等价于对内嵌散列函数的下列两种攻击之一：

(1) 攻击者能够计算压缩函数的输出,即使IV是机密的或者随机的。

(2) 攻击者能够找到散列函数的碰撞,即使IV是机密的或者随机的。

第一种攻击可以认为压缩函数与散列函数等价,n 位的初始链接变量IV可以看作HMAC

的密钥。因此攻击可以通过对密钥的穷举来进行。对密钥穷举的计算复杂度为 $O(2^n)$。

第二种攻击要求寻找两个具有相同散列值的消息，即实施生日攻击。对于散列值长度为 n 位的散列函数而言，其计算复杂度为 $O(2^{n/2})$。例如，对于散列值长度为 128 位的散列函数，第二种攻击的复杂度为 $O(2^{64})$，按照现有技术这是可能的。但是这并不影响将该散列函数用于 HMAC。因为攻击者对散列函数实施生日攻击时，虽然已经知道算法和默认 IV 值，在选择消息集合后可以离线地寻找碰撞。但是在攻击 HMAC 时，由于攻击者不知道密钥 K，从而不能离线产生消息和散列码对。攻击者必须监听并得到 HMAC 在同一密钥下产生的一系列消息，并对得到的消息序列进行攻击。对于长度为 128 位的散列值来说，就要得到同一密钥下产生的 2^{64} 个分组（2^{73} 位），在 1Gbps 速率的链路上这大约需要 25 万年。因此就速度和安全性而言，采用该散列函数或者计算复杂度更高的散列函数嵌入 HMAC 是可以接受的。

6.6.3　基于分组密码的消息鉴别码

密文分组链接消息鉴别码（CBC-MAC）由于构造简单、底层加密算法可方便替换，在政府和工业界广泛采用，但是具有如下安全限制：对长度固定为 $m\times n$ 的消息是安全的，其中 n 是密文分组长度，m 是一个固定的正整数，但在输入消息长度发生变化的情况下是不安全的。更详细的内容可参考文献[25]。针对此缺陷，BLACK 和 ROGAWAY 提出可以使用 3 个密钥来克服[28]，IWATA 和 KUROSAWA 又优化了此构造[29]，这就引出了基于分组密码的消息鉴别码（CMAC）[4]。对于 CMAC 的加密 AES 和 3DES 都适用。一般来说，CMAC 分为以下两种情况。

（1）消息长度是分组长度的整数倍（见图 6.21）。当消息长度是分组长度 b 的 n 倍时（对于 AES，$b=128$；对于 3DES，$b=64$），消息被划分为 n 组，即 $M_1,M_2,\cdots,M_n$，使用 k 比特的加密密钥 K 和 n 比特的常数 K_1。对于 AES，密钥长度为 128、192 和 256 比特；对于 3DES，密钥长度为 112 比特或 168 比特。则 CMAC 计算方式为：

$$
\begin{aligned}
C_1 &= E(K, M_1) \\
C_2 &= E(K, (M_2 \oplus C_1)) \\
C_3 &= E(K, (M_3 \oplus C_2)) \\
&\vdots \\
C_n &= E(K, (M_N \oplus C_{n-1} \oplus K_1)) \\
T &= \mathrm{MSB}_{\mathrm{Tlen}}(C_n)
\end{aligned}
$$

其中，T 为消息鉴别码，Tlen 为 T 的比特数，$\mathrm{MSB}_s(X)$ 为比特串 X 最左边的 s 位。

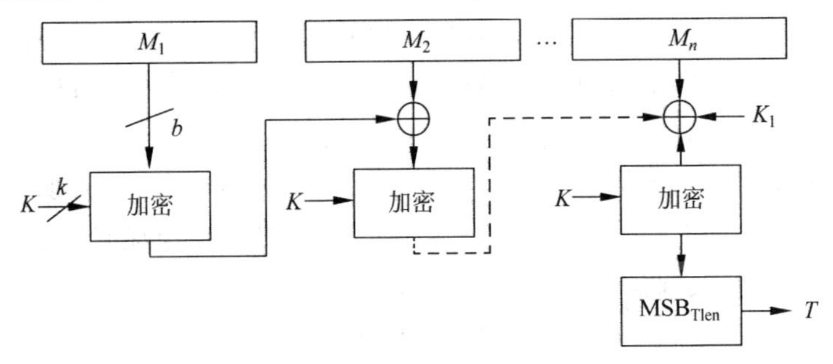

图 6.21　消息长度是分组长度的整数倍

(2) 消息长度不是分组长度的整数倍(参见图6.22)。如果消息长度不是密文分组长度的整数倍,则最后一个分组的右边(即低有效位)填充一个1和若干个0,使得最后一个分组的长度为b。在这种方式中,除了使用一个不同的n比特密钥K_2代替K_1外,CMAC运算与第1种情况保持一致。

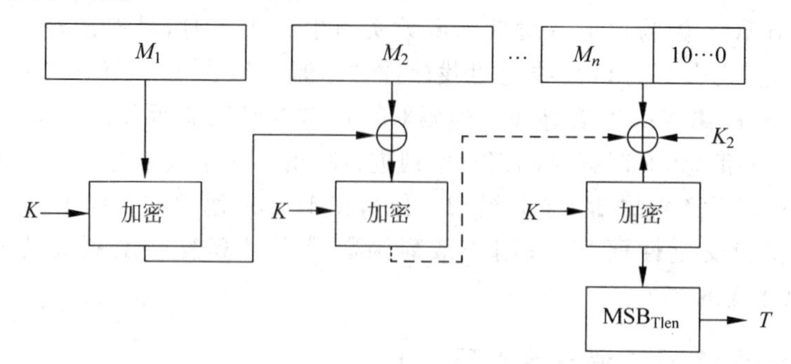

图6.22 消息长度不是分组长度的整数倍

n比特密钥K_1和K_2由k比特的加密密钥按如下方式生成:

$$L = E(K, 0^n)$$
$$K_1 = L \cdot x$$
$$K_2 = L \cdot x^2 = (L \cdot x) \cdot x$$

其中乘法(·)在域$GF(2^n)$内进行,x和x^2是域$GF(2^n)$上的一次和二次多项式。例如,x的二进制表示为$n-2$个0,后接10;x^2的二进制表示为$n-3$个0,后跟100。为生成K_1和K_2,分组密码首先应用到一个全0分组上,将所得密文先左移1位,根据条件与一个常数进行异或运算得到第一个子密钥,其中常数依赖于分组大小。依次类推,第二个子密钥采用相同的操作从第一个子密钥中导出。

思考题与习题

6-1 什么是散列函数?对散列函数的基本要求和安全性要求分别是什么?

6-2 安全散列函数的一般结构是什么?

6-3 为什么要进行散列填充?

6-4 散列函数的主要应用有哪些?

6-5 什么是消息鉴别?为什么要进行消息鉴别?消息鉴别的实现方法有哪些?

6-6 很多散列函数是由CBC模式的分组加密技术构造的,其中的密钥为消息分组。例如,将消息M分成分组$M_1, M_2, \cdots, M_n$,H_0=初值,迭代关系为$H_i = E_{H_{i-1}}(M_i) \oplus M_i (i=1,2,\cdots,n)$,散列值为$H_n$,其中$E$是分组加密算法。

(1) 设E为DES,已证明如果对明文分组和加密密钥都逐位取补,那么得到的密文也是原密文的逐位取补,即$DES_{\overline{K}}(\overline{M}) = \overline{DES_K(M)}$。利用这一结论证明在上述散列函数中可对消息进行修改但保持散列值不变。

(2) 若迭代关系改为$H_i = E_{H_{i-1}}(M_i) \oplus M_i (i=1,2,\cdots,n)$,证明仍可对其进行上述攻击。

6-7　对本章中 SHA-1 的示例，计算 W_{16}、W_{17}、W_{18}、W_{19}。

6-8　设 a_1、a_2、a_3、a_4 是 32 位长的字中的 4 字节，每个 a_i 可看作由二进制表示的 0 到 255 之间的整数，在大端格式中，该字表示整数 $a_1 2^{24}+a_2 2^{16}+a_3 2^8+a_4$。而在小端格式中，该字表示整数 $a_4 2^{24}+a_3 2^{16}+a_2 2^8+a_1$。SHA 使用大端格式。试说明 SHA 中如何对以小端格式存储的两个字 $X=x_1\ x_2\ x_3\ x_4$ 和 $Y=y_1\ y_2\ y_3\ y_4$ 进行模 2 加法运算。

6-9　证明：如果散列函数 h_1、h_2 是强抗碰撞的，则 $h(x)=h_1(x)\parallel h_2(x)$定义的散列函数也是强抗碰撞的，其中"$\parallel$"表示比特串的连接。

6-10　设 H_1 是一个从$(Z_2)^{2n}$ 到$(Z_2)^n$ 具有强抗碰撞的散列函数，H_1 的输入为 Z_2 上的长度为 $2n$ 的字符串，输出为 Z_2 上的长度为 n 的字符串。这里 $n\geqslant 1$，$Z_2=\{1,0\}$。从$(Z_2)^{4n}$ 到$(Z_2)^n$ 的散列函数 H_2 按下述方式定义：对任意 $x\in(Z_2)^{4n}$，设 $x=x_1\parallel x_2$，有 $H_2(x)=H_1(H_1(x_1)\parallel H_1(x_2))$，其中"$\parallel$"表示比特串的连接。试证明散列函数 H_2 也是强抗碰撞的。

6-11　用公钥密码体制 RSA 来构造一个散列函数。将输入 m 分为 k 个分组，即 $m=m_1,m_2,\cdots,m_k$。RSA 的公钥为(e,n)，定义散列函数如下：$h_i=(h_{i-1}^e \bmod n)\oplus m_i$，$i=2,3,\cdots,k$。其中，$h_1=m_1$，最后一个分组的输出 h_k 即为输出的散列码。试问如此构造的散列函数安全吗？为什么？

6-12　实践题：编程实现商用密码算法 SM3，计算"This is applied cryptography"的报文摘要。

第7章 数字签名技术

7.1 数字签名概述

7.1.1 数字签名的特性

在电子商务时代，网上商务活动频繁，人们通过网络支付费用、买卖股票等。举例来说，用户A通过网络发送一条消息，告诉银行从用户A的账户上给用户B支付5000元。银行如何知道这条消息是由用户A发送的？如果事后用户A否认他曾发送过这条消息，或称他的支付请求是1000元而不是5000元，银行如何向公证机关证明用户A确实发送过这条消息？这就涉及信息安全中的另一项重要安全机制——数字签名(Digital Signature)。

数字签名实际上是一个把数字形式的消息和某个源发实体相联系的数据串，该数据串附加在一个消息或完全加密的消息上，以便消息的接收方能够鉴别消息内容，并证明消息只能源发于所声称的发送方。

1. 数字签名的目的和要求

数字签名在信息安全，包括鉴别、数据完整性、抗抵赖性等方面，特别是在大型网络安全通信中的密钥分配、鉴别及电子商务系统中具有重要作用。当通信双方发生下列情况时，必须解决其安全问题。

(1) 抵赖。发送方否认自己曾发送过某一文件，接收方否认自己曾接收到某一文件。

(2) 伪造。攻击者伪造一份文件，声称它来自发送方。

(3) 冒充。网络上的某个用户冒充另一个用户接收或发送信息。

(4) 篡改。攻击者对通信信息进行篡改。

实际上，在人们的日常工作和生活中，许多事务处理都需要当事者签名。例如，政府命令、重要文件、经济合同、财务取款等都需要当事者签名。签名起着认证、核准和生效的作用，是证明当事者身份与数据真实性的一种信息。一个完善的签名方案应满足以下3个条件。

(1) 签名者事后不能否认或抵赖自己的签名。

(2) 任何人均不能伪造签名，也不能对接收或发送的消息进行篡改、伪造和冒充。

(3) 若当事双方对签名真伪发生争执，能够在公正的仲裁者面前通过验证签名来确定其真伪。

签名可以用不同的形式，书面签名如手签、指印、印章等基本符合以上3个条件，并早已得到司法部门的支持。随着信息时代的来临，人们希望通过数字通信网络进行迅速的、远距

离的贸易合同的签名，数字签名应运而生。数字签名是对电子形式的消息进行签名的一种方法，已开始应用于商业通信系统，如电子邮件、电子转账、办公室自动化等系统中。

数字签名利用密码技术进行，其安全性取决于密码体制的安全程度，可以获得比传统签名更高的安全性。数字签名的目的也是保证消息的完整性和真实性，即消息内容没有被篡改、签名没有被篡改、消息只能始发于所声称的发送方。

一般来讲，手写签名和数字签名的主要差别在于：

1) 所签文件方面的不同。一个手写签名是所签文件的物理组成部分，而一个数字签名并不是所签文件的物理组成部分，因此数字签名算法必须设法把签名"捆绑"到所签文件上。

2) 验证方面的不同。手写签名通过和真实的手写签名比较来验证，这种方法很不安全，容易被人伪造，需要验证者有较丰富的鉴别经验。数字签名通过密码技术来实现，签名信息难以伪造，并通过一个公开的验证算法来验证，这样"任何人"都能验证一个数字签名。

3) 复制方面的不同。手写签名不易复制，因为一个文件的手写签名的副本通常容易与原文件区别开来。而数字签名容易复制，因为一个文件的数字签名的副本与原文件一样。这个特点禁止一个数字签名的重复使用和滥用。

为了实现数字签名，当事双方应首先达成有关协议，协议中包括签名的产生、验证及纠纷的解决方法等内容。一般来说，数字签名方案还应满足以下要求：

(1) 签名是不可伪造的。除了合法的签名者以外，其他任何人伪造其数字签名在计算上是不可行的，无论是用已有数字签名来构造新消息，还是对给定消息伪造一个数字签名。

(2) 签名是不可抵赖的。签名者事后不能否认自己的签名。签名要求使用签名者的唯一秘密信息，以防止伪造和抵赖。

(3) 签名是可信的。签名的识别和验证必须相对容易，任何人都可以验证签名的有效性。

(4) 签名是不可复制的。一个消息的签名不能通过复制变为另一个消息的签名，签名与消息是一个不可分割的整体。如果一个消息的签名是从别处复制而来，则任何人都可以发现签名与消息的不一致性，从而拒收此签名的消息。

(5) 签名的消息是不可篡改的。经签名的消息是不能被篡改的，否则任何人都可以发现签名与消息的不一致性，从而拒收此签名的消息。

早期的数字签名利用传统的对称密码来实现，非常复杂，安全性也不高。自公开密钥密码体制出现以后，数字签名技术日臻成熟，已走向实用化。美国国家标准与技术研究所于1991年8月提出了一种基于公开密钥密码体制的数字签名标准(Digital Signature Standard，DSS)，用于政府和商业文件的签名。目前，在德国、日本、加拿大以及美国等国家都颁布和实施了各自的有关数字签名的法律，使得数字签名与传统签名一样具有法律效力。我国的《电子签名法》于2004年8月的第十届全国人大常委会第十一次会议上获得通过，它规定了数字签名的程序和合法性，从定义、适用范围、认证规范、法律责任等方面给出了法律规范。可以预见，《电子签名法》将为数字签名的安全性提供足够的法律和技术保障。

2. 数字签名方案的描述

一个数字签名方案由两部分组成：带有陷门的数字签名算法(Signature Algorithm)和验证算法(Verification Algorithm)。数字签名算法是一个由密钥控制的函数。对任意一个消息 m 和一个密钥 k，签名算法产生的签名信息记为 $s=\mathrm{sig}_k(m)$。算法是公开的，但密钥 k

是保密的,这样,不知道密钥的人就不能产生正确的签名,从而不能伪造签名。验证算法 ver(m,s)也是公开的,通过 ver(m,s)=True 或 False 来验证签名。

设 M 是消息的有限集合,S 是签名的有限集合,K 是密钥的有限集合,则数字签名算法是一个映射,即

$$\text{sig}: M \times K \rightarrow S$$
$$s = \text{sig}_k(m)$$

验证算法也是一个映射,即

$$\text{ver}: M \times S \rightarrow \{\text{True}, \text{False}\}$$
$$\text{ver}(m, s) = \begin{cases} \text{True}, & s = \text{sig}_k(m) \\ \text{False}, & s \neq \text{sig}_k(m) \end{cases}$$

五元组{M,S,K,sig,ver}称为一个签名方案。

数字签名算法可以由加密算法来实现(但不全是),而公钥密码加密算法是最基本的数字签名方法,这种数字签名方法的本质是公钥密码加密算法的逆应用。下面给出公钥密码加密算法的一般数字签名方案的签名和验证过程。

(1) 发送方用自己的私钥对消息 m 进行解密变换,密文 s 就是发送方对消息的数字签名。

(2) 发送方将消息(m,s)发送给接收方。

(3) 接收方收到消息后用发送方的公钥进行加密变换,得到 m',如果 $m=m'$,则确认 s 是消息的有效签名。

在上述数字签名方案中,发送方使用公钥密码的解密变换来对消息进行签名,由于解密变换是保密的(私钥保密),只有发送方知道,故只有发送方才能对任意消息进行正确的数字签名。另一方面,加密变换是公开的(公钥公开),任何人都可以验证数字签名的有效性。

需要指出的是,并不是每个公钥密码加密算法都可以按上述方式来设计数字签名方案,只有满足 $E_{\mathrm{KU}}(D_{\mathrm{KR}}(m))=m$ 的公钥密码加密算法才可以按上述方式来设计数字签名方案。其中,E_{KU} 和 D_{KR} 分别是公钥密码加密变换和解密变换,KU 和 KR 分别是公钥密码加密密钥和解密密钥。RSA 公钥密码体制就满足以上要求。

归纳起来,一个数字签名方案的应用一般包括以下三个过程。

(1) 系统初始化过程。产生数字签名方案中用到的所有系统和用户参数,有公开的,也有秘密的。

(2) 签名产生过程。用户利用给定的签名算法和参数对消息产生签名,这种签名过程可以公开,也可以不公开,但一定包含仅签名者才拥有的秘密信息(签名密钥)。

(3) 签名验证过程。验证者利用公开的验证方法和参数对给定消息的签名进行验证,得出签名的有效性。

7.1.2 数字签名的执行方式

数字签名的执行方式有两类:直接数字签名方式和具有仲裁的数字签名方式。

1. 直接方式

直接方式是指数字签名的执行过程只有通信双方参与,并假定双方有共享的秘密密钥,

或者接收方知道发送方的公开密钥。例如，消息接收者可以获得消息发送者的公钥，发送者用其自己的私钥对整个消息或者消息散列值进行签名来形成数字签名。

直接数字签名的缺点是：方案的有效性依赖于发送方秘密密钥的安全性。如果发送方想对已发出的消息予以否认，就可以声称自己的秘密密钥已丢失或者被盗，因此自己的数字签名是他人伪造的。这时可以采取某些行政管理手段，虽然不能避免但可在某种程度上减弱这种威胁。例如，要求每个被签名的消息都包含一个时间戳，标明消息被签名的日期和时间，并要求秘密密钥一旦丢失，立即向管理机构报告。这种方式的数字签名仍然存在着假冒签名的威胁，假设发送方的秘密密钥在时间 T 被窃取，攻击者可以伪造一个消息，用发送方的秘密密钥对其签名并加上 T 以前的时间戳。

2. 具有仲裁的方式

具有仲裁的数字签名是在通信双方的基础上引入第三方仲裁者。通常的做法是所有从发送方到接收方的签名消息首先送到仲裁者，仲裁者对消息及其数字签名进行一系列的测试，以检查其来源和内容，并对消息加上时间戳，与已被仲裁者验证通过的数字签名一起发送给接收方。在这种方式下，仲裁者扮演裁判的角色，起着重要作用并应取得所有参与者的信任。

下面给出几个需要仲裁者的数字签名方案。其中，S 表示发送方，R 表示接收方，A 是仲裁者，m 是传送的消息。

方案一：对称加密，仲裁者可以看到消息内容

该方案的前提是每个用户都有与仲裁者共享的秘密密钥。数字签名过程如下。

(1) S→A：$m \| E_{K_{SA}}(\mathrm{ID_S} \| H(m))$；

(2) A→R：$E_{K_{AR}}(\mathrm{ID_S} \| m \| E_{K_{SA}}(\mathrm{ID_S} \| H(m)) \| T)$。

其中，E 是对称密钥加密算法，K_{SA} 和 K_{AR} 分别是 A 与 S 和 R 的共享密钥，$H(m)$是 m 的散列值，T 是时间戳，$\mathrm{ID_S}$ 是 S 的身份标识。

在(1)中，S 以 $E_{K_{SA}}(\mathrm{ID_S} \| H(m))$作为对 m 的签名，将 m 及签名发往 A。在(2)中，A 将从 S 收到的内容和 $\mathrm{ID_S}$、T 一起加密后发往 R，T 用于向 R 表示所发送的消息不是旧消息的重放。R 将收到的消息解密后，将结果存储起来以备出现争议时使用。

如果出现争议，R 可声称自己收到的 m 的确来自 S，并将 $E_{K_{AR}}(\mathrm{ID_S} \| m \| E_{K_{SA}}(\mathrm{ID_S} \| H(m)) \| T)$ 发给 A，由 A 仲裁。A 用 K_{AR} 对 $E_{K_{AR}}(\mathrm{ID_S} \| m \| E_{K_{SA}}(\mathrm{ID_S} \| H(m)) \| T)$ 解密后，再用 K_{SA} 对 $E_{K_{SA}}(\mathrm{ID_S} \| H(m))$进行解密，并通过 $H(m)$和 $\mathrm{ID_S}$ 来判断解密结果是不是 S 的签名。

从上述过程可以看出，A 的存在可以解决直接数字签名可能产生的问题。这时仲裁者起着关键的作用，这要求：

(1) S 必须确信 A 不会泄露 K_{SA}，也不会产生虚假的数字签名；

(2) R 必须确信 A 只有在散列值正确且 S 的数字签名被证实的情况下才发送；

(3) 通信双方必须确信 A 能公平地解决争端。

只要遵循上述要求，则 S 相信没有人可以伪造自己的数字签名，R 则相信 S 不能否认其签名。该方案中消息以明文方式发送，未提供机密性保护，后面两种方案可提供消息的机密性保护。

方案二：对称加密，仲裁者不能看到消息内容

该方案的前提是每个用户都有与仲裁者共享的秘密密钥，且两两用户间也有共享密钥。数字签名过程如下。

(1) S→A：$ID_S \| E_{K_{SR}}(m) \| E_{K_{SA}}(ID_S \| H(E_{K_{SR}}(m)))$；

(2) A→R：$E_{K_{AR}}(ID_S \| E_{K_{SR}}(m) \| E_{K_{SA}}(ID_S \| H(E_{K_{SR}}(m))) \| T)$。

其中，K_{SR} 是 S、R 的共享密钥。S 把 $E_{K_{SA}}(ID_S \| H(E_{K_{SR}}(m)))$ 作为 m 的签名，和被 K_{SR} 加密的 m 一起发送给 A。A 对 $E_{K_{SA}}(ID_S \| H(E_{K_{SR}}(m)))$ 解密后，通过验证散列值以验证 S 的签名(A 始终不能读取明文 m)。A 验证完 S 的数字签名后，对 S 发来的消息加上时间戳 T，再用 K_{AR} 加密后发往 R。其中解决争议的方法与方案一相同。

该方案虽然对 m 提供了保密性，但是仍存在与方案一相同的问题：

(1) 仲裁者和发送方可以合谋来否认曾经发送过的消息；

(2) 仲裁者和接收方可以合谋来伪造发送方发送的签名。

因此，这种基于对称密码的签名方案要求通信双方都对 A 绝对信任，A 是可信第三方。若要解决这个问题，可采用基于公钥密码体制的签名方案。

方案三：公钥加密，仲裁者不能看到消息内容

该方案的前提是每个用户都能安全获取仲裁者和其他用户的公开密钥。数字签名过程如下。

(1) S→A：$ID_S \| E_{K_{RS}}(ID_S \| E_{K_{UR}}(E_{K_{RS}}(m)))$；

(2) A→R：$E_{K_{RA}}(ID_S \| E_{K_{UR}}(E_{K_{RS}}(m) \| T))$。

其中，K_{RS} 和 K_{RA} 分别是 S 和 A 的私钥，K_{UR} 是 R 的公钥。

在步骤(1)中，S 用自己的私钥 K_{RS} 和 R 的公钥对 m 进行加密运算来实现对 m 的签名和机密性保护。采用这种方式使任何第三方(包括 A)都不知道 m 的内容。A 收到 S 发来的内容后，可用 S 的公钥对 $E_{K_{RS}}(ID_S \| E_{K_{UR}}(E_{K_{RS}}(m)))$ 进行解密运算，并将解密得到的 ID_S 与收到的 ID_S 进行比较，从而判断消息是否来自 S。

在步骤(2)中，A 将 S 的身份 ID_S 和 S 对 m 的签名加上时间戳，用自己的私钥 K_{RA} 进行加密运算(实现签名)后发往 R。

与前两种方案相比，方案三有以下优点：

(1) 在方案执行以前，各方都不必有共享信息，从而可以防止合谋；

(2) 只要仲裁者的私钥不被泄露，任何人包括发送方就不会重放消息；

(3) 对任何第三方(包括 A)，S 发往 R 的消息都是保密的。

7.2 基于公钥密码体制的典型数字签名方案

7.2.1 RSA 数字签名方案

基于 RSA 公钥密码体制的数字签名方案通常称为 RSA 数字签名方案。鉴于 RSA 算法在实践中已被证明了安全性，RSA 数字签名方案在许多安全标准中得到广泛应用。ISO/IEC 9796 和 ANSI X9.30-199x 以及美国联邦信息处理标准 FIPS 186-2 将 RSA 作为推荐的数字签名标准算法之一。另外，美国 RSA 数据安全公司所开发的安全标准 PKCS#1 也是以 RSA 数字签名体制作为其推荐算法的。

RSA 数字签名体制的基本算法可以表述如下。

1）系统初始化过程

（1）产生两个大素数 p、q，计算 $n=p\times q$；

（2）随机选取一个与 $\Phi(n)$ 互素的整数 e 作为公钥，私钥 d 满足 $ed=1 \bmod \Phi(n)$。

用户 A 将公开公钥 e 与 n，而私钥 d 以及 p、q 则严格保密。

2）签名产生过程

用户 A 对消息 $m\in \mathbf{Z}_n$ 进行签名，计算 $s_A=\mathrm{sig}(m)=m^d \bmod n$。其中，$d$ 为 A 的私钥。并将 s_A 附在 m 后作为用户对 m 的签名。

3）签名验证过程

假设用户 B 要验证用户 A 对消息 m 的签名，用户 B 计算 $m'=s_A^e \bmod n$。其中，e 为 A 的公钥。并判断 m' 与 m 是否相等。如果相等，则相信签名确实为 A 所产生；否则，拒绝确认该签名消息。

根据上述过程，总结 RSA 数字签名方案如图 7.1 所示。

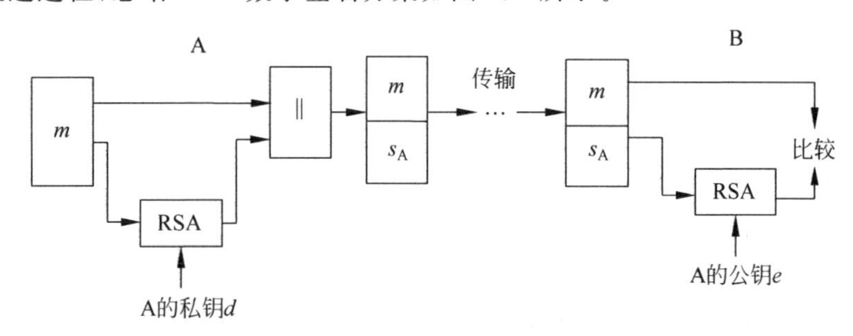

图 7.1　RSA 数字签名方案

对于 RSA 数字签名方案的应用及安全性需要注意以下几个问题。

（1）RSA 数字签名算法采用了对整个消息进行签名的方法，公开密钥密码体制一般速度都比较慢，当消息比较长时，整个签名与验证过程都会相当慢。可采用先用散列函数对消息进行散列，再对散列码进行数字签名的方法来克服这一缺点。

（2）RSA 数字签名算法的安全性取决于 RSA 公开密钥密码算法的安全性（基于大整数分解的困难性）。由 RSA 数字签名算法可知，只有签名者才知道签名密钥 d，所以其他人无法伪造签名者的签名。

（3）如果消息 m_1、m_2 的签名分别是 s_1 和 s_2，则任何知道 m_1、s_1、m_2、s_2 的人都可以伪造对消息 m_1m_2 的签名 s_1s_2，这是因为在 RSA 数字签名方案中，$\mathrm{sig}(m_1m_2)=\mathrm{sig}(m_1)\mathrm{sig}(m_2)$。

（4）任何人都可以通过获取某一用户的公钥 e，并对某个 $Y\in \mathbf{Z}_n$ 计算 $m=Y^e \bmod n$ 来伪造该用户对随机消息 m 的签名 Y，因为 $\mathrm{sig}(m)=m^d=(Y^e)^d=Y \bmod n$。当然，这一点也许并不能构成实际的威胁，因为攻击者还不能针对事先选定的消息来伪造签名，除非他拥有合法用户的私钥或能够破解 RSA 密码体制的安全性（如求解大整数的分解问题）。

7.2.2　ElGamal 数字签名方案

ElGamal 数字签名方案是 T. ElGamal 在 1985 年发表关于 ElGamal 的公开密钥密码时

给出的两个方案之一(另外一个用于加密)。ElGamal 数字签名方案有许多变体,其中最重要的有美国 NIST 于 1991 年公布的数字签名标准(DSS)中所使用的数字签名算法 DSA。ElGamal 数字签名方案的安全性基于有限域上求解离散对数问题的困难性,是一种非确定性的签名方案,即对一个给定的消息所产生的数字签名具有随机性。

1. ElGamal 数字签名算法描述

1) 系统初始化过程。

ElGamal 系统初始化过程用来设置系统公共参数和用户密钥。

(1) 系统公共参数。

① 选择大素数 p,使得 $\mathbf{Z}_p$ 中的离散对数问题为困难问题。

② 选择乘法群 $\mathbf{Z}_p^*$ 上的一本原元 α。

(2) 用户选择密钥。

每个用户选择一随机数 x,且 $1 \leqslant x < p-1$,计算 $y = \alpha^x \bmod p$。用户将 x 作为自己的私钥(用于签名),将 y 作为自己的公钥(用于签名验证)。

整个系统公开的参数有大素数 p、本原元 α 以及每个用户的公钥。每个用户的私钥则严格保密。

2) 签名过程

给定消息 m,签名者 A 将进行如下计算。

(1) 选择随机数 $k \in \mathbf{Z}_p^*$,且 k 与 $(p-1)$ 互素。

(2) A 对 m 进行散列压缩得到消息散列码 $H(m)$,并计算 $r = \alpha^k \bmod p$,$s = (H(m) - xr)\, k^{-1} \bmod (p-1)$。其中,$x$ 为 A 的私钥。

(3) A 将 (r,s) 作为对 m 的数字签名,与 m 一起发送给接收方。

3) 验证签名过程

接收方 B 在收到消息 m 与数字签名 (r,s) 后进行如下计算。

(1) 计算 m 的散列码 $H(m)$。

(2) 计算 $y^r r^s \bmod p$ 和 $\alpha^{H(m)} \bmod p$。其中,y 为 A 的公钥。

若两式相等,即 $y^r r^s = \alpha^{H(m)} \bmod p$,则确认 (r,s) 为有效签名;否则,认为签名是伪造的。总结 ElGamal 数字签名方案如图 7.2 所示。

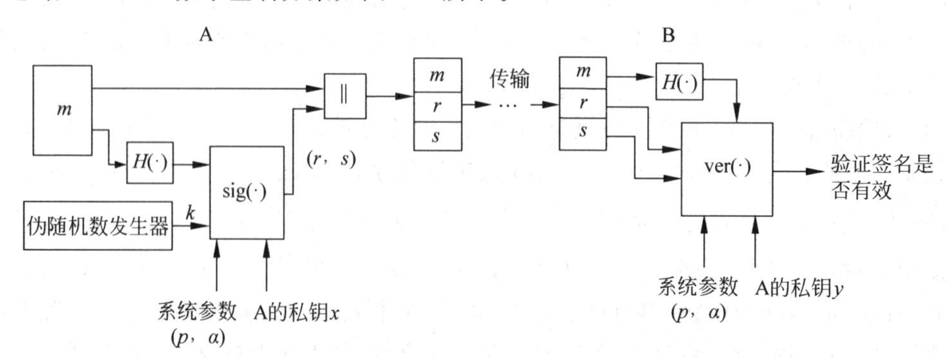

图 7.2 ElGamal 数字签名方案

下面以定理的形式给出 ElGamal 数字签名算法正确性的证明。

定理 7.1 若 (r,s) 为合法用户采用 ElGamal 数字签名算法对消息 m 的签名,则有

$y^r r^s = \alpha^{H(m)} \bmod p$。

证明：由于 $y^r r^s = (\alpha^x)^r (\alpha^k)^s = \alpha^{xr} \alpha^{ks} = \alpha^{xr+ks} \bmod p$，又由 $s = (H(m) - xr) k^{-1} \bmod (p-1)$，由模运算规则有 $ks + xr = H(m) \bmod (p-1)$，即 $xr + ks = H(m) \bmod (p-1)$。再由模运算的指数性质有 $\alpha^{xr+ks} = \alpha^{H(m)} \bmod p$，所以有 $y^r r^s = \alpha^{H(m)} \bmod p$。

完整的验证算法可表述如下：$\mathrm{Ver}(m,(r,s)) = (y^r r^s (\bmod p) = \alpha^{H(m)} (\bmod p))$? True：False。

下面举例说明 ElGamal 数字签名算法。

【例 7.1】 设素数 $p=11$，$\alpha=2$ 是 $\mathbf{Z}_{11}^*$ 上的本原元，用户 A 选择 $x_A=8$ 作为自己的私钥，消息 m 的散列码 $H(m)=5$，A 选择的签名随机数 $k=9$。计算 A 用 ElGamal 数字签名算法对 m 的签名以及用户 B 对签名的验证。

(1) A 计算公钥 y_A。

A 计算 $y_A = \alpha^{x_A} \bmod p = 2^8 \bmod 11 = 3$，并把公钥 $y_A = 3$ 公开。

(2) A 计算 m 的签名。

因为 $\gcd(9,10)=1$，所以 9 模 10 的逆一定存在，根据选择的签名随机数 k 并利用 Euclid 算法有 $k^{-1} \bmod (p-1) = 9^{-1} \bmod 10 = 9$。

A 计算 $r = \alpha^k \bmod p = 2^9 \bmod 11 = 6$，$s = (H(m) - x_A r) k^{-1} \bmod (p-1) = (5 - 8 \times 6) \times 9 \bmod 10 = 3$。A 将 $(r,s)=(6,3)$ 作为自己对 m 的数字签名，与 m 一起传送给接收方 B。

(3) B 对签名进行验证。B 只须计算 $y_A^r r^s (\bmod p) = 3^6 \times 6^3 \bmod 11 = 10$ 和 $\alpha^{H(m)} (\bmod p) = 2^5 \bmod 11 = 10$，如果两者相等，则认为(6,3)为 m 的有效数字签名。

2. ElGamal 数字签名算法安全性

ElGamal 数字签名算法的安全性体现在以下四方面。

(1) ElGamal 数字签名算法是一个非确定性的数字签名算法，对同一个消息 m 所产生的签名依赖于随机数 k。

(2) 用户的签名密钥 x 是保密的，攻击者要从公开的验证密钥 y 得到签名密钥 x，必须求解有限域上的离散对数问题。因此，ElGamal 数字签名算法的安全性基于有限域上计算离散对数的困难性。

(3) 签名时用的随机数 k 不能被泄露，这是因为当攻击者知道了随机数 k 后，可以由 $s = (H(m) - xr) k^{-1} \bmod (p-1)$ 计算 $x = (H(m) - ks) r^{-1} \bmod (p-1)$，从而得到用户的私钥 x，这样整个数字签名算法便被攻破。

(4) 随机数 k 不能被重复使用。已有分析研究表明，如果攻击者取得 k 相同的两个数字签名，就能够计算得出数字签名私钥 x。

7.2.3 数字签名标准

数字签名标准(Digtial Signature Standard，DSS)是美国国家标准技术研究所(NIST)于 1994 年 12 月正式颁布的美国联邦信息处理标准(FIPS PUB 186)，其中采用的数字签名算法就称为 DSA(Digtial Signature Algorithm)，散列算法则采用了第 6 章介绍的 SHA-1。DSA 是 ElGamal 数字签名方案的改进，安全性仍然是基于有限域上计算离散对数的困难性。该标准后来经过了一系列修改，在 2000 年 1 月 27 日公布的扩充版 FIPS PUB 186-2

中,新增加了基于 RSA 和 ECC 的数字签名算法。

DSA 已在许多数字签名标准中得到推荐使用,除了美国联邦信息处理标准(FIPS PUB 186-2)外,IEEE 的 P1363 标准中的数字签名方案也推荐使用 DSA 等算法。

1. DSA 描述

1) DSA 参数

(1) p 是一个素数,要求 $2^{L-1}<p<2^L$,$512\leqslant L\leqslant 1024$,并且 L 为 64 的倍数,即位长度在 512 到 1024 之间,长度增量为 64 位。

(2) q 是 $p-1$ 的素因子,$2^{159}<q<2^{160}$,即 q 的长度为 160 位。

(3) $g=h^{(p-1)/q} \bmod p$,其中 h 是一个整数,满足 $1<h<p-1$ 并且 $g>1$。

(4) x 为随机选择的整数,要求 $0<x<q$。

(5) $y=g^x \bmod p$。显然,给定 x 计算 y 是容易的,但是给定 y 求 x 是离散对数问题。

在上述参数中,p、q 以及 g 是公开的系统参数,x 和 y 分别是用户的私钥和公钥。

2) 签名过程

假设用户 A 要对消息 m 进行数字签名,然后发送给用户 B。

(1) A 秘密选取随机整数 k,$0<k<q$。

(2) A 计算 $r=(g^k \bmod p) \bmod q$,$s=k^{-1}(H(m)+xr) \bmod q$。其中,$x$ 为 A 的私钥,$H(m)$是使用 SHA-1 生成的 m 的散列码。

(r,s)就是 m 的数字签名。k^{-1} 是 k 模 q 的乘法逆元,为了安全起见,每次签名应当随机选取不同的 k。若 $r=0$ 或 $s=0$,则返回(1)重新计算。

3) 签名验证过程

B 收到消息(m,r,s)后,首先验证 $0<r<q$,$0<s<q$,如果通过,则计算 $w=s^{-1} \bmod q$,$u_1=H(m)w \bmod q$,$u_2=r\,w \bmod q$,$v=((g^{u_1}y^{u_2}) \bmod p)\bmod q$。其中,$y$ 为 A 的公钥。

如果 $v=r$,则确定签名合法,可以认为收到的消息是可信的;否则,消息可能被篡改。

下面给出 DSA 的有关定理和正确性证明。

定理 7.2 设 p 和 q 是素数且满足 $q|(p-1)$,h 是小于 p 的正整数,$g=h^{(p-1)/q} \bmod p$,则 $g^q \bmod p=1$,并且假如 $a=b \bmod q$,则 $g^a=g^b \bmod p$。

证明:根据 Fermat 定理有 $g^q=(h^{(p-1)/q})^q=h^{(p-1)}=1 \bmod p$。由于 $a=b \bmod q$,有 $a=b+kq$,其中 k 为整数,则 $g^a=g^{b+kq}=g^b g^{kq}=g^b(g^q)^k=g^b \bmod p$。

定理 7.3 如果(r,s)是合法用户 A 采用 DSA 对消息 m 的签名,则一定有 $v=r$ 成立。

证明:考虑 $v=((g^{u_1}y^{u_2}) \bmod p) \bmod q$,而 $y=g^x \bmod p$,有

$$\begin{aligned}v&=((g^{u_1}y^{u_2}) \bmod p) \bmod q\\&=((g^{u_1}g^{xu_2}) \bmod p) \bmod q\\&=((g^{u_1+xu_2}) \bmod p) \bmod q\\&=((g^{H(m)w+xrw}) \bmod p) \bmod q\\&=((g^{H(m)s^{-1}+xrs^{-1}}) \bmod p) \bmod q\\&=((g^{s^{-1}(H(m)+xr)})\bmod p) \bmod q\end{aligned}$$

而 $s=k^{-1}(H(m)+xr) \bmod q$,因此 $s^{-1}=k(H(m)+xr)^{-1} \bmod q$,也即 $s^{-1}(H(m)+xr)=$

$k \bmod q$。

由定理7.2，有 $g^{s^{-1}(H(m)+xr)}=g^k \bmod p$，所以有

$$\begin{aligned} v &= (g^{s^{-1}(H(m)+xr)} \bmod p) \bmod q \\ &= g^k \bmod p \bmod q \\ &= r \end{aligned}$$

下面举例来说明DSA。

【例7.2】 假设素数 $q=23, p=47$，并取 $h=17$，用户A选择 $x=10$ 作为自己签名的私钥，选择签名随机数 $k=19$ 来对消息 m 进行签名，m 的散列码 $H(m)=15$。试计算 m 的签名以及签名验证。

A计算 $g=h^{(p-1)/q} \bmod p=17^{(47-1)/23} \bmod 47=7$，计算其公钥 $y=g^x \bmod p=7^{10} \bmod 47=32$。由于 $\gcd(19,23)=1$，所以19在模23下的乘法逆元一定存在。采用欧几里得算法计算 $k^{-1} \bmod q=19^{-1} \bmod 23=17$。A计算 $r=(g^k \bmod p) \bmod q=(7^{19} \bmod 47) \bmod 23=12$，$s=(k^{-1}(H(m)+xr)) \bmod q=(17\times(15+10\times12)) \bmod 23=18$。A把 $(r,s)=(12,18)$ 作为对 m 的数字签名。

B计算 $w=s^{-1} \bmod q=18^{-1} \bmod 23=9$，$u_1=H(m)w \bmod q=15\times9 \bmod 23=20$，$u_2=rw \bmod q=12\times9 \bmod 23=16$，$v=((g^{u_1}y^{u_2}) \bmod p) \bmod q=((7^{20}\times32^{16}) \bmod 47) \bmod 23=12$。由于 $v=r$，所以B认为 r,s 是A的合法签名。

2. DSA的安全性分析

DSA也是非确定性的数字签名算法，对消息 m 的签名依赖于随机数 r，这样相同的消息就可能产生不同的签名。另外，值得注意的是，当模数 p 选用512位的素数时，ElGamal的签名长度为1024位，而DSA通过160位的素数 q 可将签名长度缩短为320位，这样就大大减少了存储空间和传输带宽。

DSA的安全性也是基于有限域上计算离散对数的困难性，鉴于有限域上计算离散对数问题的进展，一般认为512位的DSA无法提供较长期的安全性，而1024位的安全性值得信赖。

另外一个值得关注的问题是，计算 $r=(g^k \bmod p) \bmod q$ 是数字签名生成过程中的主要运算之一，而该运算与待签名的消息 m 无关，因此可以进行预先计算。实际应用中，用户可以预先计算出很多 r 和 k^{-1} 以备数字签名使用，从而大大加快生成数字签名的速度。

7.2.4　基于椭圆曲线密码的数字签名算法

基于椭圆曲线密码的数字签名算法目前已成为国际上非常关注的一种密码算法，并被多个标准化组织确定为数字签名标准。下面给出基于IEEE1363标准的椭圆曲线数字签名算法ECDSA，它实际上是DSA在椭圆曲线上的模拟，其安全性基于椭圆曲线上的离散对数问题。

设E为定义在有限域 F_p 上的椭圆曲线（p 为大于3的素数）。$E(F_p)$ 为椭圆曲线E在 F_p 中的有理点集，它是一个有限群。在 $E(F_p)$ 中选一个阶(order)为 n 的基点 G，通常要求 n 是一个大素数。

每个用户选取一个大整数 $d(1<d<n)$ 作为签名私钥（严格保密），而以点 $P=dG$ 作为

其公钥,这样便形成一个椭圆曲线密码系统(ECC)。该系统的公开参数如下:

(1) 基域 F_p;

(2) 椭圆曲线 E(例如,$p>3$ 时,由 $y^2=x^3+ax+b, 4a^3+27b^2\neq 0$ 定义的曲线);

(3) 基点 G 及其阶 n;

(4) 每个用户的公钥 $P=dG$。

假设用户 A 要对消息 m 进行数字签名,其签名过程如图 7.3 所示。

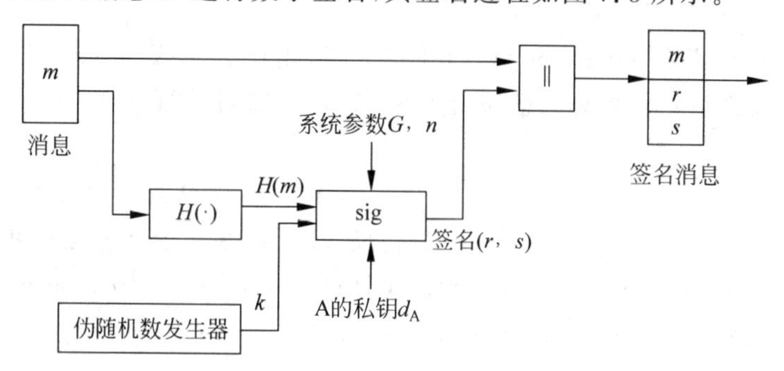

图 7.3 ECDSA 签名过程

签名时,A 进行以下操作。

(1) 选择一个随机数 k,$1<k<n-1$。

(2) 计算 $kG=(x_1,y_1)$,取 $r=x_1 \bmod n$,若 $r=0$,回到步骤(1)。

(3) 计算 $s=k^{-1}(H(m)+d_A r) \bmod n$,其中 d_A 为 A 的私钥。若 $s=0$,回到步骤(1);否则,A 把(r,s)作为 m 的数字签名,与 m 一起发送给接收方 B。B 收到 m 与(r,s)后,对(r,s)进行验证,验证过程如图 7.4 所示。

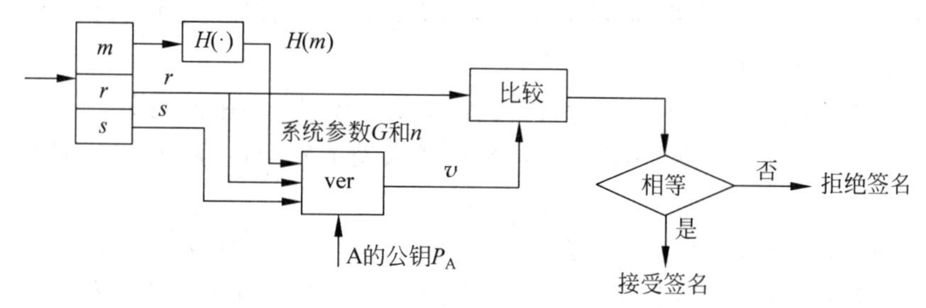

图 7.4 ECDSA 验证过程

验证时,B 进行以下操作:

(1) 验证 r 和 s 是否是区间$[1,n-1]$中的整数,若不是,则拒绝签名。

(2) 计算 $u_1=H(m)s^{-1} \bmod n$ 和 $u_2=rs^{-1} \bmod n$。

(3) 利用 A 的公钥 P_A 计算 $X(x_2,y_2)=u_1G+u_2P_A$,取 $v=x_2 \bmod n$。

(4) 若 $v=r$,接受签名;否则,拒绝签名。

对 ECDSA 正确性的证明如下:

$$
\begin{aligned}
X(x_2,y_2) &= u_1G+u_2P_A \\
&= H(m)s^{-1}G+rs^{-1}P_A \bmod n \\
&= H(m)s^{-1}G+rs^{-1}d_AG \bmod n
\end{aligned}
$$

$$=s^{-1}G(H(m)+d_Ar)\bmod n$$

由 $s=k^{-1}(H(m)+d_Ar)\bmod n$，有 $s^{-1}=k(H(m)+d_Ar)^{-1}\bmod n$。代入上式，有 $X(x_2,y_2)=k(H(m)+d_Ar)^{-1}G(H(m)+d_Ar)\bmod n=kG=(x_1,y_1)$。所以，$x_2=x_1$，即 $v=r$。

下面举例说明 ECDSA 数字签名算法。

【例 7.3】 设 $p=11$，E 是由 $y^2\equiv x^3+x+6\bmod 11$ 所确定的有限域 Z_{11} 上的椭圆曲线，选择 $G=(2,7)$ 作为基点，G 的阶为 $n=13$。假设用户 A 选择 $d_A=7$ 作为自己的私钥，消息 m 的散列码 $H(m)=5$，计算 A 对 m 的签名及其验证签名的过程如下。

(1) A 计算公钥 $P_A=d_AG=7(2,7)=(7,2)$。

(2) A 选择签名随机数 $k=2$，计算 $kG=2(2,7)=(5,2)=(x_1,y_1)$，取 $r=x_1=5\bmod 13$；计算 $k^{-1}\bmod n=2^{-1}\bmod 13=7$，$s=(H(m)+d_Ar)k^{-1}\bmod n=(5+7\times5)\times7\bmod 13=7$。A 把 $(r,s)=(5,7)$ 作为对 m 的签名，与 m 一起发送给接收方 B。

(3) B 计算

$$u_1=H(m)s^{-1}\bmod n=5\times7^{-1}\bmod 13=10$$

$$u_2=rs^{-1}\bmod n=5\times7^{-1}\bmod 13=10$$

用 A 的公钥 P_A 计算

$$X(x_2,y_2)=u_1G+u_2P_A=10(2,7)+10(7,2)=(5,2)$$

$$v=x_2\bmod 13=5$$

显然 $v=r=5$，所以 B 认为该数字签名是有效的。

7.2.5 国密数字签名算法 SM2-1

本节介绍椭圆曲线公钥密码算法 SM2 的数字签名算法 SM2-1，包括数字签名生成算法和验证算法，并给出数字签名及验证的相应流程。此算法适用于商用密码应用中的数字签名和验证，可满足多种密码应用中的身份鉴别和数据完整性、真实性的安全需求。

1. 符号及其含义

SM2-1 所使用的符号及其含义如表 7.1 所示。

表 7.1 SM2-1 所使用的符号及其含义

符　　号	含　　义
A,B	使用公钥密码系统的两个用户
d_A	A 的私钥
F_q	包含 q 个元素的有限域
O	椭圆曲线上的一个特殊点，称为无穷远点或零点，是椭圆曲线加法群的单位元
$E(F_q)$	F_q 上椭圆曲线 E 的所有有理点(包括无穷远点 O)组成的集合
M	待签名消息
M'	待验证消息
e	密码散列算法作用于 M 的输出值
e'	密码散列算法作用于 M'的输出值
G	椭圆曲线的一个基点，其阶为素数
$H_v(\cdot)$	消息摘要长度为 v 比特的密码散列算法

续表

符　号	含　义
ID_A	A的可辨别标识
mod n	模 n 运算。例如,23 mod 7=2
n	G 的阶(n 是 $E(F_q)$的素因子)
P_A	A的公钥
q	F_q 中元素的数目
a,b	F_q 中的元素,它们定义 F_q 上的一条椭圆曲线 E
$x \parallel y$	x 与 y 的拼接,x、y 可以是比特串或字节串
Z_A	关于A的可辨别标识、部分椭圆曲线系统参数和A的公钥的散列值
(r,s)	发送的签名
(r',s')	收到的签名
$[k]P$	椭圆曲线上点 P 的 k 倍点,即$[k]P=P+P+\cdots+P$,k 是正整数
$[x,y]$	大于或等于 x 且小于或等于 y 的整数集合

2. 算法总体描述

在签名生成过程之前,使用密码散列算法对 $\overline{M}$(包含 Z_A 和 M)进行压缩;在验证过程之前,使用密码散列算法对 $\overline{M}'$(包含 Z_A 和 M')进行压缩。

3. 椭圆曲线系统参数

椭圆曲线系统参数包括 F_q 的规模 q(当 $q=2^m$ 时,还包括元素表示法的标识和约化多项式);定义椭圆曲线 $E(F_q)$的方程的两个元素 a、$b\in F_q$;$E(F_q)$上的基点 $G=(x_G,y_G)$ $(G\neq O)$,其中 x_G 和 y_G 是 F_q 中的两个元素;G 的阶 n 及其他可选项(如 n 的余因子 h 等)。

4. 用户密钥对

A的密钥对包括其私钥 d_A 和公钥 $P_A=[d_A]G=(x_A,y_A)$。

5. 辅助函数

SM2-1涉及两类辅助函数:密码散列算法与随机数发生器。使用的是国际密码管理局批准的密码散列算法,如SM3,使用的随机数发生器是国家密码管理局批准的随机数发生器。

6. 用户其他信息

作为签名者的A具有长度为 $entlen_A$ 比特的可辨别标识 ID_A,记 $ENTL_A$ 是由整数 $entlen_A$ 转换而成的2字节。在SM2-1中,签名者A和验证者B都需要用密码散列算法求得A的散列值 Z_A,即 $Z_A=H_{256}(ENTL_A \parallel ID_A \parallel a \parallel b \parallel x_G \parallel y_G \parallel x_A \parallel y_A)$。将椭圆曲线方程参数 a、b、G 的坐标 x_G、y_G 和 P_A 的坐标 x_A、y_A 的数据类型转换为比特串。

7. 数字签名的生成算法

为了获取 M 的数字签名(r,s),A应完成以下步骤。

(1) 置$(\overline{M})=Z_A \parallel M$;

(2) 计算 $e=H_v(\overline{M})$,将 e 的数据类型转换为整数;

(3) 用随机数发生器产生随机数 $k\in[1,n-1]$;

(4) 计算椭圆曲线点$(x_1,y_1)=[k]G$,将 x_1 的数据类型转换为整数;

(5) 计算 $r=(e+x_1) \bmod n$，若 $r=0$ 或 $r+k=n$，则返回步骤(3)；

(6) 计算 $s=((1+d_A)^{-1}(k-rd_A)) \bmod n$，若 $s=0$，则返回步骤(3)；

(7) 将 r、s 的数据类型转换为字节串，得到 M 的数字签名 (r,s)。

数字签名生成算法流程见图7.5。

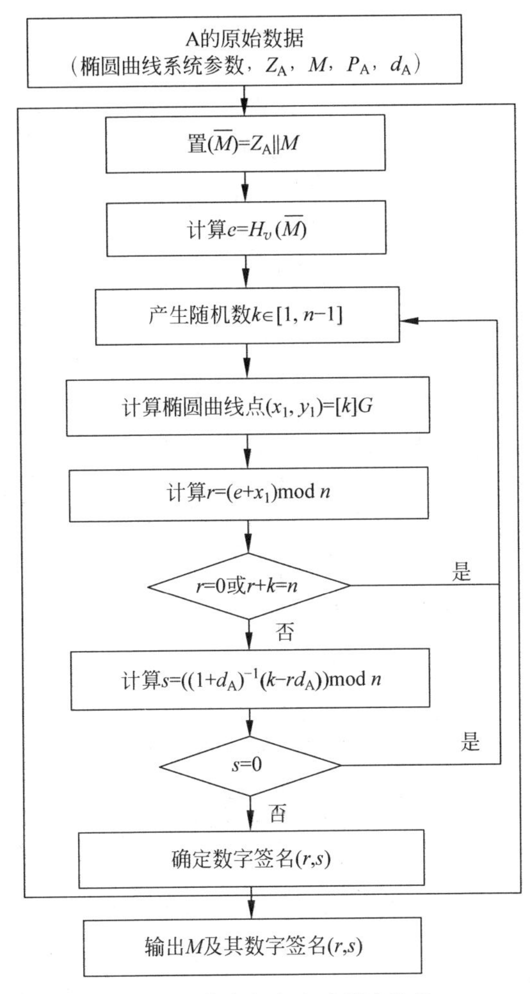

图7.5 数字签名生成算法流程

8. 数字签名的验证算法

为了检验收到的 M' 及其数字签名 (r',s')，作为验证者的B应完成以下步骤。

(1) 检验 $r'\in[1,n-1]$ 是否成立，若不成立，则验证不通过。

(2) 检验 $s'\in[1,n-1]$ 是否成立，若不成立，则验证不通过。

(3) 置 $\overline{M}'=Z_A \| M'$。

(4) 计算 $e'=H_v(\overline{M}')$，将 e' 的数据类型转换为整数。

(5) 将 r'、s' 的数据类型转换为整数，计算 $t=(r'+s') \bmod n$，若 $t=0$，则验证不通过。

(6) 计算椭圆曲线点 $(x_1',y_1')=[s']G+[t]P_A$。

(7) 将 x_1' 的数据类型转换为整数，计算 $R=(e'+x_1') \bmod n$，检验 $R=r'$ 是否成立，若成立，则验证通过；否则，验证不通过。

如果 Z_A 不是 A 所对应的杂凑值，验证同样不通过。数字签名验证算法流程见图 7.6。

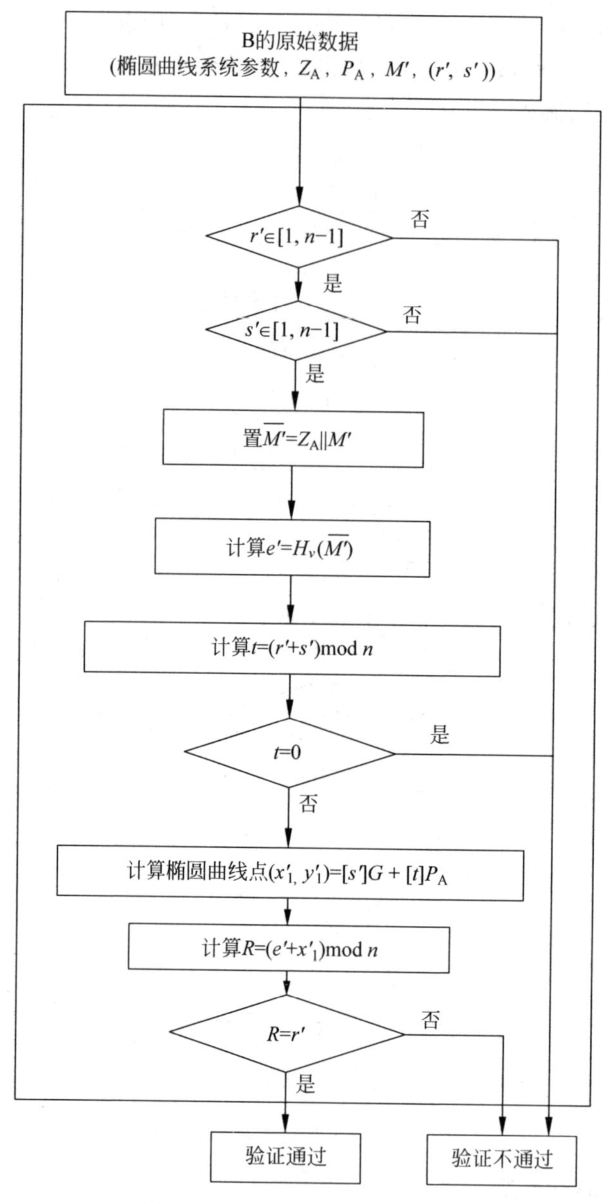

图 7.6　数字签名验证算法流程

7.3　特殊数字签名方案

前面介绍的各种数字签名方案都属于常规的数字签名方案，它们都具有传统手工签名的一些共同特点。例如，签名者知道或了解所签署的报文的内容；任何人只要知道签名者的公开密钥，就可以在任何时间验证签名的真实性，不需要签名者“同意”。但在实际应用中，为了适应各种不同的安全需求，可能要放宽或加强上述数字签名方案的部分特点，或者增加其他安全性特征。下面就介绍一些可以满足某种专门需求的特殊数字签名方案。

7.3.1 不可否认签名

在常规的数字签名方案中，签名一旦生成，任何人都可以验证数字签名，这对于公开声明、宣传广告及公告等需要广泛散发的文件来说是方便和适宜的。但现实生活中，有时需要在签名者参加的情况下才能进行签名的验证，而签名者又不能否认签名。满足这个要求的数字签名称为不可否认签名方案(Undeniable Signature Scheme)。这一方案的主要目的是阻止签名文件的随便复制和任意散布。例如，在以下情况就可以考虑使用不可否认签名方案。

(1) 用户A向用户B借了一笔资金，A必须在借据上签名。A不希望别人了解这个事实，更担心B复制A的签名借据到处散布，并验证给人们看，从而影响A的信誉及有关商业活动。因此，A希望签名借据必须有他的参与才能完成验证。而没有A的参与，B不能通过出示A的签名借据来证明“用户A向用户B借了一笔资金”这一事实，因为没有或不能验证的签名借据是不会被人相信的。

(2) 某软件公司A开发了一个软件产品。A将软件产品和对产品的不可否认数字签名卖给用户B。B在A的参与配合下才能验证A的签名，确认产品的真实性，并得到A的售后技术支持。但如果B想把该软件产品复制后私自卖给第三方，由于没有A的参与，不能验证软件的真实性，从而保护了A的利益。

不可否认签名的概念首先由Chaum D.和Van Antwerpen在1989年提出。该数字签名方案兼顾了签名者和接收者的利益，既保证签名不能被接收者滥用，又能够使签名在以后让其他人相信。不可否认性包括两层含义：签名的证实和否定必须与签名者合作完成；签名者不能否认他曾签过的签名。在不可否认签名方案中，若没有签名者的配合，签名就不能得到验证，从而防止未经签名者的授权，签名文件被复制和分发的可能；而在签名者的配合下，验证者可对数字签名进行验证。如果签名是伪造的，在签名者和验证者的配合下能证明该签名事实上是伪造的。而当一个签名通过验证，结果表明是签名者的签名时，签名者不能否认这个签名事实。

同时，不可否认签名方案借用了法律原理来防止签名者的抵赖行为。如果签名者拒绝参与签名验证，在法理上就存在否认签名的嫌疑，可认定签名者的签名事实；如果在验证过程中，签名者用虚假的方法或数据，验证算法可以发现签名者的造假行为，也可认定签名者的签名事实；如果验证者提供的签名是伪造的，则签名者也可以发现并证明，从而否认这个签名。

不可否认数字签名方案通常由三部分组成：签名算法、验证协议和否认协议。

(1) 签名算法。

合法的签名者可以使用该算法生成有效的数字签名，其他任何人都不能伪造签名者的签名。

(2) 验证协议。

签名者和验证者执行的交互式协议。验证协议必须具备完备性和合理性：只要签名者和验证者都是诚实的，则签名者签署的签名总是能够通过验证协议，从而被验证者接受；同时，一个不是由签名者签署的签名，无论签名者如何狡辩，签名通过验证协议，并使得验证者接受的概率都是可以忽略的。

(3) 否认协议。

在签名验证失败时,签名者和验证者执行交互式协议,以确定签名者是否试图不诚实地否认该数字签名;或者该签名本身的确是伪造的,但签名者能够向验证者证明该签名的确不是自己签署的。否认协议同样也必须具备完备性和合理性。

下面给出 Chaum D. 和 Van Antwerpen 在 1989 年提出的一个不可否认数字签名实现方案。该方案具有不可否认数字签名的基本特点:如果没有签名者的合作,签名就得不到验证。

1. 系统初始化过程

选择两个大素数 p 和 q;p 是安全素数,即 $p=2q+1$;在有限域 GF(p)的乘法群 $\mathbf{Z}_{\mathrm{p}}^{*}$ 中,其离散对数问题是困难的;α 是 $\mathbf{Z}_p^{*}$ 中的一个 q 阶元素;e 是 $\mathbf{Z}_p^{*}$ 中的一个元素,满足 $1\leqslant e\leqslant q-1$;计算 $\beta=\alpha^{e} \bmod p$。

其中 α 和 p 为系统公开参数,β 为用户 A 的公钥,e 为 A 的需要保密的私钥,由 β 计算出 e 是求解有限域上的离散对数问题。

2. 签名过程

假设待签名的消息为 $m(1\leqslant m\leqslant q-1)$,则 A 的签名为 $s=\operatorname{sig}(m,e)=m^{e} \bmod p$。A 把 s 发送给接收者 B。

3. 验证过程

(1) B 选择随机数 $e_1,e_2,1\leqslant e_1,e_2\leqslant p-1$。

(2) B 计算 $c=s^{e_1}\beta^{e_2} \bmod p$,并把 c 发送给 A。

(3) A 计算 $b=e^{-1} \bmod q$,$\hat{c}=c^{b} \bmod p$,并把 $\hat{c}$ 发送给 B。

(4) B 验证 $\hat{c}=m^{e_1}\alpha^{e_2} \bmod p$。若验证通过,B 就接受 s 是 A 对 m 的签名;否则,拒绝。

下面给出上述验证算法合理性的简单证明:如果算法合理,则有

$$\hat{c}=c^{b} \bmod p=(s^{e_1})^{b}(\beta^{e_2})^{b} \bmod p \tag{7.1}$$

因为 $\beta=\alpha^{e} \bmod p$,$b=e^{-1} \bmod p$,所以有 $\beta^{b}=\alpha \bmod p$。又因为 $s=m^{e} \bmod p$,所以有 $s^{b}=m \bmod p$。将其代入式(7.1)中,可得 $\hat{c}=m^{e_1}\alpha^{e_2} \bmod p$。因此,验证算法合理就是要验证 $\hat{c}=m^{e_1}\alpha^{e_2} \bmod p$。

上述签名验证过程的步骤(2)和步骤(3)需要签名者的参与,没有签名者的参与,就不能验证签名真伪,这正是不可否认签名的主要特点之一。

但是,上述不可否认签名的验证过程还存在一个问题,就是如果签名者不配合,便不能进行签名验证,这样不诚实的签名者就可能在数字签名对他不利时,拒绝配合验证签名,从而逃避签名责任。为了避免这类事件,不可否认签名方案除了签名算法、验证协议外,还有否认协议(Disavowal Protocol)。通过执行否认协议来确定是 A 试图否认一个由签名算法得出的签名,还是数字签名本身是伪造的。因此,为了防止签名者否认自己的签名,在验证失败时还必须执行否认协议。

这时,接签名验证过程的步骤(4),通过继续执行下列验证步骤来实现否认协议。

(5) B 选择随机数 $f_1,f_2,1\leqslant f_1,f_2\leqslant p-1$。

(6) B 计算 $g=s^{f_1}\beta^{f_2} \bmod p$,并把 g 发送给 A。

(7) A 计算 $\hat{g}=g^b \bmod p$，并把 $\hat{g}$ 发送给 B。

(8) B 验证 $\hat{g}=m^{f_1}\alpha^{f_2} \bmod p$。

(9) B 宣布 s 为假，当且仅当：

$$(\hat{c}\alpha^{-e_2})^{f_1}=(\hat{g}\alpha^{-f_2})^{e_1} \bmod p \tag{7.2}$$

关于式(7.2)的合理性可证明如下：由 $\hat{c}=c^b \bmod p$，$c=s^{e_1}\beta^{e_2} \bmod p$，以及公钥 $\beta=\alpha^e \bmod p$，有

$$\begin{aligned}(\hat{c}\alpha^{-e_2})^{f_1}&=(c^b\alpha^{-e_2})^{f_1}=((s^{e_1}\beta^{e_2})^b\alpha^{-e_2})^{f_1}=s^{e_1bf_1}\beta^{e_2bf_1}\alpha^{-e_2f_1}\\&=s^{be_1f_1}\alpha^{ebe_2f_1}\alpha^{-e_2f_1}=s^{be_1f_1} \bmod p\end{aligned}$$

即有 $(\hat{c}\alpha^{-e_2})^{f_1}=s^{be_1f_1} \bmod p$。类似地，利用 $\hat{g}=g^b \bmod p$，$g=s^{f_1}\beta^{f_2} \bmod p$，以及公钥 $\beta=\alpha^e \bmod p$，有 $(\hat{g}\alpha^{-f_2})^{e_1} \bmod p=s^{be_1f_1}$。从而证明式(7.2)成立。

通过分析可以看出，结合签名验证过程，否认协议不但可以检验签名者的违规行为，也可以证明其验证行为的真实性，因而它也可以检验签名是否伪造。

7.3.2　盲数字签名

在常规数字签名方案中，签名者总是先知道数据的内容后才实施签名，这是通常事务所需要的。但有时却需要某个人对某数据签名，而又不能让他知道数据的内容，这种签名方式称为盲数字签名(Blind Signature)，简称盲签名。

为了更好理解盲签名，可以将这种签名方式比喻成在信封上签名。明文就是书信的内容，为了不使签名者看到明文，给信纸再加一个具有复写能力的信封，这一过程称为盲化处理。经过盲化处理的文件，别人是不能读的。签名者在盲化后的文件上签名，就如使用硬笔在信封上签名，由于信封具有复写能力，所以签名也会签到信封内的信纸上。这样就既实现了数字签名，同时签名者又没有获悉书信的具体内容。

盲数字签名在需要实现某些参加者匿名性的密码协议中有着广泛而重要的应用，如无记名电子投票选举和安全的电子支付系统等。

与一般的数字签名比较，盲数字签名具有两个显著特点：

(1) 消息的内容对签名者是不可见的。

(2) 签名被接收者公开后，签名者不能追踪签名。

盲签名的基本原理是两个可交换算法的应用。第一个算法是盲(加密)算法，它用来隐藏消息，实现盲化处理；第二个算法为签名算法，用来对消息进行签名。

例如，设机密消息 m 的拥有者为用户 A，签名者为 B。盲算法 E_{k_A}(及其密钥 k_A)为 A 拥有，签名算法 $\text{Sig}k_B$(及其密钥 k_B)为 B 拥有。所有算法及其验证密钥公开，其他密钥保密。则盲签名过程为：

(1) A 将消息加密 $C_A=E_{k_A}(m)$，实现盲化变换，将盲化后的消息 C_A 发送给 B；

(2) B 用其签名算法及密钥对 C_A 进行签名，即 $C_{AB}=\text{Sig}_{k_B}(C_A)$，将 C_{AB} 发送给 A；

(3) A 对已签名消息 C_{AB} 解盲，得到

$$C_B=D_{k_A}(C_{AB})=D_{k_A}(\text{Sig}_{k_B}(E_{k_A}(m)))=\text{Sig}_{k_B}(D_{k_A}(E_{k_A}(m)))=\text{Sig}_{k_B}(m)$$

至此 A 得到了 B 对 m 的盲签名。

盲化处理变换根据具体的签名算法而定,基本要求是它与签名算法必须可换。

下面介绍 Chaum D. 利用 RSA 算法设计的第一个盲数字签名方案。

设签名者 B 的公钥为 e,私钥为 d,模数为 n。用户 A 有消息 m 需要 B 对 m 进行盲签名。

(1) A 随机选取一个整数 $1 \leqslant k \leqslant m$,做盲化处理:$t = mk^e \bmod n$。将 t 发送给 B。

(2) B 对 t 进行签名:$s = t^d = (mk^e)^d \bmod n = m^d k \bmod n$。将签名 s 发送给 A。

(3) A 收到 s 后,通过解盲计算得到 B 对 m 的签名信息 S:

$$S = sk^{-1} \bmod n = m^d kk^{-1} \bmod n = m^d \bmod n。$$

至此,A 得到了 B 对 m 的盲签名。

7.3.3 群签名

在常规数字签名方案中,一个消息的数字签名只是将该消息和某个具体签名者个体进行了可信联系。而在匿名电子选举、电子货币匿名发行及网上投标等实际应用场合常常需要这样一种数字签名机制:某个群组中的任何一个成员都可以以群组的名义匿名签发消息,验证者可以确认数字签名来自该群组,但不能确认是群组中的哪一个成员进行的签名。当出现争议时,借助于一个可信机构或群成员的联合能识别出那个签名者。满足以上要求的数字签名就是群签名(Group Signature)。

网上匿名投标是群签名技术的一个典型应用实例。群组是由所有提交投标报告的公司组成的集合,群成员是每个投标公司。每个投标公司可匿名地使用群签名算法对投标报告进行签名,招标机构很容易验证这是一个有效的签名标书。当某个投标被选中后,通过可信机构能识别出那个签名者,而其他投标的签名者仍然是匿名的。如果签名者反悔他的投标,那么无须签名者的合作,就能识别出他的身份。

一般来说,群签名方案涉及的实体包括群组、群组成员(签名者)、签名验证者及一个可信机构,并具有以下特点。

(1) 只有群组的成员能代表这个群组对消息签名,并产生群签名。

(2) 签名验证者能验证这个签名是该群组的一个有效签名,但不能辨认是群组中哪个成员产生的签名。

(3) 在发生争端的情况下,通过可信机构能识别出那个签名者。

因此一个安全的群签名算法必须具有以下性质。

(1) 匿名性。给定某个消息的一个有效群签名后,除了可信机构之外,任何人识别出签名人的身份在计算上是不可行的。

(2) 不关联性。除了可信机构之外,确定两个不同的有效群签名是否源自同一个群成员,在计算上是不可行的。

(3) 防伪造性。只有群成员才能代表这个群组产生有效的群签名。

(4) 可跟踪性。可信机构在必要时可以识别出群签名者的身份。

(5) 可开脱性。可信机构及任何群成员都不能以其他群成员的名义产生出有效的群签名,这样群成员不必为他人产生的群签名负责。

(6) 抗合谋攻击。即使一些群成员合谋也不能产生一个有效的群签名,使得可信机构不能将群签名与其中一个群成员的身份联系起来。

一个群签名方案主要由签名算法、验证算法和识别算法组成。下面给出一种群签名方案的基本思想。

假定有 n 个用户构成了一个群组 G，T 是一个可信机构。可信机构选取大素数 p，使得在 $\mathbf{Z}_p$ 上的离散对数是难解问题，g 是 $\mathbf{Z}_p^*$ 的本原元。设第 i 个成员有一个基本密钥 s_i，对应的基本公钥是 $g^{s_i} \bmod p(1 \leqslant i \leqslant n)$。T 为成员 i 选取一个随机数 $r_i \in \mathbf{Z}_p^*$ 作为盲化因子，将其盲化公钥 $(g^{s_i})^{r_i} \bmod p(1 \leqslant i \leqslant n)$ 随机排序后予以公布。G 中成员 i 使用 $r_i s_i \bmod (p-1)$ 作为签名的秘密密钥。同时，T 保存所有群组成员姓名、基本公钥和盲化公钥的信息表。

在签名产生阶段，G 中成员可使用 ElGamal 数字签名方案、不可否认数字签名方案对消息 m 进行签名。当接收者收到消息及签名时，使用公布的盲化公钥表中的每个公钥进行验证，只要有一个公钥能够使签名通过验证，就表明这个签名是 G 的一个合法签名。

如果发生争执，接收者可将通过验证的公钥和签名一起提交给 T，T 利用这些消息及其存储的公钥和群组成员名字的对应表找出相对应的签名者。从安全性考虑，该方案需要 T 为群组成员定期更换盲化因子。

7.3.4　环签名

2001 年，三位密码学家 Rivest、Shamir 和 Tauman 首次提出了环签名的概念。环签名属于一种简化的群签名，没有群管理者，不需要环成员间的合作，没有复杂的交互过程。环签名克服了群签名中群管理员权限过大的缺点，对签名者是无条件匿名的。环签名由于其无条件匿名性和不可伪造性的特点，在隐秘性方面比一般的群签名更加突出。环签名的思想来源于 17 世纪的法国。当时法国大臣想给国王进谏，但不想让国王知道是谁领头的，就采取了环形的签名方式。签名围绕成了一个圈，名字也就没有了先后顺序，带头人是谁也就无从知晓。环签名所具备的无条件匿名性使得无法追踪签名者的身份，而群签名中群管理员的陷门信息可以揭露签名者的身份。

匿名回访是环签名的一个典型应用实例。一个公司经常要求员工对公司政策提出意见或者建议，为提高员工反馈意见的可靠性，要求多个员工参与方能生效。为了在获得员工意见或建议的同时不暴露员工的真实身份，防止上司可能的报复行为，可以使用环签名方案，即员工以联合方式产生环签名且不暴露员工的真实身份。

在环签名方案中，签名者首先选定一个签名者集合，集合中需包括签名者；然后签名者利用自己的私钥和签名者集合中其他人的公钥就可以独立产生环签名。签名者集合中的成员可能不知道自己被包含在环中，不需要其他成员的准许。

一般来说，环签名方案由以下三部分构成。

(1) 密钥生成。环中每个成员产生一个公私密钥对(PK_i 和 SK_i)。

(2) 签名。签名者用自己的私钥和任意 n 个环成员(包括自己)的公钥为消息 m 生成签名 σ。

(3) 签名验证。验证者根据 σ 和 m，验证签名是否为环中成员所签。验证通过，就接收签名；否则，拒绝此签名。

环签名应满足如下三个性质。

(1) 无条件匿名性。攻击者无法确定签名是由环中哪位成员生成,即使在获得环成员私钥的情况下,确定的概率也不会超过 $1/n$。

(2) 正确性。签名必须能被其他所有人验证。

(3) 不可伪造性。环中其他成员不能伪造真实签名者的签名,攻击者即使在获得某个有效环签名后,也同样不能为消息 m 伪造一个签名。

思考题与习题

7-1 数字签名的基本原理是什么?与传统签名相比有哪些优势及特点?

7-2 数字签名有什么特殊性质?对数字签名有什么要求?

7-3 数字签名的执行方式有哪些?各有什么特点?

7-4 在 ElGamal 数字签名方案中,取素数 $p=19$ 与 $\mathbf{Z}_{19}$ 上的一个本原元 $\alpha=13$,设用户 A 选定随机 $d_A=10$ 作为自己的私钥。

(1) 求 A 的公开验证密钥 e_A。

(2) 若 A 需要对消息 m 进行签名,设 $h(m)=15$,A 产生的随机整数 $k=11$。计算 m 的数字签名,并对其进行验证。

7-5 设素数 $p=11$,$\alpha=2$ 是 $\mathbf{Z}_{11}$ 上的本原元,用户 A 选择 $d_A=7$ 作为其私钥,消息 m 的散列码 $H(m)=10$,系统选择签名随机数 $k=7$。试计算 A 采用 ElGamal 数字签名算法对 m 的签名过程以及用户 B 对签名的验证过程。

7-6 在 ElGamal 数字签名方案中,设 $h(m)=m$,$p=10531$,本原元 $\alpha=3$,签名验证公钥 $e=9041$。已知(9705,8376)是消息 $m_1=2367$ 的签名,(9705,2780)是消息 $m_2=8875$ 的签名。

(1) 求该数字签名的随机数 k 和签名密钥 x。

(2) 从该题可看出在使用 ElGamal 数字签名方案时应注意哪些问题?

7-7 假设 Alice 利用 ElGamal 签名方案对两个消息 m_1 和 m_2 进行签名,分别得到签名 (r,s_1) 和 (r,s_2),两个签名中的 r 是一样的。

(1) 假设 $\gcd(s_1-s_2,p-1)=1$,利用签名信息计算出签名随机数 k 和签名密钥 x。

(2) 若 $\gcd(s_1-s_2,p-1)\neq 1$,情况又将如何?

7-8 在 DSA 数字签名算法中,设 $H(m)=m$,$p=11$,$q=5$,$h=2$,若取 $x=3$,试对消息 $m=7$ 选择 $k=3$ 计算签名并进行验证。

7-9 在 DSA 数字签名算法中,若 Alice 签名时随机选取的数 k 被泄露,将会导致什么问题?

7-10 在 DSA 数字签名算法中,假设素数 $q=23$,$p=47$,并取 $h=19$,用户 A 选择了 $x=11$ 作为自己签名的私钥,并选择随机数 $k=21$ 对消息 m 进行数字签名,m 的散列码 $H(m)=17$。试计算 m 的签名,并进行验证计算。

7-11 在 DSA 数字签名算法中,取 $p=11$,$q=5$,$h=2$,随机选取整数 $x_A=3$ 为用户 A 的签名私钥。

(1) 计算用户的验证公钥 y_A。

(2) 设消息 m 的散列码 $H(m)=7$,若选择签名随机数 $k=3$,计算签名并进行验证。

7-12　在 ECDSA 数字签名算法中，设椭圆曲线为 $E_{11}(1,6)$，选择 $G=(2,7)$ 作为基点，G 的阶为 $n=13$。假设用户 A 选择 $d_A=5$ 作为自己的私钥，签名随机数 $k=2$，消息 m 的散列码 $H(m)=11$。

(1) 计算 A 的验证公钥 P_A；

(2) 计算 A 对 m 的签名，并对其进行验证。

7-13　试分析 Chaum-Antwerpen 不可否认签名方案如何检验数字签名是不是伪造的，以及签名者的验证行为是不是真实的。

7-14　结合应用实例，阐述不可否认签名、盲签名和群签名等特殊数字签名方案的原理和主要特点。

7-15　实践题：实现 ElGamal 数字签名的密钥生成、签名算法、验证算法。明文用十六进制表示为 $m=$4E6574776F726B20536563757572697479。请对该明文进行签名，并对该明文及其签名进行验证。

第8章 身份鉴别技术

8.1 身份鉴别的基本原理

鉴别(Authentication)分为实体鉴别和数据原发鉴别。实体鉴别也叫身份鉴别,是证明或确认某一实体(如人、设备、计算机系统、应用和进程等)所声称的身份的过程。身份鉴别的方法千变万化,但基本的原理一样,从最简单的“让认识你的人来作证”,到用DNA来做最精确的证明,无一不是把声称者提供的信息与某些保存下来的可以代表声称者的信息进行比对,以达到鉴别的目的。数据原发鉴别用于证明数据的出处或来源。

根据所鉴别信息的不同,身份鉴别有以下多种方式:

(1) 验证实体已知什么,如一个口令或通行短语(Password)。

(2) 验证实体拥有什么,如通行证,磁卡,智能IC卡,口令生成器,U盾,手机号(短信验证码、手机令牌)等。

(3) 验证实体不可改变的特性,如笔迹、指纹、掌纹、声音、视网膜等生物学测定得来的标识特征。

(4) 相信可靠的第三方建立的鉴别(递推)。

(5) 环境(如主机地址)。

各种系统的实体在很多情况下需要鉴别与被鉴别。某一实体伪称是另一实体的行为被称作假冒,鉴别机制可用来对抗假冒威胁。身份鉴别涉及两类实体——声称者(被鉴别方)和验证者(鉴别方)。身份鉴别通过鉴别双方在鉴别过程中对鉴别信息进行验证而完成。身份鉴别是保证信息系统安全的重要措施,有别于系统中对象的标识(Identification),也有别于该对象拥有的权限(Authorization)。

在实体鉴别中,身份鉴别信息由参加通信连接或会话的远程参与者提交。在数据原发鉴别中,身份信息和数据项一起被提交,并且声称数据项来源于身份所代表的主体。

身份鉴别可以是单向的也可以是双向的。单向鉴别是指通信双方中只有一方鉴别另一方,双向鉴别是指通信双方相互鉴别。在单向身份鉴别中,一个实体充当声称者,另一个实体充当验证者。对于双向身份鉴别,每个实体同时充当声称者和验证者。双向鉴别可在两个方向上使用相同或不同的鉴别机制。

依据鉴别信息是否共享,鉴别可分为对称鉴别和非对称鉴别。对称鉴别方法的例子有口令和使用对称密码技术加密的质询,非对称鉴别方法的例子有使用非对称密码技术和在不暴露任何信息的情况下对信息所有者的信息进行验证的技术。依据鉴别过程是否采用密码技术,鉴别分为使用密码技术的鉴别和使用非密码技术的鉴别。对称的、非对称的或混合的密码技术可用于提供鉴别信息的完整性保护和机密性保护。使用非密码技术的身份鉴别技术包括使用口令或质询-响应表，使用密码技术的身份鉴别技术包括使用加密来保护传输期间的口令。

8.2 基于口令的身份鉴别技术

8.2.1 基本口令鉴别协议

口令是最简单，也是最常用的一种身份鉴别手段。至今许多系统的鉴别技术仍基于简单口令。系统事先保存每个用户的二元组信息，即用户身份信息和口令。这种口令信息是明文的或仅经过简单加密的。当被鉴别的用户要求访问提供服务的系统时，提供服务的鉴别方要求用户提交口令信息。鉴别方收到口令信息后，将其与系统中存储的用户口令进行比较，以确认用户是否为合法的访问者。这种鉴别方式叫做口令鉴别协议(Password Authentication Protocol，PAP)鉴别。PAP 鉴别一般在通信连接建立阶段进行，在数据传输阶段不进行 PAP 鉴别。

PAP 鉴别的优点是简单有效、实用方便、费用低廉、使用灵活。因此，一般系统(如 UNIX、NetWare 等)都提供了对口令鉴别的支持。然而，基于简单口令的鉴别方法有许多脆弱性，最主要的是口令容易向外部泄露和易于猜测，另外还有线路窃听和重放等威胁。

为提高 PAP 鉴别的安全性，对口令有以下要求：

(1) 口令有一定的长度和复杂度。不能使用简单的数字、生日、电话号码或姓名拼音，因为这些很容易被猜测出来，一般应使用 8 位以上，混合大小写字母、数字和特殊符号的口令，防止字典攻击。

(2) 口令应定期或不定期修改。口令使用较长时间后应进行更改，防止可能的泄露；在怀疑口令可能泄露的情况下应及时更改口令。

(3) 口令应安全保存。明文口令文件需读和写保护，加密口令文件需写保护。

8.2.2 口令鉴别协议的改进

为减少口令鉴别协议的脆弱性，可以采用多种方式对口令鉴别协议进行改进，如引入散列函数、Salt 机制和一次性口令(OTP)等。

散列函数具有单向性，即从输入变量值计算函数值容易，而从函数值逆向计算输入变量值不可行，因此常常通过该类函数对口令进行(单向)加密，验证方只保存口令加密后的信息。引入散列函数的鉴别交互示意图如图 8.1 所示。其中，p'是声称者输入的口令信息，id 是声称者的标识，h 是散列函数。p'经过 h 的计算得到 q'。q 和 id 是验证者保留的散列之后的口令和声称者标识。声称者输入 p'和 id，经过 h 计算得到 q'。q'连同 id 传送给验证者，验证者验证 q'是否与 q 相同。如果相同，则鉴别通过；否则，鉴别不通过。

该方案的主要缺陷是：利用已知的散列函数，攻击者很容易构造一张 p 与 q 对应的表(称为口令字典)，表中的 p 是猜测的口令，表中尽可能包含各种可能的口令值，q 是 p 的散列值。攻击者通过拦截鉴别信息 q，利用口令字典就能以很高的概率获得声称者的口令。这种攻击方式称为字典攻击。

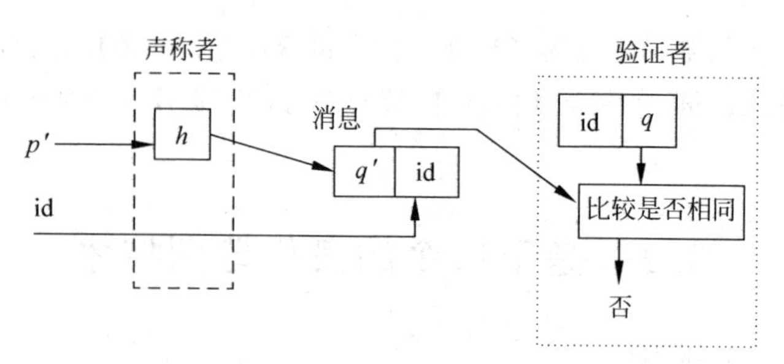

图 8.1　引入散列函数的鉴别交互示意图

Salt 机制又称为加盐机制(salt 即“盐”,实际上是一随机字符串)。加盐就是在进行散列运算时,增加字符串(盐)的输入,通过字符串和口令的混合加密得出散列值。可以看出,加入随机字符串后,字典攻击的实施将变得困难(请思考为什么?)。加盐机制的鉴别交互示意图如图 8.2 所示。

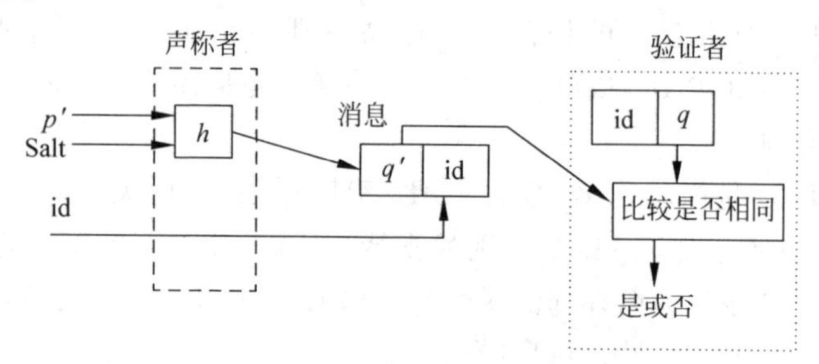

图 8.2　加盐机制的鉴别交互示意图

UNIX/Linux 下有多种散列算法,可以通过库函数 crypt()调用这些算法。crypt()有 key(口令)和 salt(盐)两个输入参数。salt 是简单的字符串,长度取决于所使用的散列算法,不同的散列算法有不同的取值范围。由于 salt 参与散列运算,即使是相同的散列算法,相同的口令,使用不同的 salt,也会得到不同的加密口令。当使用 passwd 命令修改口令时,会随机选择一个 salt。salt 使得字典攻击变得更困难。

OTP(One-Time Password)是一次性口令机制,主要目的是确保在每次鉴别中所使用的加密口令不同,以对付重放攻击。OTP 的主要实现方式有 3 种:第一种方式是质询-响应方式。鉴别时,系统随机给出一个信息,用户将该信息连同其鉴别信息(可能经过计算处理)提交系统进行鉴别;第二种方式是时钟同步机制,与质询-响应方式的差异是随机信息是同步时钟信息;第三种方式是 S/KEY 一次性口令身份鉴别协议。这里主要介绍质询-响应方式和 S/KEY 一次性口令身份鉴别协议。

8.2.3　基于质询-响应的身份鉴别技术

采用基于质询-响应的身份鉴别技术时,由验证者给声称者发送一个确定的值(质询消息),该值参与鉴别信息的运算。产生的非重复质询消息完全由验证者决定,使得每次传输的鉴别信息不同。这能很好地防止口令窃听和重放,但需要额外的通信代价。图 8.3 是一种质询-响应机制的工作原理示意图。

当声称者想让验证者进行鉴别时,声称者向验证者发出鉴别要求,验证者发给声称者一个自己产生的随机质询消息 n。声称者输入口令 p',p' 和 id 经过散列函数 f 计算的结果

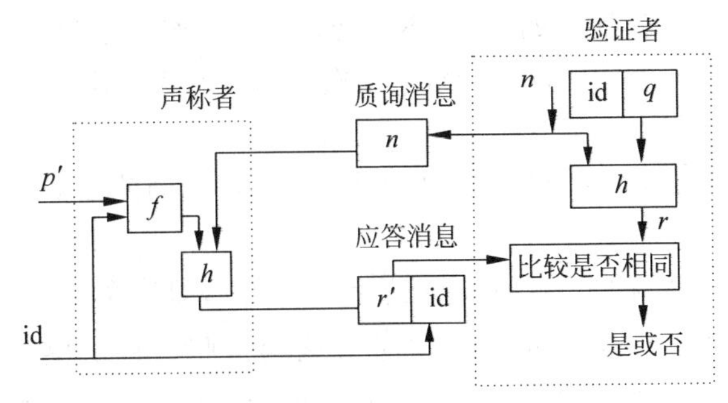

图 8.3　基于质询-响应的身份鉴别技术示意图

(等于 q)再和 n 通过散列函数 h 计算得到 r'，r' 发送至验证者。验证者将保存的 q 和生成的 n 通过散列函数 h 计算得到 r，通过比较 r 和 r' 是否相等来确定鉴别是否通过。

在该机制中，产生非重复值的能力完全掌握在验证者手中，因而提供了一种很好的重放检测能力。

基于质询-响应的身份鉴别技术的安全性取决于散列函数的安全性。此外，由于是单向鉴别，还存在着验证者的假冒和重放攻击，这可以通过双向鉴别或时间戳来解决。例如，在系统每次输出的密文信息中附加日期与时间信息，鉴别双方都可以根据密文中的日期、时间来判断消息是否是当前的。如果是前面的消息重放，用户则拒绝给出回答。

8.2.4　S/Key 一次性口令身份鉴别协议

S/Key 一次性口令身份鉴别协议的初始化、注册和身份鉴别阶段描述如下。

1. 初始化与注册阶段

选择安全散列函数 h。用户注册时，验证者的鉴别服务器(Authentication Server，AS)为用户创建一个用户信息条目，并生成一个随机种子 seed 发送给用户。用户选择一个整数 N(称为迭代值)，将 seed 连同口令 pw 进行 N 次散列运算，记为 $h^N(\text{pw} \| \text{seed})$，这里符号"‖"表示连接，并将散列结果传送给 AS。AS 保存用户身份标识 ID、seed、当前迭代值 M(初始值为 $N-1$)和当前鉴别口令 OTP_M(初始鉴别口令为 $\text{OTP}_{N-1}=h^N(\text{pw} \| \text{seed})$)。

2. 身份鉴别阶段

身份鉴别阶段交互示意图如图 8.4 所示。用户想登录 AS 时，输入其 ID 提交给 AS。AS 在接收到用户的登录请求报文后，执行以下步骤来鉴别登录用户(声称者)。

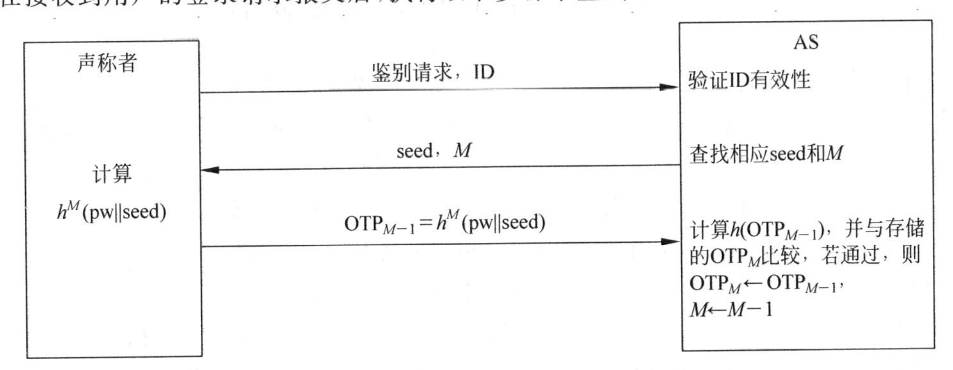

图 8.4　S/Key 身份鉴别阶段交互示意图

(1) AS验证ID的有效性。如果ID不正确,AS将拒绝登录请求。

(2) AS根据ID查找相应seed和M(第1次是$N-1$,第2次是$N-2$,以此类推),并传送给声称者。

(3) 声称者输入口令pw,计算一次性口令$\text{OTP}_{M-1}=h^M(\text{pw}\|\text{seed})$,并将结果传送给AS。

(4) AS将声称者传送来的一次性口令进行一次散列,即计算$h(\text{OTP}_{M-1})=h(h^M(\text{pw}\|\text{seed}))$,并将$h(\text{OTP}_{M-1})$与存储的$\text{OTP}_M$进行比较(例如,首次鉴别比较的是$h^N(\text{pw}\|\text{seed})$,第2次鉴别比较的是$h^{N-1}(\text{pw}\|\text{seed})$,以此类推)。如果相同,则鉴别通过,并用新的一次性口令OTP_{M-1}更新OTP_M,M也相应减1。

当鉴别次数达到$N-1$(即$M=0$)时,终止鉴别,可要求用户重新注册,并生成新的N及初始鉴别口令。

在S/Key协议中,在用户与AS之间的鉴别交换信息中,没有直接传输口令的任何信息,而只是口令信息的散列结果。依据散列函数的单向性,攻击者通过拦截通信信道获取当前鉴别口令(OTP_{M-1}),但不能导出下次的鉴别口令(OTP_{M-2})。攻击者哪怕攻破了AS,浏览了用户的口令记录,也无法知晓用户的真正口令。S/Key通过告知AS M次散列结果,并逐次减少散列迭代次数,从而得到$N-1$个可用的鉴别口令序列。每个鉴别口令仅使用一次,即使暴露第i次鉴别口令,也并不影响后续口令的安全性。由此S/Key成功防范了口令窃听并重放的攻击。

但S/Key系统不能防止小数攻击。小数攻击是指假设攻击者获知散列函数h,当用户向AS请求鉴别时,攻击者截取AS传来的种子和迭代值,并修改迭代值为较小值,然后假冒AS将得到的种子和较小的迭代值发送给用户。用户利用种子和迭代值计算一次性口令,攻击者再次截取用户传来的一次性口令,并利用已知的单向散列函数依次计算较大迭代值的一次性口令,从而获得该用户后续的一系列有效口令,进而在一段时间内冒充合法用户而不被察觉。

另外,S/Key缺乏完整性保护机制,不能保证用户在鉴别过程中免受各种主动攻击,包括注入虚假信息、修改传输过程中的鉴别数据、修改口令文件等。因此,S/Key系统在实际应用时还需进一步完善。

8.3 基于生物特征的身份鉴别技术

由于技术水平和其他因素的限制,现代人的身份鉴别通常都是通过身份证或者口令实现,然而身份证很容易伪造,口令这样的短字符串也存在安全隐患。在很多场合,信息安全需要新的鉴别技术来保障。基于生物特征的身份鉴别技术得到深入研究和广泛应用。

基于生物特征的身份鉴别依据每个人的唯一性生物特征进行鉴别,这些特征包括指纹、声音、笔迹、虹膜、掌型、脸型长相和DNA等,相应的鉴别技术主要有指纹鉴别、声音鉴别、手(笔)迹鉴别、虹膜扫描、手形及掌纹、面相和DNA等。

生物特征具有人体所固有的不可复制的唯一性,这一生物密钥无法复制、失窃或被遗忘。生物特征鉴别技术具有不会遗忘、不可转让、防伪性能好、不易伪造或被盗、难假冒、随身“携带”和随时随地可用等优点,比传统鉴别方法更具安全、保密和方便性。而常见的口

令、IC卡、条纹码、磁卡或钥匙则存在着易丢失、遗忘、复制及被盗用等诸多不利因素。采用生物“钥匙”可以不必携带大串的钥匙，也不用费心去记或更换口令，系统管理员更不必因忘记口令而束手无策。生物特征鉴别技术产品均借助于现代计算机技术实现，很容易配合计算机和安全、监控、管理系统整合，实现自动化管理。

最原始的生物特征鉴别是通过面相来鉴别一个人，也就是看脸来鉴别。在鉴别看到的人脸时，人的大脑中存储着相应的脸，通过将眼前的脸和大脑中的脸进行比对，就容易鉴别出所看到的人是谁。用计算机鉴别面容的原理也一样。面容鉴别的缺点在于面容不容易进行准确的鉴别，且面容容易随胖瘦、肤色、发型等易于改变的因素变化而变化。

大约公元前7000—公元前6000年，古代的亚述人和中国人就意识到了指纹的特点，并使用指纹作为个人身份的象征。19世纪中叶，对指纹开始科学意义上的研究，并产生了两个重要结论：没有任何两个手指指纹的纹线形态是一致的；指纹纹线的形态终生不变。这些研究使得一些政府开始使用指纹进行罪犯鉴别。在现代科学研究领域，指纹的鉴别属于“模式鉴别”，其核心是OCR(光学字符鉴别)技术。首先通过CMOS摄像头提取指纹，然后输入计算机，再通过复杂的指纹鉴别算法在极短的时间内完成身份鉴别。但是指纹也有缺点，它是接触式的，应用会有一定的局限性。

非接触式的生物特征鉴别是身份鉴别研究与应用发展的必然趋势。与人脸、声音等非接触式的身份鉴别方法相比，虹膜具有更高的准确性。虹膜是环绕瞳孔的一层有色的细胞组织，作为重要的身份鉴别特征，具有唯一性、稳定性、可采集性、非接触性等优点。每个人的虹膜结构各不相同，并且这种独特的结构在人的一生中几乎不发生变化。基于虹膜的身份鉴别系统由以下几个部分构成：虹膜获取、虹膜图像预处理、虹膜图像特征提取、匹配与鉴别。由于虹膜获取的设备较为复杂，这项技术还没有达到实用水平。随着技术的发展和虹膜鉴别技术的产业化，虹膜鉴别将会有非常广阔的发展前景。

生物特征鉴别技术在其出现的最初几年内，并没有受到太多的重视。但是在“9·11”以及一系列恐怖事件之后，很多西方国家意识到在身份鉴别上的重大漏洞，开始在护照等身份证件中加入生物特征鉴别，从而准确认定出入境人员的身份，以保证国家安全。目前美国和一些欧洲国家已经在反恐、刑侦、金融、军队等领域逐步大量使用生物特征鉴别技术。我国目前只有中科院自动化所等少数科研单位具备一定实力，而且仅在虹膜研发单项上与国际先进水平相当，其他方面仍存在相当差距。

“执生命密钥，启身份之锁”。在以计算机技术和生物技术为主流科技的知识经济崛起的时代，身份鉴别有了来自生物体自身的密钥，横跨这两大科技领域的生物特征鉴别技术正显示出其旺盛的生命力和远大前景。

8.4　零知识证明与身份鉴别

前面介绍的基于口令的身份鉴别、基于质询-响应的身份鉴别，以及其他一些身份鉴别方案都有一个共同点：通信双方往往事前共享同一秘密，并需要对这个共享秘密加以保护。

但在许多实际应用中，要让彼此互不相识的双方预先共享秘密并不是件容易的事，有没有不需要事先共享秘密的交互式用户身份鉴别协议呢？回答当然是肯定的，这就是基于零知识证明的身份鉴别技术。这种交互式用户身份鉴别协议必须满足以下三个性质。

(1) 完全性(Completeness)。若双方都诚实地执行协议,则验证者能以非常大的概率确信对方的身份。

(2) 健全性(Soundness)。若声称者不知道与他所声称的用户身份相关联的秘密信息,且验证者是诚实的,则验证者将以非常大的概率拒绝接受声称者的身份。

(3) 隐藏性(Witness Hiding)。若声称者是诚实的,则不论协议进行了多少次,任何人(包括验证者)都无法从协议中推出声称者的秘密信息。

需要指出的是,一个满足完全性和健全性的协议并不能保证协议是安全的。例如,声称者可以通过简单地泄露他的秘密信息来向验证者证明他的身份。该协议显然是完全的和健全的,但却是不安全的,因为以后该验证者就可以假冒该声称者。在密码学中通常希望一个鉴别协议能够在声称者向验证者证明他身份的同时没有泄露任何信息,这就是零知识证明的思想。

实际上,向别人证明知道某种事物或者拥有某种事物有直接证明和间接证明两种方法。直接证明就是出示或说出该事物,使别人知道和相信,从而得到证明。但这会使别人也知道或掌握这一秘密,是最大泄露证明。间接证明是用一种有效的数学方法证明其知道秘密,而又不泄露信息给别人,这就是零知识证明问题。

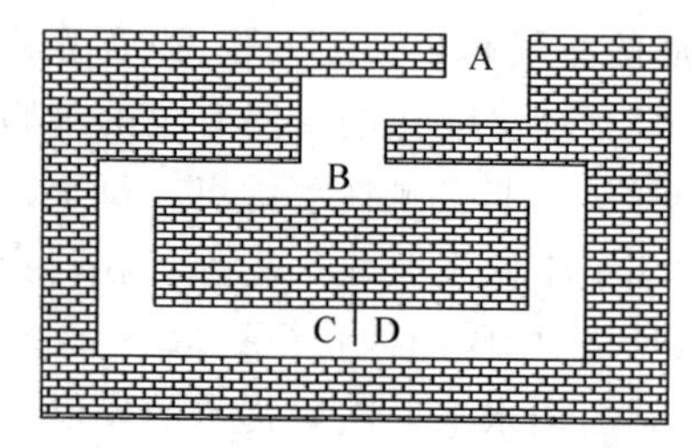

图 8.5 零知识证明的洞穴问题

洞穴问题是解释零知识证明问题的一个通俗例子。有一个洞穴如图 8.5 所示,在位置 C 和 D 之间存在一个暗门,并且只有知道咒语的人才能打开,否则洞穴就是一个死胡同。假设 P 知道咒语并想对 V 证明自己知道,但要求证明过程中又不能泄露咒语。

证明步骤如下。

(1) V 站在 A 点;

(2) P 走进洞穴,到达 C 点或者 D 点;

(3) 在 P 消失在洞穴中之后,V 走到 B 点;

(4) V 随机选择左通道或者右通道,要求 P 从该通道出来;

(5) P 从 V 要求的通道出来并用咒语打开暗门;

(6) P 和 V 重复步骤(1)至步骤(5)n 次。

如果 P 不知道这个打开暗门的咒语,那么只能从进去的通道出来。如果在协议的每轮中 P 都能按 V 要求的通道出来,那么 n 次 P 都猜中的概率是 $1/2^n$。经过 16 轮后,P 只有 1/65 536 的机会猜中。于是 V 可以判定,如果 16 次 P 的证明都是有效的,那么 P 一定知道开启洞穴 C 点和 D 点之间暗门的咒语,而 V 却未能从证明过程中获取该咒语。

此洞穴问题可以转换成数学问题,实体 A 声称知道解决某个难题的秘密信息,实体 B 通过与 A 的交互作用验证其真伪,A 又不能将秘密信息泄露给 B。下面给出一个零知识证明协议的具体示例。

设 p 和 q 是两个大素数,$n=p\times q$。假设用户 A 知道 n 的因子 p 和 q。如果 A 想向用户 B 证明他知道 n 的因子,却不想向 B 泄露 n 的因子,则 A 和 B 可以执行下面的步骤。

(1) B 随机选取一个大整数 x,计算 $y\equiv x^4 \bmod n$。B 将计算结果 y 告诉 A。

(2) A 计算 $z\equiv\sqrt{y} \bmod n$,并将结果 z 告诉 B。

(3) B 验证 $z\equiv x^2 \bmod n$ 是否成立。

(4) 多次重复上述步骤，若 A 每次都能正确地计算$\sqrt{y} \bmod n$，使得 $z \equiv x^2 \bmod n$，则 B 就可以相信 A 知道 n 的因子 p 和 q。若步骤(3)验证失败，则表明 A 并不真正知道 n 的因子。

数论研究可以证明，计算$\sqrt{y} \bmod n$ 等价于对 n 进行因式分解。若 A 不知道 n 的因子 p 和 q，则计算$\sqrt{y} \bmod n$ 是一个困难问题(称为二次方根问题)。因此，当在重复执行该协议的情况下，A 都能正确地给出 z，则 B 可以以非常大的概率认为 A 知道 n 的因子 p 和 q。

根据上述分析与示例能够看出，零知识证明技术可以使信息的拥有者无须泄露任何信息便能够向验证者或任何第三方证明其拥有该信息。零知识证明技术已成为密码技术应用的一种基本方法，在身份鉴别方面也得到应用。

在身份鉴别中，已有一些基于零知识证明技术的典型方案，如 Fiege-Fiat-Shamir 方案、Guillon-Quisquater 方案和 Schnorr 方案。验证者发布大量的质询给声称者，声称者对每个质询计算一个响应，在计算中使用了秘密信息。通过检查这些响应(可能需要使用公钥)，验证者相信声称者的确拥有秘密信息，但在响应过程中无任何秘密信息泄露。

8.4.1　Fiege-Fiat-Shamir 身份鉴别方案

该方案又简称 F-F-S 身份鉴别方案。同许多零知识证明方案一样，F-F-S 身份鉴别方案的基本思想是由验证者给出质询，声称者应答，验证者通过验证答案的正确性证实其真伪。F-F-S 方案的安全性假设基于不知道整数 m 的因子分解时求模 m 的二次方根的困难性，这实质上等价于分解 m，即大整数难分解问题。

根据 Fiat A. 和 Shamir A. 曾提出一种鉴别和数字签名体制，后经 Feige U. 的参与将该体制改进成一个零知识证明身份鉴别方案。1986 年 7 月 9 日，上述 3 位设计者向美国专利局提交了他们的身份鉴别协议。由于其在军事上的潜在应用，申请由美国国防部审阅。在 6 个月期限到达的前 3 天，即 1987 年 1 月 6 日，美国专利局终于有了结论，但不是专利，而是按美国国防部的要求下达了命令："……泄露或公布关键内容……将危害国家安全……"，并命令设计者通知所有得到该成果的美国人，未经授权泄露此项研究将处以两年监禁，且设计者必须通知已获取该情报的外国专利局的官员。令美国国防部难堪的是，设计者不是美国公民，所有的设计工作都是在以色列进行的，而且 3 位设计者在 1986 年下半年已在以色列、欧洲和美国的学术会议上宣布了此项研究成果。1987 年 1 月 8 日，美国国防部撤销了命令。这就是众所周知的"零知识证明与美国国防部"事件，该事件充分证明了该协议的价值。

声称者 A 向验证者 B 证明自己知道秘密 s 的 F-F-S 方案如下。

1. 初始化阶段

由可信第三方机构 TA 随机选定两个相异素数的乘积作为模，即 $m = p_1 \times p_2$，m 为 512 位或 1024 位，m 公开；生成随机数 v，使 v 为模 m 的平方剩余，即 $x^2 \equiv v \bmod m$ 有小于 m 的解，且有 $v^{-1} \bmod m$(即 v 有模 m 的逆元)。

2. 注册阶段

TA 以 v 作为公钥计算整数 s，使满足 $s^2 v = 1 \bmod m$，将 s 作为秘密信息分发给声称者 A。

3. 鉴别阶段

F-F-S 方案鉴别过程如图 8.6 所示。

(1) A 取随机数 $r(r<m)$,计算 $x \equiv r^2 \bmod m$,将 x 发送给验证者 B。

(2) B 将一随机比特 b 发送给 A。

(3) 若 $b=0$,A 将 r 发送给 B;若 $b=1$,A 将 $y=rs$ 发送给 B。

(4) 若 $b=0$,则 B 验证 $x \equiv r^2 \bmod m$,以证明 A 知道$\sqrt{x}$;若 $b=1$,则 B 验证 $x \equiv y^2 v \bmod m$,以证明 A 知道$\sqrt{x/v}$。

如果 A 知道$\sqrt{x}$或$\sqrt{x/v}$,则 B 认为 A 知道 s;否则认为 A 不知道 s。这个协议是一次鉴定(accreditation)合格协议。A 与 B 可以重复这个协议 t 次,直到 B 确信 A 知道 s。

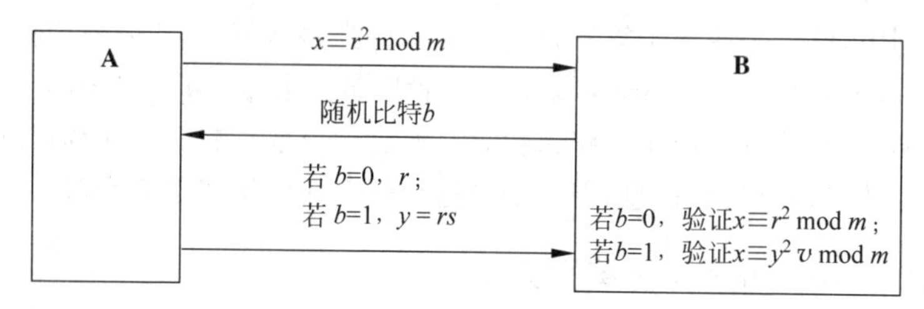

图 8.6 F-F-S 方案鉴别过程

F-F-S 方案的安全性分析如下。

(1) A 欺骗 B 的可能性。若 A 不知道 s,他也可取 r,发送 $x \equiv r^2 \bmod m$ 给 B。B 发送 b 给 A,A 可将 r 送出。当 $b=0$ 时,B 可通过检验而受骗;当 $b=1$ 时,B 可发现 A 不知 s。B 受骗概率为 1/2,但连续 t 次受骗的概率将仅为 2^{-t}。

(2) B 伪装 A 的可能性。B 和其他验证者 C 开始一个鉴定合格协议,步骤(1)可用 A 用过的随机数 r,若 C 所选的 b 值恰与以前发送给 A 的一样,则 B 可将在步骤(3)发送的 r 重发给 C,从而成功地伪装 A。但 C 随机选 b 为 0 或 1,故这种攻击成功概率仅为 1/2。执行 t 次,可使其降为 2^{-t}。

方案中,虽然 A 知道 TA 的公钥 v,但要从 $s^2 v \equiv 1 \bmod m$ 中推出秘密信息 s,需要求解模 m 的二次方根问题,而这是一个等价于整数 m 因式分解的难题。

另外,在 F-F-S 方案中,增加验证次数显然可以增强安全性,但却增加了 A 与 B 之间传送数据的次数。为了减少数据交换次数,可增加每轮验证的数量。为此,Feige、Fiat 和 Shamir 3 位设计者在 1988 年给出了改进后的鉴别协议,即 F-F-S 增强方案。

8.4.2 F-F-S 增强方案

F-F-S 增强方案的基本思想仍是 F-F-S 方案,但采用了并行结构增加每轮鉴别次数,即在每轮的鉴别中,产生多个位的随机数,相当于 $\boldsymbol{b}$ 是一个多维向量,从而减少了攻击成功的概率,增强了安全性。

1. 初始化阶段

可信第三方机构 TA 选 $m=p_1 \times p_2$,并选 k 个随机数 $v_1, v_2, \cdots, v_k$,各 v_i 是模 m 的平方剩余,且在模 m 下可逆。

2. 注册阶段

以 $v_1, v_2, \cdots, v_k$ 为声称者 A 的公钥,计算正整数 s_i,使满足 $s_i^2 v_i \equiv 1 \bmod m$,将 $s_1, s_2, \cdots,$

s_k 作为 A 的秘密信息。

3. 鉴别阶段

F-F-S 增强方案鉴别过程如图 8.7 所示。

(1) A 选择随机数 $r(r<m)$，计算 $x\equiv r^2 \bmod m$，并将 x 发送给验证者 B；

(2) B 随机选择 k 位二进制串 $b_1,b_2,\cdots,b_k$，并发送给 A；

(3) A 计算

$$y\equiv r\prod_{i=1}^{k}s_i^{b_i} \bmod m$$

并发送给 B；

(4) B 验证

$$x\equiv y^2\prod_{i-0}^{k}v_i^{b_i} \bmod m$$

是否成立。如果成立，则可证明 A 知道秘密信息 $s_1,s_2,\cdots,s_k$；否则，否定 A 知道秘密信息。此协议可执行 t 次，直到 B 相信 A 知道秘密信息 $s_1,s_2,\cdots,s_k$。

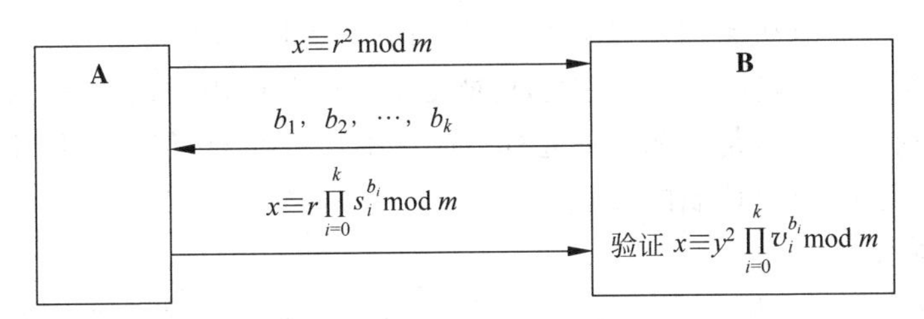

图 8.7 F-F-S 增强方案鉴别过程

F-F-S 增强方案的安全性与 F-F-S 方案类似，只是攻击成功的概率更小，由 2^{-t} 变为 2^{-kt}，则 A 能欺骗 B 的机会为 2^{-kt}。建议选 $k=9,t=8$，即 9 个随机数，验证 8 次，此时 B 被欺骗的概率就非常低了。

【例 8.1】 F-F-S 增强方案中，选 $m=35=5\times7$。

1. 初始化与注册阶段

计算 35 的平方剩余。

1：$x^2\equiv1 \quad \bmod \quad 35$，解得 $x=1,6,29$ 或 34；

4：$x^2\equiv4 \quad \bmod \quad 35$，解得 $x=2,12,23$ 或 33；

9：$x^2\equiv9 \quad \bmod \quad 35$，解得 $x=3,17,18$ 或 32；

11：$x^2\equiv11 \quad \bmod \quad 35$，解得 $x=9,16,19$ 或 26；

14：$x^2\equiv14 \quad \bmod \quad 35$，解得 $x=7$ 或 28；

15：$x^2\equiv15 \quad \bmod \quad 35$，解得 $x=15$ 或 20；

16：$x^2\equiv16 \quad \bmod \quad 35$，解得 $x=4,11,24$ 或 31；

21：$x^2\equiv21 \quad \bmod \quad 35$，解得 $x=14$ 或 21；

25：$x^2\equiv25 \quad \bmod \quad 35$，解得 $x=5$ 或 30；

29：$x^2\equiv29 \quad \bmod \quad 35$，解得 $x=8,13,22$ 或 27；

30：$x^2\equiv30 \quad \bmod \quad 35$，解得 $x=10$ 或 25。

随机数可从 1,4,9,11,16,29 中选取，相应逆元为 1,9,4,16,11,29。私钥分别为 1,3,

2,4,9,8。由于14,15,21,25和30与35不互素,在mod 35下不存在逆,因此不选取。若选$k=4$,A可用{4,11,16,29}作为公钥,相应的{3,4,9,8}为秘密信息(私钥)。

2. 鉴别阶段

(1) A选随机数$r=16$,计算$16^2 \bmod 35 \equiv 11$,发送11给B;

(2) B选随机位串{1101}发送给A;

(3) A计算$16\times 3^1\times 4^1\times 9^0\times 8^1 \bmod 35\equiv 31$,发送31给B;

(4) B验证$31^2\times 4^1\times 11^1\times 16^0\times 29^1 \bmod 35\equiv 11$。

A和B每次以不同的r和b重复执行此协议,以使B确信A知道{3,4,9,8}。若m很小,则无安全性可言;若m很大(如1024位以上),则B难以得到任何有关A的秘密信息,且能相信A知道该信息。

8.4.3 Guillon-Quisquater身份鉴别方案

F-F-S方案是第一个实用的零知识身份鉴别协议,可以通过增加轮数来增强安全性,通过增加每轮的鉴别次数来减少计算量。但对于智能卡这样的应用,该算法不甚理想,与外部的交互很耗时间,同时每次鉴别存储量也较大。1988年由Guillou和Quisquater提出的基于RSA密码体制的方案(简称G-Q方案)可能更适于这些应用。该方案将每次的信息交换和并行鉴别都控制到最少,每次证明只进行一次鉴别信息交换,但计算量比F-F-S方案大。该方案的安全性基于RSA体制的安全性。

1. 系统初始化

可信第三方机构TA秘密选择两个大素数p和q,生成大整数模$n=pq$;再选取一个长度为40位的大素数b作为公共参数。TA选择一个数字签名算法$\mathrm{Sig}_{\mathrm{TA}}(\cdot)$,对应签名验证算法记为$\mathrm{Ver}_{\mathrm{TA}}(\cdot)$。

2. TA向声称者A颁发身份证书

(1) TA为A建立身份标识信息ID_A。

(2) A秘密选取一个整数m,$1\leqslant m\leqslant n-1$,且$\gcd(m,n)=1$,计算$v\equiv m^{-b} \bmod n$,将$v$作为公开信息发送给TA。

(3) TA计算签名$s=\mathrm{Sig}_{\mathrm{TA}}(\mathrm{ID}_A,v)$,并将证书$C_A=(\mathrm{ID}_A,v,s)$发送给A。

3. 身份鉴别过程

如图8.8所示,A向验证者B证明其身份过程如下。

(1) A选择随机数r,$1\leqslant r\leqslant n-1$,计算$x\equiv r^b \bmod n$,将$x$和$C_A=(\mathrm{ID}_A,v,s)$发送给B。

(2) B利用$\mathrm{Ver}_{\mathrm{TA}}(\cdot)$验证$s$是不是TA对$(\mathrm{ID}_A,v)$的签名。如果签名有效,则选择一个质询随机数$e$,$1\leqslant e\leqslant b-1$,将$e$发送给A。

(3) A计算$y\equiv rm^e \bmod n$,将y作为对e的响应发送给B。

(4) B验证$x\equiv v^e y^b \bmod n$是否成立。如果成立,则通过A的鉴别;否则,拒绝。

很容易验证该方案的合理性。设鉴别双方都是诚实的,有$v^e y^b\equiv v^e(rm^e)^b\equiv r^b(vm^b)^e\equiv r^b(m^{-b}m^b)^e\equiv r^b \bmod n\equiv x$。

因为A掌握自己的秘密信息m,对于B的任何质询e,他都能在鉴别过程的步骤(3)中计算$y=rm^e \bmod n$,并在发送给B后通过其验证,所以该协议是完全的。

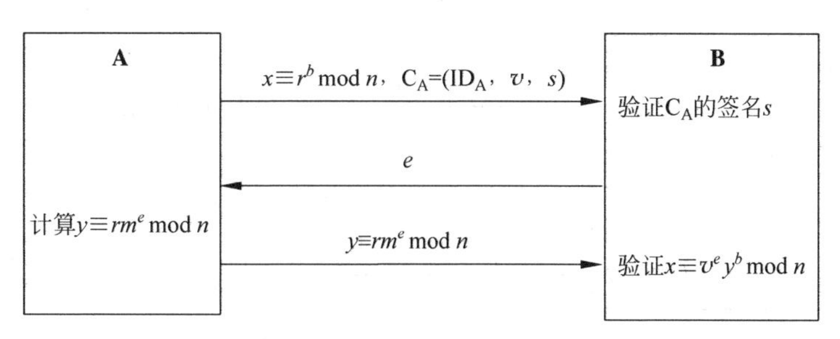

图 8.8 G-Q方案鉴别过程

假设攻击者 C 能猜出鉴别过程步骤(2)中 B 的质询 e，则在步骤(1)中先选定 y 并计算 $x=v^e y^b \bmod n$。其后在步骤(3)中发送已选的 y，使得在步骤(4)中 B 验证成立。易知 C 伪装成 A 成功欺骗 B 的概率(即猜出 e 的概率)为 $1/b$。

需要指出的是，虽然 G-Q 鉴别协议具有完全性和健全性，但到目前为止，仍然没有证明这个协议是安全的。

8.4.4 Schnorr 身份鉴别方案

Schnorr 身份鉴别方案的安全性基于计算离散对数的困难性，是 Schnorr 在 1991 年提出的一种计算量少、通信量少，特别适用于智能卡的身份鉴别方案。该方案融合了多个身份鉴别协议的思想，是最实用的身份鉴别协议之一，在许多国家都申请了专利。

1. 系统初始化

选定素数 p 和 q，满足 $q|(p-1)$，$p\approx 2^{1024}$，$q>2^{160}$。β 为 q 阶元素，$1\leqslant\beta\leqslant p-1$，令 α 为 GF(p)的生成元，则 $\beta\equiv\alpha^{(p-1)/q} \bmod p$。($p$,$q$,$\beta$)和可信第三方机构 TA 的签名算法为 $\mathrm{Sig}_{TA}(\cdot)$，对应签名验证算法记为 $\mathrm{Ver}_{TA}(\cdot)$。选定安全参数 $t\geqslant 40$，且 $2^t<q$。

2. TA 向声称者 A 颁发身份证书

(1) TA 为 A 建立唯一身份标识信息 ID_A；

(2) A 秘密选定随机数 s 作为其秘密信息，$0\leqslant s\leqslant q-1$，计算 $v\equiv\beta^{-s} \bmod p$，并将 ID_A 和 v 发送给 TA；

(3) TA 计算签名 $s=\mathrm{Sig}_{TA}(ID_A,v)$，并将证书 $C_A=(ID_A,v,s)$发送给 A。

3. 身份鉴别过程

A 利用 Schnorr 方案向验证者 B 证明其身份的过程如图 8.9 所示。

(1) A 选定随机数 r，$1\leqslant r\leqslant q-1$，计算 $x\equiv\beta^r \bmod p$，将(C_A,x)发送给 B。

(2) B 利用 $\mathrm{Ver}_{TA}(\cdot)$验证 s 是不是 TA 对(ID_A,v)的签名。如果签名有效，则选择一个质询随机数 e($1\leqslant e\leqslant 2^t-1$)发送给 A。

(3) A 计算 $y\equiv(se+r) \bmod q$ 作为 A 对 e 的响应发送给 B。

(4) B 验证 $x=\beta^y v^e \bmod p$ 是否成立。如果成立，则通过 A 的鉴别；否则，拒绝。

很容易验证该方案的合理性。设鉴别双方都是诚实的，因为 $y\equiv(se+r) \bmod q$，则有 $\beta^y\equiv\beta^{se+r} \bmod p$，$x\equiv\beta^r\equiv\beta^{y-se}\equiv\beta^y(\beta^{-s})^e\equiv\beta^y v^e \bmod p$。

因为 A 掌握自己的秘密信息 s，对于 B 的任何质询都能正确回答，并通过 B 的验证，所以该协议是完全的。在鉴别过程的步骤(4)中，由于随机数 r 的干扰，没有暴露任何关于 s 的信息。

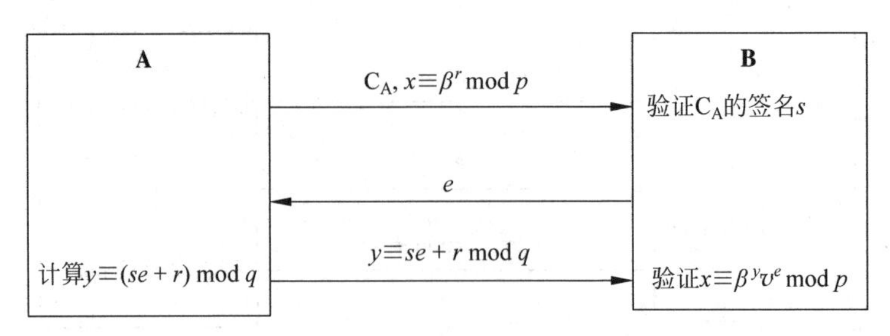

图 8.9 Schnorr 方案鉴别过程

Schnorr 方案中的安全参数 t 要选得足够大,使正确猜对 e 的概率 2^{-t} 足够小,$t=40$,$q \geqslant 2^{2t}=2^{80}$ 是建议的值。应答时间可以在数秒内完成。为了对抗随机离散对数攻击,要求 $q \geqslant 2^{160}$。若能正确猜中 e,则可在鉴别过程的步骤(1)向 B 发送 $x=\beta^y v^e$,在步骤(3)向 B 发送 y 来欺骗 B。因为 x 是随机数,y 又被 r 搅乱,因此协议未暴露有关 s 的有用信息。

同 G-Q 鉴别协议类似,Schnorr 鉴别协议也具有完全性和健全性,但并没有证明这个协议是安全的。不过,Schnorr 鉴别协议的一个修改方案 Okamoto 协议可证明是安全的,详细内容可查阅相关参考资料,这里不再赘述。

8.5 比特承诺

比特承诺方案是密码协议的重要组成部分,广泛用于网上电子拍卖、电子投票、电子现金等,还可以用于零知识证明、身份认证和安全多方计算协议等。

假设有如下场景,A 想对 B 承诺一个比特 b(b 也可以是一个比特序列),但 A 暂时不告诉 B 其承诺信息(即暂时不向 B 泄露 b),直到某时刻之后才公开 b;另外,B 可证实在 A 承诺后到公开 b 之前,A 没有改变其承诺。在密码学中称这种承诺方法为比特承诺方案(Bit Commitment Scheme),或简称比特承诺。

直观理解即为:A 把消息 M(承诺)放在一个箱子里(只有 A 有钥匙)并将它锁住送给 B 保管,B 无法知道箱子里面的内容。等到 A 决定向 B 打开承诺时,A 把 M 及钥匙给 B,B 打开箱子并验证箱子里的消息同 A 告之的消息是否相同,且 B 确信箱子里的消息没有被篡改,因为在 A 承诺后,箱子一直由 B 保管。

一个安全的比特承诺方案必须满足以下性质。

(1) 隐蔽性。A 向 B 承诺时,B 不可能获得有关承诺的任何信息。

(2) 绑定性。一段时间后,A 能够向 B 证实其所承诺的消息,但 A 无法欺骗 B。即在这段时间里,A 无法改变承诺的消息。

比较常见的比特承诺方案实现技术有基于对称加密算法的比特承诺方案、基于散列函数的比特承诺方案,以及基于数学难题的比特承诺方案。

8.5.1 基于对称加密算法的比特承诺方案

基于对称加密算法的比特承诺方案描述如下。

(1) A 和 B 共同选定某种对称加密算法 e。

(2) B 产生一个随机比特串 R 并发送给 A。

(3) A 随机选择一个密钥 k，同时生成一个其欲承诺的比特 b（也可以是一个比特串）。A 利用 e 对 R 和 b 加密得 $c=e_k(R,b)$，将 c 发送给 B。

(4) 当需要 A 公开承诺时，A 将 k 和 b 发送给 B。

(5) B 利用 k 解密 c，并利用 R 检验 b 的有效性。

上述协议满足隐蔽性。步骤(3)中加密后的数据 c 可以看作是 A 向 B 承诺的证据，因为 B 不知道加密密钥 k，所以他无法事先解密 c，即此时 B 不知道 A 向他承诺的比特内容究竟是什么。

分析该协议的绑定性。如果在协议中，消息不包含 B 的随机串，那么当 A 想在承诺后又改变其承诺时，A 可以试图随机选用一系列密钥逐一解密 c，直到解密后的明文 $b'\neq b$。因为比特只有两种可能的取值，通常 A 只需尝试几次就可以找到这样一个密钥。B 选择的随机串则可避免这种攻击，因为若 A 改变 k 以试图改变之前的承诺，则 B 用 b' 解密 c 后得到的明文中随机比特串可能不再是 R。事实上，若加密算法是安全的，则 A 找到 k'，使得 c 解密后的明文中包含 R 且有相反的比特承诺的概率极小。

8.5.2 基于散列函数的比特承诺方案

若承诺者 A 要向检验者 B 承诺 1 比特（或消息串）b。

(1) A 和 B 共同选定一个散列函数 $h(\cdot)$。

(2) A 随机生成两个数 r_1 和 r_2，计算散列值 $h(r_1,r_2,b)$，并将该值和其中某个随机数（如 r_1）发送给 B。

(3) 当 A 向 B 出示承诺时，将 b 和另一个随机数 r_2 一起发送给 B。

(4) B 计算散列值 $h(r_1,r_2,b)$，并与步骤(2)收到的散列值做比较以检验 b 的有效性。

该协议中 $h(r_1,r_2,b)$ 和 r_1 是 A 向 B 的承诺证据。协议能够保证 A 在步骤(2)利用散列函数和随机数阻止 B 对函数求逆以确定 b，即由单向性确保隐蔽性。同样，在步骤(3)中由散列函数的抗碰撞性可以确保 A 找不到 r_2' 和 b 使得 $h(r_1,r_2,b)=h(r_1,r_2',b')$，这也能够保证 A 不能欺骗 B。

相比基于对称加密算法的比特承诺方案，基于散列函数的比特承诺方案的优点是 B 不必发送任何消息。

8.5.3 Pedersen 比特承诺协议

还可以通过数论中的一些计算困难问题构造比特承诺协议，如基于离散对数问题。Pedersen 承诺协议就是基于离散对数问题的比特承诺协议。

在协议初始阶段，参与协议的双方在可信第三方的帮助下选择大素数 p 和群 $\mathbf{Z}_p^*$ 的生成元 g，从 $\mathbf{Z}_p^*$ 中随机选择元素 y。该协议执行步骤如下。

(1) A 选择所需的承诺比特 $b\in\{0,1\}$，产生随机数 $r\in\mathbf{Z}_p^*$。

(2) A 计算 $c\equiv g^r y^b \pmod p$，c 即为 A 对 b 的承诺，A 将 c 发送给 B。

(3) 需要展示承诺时，A 将 b 和 r 发送给 B。

(4) B 验证 c 的计算是否与收到的承诺一致，如果一致，认为承诺有效；否则，无效。

Pedersen 比特承诺协议满足隐藏性，因为 r 是随机选择的，所以 $c_0\equiv g^r \pmod p$ 和

$c_1 \equiv g^r y^b \pmod p$都是$\mathbf{Z}_p^*$中的随机数,B不能区分$c_0$和$c_1$,故无法获知$b$的值。再考查绑定性。假设A开始承诺的$b=0$,如果A在展示承诺阶段希望将承诺改为$b=1$,则A需要计算寻找$r'$,使得$g^r \equiv g^{r'} y \pmod p$,即$y \equiv g^{r-r'} \pmod p$。这就意味着A需要计算随机数$y$的离散对数,而这对于A来说是计算困难问题,所以A不能更改做出的承诺。

Pedersen比特承诺协议也可以扩展到承诺多个比特的应用。同样,在协议初始阶段,参与协议的双方在可信第三方的帮助下选择强素数p,满足$p=2q+1$,其中q也是一个素数。选择$\mathbf{Z}_p^*$中的q阶元g,g生成的子群为G。从G中随机选择元素y。该协议执行步骤如下。

(1) A选择所需的承诺比特串$m \in \mathbf{Z}_q$,并产生随机数$r \in \mathbf{Z}_q^*$。

(2) A计算$c \equiv g^r y^m \pmod p$(若$m>q$,则$H(m)$取代m,H为安全的散列函数),c即为A对m的承诺,A将c发送给B。

(3) 需要打开承诺时,A将m和r发送给B。

(4) B验证c的计算是否与收到的承诺一致,如果一致,认为承诺有效;否则,无效。

这个协议仍然满足隐藏性,因为r是随机选择的,所以$g^r y^m \pmod p$也是G中的随机数,故B无法得知m的任何信息。

再考查绑定性。假设A选择随机数r_0,承诺m_0,如果A在展示承诺阶段希望将承诺改为m_1,则A需要计算寻找r_1满足$g^{r_0} y^{m_0} \equiv g^{r_1} y^{m_1} \pmod p$,于是有$g^{r_0-r_1} \equiv y^{m_1-m_0} \pmod p$。由于$q$是素数,所以$(m_1-m_0)^{-1}$存在。由于$g$和$y$都是$G$中的元素,所以$g^q \equiv y^q \equiv 1 \pmod p$,$y \equiv g^{(r_0-r_1)(m_1-m_0)^{-1}} \pmod p$,这就意味着A需要计算随机数$y$的离散对数,而这对于A来说是计算困难问题,所以A无法更改做出的承诺。

8.6 联合身份管理

在多个企业以及大量应用的身份管理方案中,联合身份管理是一个相对较新的概念,支持数万甚至数十万的用户。首先介绍身份管理的概念,然后介绍联合身份管理。

8.6.1 身份管理

身份管理的重点是为用户(人或者进程)定义一个身份,为该身份关联属性,并完成用户的身份认证。身份管理是一种集中式的、自动的方法,能够提供雇员或者其他授权的个人对拥有资源的企业范围的访问。身份管理系统的主要概念是SSO(Single Sign-On),SSO能使用户在一次认证之后访问所有网络资源。

联合身份管理系统提供的服务如下。

(1) 接触点(Point of Contact):包括用户身份的认证和用户/服务器会话的管理。

(2) SSO协议服务(SSO Protocol Services):提供了中立的供应商安全令牌服务,用以支持单点登录的联合服务。

(3) 信任服务(Trust Service):联合关系要求商务伙伴之间有一个基于信任关系的联合。信任关系可以表示为使用组合的安全令牌交换用户信息,令牌中的信息被加密以保证安全,而且有选择地将身份映射规则应用到令牌所包含的信息中。

(4) 密钥服务(Key Service)：管理密钥和证书。

(5) 身份服务(Identity Service)：服务提供了本地存储数据的接口,包括用户登记系统和数据库,用于对用户身份相关信息的管理。

(6) 授权(Authorization)：基于认证的特定服务和基于资源的授权访问。

(7) 规定(Provisioning)：包括在每一目标系统中为用户创建账户、登记或注册用户账户、建立确保账户数据的保密性和完整性的访问权限或证书。

(8) 管理(Management)：与服务相关的运行时的配置和部署。

图 8.10 阐述了通用身份管理结构中的实体和数据流。一个当事人(principal) 就是一个身份持有者,也就是一个想要访问网络资源和服务的用户。用户设施、代理程序和服务器系统都可能作为当事人。当事人向身份提供者证明自己,身份提供者为当事人关联认证信息,如属性、一个或者多个身份标志符。

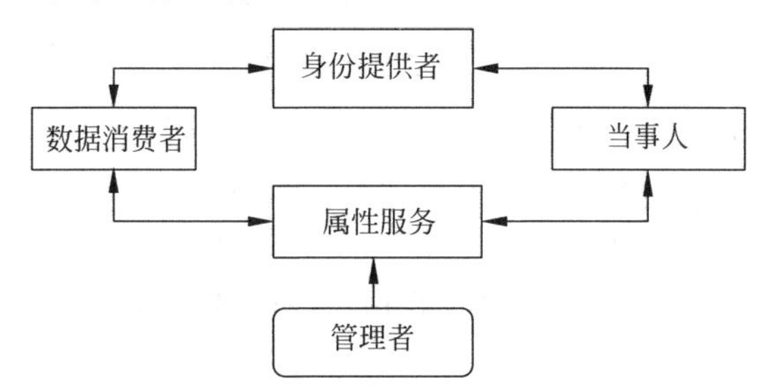

图 8.10　通用身份管理结构

如今,数字身份包含的属性已不只是简单的标志符和认证信息(如口令和生物计量信息)。属性服务管理这些属性的创建和维护。例如,网购用户每次下订单时都要提供一个运送地址给网店店主,用户迁居时该信息需要修改。身份管理使得用户一次性提供这些信息并保存,在满足授权和隐私策略时发布给数据消费者。用户可以自己创建一些属性关联到其身份,如地址。管理者也可为用户指派属性,如角色、访问权限和雇员信息。

数据消费者是一些实体,能够得到并使用由身份提供者和属性服务提供的数据,数据消费者常被用于支持授权决定和收集审计信息。例如,数据库服务器或者文件服务器需要客户的证书来决定为该客户提供什么样的访问权限。

8.6.2　身份联合

在本质上,身份联合是身份管理在多个安全域上的一个扩展。这些域包括自治的内部商业单元、外部的商业伙伴以及其他第三方的应用和服务。目的是提供数字身份共享,使得用户只需要一次认证就可以访问多个域的应用和资源。这些域是相对自治或者独立的,因此可以采用非集中化控制,当然,合作的组织之间必须形成一个基于协商和相互信任的标准来安全地共享数字身份。

联合身份管理涉及协议、标准和技术,支持数万用户的身份、身份属性和访问权限在多个企业以及大量应用间移植。当多个组织执行联合身份管理时,一个组织的雇员能够使用 SSO 访问联盟中其他组织的服务。例如,一个雇员登录本公司的内部网,经过认证可以在内部网执行授权的功能、访问授权的服务,之后可以从外部网的卫生保健提供者处访问自己的服务,而不需要重新认证。

联合身份管理的另一个主要功能是身份映射。在不同的安全域可能需要的身份和属性不同,且一个人在一个域中需要的信息总量可能多于其在另一个域中必需的信息总量。联合身份管理协议将一个域中用户的身份和属性映射到另一个域。

图8.11给出了通用联合身份管理结构中的实体和数据流。

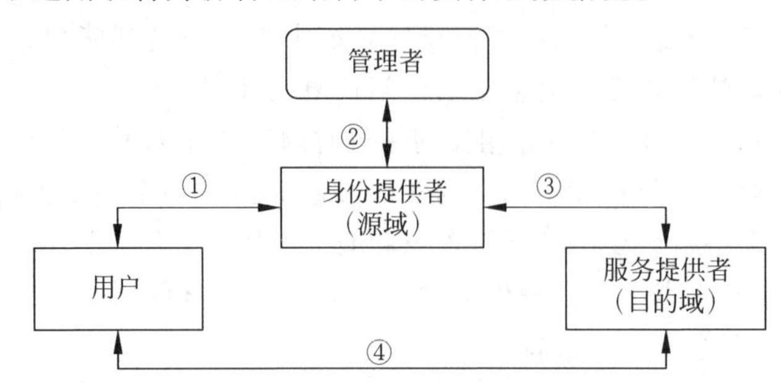

图8.11 通用联合身份管理结构

图8.11中,终端用户的浏览器或其他应用需要和同一个域的身份提供者"通话"。终端用户也提供与身份关联的属性值;一些与身份关联的属性,如许可的角色,可能由同一个域的管理员提供;用户想要访问的服务提供者的其他域,从源域的身份提供者处获取身份信息、认证信息和关联信息;服务提供者和远程用户会话,执行基于用户身份和属性的访问控制限制。

身份提供者通过和用户以及管理者会话、协议交换来获得属性信息,服务提供者是一些实体,一个服务提供者可以和用户及身份提供者在同一个域,也可以在不同的域,但联合身份管理中服务提供者和用户及身份提供者一般在不同的域。

1. 联合身份管理中的标准

为了在不同域或多个系统之间进行安全的身份交换,联合身份管理使用很多标准来构建模块。事实上,组织可以为用户发布一些安全且可被合作伙伴处理的票据。身份联合标准关心的是如何定义这些票据包括的内容和格式、如何为交换票据和执行管理任务提供协议。这些任务包括构建系统来执行属性传递和身份映射,以及执行登录和审计功能。下面列出了一些关键标准。

(1) 可扩展标记语言(XML)。一种标记语言,采用嵌入的标签集来描述文档中的文本元素,以表明文档的外观、功能、含义或上下文。XML文档类似HTML文档(一种可视化的网页语言),但是它提供了更强大的功能。XML包含了对每个字段数据类型的严格定义,因此它支持数据库格式和语义。XML还为传输和更新数据对象的命令提供了编码规则。

(2) 简单对象访问协议(SOAP)。规定使用HTTP来发送XML格式的信息。应用程序之间的服务请求和响应都采用基于XML的数据格式。XML定义了数据对象和结构,SOAP则提供了一种交换数据对象和远程调用相关数据对象的方式。文献[30]有其详细论述。

(3) Web服务安全(WS-Security):一组对SOAP进行扩展的协议,用于实现Web服务中消息的完整性与机密性。为了在应用程序间安全地交换SOAP消息,Web服务安全为每个消息分配了用于身份认证的令牌。

(4) 安全声明标记语言(SAML):一种基于XML标准的语言,用于在线合作伙伴之间安全信息的交换。SAML以主题声明的形式传输认证信息,而声明是对认证实体发布的主题描述。

联合身份管理的挑战是整合多种技术、标准和服务来提供一个安全的、对用户友好的终端,关键是依靠一些被工业界广泛接受的成熟标准。联合身份管理似乎已经达到了成熟水平。

2. 联合身份管理示例

为了对联合身份管理有更好的认识,来看3种应用场景,如图8.12所示。

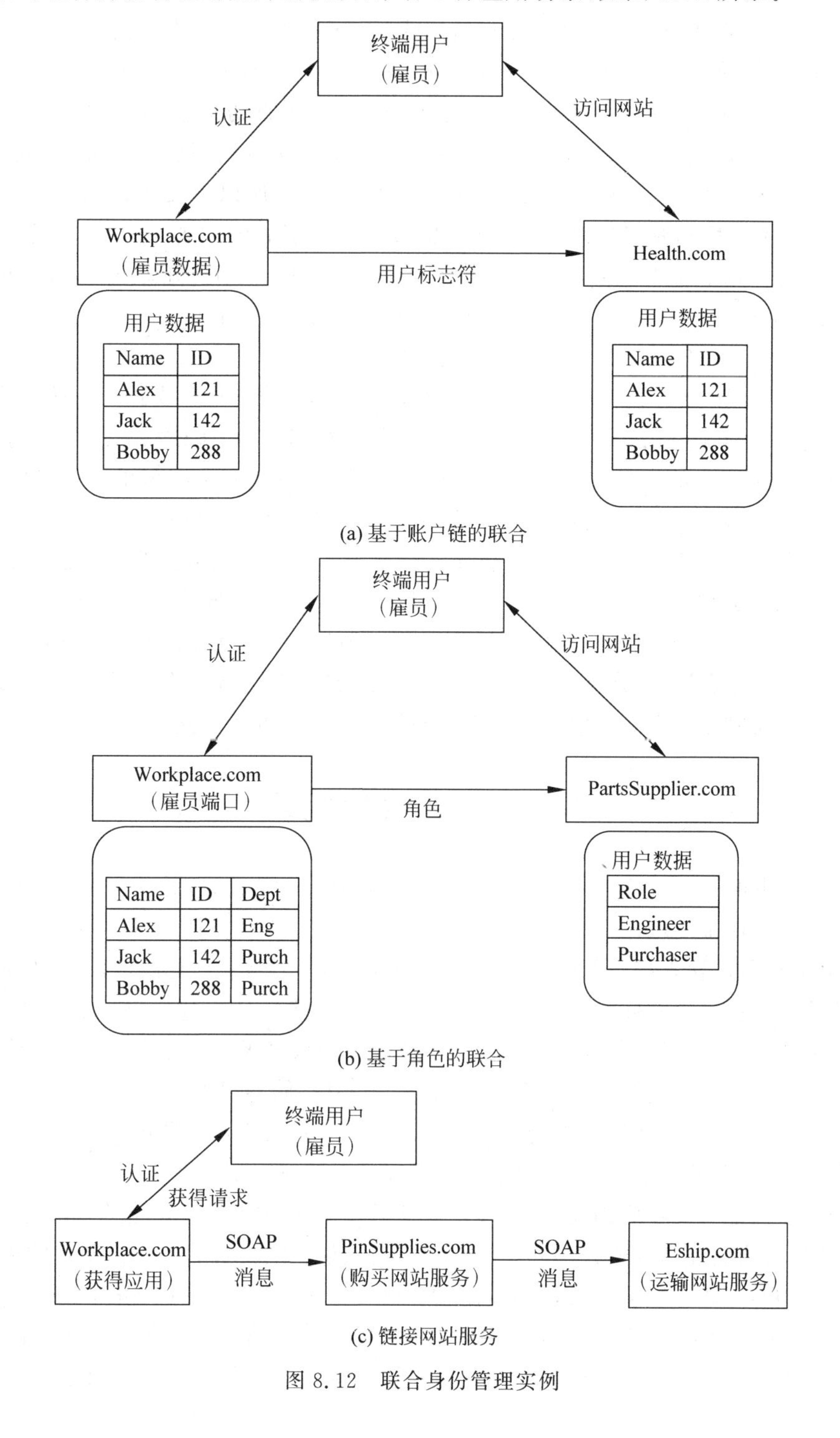

图8.12 联合身份管理实例

第一种场景如图8.12(a)所示。Workplace. com联系Health. com为雇员提供健康福利,一个雇员使用网站接口打开Workplace. com,通过一个认证程序访问Workplace. com中授权的服务和资源。当雇员单击链接查看健康福利时,其浏览器将采用安全的方式改变方向到Health. com。这两个公司之间合作交换用户的联合标志符,Health. com维护Workplace. com中每个雇员的用户身份,并为其关联健康福利信息以及访问权限。在这个例子中,两个公司之间的链接是基于账户信息的,用户参与是基于浏览器的。

图8.12(b)展示了第二种场景。PartsSupplier. com是Workplace. com的"零件"供应商,这种情况下,对信息的访问使用基于角色(Role)的访问控制(RBAC)。假设在Workplace. com的员工入口处有工程师(Engineer)认证且单击链接可以访问PartsSupplier. com的信息,因为已认证用户是一个工程师,所以直接跳转到PartsSupplier. com网页的技术文件和故障处理部分,而不需要再次认证;同样地,一个负责采购的雇员(Purchaser)经认证登录Workplace. com后到PartsSupplier. com购买东西,也不再需要得到PartsSupplier. com的认证。这种情况下,PartsSupplier. com没有Workplace. com单个雇员的身份信息。联合双方的链接是基于角色的。

图8.12(c)所示的场景是基于文件的,而不是基于浏览器的。在这个场景中,Workplace. com和PinSupplies. com之间有购买协议,且后者和Eship. com有商业关系。一个Workplace. com的雇员登录并认证购买后,雇员可得到供应商名单和可订购的信息。用户单击PinSupplies按钮会出现一个订购网页(HTML页面),然后填写表单并提交。采购程序会产生一个XML/SOAP文件,将该文件插入一个基于XML消息的信封体中,同时将用户的信誉以及Workplace. com的身份插入信封头部,然后将该消息投递给PinSupplies. com的网站以购买服务。该服务认证消息并处理请求,发送SOAP消息给其运输伙伴来满足此次订购,该消息包括信封头部PinSupplies. com的安全令牌以及信封体中的发送项目列表和用户配送信息。运送网站认证请求并处理运送任务。

8.7 个人身份验证

基于智能卡的用户认证变得越来越普遍。智能卡有电子接口,并使用了各种认证协议。智能卡包含一整块微处理器,由中央处理器、存储器和I/O端口所组成。为了进行加密操作,有些微处理器还含有特殊的协处理电路,从而能加快完成编码与解码消息、生成数字签名验证传输的信息这样的任务。在某些智能卡中,I/O端口是通过裸露的电接触的方式被兼容的读卡器直接读取的,另外一些智能卡则依赖于嵌入式天线与读卡器进行无线通信。

一个典型的智能卡包括3种类型的存储器。只读存储器(ROM)存储了卡的生命周期内不改变的数据,如卡号和持卡人的姓名;电可擦可编程只读存储器(EEPROM)保存了应用数据和程序,如智能卡能执行的协议,它还可以保存随时间不断变化的数据。

就智能卡认证的实际应用而言,众多供应商必须遵守一定的标准,这些标准覆盖了智能卡协议、认证与访问控制的格式与协议、数据库条目、信息的格式等。在已制定的标准中,最重要的是FIPS 201-2 [Personal Identity Verification(PIV) of Federal Employees and Contractors,June 2012]。该标准定义了一个可靠的PIV系统,此系统应用于设备和信息系统的访问。在FIPS 201-2标准描述的PIV系统中,通用的身份证件可以被创建,并利用它来验证用户身份。

8.7.1 PIV系统模型

图8.13描述了FIPS 201-2兼容系统的主要组件。PIV前端为请求访问设备的用户定义了物理接口,这些用户可能要物理访问一个受保护的物理区域,或者要逻辑访问一个信息系统。PIV前端子系统支持三重认证,认证的重数依赖于安全级别的要求。PIV前端使用了被称为PIV卡的智能卡,这种卡是一种双界面接触式或非接触式卡,它保存有持卡人的照片、X.509证书、加密密钥、生物特征数据和持卡人的唯一身份标志(CHUID)。某些持卡人信息可能是读保护的,需要输入个人身份证号才能被读卡器读取。在当前标准中,生物特征读卡器就是指纹读卡器或者虹膜扫描器。

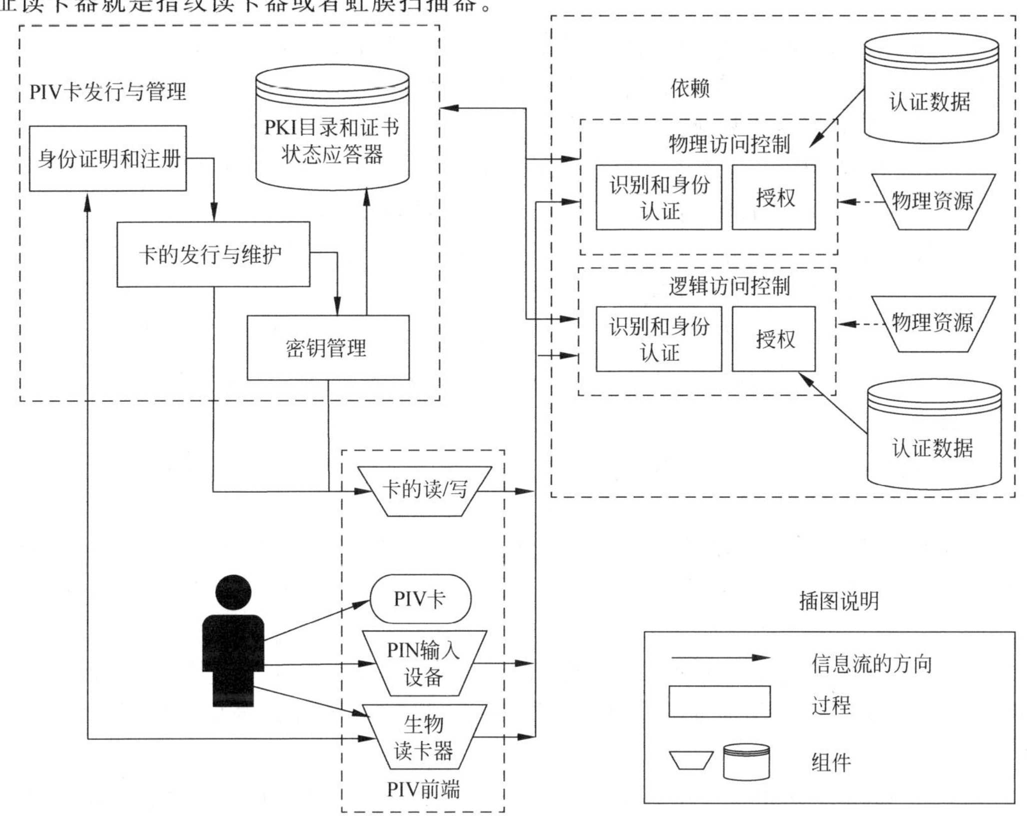

图8.13　FIPS 201-2 PIV系统模型

FIPS 201-2标准定义了3个层次的保障级别来验证卡和存储在卡中的编码数据,同时验证证件持有人的真实性。该标准定义的3个级别分别是:某些信任级别,该级别与读卡器和PIN的使用是相一致的;高度信任级别,该级别增加了生物特征的比较,比较的双方是在卡发行过程中获取并编码的指纹与物理访问点扫描到的指纹;非常高的信任级别,该级别要求上述验证过程在控制点由正式的检查人员参与完成。

PIV系统的另外一个主要组件是PIV卡发行与管理子系统。该子系统包含的组件负责用户身份的证明与注册、卡和密钥的发行与管理,以及作为验证基础设施一部分所需的各种资源和服务的提供。

PIV 系统依赖于子系统来进行交互,该子系统包含的组件负责确定特定的 PIV 持卡人对物理或逻辑资源的访问。FIPS 201-2 还对用于 PIV 系统和依赖子系统之间的交互数据格式和协议进行标准化。

与大多数访问控制卡中典型的卡号码/设备编码不同,FIPS 201-2 通过使用截止日期(持卡人的 CHUID 数据字段)和可选择的数字签名,将认证级别提高到一个新的水平。数字签名用来确保卡中的 CHUID 由一个可信的源进行数字签名,同时它还保证卡被签名后,CHUID 数据不会被修改;截止日期用来验证卡是否过期。PIN 和生物特征因素也提供了个人的身份验证。

8.7.2 PIV 文档

PIV 文档是很复杂的,NIST 发布了覆盖 PIV 广泛主题的许多文档,如下所述。

(1) FIPS 201-2——雇员和承包商的个人身份验证。详细说明了物理卡的特征、存储媒体以及驻留在 PIV 卡中构成身份证书的数据元素。

(2) SP 800-73-3——用于个人身份验证的接口。详细说明了用于从智能卡中存储和检索身份证书的接口及卡的体系结构,并且提供了认证机制和协议的使用准则。

(3) SP 800-76-2——用于个人身份验证的生物特征数据说明。描述了 PIV 系统中生物特征证书的技术获取和形式化说明。

(4) SP 800-78-3——用于个人身份验证的加密算法和密钥大小。确定可接受的对称和非对称加密算法、数字签名算法和消息摘要算法,并且描述了用于确定与 PIV 密钥和数字签名有关算法的机制。

(5) SP 800-104——提供了关于 PIV 卡颜色编码的附加推荐标准。用于标定员工的从属关系。

(6) SP 800-116——物理访问控制系统中使用 PIV 证件的一个推荐标准。描述了基于风险的方法,利用该方法可以选择一个合适的个人身份验证机制来管理对设施和资产的访问。

(7) SP 800-79-1——鉴别个人身份验证卡发行人是否合格的准则。给出了鉴别个人身份验证卡发行人是否可靠的准备,这些发行人收集、保存、传播个人身份证件,并且发行智能卡。

(8) SP 800-96——PIV 卡和读卡器之间交互性准则。给出了 PIV 卡和读卡器之间便于互操作的要求。

除此之外,还有一些 PIV 文档涉及标志符的一致性检验和编码。

8.7.3 PIV 证书和密钥

PIV 卡包含许多强制性和选择性数据元素,它们可作为拥有不同强度和保障级别的身份证书。这些证书以单独或集合的形式被使用,用于认证 PIV 卡持卡人是否达到了特殊活动和交易所要求的保障级别。强制性数据元素如下所述。

(1) 个人身份证号(PIN):需要它来激活卡用于特权操作。

(2) 持卡人唯一身份标志(CHUID):包含了智能证件号(FASC-N)和身份证号(GUID)。

CHUID 唯一标志了卡和持卡人。

(3) PIV 认证密钥：一对非对称密钥和相应的证书，用于用户认证。

(4) 两个指纹模板：用于生物特征认证。

(5) 电子人脸图像：用于生物特征认证。

(6) 卡的非对称认证密钥：一对非对称密钥和相应的证书，用于卡的认证。

选择性数据元素如下所述。

(1) 数字签名密钥：一对非对称密钥和相应的证书，支持文档签名和类似 CHUID 数据元素的签名。

(2) 密钥管理密钥：一对非对称密钥和相应的证书，支持密钥的建立和传输。

(3) 卡的对称认证密钥：支持物理访问的应用。

(4) PIV 卡应用程序管理密钥：与卡管理系统有关的对称密钥。

(5) 一幅或两幅虹膜图像：用于生物特征认证。

表 8.1 列出了不同 PIV 密钥类型所要求的算法和密钥大小。

表 8.1 PIV 算法和密钥大小

PIV 密钥类型	算 法	密钥大小/bit	应 用
PTV 认证密钥	RSA	2048	支持交互式环境下卡和持卡人身份的认证
	ECDSA	256	
卡的认证密钥	3TDEA	168	支持物理访问中卡的认证
	AES	128、192 或 256	
	RSA	2048	支持交互式环境下卡和持卡人身份的认证
	ECDSA	256	
数字签名密钥	RSA	2048 或 3072	支持文档签名和临时签名
	ECDSA	256 或 384	
密钥管理密钥	RSA	2048	支持密钥的建立与传输
	ECDH	256 或 384	

8.7.4 认证

通过使用驻留在 PIV 卡中的电子证书，PIV 卡支持下面的认证机制。

(1) CHUID：持卡人的认证使用了卡中签名的 CHUID 数据元素，PIN 不是必需的。这种机制在低级别的保证需求时是可接受的，这种快速、无接触的认证在必要的情况下很有用。

(2) 卡认证密钥(Card Authentication Key)：PIV 卡的认证是在质询/响应协议中使用认证密钥。PIN 不是必需的。这种机制允许以接触(通过读卡器)或者非接触(通过无线电波)的方式来认证 PIV 卡，不需要持卡人的积极参与，并且提供了低级别的保证。

(3) BIO：持卡人的身份认证是在没有检测人员参与的环境下，比对其指纹样本和签名的生物数据元素。PIN 是必需的，用以激活该卡。这种机制达到了很高的保障级别，需要持卡人积极参与 PIN 和生物特征样本的提交。

(4) BIO-A：持卡人的身份认证是在有检测人员参与的环境下，比对其指纹样本和签名的生物数据元素。PIN 是必需的，用于激活该卡。这种机制达到了很高的保障级别，尤其是对卡中提取出的生物特征模板的信任验证。这种机制需要持卡人积极参与 PIN 和生物特征样本的提交。

(5) PKI：持卡人的认证依靠对质询/响应协议中 PIV 认证私钥控制的展示。其中私钥可以使用 PIV 认证证书来验证。PIN 是必需的，用于激活该卡。这种机制对身份的确定达到了很高的级别，它需要持卡人熟知 PIN。

在上述例子中，除了卡的对称认证密钥这个例子外，PIV 证书的来源和完整性都是通过验证证书上的数字签名，并由可信实体提供签名而得到的。

上述每种认证机制都可以构造许多协议。SP-800-78-3 给出每种机制的例子。图 8.14 描绘了一个使用 PIV 认证密钥的认证会话。该会话提供了很高的保障级别，很适合对拥有 PIV 卡、寻求访问计算机资源的用户进行认证。本地系统包含了 PIV 应用软件并且通过能够使用相对高级别过程调用的程序接口与卡进行通信。这些高级别的命令首先会转化 PIV 命令，然后通过物理接口经读卡器或无线接口到达卡中。

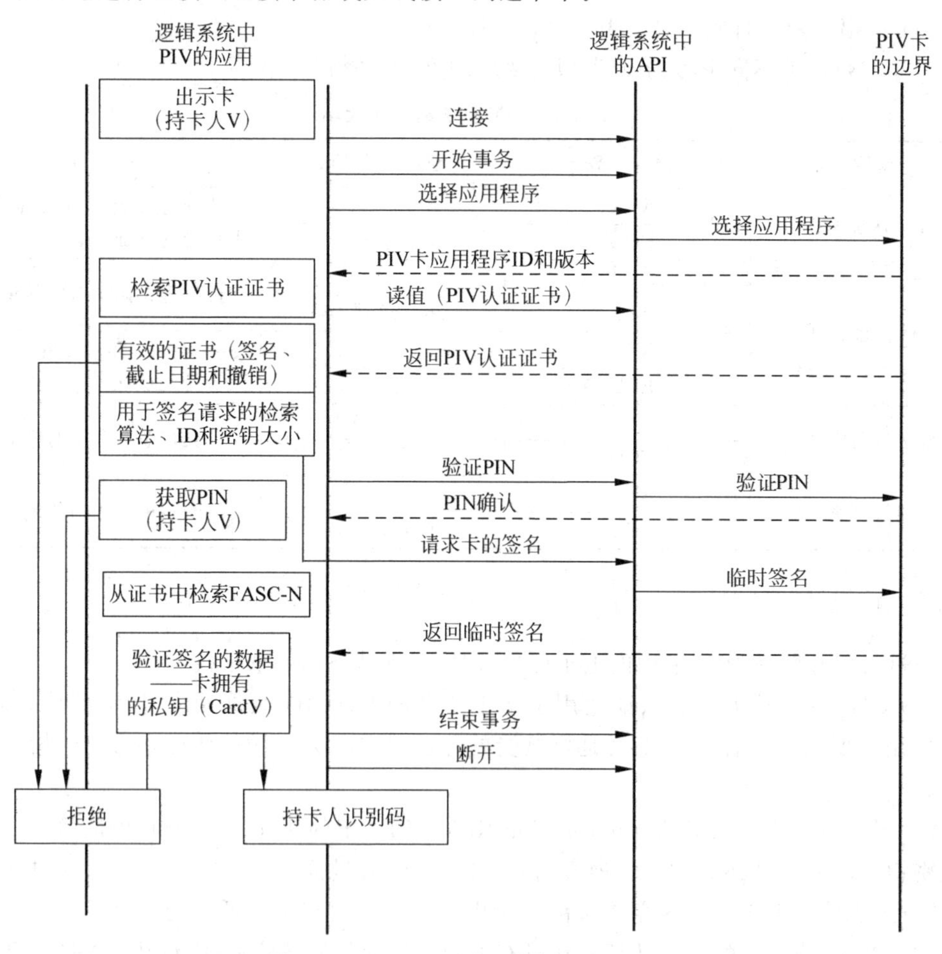

图 8.14　基于 PIV 认证密钥的认证会话

认证过程是从本地系统通过读卡器或无线连接的方式检测卡的时候开始的。接下来会在卡中选择一个应用程序用于认证。本地系统为卡的 PIV 认证密钥请求公钥证书。如果证书有效(如具有有效的数字签名、没有过期或者被撤销)，认证就会继续；否则，该卡就会被拒绝。接下来是本地系统请求持卡人输入卡的 PIN。如果用户提交的 PIN 和卡中存储的 PIN 相匹配，卡就会返回一个肯定的应答；否则，卡就会返回一个失败的消息。根据不同的结果，本地系统要么继续，要么拒绝该卡。接下来是质询/响应协议。本地系统发送一个需要被 PIV 签名的随机数，PIV 返回一个签名。本地系统使用 PIV 认证公钥来验证签名。如果签名有效，持卡人就被接受为合法用户；否则，本地系统就会拒绝该卡。

图 8.14 的会话完成了 3 种机制的认证：对持卡人的认证结合了卡和 PIN 服务知识，PIV 认证密钥证书确保了卡证书的有效性，质询/响应协议完成了对卡的认证。

思考题与习题

8-1　身份鉴别有哪些类别？各有何特点？

8-2　根据鉴别信息的不同，身份鉴别有哪些基本方式？

8-3　对抗身份鉴别中的重放攻击主要有哪些实现方式？

8-4　在针对 S/Key 身份鉴别方案的小数攻击中，攻击者是如何获得用户一系列有用口令的？请给出一种对抗小数攻击的改进方案。

8-5　某 OTP 身份鉴别方案中，用户 A 在注册阶段，通过安全信道向服务器 S 提交用户身份标识符 ID_A 和口令 pw_A。S 计算 $hpw_A = h(ID_A \| pw_A)$，然后将 ID_A 和 hpw_A 安全保存在 S 中。这里 $h(\cdot)$为安全散列函数，"$\|$"为连接符。当 A 要访问 S 时，按图 8.15 所示步骤完成身份鉴别。

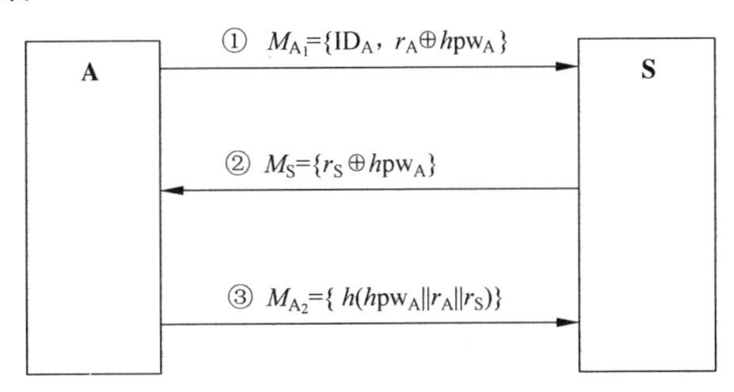

图 8.15　习题 8-5 身份鉴别过程示意图

其中 ID_A 为 A 的身份标识符，r_A 和 r_S 分别为 A 和 S 产生的随机数。试分析：

(1) 该方案如何提供身份鉴别的安全性？

(2) 该方案有何局限性及脆弱性？并给出相应的改进方案。

8-6　假定通信双方(用户 A 和用户 B)安全拥有对方的公钥和自己的私钥，身份鉴别过程如图 8.16 所示。

其中 r_{A_1}、r_{A_2} 是 A 产生的随机数，r_B 是 B 产生的随机数，$S_{k_A}(\cdot)$、$S_{k_B}(\cdot)$分别表示用 A、B 的私钥 k_A、k_B 对信息进行数字签名，"$\|$"表信息的连接。请给出以下问题的分析：

(1) 该身份鉴别方案是如何对抗假冒和重放攻击的？

(2) 请分析该鉴别方案的安全性，指出可能受到什么样的攻击，又该如何改进？

8-7　基于生物特征的身份鉴别有哪几种？各有何特点？

8-8　生物特征鉴别与密码技术鉴别各有什么优缺点？

8-9　零知识证明的基本特性是什么？

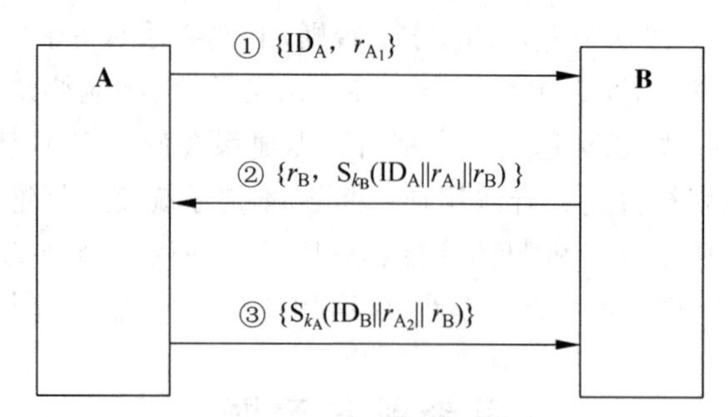

图 8.16　习题 8-6 身份鉴别过程示意图

8-10　分析 F-F-S 鉴别方案的安全性,该方案如何防止假冒攻击?

8-11　在 G-Q 身份鉴别方案中,假设 $n=199543$, $b=523$, $v=146152$,试验证 $v^{456}101360^b \equiv v^{257}36056^b \bmod n$,并由此求解 m。

第 9 章 流 密 码

9.1 概 述

流密码也称为序列密码(Stream Cipher),它是一种对称密码。流密码具有软件实现简单、便于硬件实现、加解密处理速度快、没有或只有有限的错误传播等优点,因此流密码在实际应用中,特别是在军事或外交保密通信应用领域有着突出优势。

1949 年 Shannon 证明了一次一密密码体制是绝对安全的,这给流密码技术的研究以强大的支持。流密码是模仿一次一密体制的尝试,或者说一次一密密码体制是流密码的雏形。如果流密码使用的是真正随机产生的、与消息流长度相同的密钥流,则此时的流密码就是一次一密密码体制。

设由连续的符号或比特组成的明文流为 $M=m_1m_2\cdots m_n$,由密钥流发生器得到密钥或种子密钥的密钥流为 $K=k_1k_2\cdots k_n$,则相应的加解密规则如下。

(1) 加密。$C=c_1c_2\cdots c_n$,其中 $c_i=E_{k_i}(m_i)(i=1,2,\cdots,n)$。

(2) 解密。$M=m_1m_2\cdots m_n$,其中 $m_i=D_{k_i}(c_i)(i=1,2,\cdots,n)$。

流密码的加解密规则一般都非常简单,其关键在于密钥流的产生。与分组密码相比,流密码的主要特点如下。

(1) 流密码以一个符号(如 1 字节或一个字)作为基本的处理单元,而分组密码以一定大小的分组作为基本的处理单元。

(2) 流密码使用一个随时间变化的简单的加密变换,即不同时刻所用的密钥不同,而分组密码在不同时刻所用的密钥是相同的。

9.2 流密码的工作模式

流密码在实际使用中进一步分为两种工作模式:同步模式(Synchronized Mode)和非同步模式(Unsynchronized Mode)[31]。

在同步流密码中,发送者和接收者必须保证是"同步"的,即双方均须知道已经加密的明文长度。同步模式通常用于各方之间的单个通信会话,双方在不丢失信息的情况下按顺序接收消息。在同步模式下,发送者生成一个长伪随机流,并使用它的不同部分来加密每个消息。解密和加密需要同步以确保解密的正确性(即接收器知道流的哪个部分用于加密下一个消息),并确保不重新使用流的任何部分。同步模式的图示如图 9.1 所示。

在加密算法的输入中加入随机初始变量 IV,就得到了非同步工作模式,如图 9.2 所示。

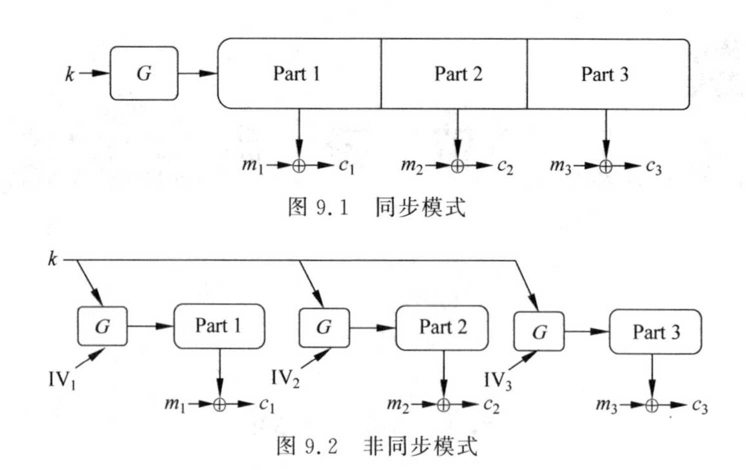

图 9.1　同步模式

图 9.2　非同步模式

此时的密文形式为$\langle \mathrm{IV}, G(k,\mathrm{IV},1^m)\oplus m\rangle$。如果函数$F_k(\mathrm{IV}) \overset{\mathrm{def}}{=\!=} G(k,\mathrm{IV},1^m)$为伪随机函数,该模式实际上是CPA安全的。

9.3　密钥流发生器设计准则

密钥流发生器是流密码最重要的部分。二元加法流密码的安全强度取决于密钥流发生器所产生的密钥流性质。如果密钥流是无周期的无限长随机序列,则此时流密码是一次一密密码体制,是绝对安全的。在实际应用中,密钥流都是用有限存储和有限复杂逻辑的电路来产生的,此时密钥流发生器只有有限个状态。这样,密钥流发生器迟早要回到初始状态,故其输出也就是周期序列。所以,实际应用中的流密码是不可能实现一次一密密码体制的。但如果密钥流发生器生成的密钥流周期足够长,且随机性好,其安全强度还是可以保证的。因此,流密码的设计当中最核心的问题在于密钥流发生器的设计,流密码的安全强度取决于密钥流发生器生成的密钥流的周期、复杂度、(伪)随机性等。

设计流密码需从两方面进行考虑:一方面从系统自身的复杂性度量出发,如输出密钥流的周期、线性复杂度、随机性等;另一方面从抗已知攻击出发,如线性逼近、统计分析等。目前设计密钥流发生器的主要准则如下。

(1) 密钥量足够大。

因为密钥流的输出取决于输入密钥的值,为防止强力攻击,密钥应该足够长,在目前的软硬件技术条件下,应不小于128位。

(2) 加密序列的周期足够长。

重复的周期越长,密码分析的难度就越大。周期一般为2^{128}或2^{256}。

(3) 密钥流应该尽可能地接近于一个真正的随机数流的特征,密钥流的随机性越好,密文越随机,密码分析就越困难。

9.4　密钥流的伪随机性

流密码的安全性取决于密钥流的安全性,只有密钥流序列具有良好的随机性,才能使密码分析者即使截获密钥流序列其中的某一段,也不能预测和推断出其他序列。在流密码的

研究和应用中，密钥流序列的随机性分析非常重要，本节就其有关基本概念予以介绍。

随机序列的数学描述为：设有序列 $a_1a_2\cdots a_i\cdots(i=1,2,\cdots)$，其中 a_i 是相互独立并等概率取值 0 或 1 的随机变量，序列的随机性就是序列中 0,1 分布的随机性。不过，这种随机性只有理论意义，在实际密码技术的应用中不可能产生完全符合这种随机性要求的随机序列。事实上，不但不可能产生真正的随机序列，也不可能产生无限长序列，实际使用中的序列都是周期性的。但是，只要序列的周期足够大，序列的随机性足够好，就可满足密码技术应用的要求。

定义 9.1　设有序列 $\{a_i \mid i=1,2,\cdots\}$，如果存在正整数 t，使得 $\forall i, a_{i+t}=a_i$，则称序列 $\{a_i\}$ 为周期序列，其中的最小正整数 T 称为序列 $\{a_i\}$ 的周期。

例如，对于序列 00101111 00101111 00101111 00101111 00101111……，它的周期为 8。

定义 9.2　在序列 $\{a_i \mid i=1,2,\cdots\}$ 的一个周期 $a_{l+1},a_{l+2},\cdots,a_{l+T}$ 中，如果 $a_m \neq a_{m+1}=a_{m+2}=\cdots=a_{m+r}\neq a_{m+r+1}$，$l+1\leqslant m+1<m+r\leqslant l+T$，则称 $(a_{m+1}a_{m+2}\cdots a_{m+r})$ 为序列的一个长为 r 的游程，简称 r-游程。

例如，对于定义 9.1 后的序列，“00”是该序列的一个 0 的 2-游程，紧接着的“1”是一个 1 的 1-游程，后面的“1111”是一个 1 的 4-游程。

定义 9.3　设序列 $\{a_i \mid i=1,2,\cdots\}$ 的周期为 T，序列的自相关函数定义为

$$R(\tau)=\frac{1}{T}\sum_{k=0}^{T-1}(-1)^{a_k}(-1)^{a_{k+\tau}}\quad(0\leqslant\tau\leqslant T-1)\tag{9.1}$$

式(9.1)中的和式表示序列 $\{a_i\}$ 与 $\{a_{i+\tau}\}$(序列 $\{a_i\}$ 向右平移 τ 位)在一个周期内对应位相同的位数(记为 n_τ)与对应位不相同的位数(记为 m_τ)之差。这样，自相关函数 $R(\tau)$ 也可表示为

$$R(\tau)=\frac{n_\tau-m_\tau}{T}\tag{9.2}$$

易见 $m_\tau=T-n_\tau$ 所以 $R(\tau)=\dfrac{n_\tau-(T-n_\tau)}{T}=\dfrac{2n_\tau}{T}-1$。

当 $\tau=0$ 时，$n_\tau=T$，这时 $R(0)=1$，$R(0)$ 称为同相自相关函数。当 $\tau\neq0$ 时，$R(\tau)$ 称为异相自相关函数。

$R(\tau)$ 反映了序列比特的均匀分布特性。如果 $R(\tau)$ 是一个常数，则说明分布完全均匀。也就是说，通过这种平移比较得不到任何其他信息，这正是伪随机性的重要条件之一。

为了度量周期序列的随机性，1955 年，Golomb 对序列的周期性提出了如下 3 个公设，称为 Golomb 随机性公设。

定义 9.4　设序列 $\{a_i \mid i=1,2,\cdots\}$ 的周期为 T，考虑序列的一个周期：

(1) 若周期 T 为偶数，则 0 和 1 的个数相等；若周期 T 是奇数，则 0 和 1 的个数相差 1。

(2) r-游程占总游程数的 $\dfrac{1}{2^r}$，$r=1,2,\cdots$；1 的 r-游程个数和 0 的 r-游程个数至多相差 1。

(3) 异相自相关函数 $R(\tau)$ 是一个常数。

满足以上 3 个公设的序列称为伪随机序列(Pseudo Random Sequence)。

公设(1)表明序列$\{a_i\}$中0与1出现的概率基本相同;公设(2)表明0与1在序列$\{a_i\}$中每个位置上出现的概率相同;公设(3)表示通过对序列$\{a_i\}$与其平移后的序列$\{a_{i+\tau}\}$进行比较,不能得出任何其他信息。

从密码系统的角度看,一个伪随机序列$\{a_i\}$还应满足以下条件:

(1) $\{a_i\}$的周期相当大;

(2) $\{a_i\}$的确定在计算上是容易的;

(3) 由密文和相应明文的部分信息不能确定整个$\{a_i\}$。

【例 9.1】 讨论序列 010011010001100111 010011010001100111…的随机性。

解:此序列的周期为18;

0的个数为9,1的个数也为9;

0的1-游程个数为2,1的1-游程个数也为2;

0的2-游程个数为2,1的2-游程个数也为2;

0的3-游程个数为1,1的3-游程个数也为1;

游程总数为10;

1-游程个数为4,占总数的$\frac{4}{10}=\frac{2}{5}\neq\frac{1}{2}$;

2-游程个数为4,占总数的$\frac{4}{10}=\frac{2}{5}\neq\frac{1}{2^2}$;

3-游程个数为2,占总数的$\frac{2}{10}=\frac{1}{5}\neq\frac{1}{2^3}$;

当$r\geqslant 4$,r-游程的个数都为0;

$$R(1)=\frac{2\times 9}{18}-1=0,\quad R(2)=\frac{2\times 6}{18}-1=-\frac{1}{3},\quad R(3)=\frac{2\times 8}{18}-1=-\frac{1}{9},$$

$$R(4)=\frac{2\times 10}{18}-1=\frac{1}{9},\quad R(5)=\frac{2\times 8}{18}-1=-\frac{1}{9},\quad R(6)=\frac{2\times 10}{18}-1=\frac{1}{9},$$

$$R(7)=\frac{2\times 10}{18}-1=\frac{1}{9},\quad R(8)=\frac{2\times 10}{18}-1=\frac{1}{9},\quad R(9)=\frac{2\times 4}{18}-1=-\frac{5}{9},$$

$$R(10)=\frac{2\times 10}{18}-1=\frac{1}{9},\quad R(11)=\frac{2\times 10}{18}-1=\frac{1}{9},\quad R(12)=\frac{2\times 10}{18}-1=\frac{1}{9},$$

$$R(13)=\frac{2\times 8}{18}-1=-\frac{1}{9},\quad R(14)=\frac{2\times 10}{18}-1=\frac{1}{9},\quad R(15)=\frac{2\times 8}{18}-1=-\frac{1}{9},$$

$$R(16)=\frac{2\times 6}{18}-1=-\frac{1}{3},\quad R(17)=\frac{2\times 8}{18}-1=-\frac{1}{9}。$$

显然本序列满足公设(1),但不满足公设(2)和公设(3),因此不是伪随机序列。可见,伪随机序列的条件是很难严格满足的,常常只是近似地满足。

9.5 线性反馈移位寄存器

在许多流密码中,产生密钥流最重要的一个部件是线性反馈移位寄存器(Linear Feedback Shift Register,LFSR),这主要基于以下几个原因:

(1) LFSR 非常适合硬件实现;

(2) LFSR 能产生大的周期序列;

(3) LFSR 能产生具有良好统计特性的序列;

(4) LFSR 的结构能够应用代数方法进行很好的分析。

n 级反馈移位寄存器的结构如图 9.3 所示。

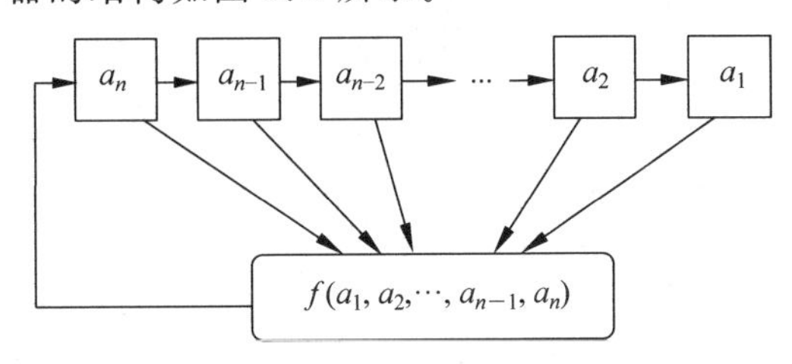

图 9.3 n 级反馈移位寄存器的结构

反馈移位寄存器的工作原理非常简单,移位寄存器用来存储数据,并受系统时钟脉冲驱动。每个寄存器单元称为移位寄存器的一级,移位寄存器中寄存器单元的个数称为移位寄存器的级数。在某一时刻,所有寄存器单元的内容构成该反馈移位寄存器的一个状态,共有 2^n 个可能的状态,每个状态对应于域 GF(2)上的一个 n 维向量,用$(a_1,a_2,\cdots,a_{n-1},a_n)$表示,其中 a_i 是当前时刻第 i 级寄存器单元的内容。

在系统时钟确定的周期区间内,第 i 级寄存器单元 a_i 的内容被传递给第 $i-1$ 级寄存器单元 $a_{i-1}(i=2,3,\cdots,n)$,并根据寄存器当时的状态计算 $f(a_1,a_2,\cdots,a_n)$作为寄存器单元 a_n 下一个时间周期的内容。$f(a_1,a_2,\cdots,a_n)$称为反馈函数,该函数是一个 n 元布尔函数。

若移位寄存器的反馈函数 $f(a_1,a_2,\cdots,a_n)$是 $a_1,a_2,\cdots,a_n$ 的线性函数,则这样的移位寄存器称为线性反馈移位寄存器,否则称为非线性反馈移位寄存器。

若 $f(a_1,a_2,\cdots,a_n)$为线性函数,则可表示为

$$f(a_1,a_2,\cdots,a_n)=c_n a_1 \oplus c_{n-1}a_2 \oplus \cdots \oplus c_1 a_n$$

其中,系数 $c_i=0$ 或 1,$\oplus$表示模 2 加法或异或运算。在硬件实现上,$c_i=0$ 或 1 可用开关的闭合或断开来实现。在线性反馈移位寄存器中,总是假定 $c_1,c_2,\cdots,c_n$ 中至少有一个不为 0;否则,由于 $f(a_1,a_2,\cdots,a_n)=0$,在 n 个脉冲后的状态必然是 00…0,且这个状态将一直持续。因此,对于 n 级线性反馈移位寄存器,总是假定 $c_n=1$。对应的 n 级线性反馈移位寄存器用 LFSR 表示,如图 9.4 所示。

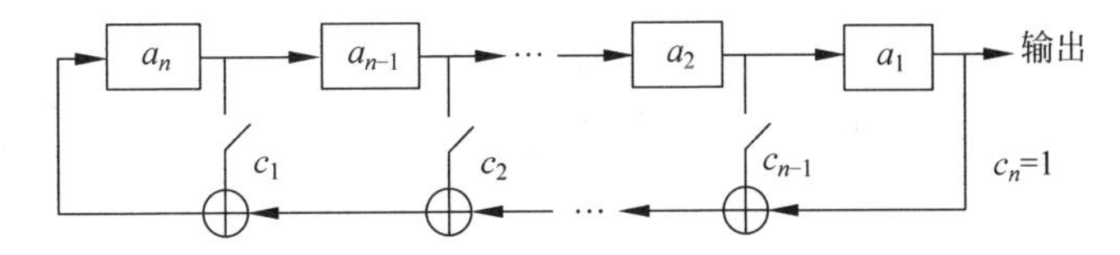

图 9.4 n 级线性反馈移位寄存器的结构

令 $a_i(t)$表示时刻 t 第 i 级寄存器单元的内容,则有

$$a_i(t+1)=a_{i+1}(t) \quad (i=1,2,\cdots,n-1)$$

$$a_n(t+1)=c_1 a_n(t) \oplus c_2 a_{n-1}(t) \oplus \cdots \oplus c_{n-1}a_2(t) \oplus c_n a_1(t)$$

【例 9.2】 设四级 LFSR 的反馈函数为 $f(a_1,a_2,a_3,a_4)=a_1 \oplus a_4$,寄存器初态为($a_1$,

a_2,a_3,a_4)=(0101),则该 LFSR 各个时刻的状态及输出如表 9.1 所示。

表 9.1 LFSR 各个时刻的状态及输出

时　刻	状态(a_4,a_3,a_2,a_1)	输　出
0	1 0 1 0	0
1	1 1 0 1	1
2	0 1 1 0	0
3	0 0 1 1	1
4	1 0 0 1	1
5	0 1 0 0	0
6	0 0 1 0	0
7	0 0 0 1	1
8	1 0 0 0	0
9	1 1 0 0	0
10	1 1 1 0	0
11	1 1 1 1	1
12	0 1 1 1	1
13	1 0 1 1	1
14	0 1 0 1	1
15	1 0 1 0	0

易见时刻 15 的状态恢复到了初始状态,即状态开始重复,故该 LFSR 的周期是 15,其输出序列为 010110010001111 0 010110010001111 0 …。

线性反馈移位寄存器输出序列的性质完全由反馈函数 $f(a_1,a_2,\cdots,a_n)$决定。n 级线性反馈移位寄存器最多有 2^n 个不同的状态。如果其初始状态为全 0,那么其状态将持续为全 0,否则后续状态不会为全 0。因此,n 级线性反馈移位寄存器的状态周期不会大于 2^n-1。显而易见,输出序列的周期与状态周期一致,也不会大于 2^n-1。

当 n 级线性反馈移位寄存器产生序列$\{a_i\}$的周期 $T=2^n-1$ 时,称为 n 级 m 序列。已有研究结果表明,m 序列具有良好的随机性,并具有如下 3 个性质。

(1) 在一个周期内,0、1 出现的次数分别是 $2^{n-1}-1$ 和 2^{n-1}。

(2) 在一个周期内,总游程数为 2^{n-1};对于 $1\leqslant i\leqslant n-2$,长度为 i 的游程有 2^{n-i-1} 个,且 0、1 游程各占一半;长度为 $n-1$ 的游程有 1 个,长度为 n 的游程有 1 个。

(3) $\{a_i\}$的自相关系数为

$$R(\tau)=\begin{cases}1, & \tau=0\\ \dfrac{-1}{2^n-1}, & 0<\tau\leqslant 2^n-2\end{cases}$$

9.6 非线性反馈移位寄存器

虽然 LFSR 序列具有较好的随机性,但 LFSR 流密码在已知明文攻击下是容易被破译的。LFSR 流密码可被破译的根本原因在于线性移位寄存器序列是线性的,这促使人们向非线性领域探索。

可以将反馈循环变为非线性[31]。一个非线性反馈移位寄存器(Nonlinear Feedback Shift Register，NFSR)依旧由寄存器单元序列组成，每个寄存器单元都存储 1 比特。和 LFSR 相同，每个时钟周期 NFSR 通过将每个寄存器单元内的值向右移位来更新自己的状态，在每个时钟周期输出最右边寄存器单元的值。然而，与 LFSR 不同的是，最左边寄存器单元的值通过当前寄存器单元序列内的值的非线性函数计算得到。

人们对 LFSR 的研究比较充分和深入，于是可以基于 LFSR 来构造 NFSR，进而设计相应的流密码。对一个或多个线性移位寄存器序列进行非线性组合可以获得良好的非线性序列(即 NFSR 序列)。图 9.5 给出对一个 LFSR 进行非线性组合的逻辑结构，图 9.6 给出对多个 LFSR 进行非线性组合的逻辑结构。这里用线性移位寄存器序列作为驱动源来驱动非线性电路产生非线性序列，其中用线性移位寄存器序列来确保所产生序列的长周期和均匀性，用非线性电路来确保输出序列的非线性和其他密码性质。通常这里的非线性电路称为前馈电路，这种输出序列称为前馈序列。

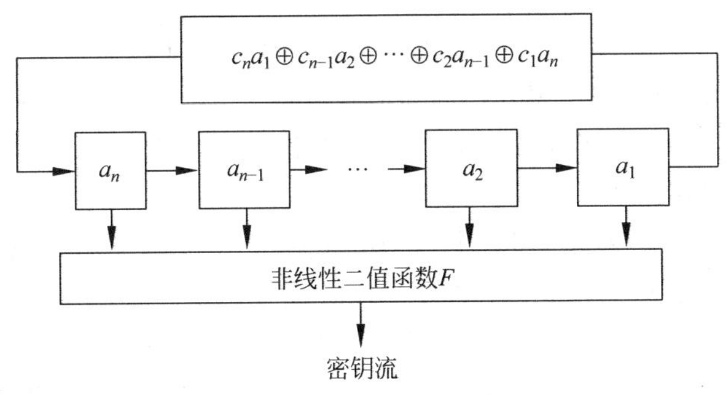

图 9.5 一个 LFSR 的非线性组合

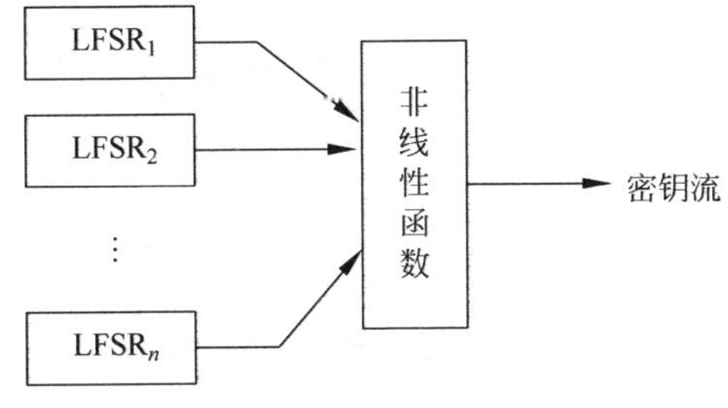

图 9.6 多个 LFSR 的非线性组合

下面以两个经典的密钥流发生器为例，来简单介绍常见的用于生成非线性序列的密钥流产生方法。

9.6.1 Geffe 发生器

如图 9.7 所示，该密钥流发生器[47]由 3 个线性反馈移位寄存器($LFSR_1$、$LFSR_2$ 和 $LFSR_3$)以及一个非线性函数 $g(x)$组成(图中的符号◗表示“逻辑与”操作，图中的符号▷表示“逻辑非”操作)。设 $LFSR_1$、$LFSR_2$ 和 $LFSR_3$ 的当前输出分别是 x_{1i}、x_{2i}、x_{3i}，则该发生器生成的序列 $g(x)$为

$$g(x_i)=x_{1i}x_{2i} \oplus \bar{x}_{2i}x_{3i}$$

该发生器从理论上看似乎很好，但由于该发生器的输出序列 $g(x)$与 $LFSR_2$ 的输出序

列相关性较高,$g(x)$泄露了较多$LFSR_2$输出序列的信息,容易受到相关性分析攻击,因此该发生器的安全性较弱。

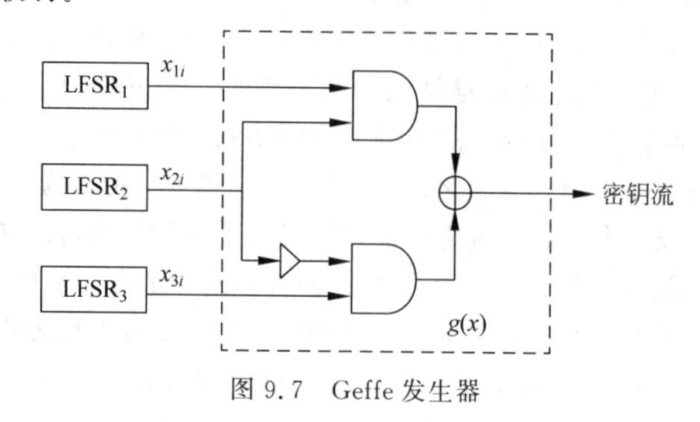

图 9.7 Geffe 发生器

9.6.2 钟控发生器

钟控发生器[48]由控制序列(由一个或多个 LFSR 控制生成)的当前值来决定被采样序列寄存器的移位次数,即由控制序列的当前值确定被采样序列寄存器的时钟脉冲数。控制序列和被采样序列可以是源于同一个 LFSR 的自控型,也可以是源于不同 LFSR 的他控型,还可以是相互控制的互控型。

最基本的钟控发生器模型是用一个 LFSR 控制另外一个 LFSR 的移位时钟脉冲,根据时钟脉冲的高低来控制输出序列,图 9.8 是该钟控发生器模型示意图。当$LFSR_1$输出 1 时,移位时钟脉冲被采样,即能通过与门使$LFSR_2$进行一次移位,从而生成下一位;当$LFSR_1$输出 0 时,移位时钟脉冲不被采样,即不能通过与门影响$LFSR_2$,$LFSR_2$重复输出前 1 位。这种发生器结构比较简单,安全性较低。

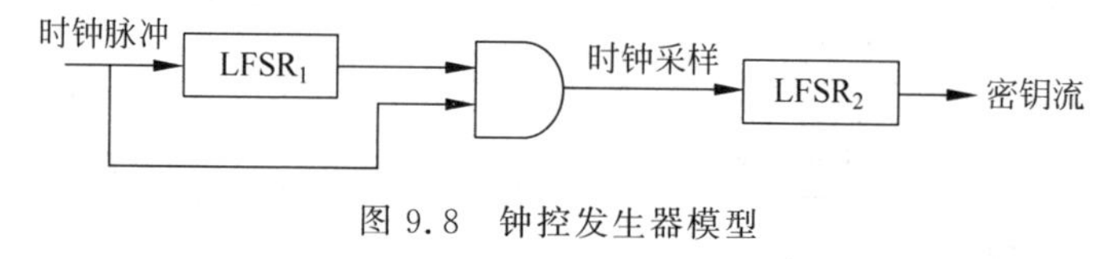

图 9.8 钟控发生器模型

9.7 典型流密码算法

在介绍了流密码设计的基础知识,本节介绍两种目前比较典型的流密码算法 Trivium 和 RC4。这两种流密码算法结构简单,易于实现,且加解密速度快,应用范围非常广泛。

9.7.1 Trivium 算法

Trivium[32]是一种面向硬件的同步流密码算法,它的设计原则是在不牺牲安全性、效率和可用性的情况下尽可能地简化流密码。Trivium 是欧洲 eSTREAM 项目的胜选算法之一,同时也是 ISO/IEC 规定的国际标准。

Trivium 算法设计包含 288 位的内部状态,用$(s_1,s_2,\cdots,s_{288})$来表示。Trivium 算法使用了 3 个非线性移位寄存器,级数分别为 93、84 和 111。Trivium 的设计非常简单,如图 9.9 所示。它由 80 位密钥和 80 位初值(IV)产生 2^{64} 位的密钥流,运算中不断更新 288 位的内部状态。大多数流密码产生密钥流的过程分为两个阶段：首先，使用密钥和IV初始化密码内部状态；然后，重复更新状态，同时生成密钥流。下面以伪代码的形式详细介绍两个阶段。

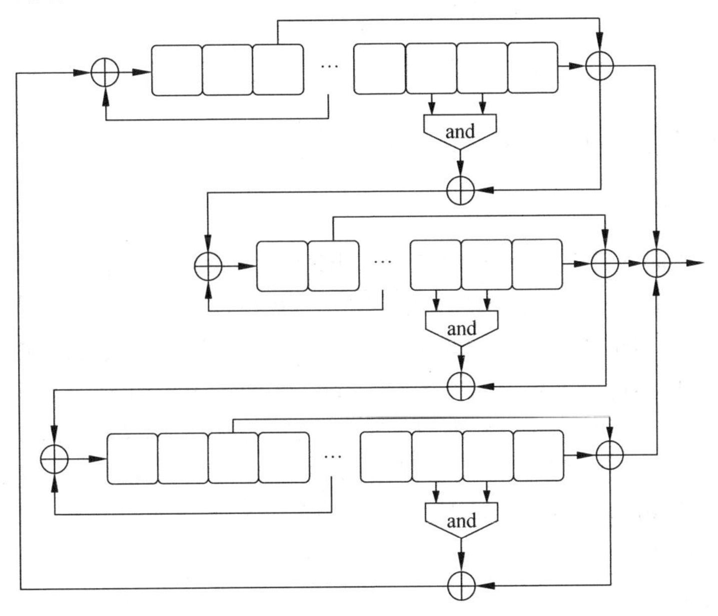

图9.9 Trivium算法结构

1. 密钥和IV设置

在初始化时，算法将80位密钥和80位IV载入288位的内部状态，将s_{286}、s_{287}和s_{288}全设置为1；然后，状态位轮转4个全循环，但是不产生密钥流位。其代码如下：

$(s_1, s_2, \cdots, s_{93}) \leftarrow (K_1, K_2, \cdots, K_{80}, 0, \cdots, 0)$
$(s_{94}, s_{95}, \cdots, s_{177}) \leftarrow (\mathrm{IV}_1, \mathrm{IV}_2, \cdots, \mathrm{IV}_{80}, 0, \cdots, 0)$
$(s_{178}, s_{179}, \cdots, s_{288}) \leftarrow (0, \cdots, 0, 1, 1, 1)$
For $i = 1$ to 4×288 do
$t_1 \leftarrow s_{66} \oplus s_{93} \oplus s_{91} \cdot s_{92} \oplus s_{171}$
$t_2 \leftarrow s_{162} \oplus s_{177} \oplus s_{175} \cdot s_{176} \oplus s_{264}$
$t_3 \leftarrow s_{243} \oplus s_{288} \oplus s_{286} \cdot s_{287} \oplus s_{69}$
$(s_1, s_2, \cdots, s_{93}) \leftarrow (t_3, s_1, s_2, \cdots, s_{92})$
$(s_{94}, s_{95}, \cdots, s_{177}) \leftarrow (t_1, s_{94}, s_{95}, \cdots, s_{176})$
$(s_{178}, s_{179}, \cdots, s_{288}) \leftarrow (t_2, s_{178}, s_{179}, \cdots, s_{287})$
End for

其中$\oplus$、$\cdot$操作分别表示在GF(2)上的异或、与操作。

2. 密钥流产生

密钥流的产生主要包括一个迭代过程：取出15位特定位，每次使用其中两位来更新状态位中的3位，然后计算一位密钥流z_i。状态位随之轮转，直到产生所需的$N \leqslant 2^{64}$位密钥流。其代码如下：

for $i = 1$ to N do
$t_1 \leftarrow s_{66} \oplus s_{93}$
$t_2 \leftarrow s_{162} \oplus s_{177}$
$t_3 \leftarrow s_{243} \oplus s_{288}$
$z_i \leftarrow t_1 \oplus t_2 \oplus t_3$
$t_1 \leftarrow t_1 \oplus s_{91} \cdot s_{92} \oplus s_{171}$

$t_2 \leftarrow t_2 \oplus s_{175} \cdot s_{176} \oplus s_{264}$
$t_3 \leftarrow t_3 \oplus s_{286} \cdot s_{287} \oplus s_{69}$
$(s_1, s_2, \cdots, s_{93}) \leftarrow (t_3, s_1, s_2, \cdots, s_{92})$
$(s_{94}, s_{95}, \cdots, s_{177}) \leftarrow (t_1, s_{94}, s_{95}, \cdots, s_{176})$
$(s_{178}, s_{179}, \cdots, s_{288}) \leftarrow (t_2, s_{178}, s_{179}, \cdots, s_{287})$
End for

其中$\oplus$、$\cdot$操作分别表示在GF(2)上的异或、与操作。

9.7.2 RC4算法

RC4是美国密码学家Rivest在1987年为RSA公司设计的一个流密码算法,它在现代密码学的发展过程中具有非常重要的作用。RC4密码以随机置换为基础,是一个可变密钥长度、面向字节操作的流密码。RC4算法简单、易于实现、加密解密速度快,被广泛用于多个领域,如保护互联网传输层安全的安全套接字协议/传输层安全协议(SSL/TLS)和微软的Office应用,并作为无线局域网标准IEEE 802.11的WEP协议的一部分得到应用。

RC4密码与基于移位寄存器的流密码不同,是一种基于非线性数据表变换的流密码。它以一个足够大的数据表为基础,对表进行非线性变换,产生非线性的密钥流。RC4密码是一个密钥长度从1字节到256字节(或从8位到2048位)可变的流密码,为安全起见,至少使用128位的密钥。

RC4算法简单,易于描述:使用从1字节到256字节(或从8位到2048位)可变长度密钥初始化一个256字节的状态表S,S的元素记为S[0],S[1],…,S[255]。S先初始化为S[i]=i,以后只对它进行置换操作。每次生成的密钥字节k由S中256个元素按一定方式选出一个元素而生成。每生成密钥的1字节,S中元素会进行一次置换操作。RC4算法分为两部分,状态表初始化和密钥流生成。

1. 状态表初始化

S的初始化方法也称为RC4的密钥调度算法(Key Scheduling Algorithm,KSA)。首先,将S中的元素值依次置为0到255,即S[0]=0,S[1]=1,…,S[255]=255。同时建立一个长度为256字节的临时状态表T。若算法初始密钥K的长度L大于或等于256字节,则将K赋给T,多余字节丢弃;若K的长度L<256字节,则先将K赋给T的前L个元素,再循环将K的值依次赋给T剩下的元素,直到T的所有256字节都被赋值。该操作的伪代码如下:

```
for i = 0 to 255 do
    S[i] = i;
    T[i] = K [i mod L];
```

然后,利用T对S进行初始置换。从S[0]到S[255],对每个S[i],根据T[i]将S[i]置换为S中的另一字节。该操作的伪代码如下:

```
j = 0;
for i = 0 to 255 do
j = (j + S[i] + T[i]) mod 256;
Swap(S[i],S[j]);
```

因为对S的操作仅仅是交换元素,所以初始化阶段结束后,S的元素S[0],S[1],…,S[255]变成了0~255的随机整数值。

2. 密钥流生成

密钥流生成过程也称为 RC4 的伪随机序列生成算法(Pseudo Random Generation Algorithm,PRGA)。状态表 S 完成初始化后,初始密钥 K 就不再被使用了。密钥流的生成是从 S[0]到 S[255],对每个 S[i],根据当前 S[i]的值与 j 的值,将 S[i]与 S 中的另一字节置换。当 S[255]完成置换后,操作继续重复,又从 S[0]开始。该阶段的伪代码如下:

```
i = 0,j = 0;
While(true)
i = (i + 1) (mod 256);
j = (j + S[ i ]) (mod 256);
Swap(s[ i ] , s[j ]);
t = (s[ i ] + s[j ]) (mod 256);
z = s[ t ];
```

其中,第 i 次输出字节 z 为密钥流元素 k_i。

这样密钥流生成器连续不断地进行 S 中的置换,每次改变后从 S 中选择一个值作为输出,根据需要可产生长度足够的密钥流$\{k_i\}$。一旦密钥流产生,RC4 的加解密就非常简单,即明文(密文)字节与相应的密钥流字节 k_i 进行异或操作。

RC4 算法的优点是算法简单、高效,易于软硬件实现。自公开之日起算法就受到广泛关注,各种攻击方法也应运而生,其安全性问题已受关注。

9.8 国密流密码算法 ZUC

祖冲之算法(即 ZUC 算法)[38]是由我国学者自主设计的面向字的流密码算法。它是基于 128 位密钥设计的,是加密算法 128-EEA3 和完整性验证算法 128-EIA3 的核心,这两种算法主要用于移动通信系统的数据机密性与完整性保护。2011 年 9 月在日本福冈召开的第 53 次第三代合作伙伴计划(3GPP)系统架构组(SA)会议上,ZUC 算法被批准成为 3GPP 的 LTE 国际标准密码算法。

ZUC 运行过程包括初始化阶段和工作阶段两部分。其算法结构如图 9.10 所示,分为 3 个组成部分:线性反馈移位寄存器(LFSR)、比特重组(BR)和非线性函数(F)。LFSR 由 16 个 31 位的寄存器单元组成。BR 是一个过渡层,其主要工作是从 LFSR 的 8 个寄存器单元抽取 128 位的存储内容,拼接成 4 个 32 位的字(X_0,X_1,X_2,X_3),以供下层 F 和密钥输出使用。F 是一个输入输出都为 32 位的功能函数,其中一些特殊符号及其含义如表 9.2 所示。

表 9.2 F 中的特殊符号及其含义

符 号	含 义
$\gg k$,$\ll k$	k 次的逻辑右移和逻辑左移
$\rightarrow$	赋值操作
$\boxplus$	模 2^{32} 加法运算
$<<<k$,$>>>k$	32 位字循环左移和右移 k 位
a_H	整数 a 的高 16 位
a_L	整数 a 的低 16 位
d_i	15 位的字符串常量,$i=0,1,\cdots,15$

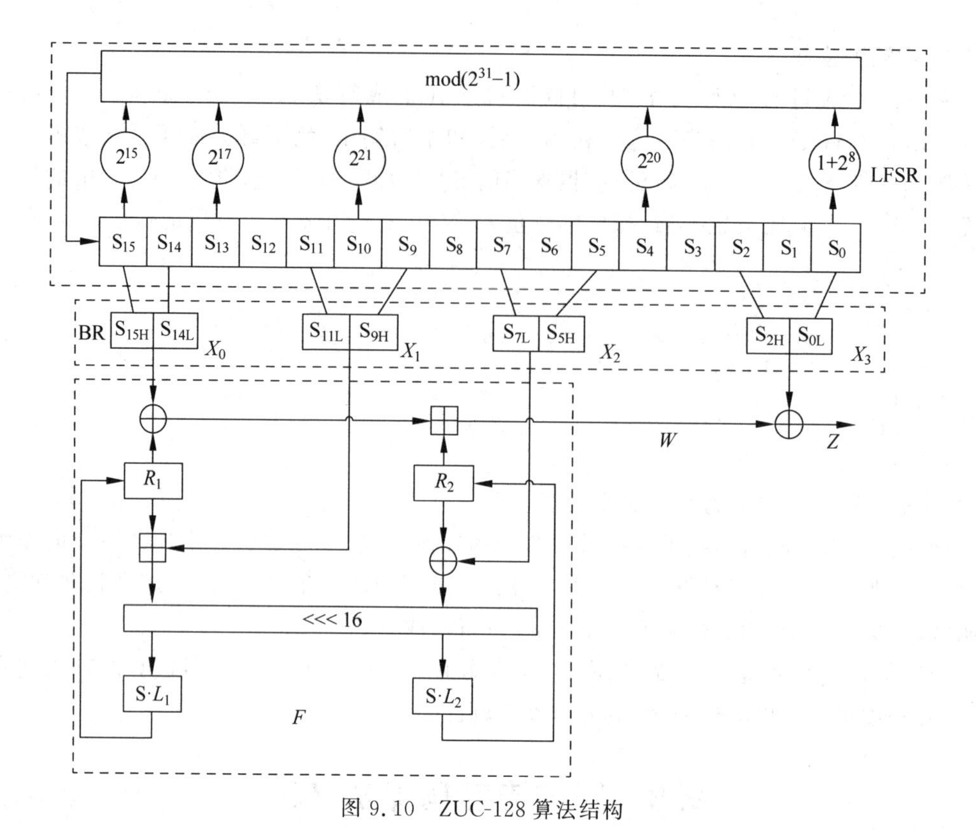

图 9.10 ZUC-128 算法结构

1. 密钥重载

算法首先将初始密钥 k 和初始向量 **iv** 分别扩展为 16 个 8 位的字,作为 LFSR 寄存器单元变量 s_i 的初始状态。步骤如下。

(1) 设初始密钥 k 和初始向量 **iv** 分别为 $k_0 \| k_1 \| \cdots \| k_{15}$ 和 $iv_0 \| iv_1 \| \cdots \| iv_{15}$。其中 k_i 和$\mathbf{iv}_i$ 均为 1 字节。

(2) 对 $0 \leqslant i \leqslant 15$,有 $s_i = k_i \| d_i || \mathbf{iv}_i$。$d_i$ 为 15 位字符串:

$$d_0 = 100010011010111,$$

$$d_1 = 010011010111100,$$

$$d_2 = 110001001101011,$$

$$d_3 = 001001101011110,$$

$$d_4 = 101011110001001,$$

$$d_5 = 011010111100010,$$

$$d_6 = 111000100110101,$$

$$d_7 = 000100110101111,$$

$$d_8 = 100110101111000,$$

$$d_9 = 010111100010011,$$

$$d_{10} = 110101111000100,$$

$$d_{11} = 001101011110001,$$

$$d_{12}=101111000100110,$$
$$d_{13}=011110001001101,$$
$$d_{14}=111100010011010,$$
$$d_{15}=100011110101100。$$

2. 初始化阶段

用上述密钥重载方法将初始密钥、初始向量及常数载入LFSR各单元，R_1和R_2也初始化为全0。在初始化阶段下面的操作会执行32轮。

```
Bitreorganization();
W = F(X_0, X_1, X_2);
LFSRWithInitialisationMode(W >> 1);
```

3. 工作阶段

首先执行下述过程：

```
Bitreorganization( );
F(X_0, X_1, X_2);//此处丢弃输出结果
LFSRWithWorkMode( );
```

然后生成密钥流。下面的操作每运行一次就会生成一个32位的密钥Z。

```
Bitreorganization( );
Z = F(X_0, X_1, X_2) ⊕ X_3;
LFSRWithWorkMode( );
```

下面逐一给出算法中相关子算法的详细描述。LFSR由16个31位的寄存器单元(S_0, S_1,…,S_{14},S_{15})组成，每个寄存器单元都定义在素域GF($2^{31}-1$)上。LFSR包含两种模式，即初始化模式和工作模式。在初始化模式中，LFSR接受一个31位字u的输入，对寄存器进行更新，详细步骤如下。

```
LFSRWithInitialisationMode(u)
    v = (2^15 S_15 + 2^17 S_13 + 2^21 S_10 + 2^20 S_4 + (1 + 2^8)S_0) mod (2^31 - 1);
    S_16 = (v + u) mod(2^31 - 1); u = W >> 1;     //W 为非线性函数 F 的输出
    若 S_16 = 0,则令 S_16 = 2^31 - 1;
    (S_16, S_15, …, S_2, S_1) → (S_15, S_14, …, S_1, S_0);
```

在工作模式中，LFSR无输入，直接对寄存器单元进行更新，详细步骤如下。

```
LFSRWithWorkMode( )
    S_16 = (2^15 S_15 + 2^17 S_13 + 2^21 S_10 + 2^20 S_4 + (1 + 2^8)S_0) mod(2^31 - 1);
    若 S_16 = 0,则令 S_16 = 2^31 - 1;
    (S_16, S_15, …, S_2, S_1) → (S_15, S_14, …, S_1, S_0);
```

BR是一个过渡层，它的主要任务是从LFSR的8个寄存器单元S_0,S_2,S_5,S_7,S_9,S_{11},S_{14},S_{15}抽取128位内容组成4个32位的字X_0,X_1,X_2,X_3，以供下层F和密钥输出使用。详细步骤如下：

```
Bitreorganization()
    X_0 = S_15H ‖ S_14L;
    X_1 = S_11L ‖ S_9H;
    X_2 = S_7L ‖ S_5H;
    X_3 = S_2L ‖ S_0H;
```

F 的过程可表示如下：

$$F(X_0;\ X_1;\ X_2)$$
$$W = (X_0 \oplus R_0) \boxplus R_2;$$
$$W_1 = R_1 \boxplus X_1;$$
$$W_2 = R_2 \boxplus X_2;$$
$$R_1 = S(L_1(W_{1L} \| W_{2H}));$$
$$R_2 = S(L_2(W_{2L} \| W_{1H}));$$

其中，

$$L_1(X) = X \oplus (X <<< 2) \oplus (X <<< 10) \oplus (X <<< 18) \oplus (X <<< 24)$$

$$L_2(X) = X \oplus (X <<< 8) \oplus (X <<< 14) \oplus (X <<< 22) \oplus (X <<< 30)$$

在 F 中用到的 32×32 的 S 盒是由 4 个 8×8 的 S 盒并列组成的，即 $S=(S_0,S_1,S_2,S_3)$，其中 $S_0=S_2,S_1=S_3$。S_0 盒和 S_1 盒的定义分别见表 9.3 和表 9.4。

表 9.3　S_0 盒

	0	**1**	**2**	**3**	**4**	**5**	**6**	**7**	**8**	**9**	**A**	**B**	**C**	**D**	**E**	**F**
0	3E	72	5B	47	CA	E0	00	33	04	D1	54	98	09	B9	6D	CB
1	7B	1B	F9	32	AF	9D	6A	A5	B8	2D	FC	1D	08	53	03	90
2	4D	4E	84	99	E4	CE	D9	91	DD	B6	85	48	8B	29	6E	AC
3	CD	C1	F8	1E	73	43	69	C6	B5	BD	FD	39	63	20	D4	38
4	76	7D	B2	A7	CF	ED	57	C5	F3	2C	BB	14	21	06	55	9B
5	E3	EF	5E	31	4F	7F	5A	A4	0D	82	51	49	5F	BA	58	1C
6	4A	16	D5	17	A8	92	24	1F	8C	FF	D8	AE	2E	01	D3	AD
7	3B	4B	DA	46	EB	C9	DE	9A	8F	87	D7	3A	80	6F	2F	C8
8	B1	B4	37	F7	0A	22	13	28	7C	CC	3C	89	C7	C3	96	56
9	07	BF	7E	F0	0B	2B	97	52	35	41	79	61	A6	4C	10	FE
A	BC	26	95	88	8A	B0	A3	FB	C0	18	94	F2	E1	E5	E9	5D
B	D0	DC	11	66	64	5C	EC	59	42	75	12	F5	74	9C	AA	23
C	0E	86	AB	BE	2A	02	E7	67	E6	44	A2	6C	C2	93	9F	F1
D	F6	FA	36	D2	50	68	9E	62	71	15	3D	D6	40	C4	E2	0F
E	8E	83	77	6B	25	05	3F	0C	30	EA	70	B7	A1	E8	A9	65
F	8D	27	1A	DB	81	B3	A0	F4	45	7A	19	DF	EE	78	34	60

表 9.4　S_1 盒

	0	**1**	**2**	**3**	**4**	**5**	**6**	**7**	**8**	**9**	**A**	**B**	**C**	**D**	**E**	**F**
0	55	C2	63	71	3B	C8	47	86	9F	3C	DA	5B	29	AA	FD	77
1	8C	C5	94	0C	A6	1A	13	00	E3	A8	16	72	40	F9	F8	42
2	44	26	68	96	81	D9	45	3E	10	76	C6	A7	8B	39	43	E1
3	3A	B5	56	2A	C0	6D	B3	05	22	66	BF	DC	0B	FA	62	48
4	DD	20	11	06	36	C9	C1	CF	F6	27	52	BB	69	F5	D4	87
5	7F	84	4C	D2	9C	57	A4	BC	4F	9A	DF	FE	D6	8D	7A	EB
6	2B	53	D8	5C	A1	14	17	FB	23	D5	7D	30	67	73	08	09
7	EE	B7	70	3F	61	B2	19	8E	4E	E5	4B	93	8F	5D	DB	A9
8	AD	F1	AE	2E	CB	0D	FC	F4	2D	46	6E	1D	97	E8	D1	E9
9	4D	37	A5	75	5E	83	9E	AB	82	9D	B9	1C	E0	CD	49	89
A	01	B6	BD	58	24	A2	5F	38	78	99	15	90	50	B8	95	E4

续表

	0	1	2	3	4	5	6	7	8	9	A	B	C	D	E	F
B	D0	91	C7	CE	ED	0F	B4	6F	A0	CC	F0	02	4A	79	C3	DE
C	A3	EF	EA	51	E6	6B	18	EC	1B	2C	80	F7	74	E7	EF	21
D	5A	6A	54	1E	41	31	92	35	C4	33	07	0A	BA	7E	0E	34
E	88	B1	98	7C	F3	3D	60	6C	7B	CA	D3	1F	32	65	04	28
F	64	BE	85	9B	2F	59	8A	D7	B0	25	AC	AF	12	03	E2	F2

9.9 针对流密码的密码分析

衡量流密码算法安全性的一个重要指标就是它们对现有主流分析方法的抵御能力。在现代密码设计中，密码算法的安全性是由建立在密钥保护之上的复杂非线性变换保证的，因此分析方法具有很强的技巧。本节首先介绍一些常见的针对流密码的攻击方法，然后介绍针对 Trivium 和 RC4 的密码分析。

9.9.1 折中攻击

对任何加密算法来说，最简单的攻击就是遍历所有可能的密钥。Hellman 于 1980 年提出了折中攻击法[33]，对遍历搜索的时间和内存进行了折中，不过该折中攻击是针对分组密码的攻击手段。后来 Babbage 和 Golic 提出了另一种用于流密码的折中攻击[34]。流密码的折中攻击的搜索空间大小是由密钥流发生器的内部状态决定的，可能与密钥空间的大小不同。折中攻击法可以给出搜寻时间、内存、攻击者获得的信息等关键参数之间的关系，通过对这些参数进行策略性平衡，可以有效增加攻击效率。一般来说，折中攻击有两个阶段：预处理阶段，攻击者对加密系统的基础结构进行探索分析，并将结果放入一个事先定义好的表中；活跃攻击阶段，攻击者利用由未知密钥产生的序列，利用预处理阶段所得到的表得出密钥。假设加密算法共有 2^s 个内部状态，攻击者首先生成一个含有 2^a 个随机状态的表，之后由加密算法生成密钥流。攻击者在输出序列中找出与表内状态相关的子序列，如果攻击者拥有一个长度为 2^b 的输出序列，$a+b>s$，折中攻击找到相关子序列的概率很大。内部状态较少的加密算法，如 A5/1 的内部状态仅有 2^{64} 种，很容易被折中攻击破解。关于折中攻击进一步的详细描述，参见文献[35]。

9.9.2 相关攻击

相关攻击[36]最初由 Siegenthaler 提出，这种攻击寻找密钥流生成器的内部状态和输出序列间的联系，从而得到一些相关变量的信息。例如，输出序列与某个输入变量相等的概率不等于 0.5，就是最简单的一种联系。相关攻击常用于利用非线性二值函数 f 将多个 LFSR 进行非线性组合的流密码。

以 Geffe 发生器为例，可以发现，如果 LFSR_2 的输出为 1，Geffe 发生器的输出总是和 LFSR_1 的输出相等。但如果 LFSR_2 的输出为 0，Geffe 发生器的输出与 LFSR_1 的输出相等的概率约为 1/2。于是可以得出，Geffe 发生器的输出 x_i 满足概率 $P(x_i=a_i)\approx 3/4$。

利用这一点，攻击者可以不遍历所有可能的内部状态，而是仅枚举 LFSR 的状态，并检查其与 Geffe 发生器输出序列间的关系。一旦得知部分内部状态,恢复剩余状态就变得非常简单。

9.9.3 代数攻击和边信道攻击

代数攻击[37]自被提出以来在很多领域有着重要而有趣的应用。代数攻击理论上适用于所有使用了 LFSR 的流密码。代数攻击的核心思想是建立加密算法输出序列和初始状态间的多元代数方程组,该方程组一般为非线性的。攻击者的目标是通过求解该方程组来恢复初始状态。显然,代数攻击的难点在于对非线性多元方程组的求解。

仍以 Geffe 发生器为例。令 $(x_i)_{i\in N}$ 表示 Geffe 发生器的输出序列,令 $(a_i)_{i\in N}$, $(b_i)_{i\in N}$ 和 $(c_i)_{i\in N}$ 表示 3 个 LFSR 的输出序列。可以得到如下关系式:

$$x_i = a_i b_i + c_i(b_i + 1) \tag{9.3}$$

同时,LFSR 的输出序列是线性的,可以写成以下形式:

$$a_i = \sum_{j=0}^{L_a-1} \alpha_{j,i} a_i, b_i = \sum_{j=0}^{L_b-1} \beta_{j,i} b_i, c_i = \sum_{j=0}^{L_c-1} \gamma_{j,i} c_i \tag{9.4}$$

其中,系数 $\alpha_{j,i}, \beta_{j,i}, \gamma_{j,i}$ 是已知的。将式(9.3)和式(9.4)联立,可以将 x_i 表示为未知初始状态 $a_0, \cdots, a_{L_a}, b_0, \cdots, b_{L_b}, c_0, \cdots, c_{L_c}$。之后需要解联立后的非线性方程组。一般将变量的乘积替换为新的变量,达到线性化方程组的作用。

上面只是代数攻击中一个很简单的例子。流密码若要有较高的抵抗代数攻击的能力,需要其非线性函数具有较高的次。

某些情况下,即使一个加密方案从理论上来讲是安全的,攻击者依然可以有办法攻破它。攻击者可以利用加密算法硬件实现过程中的信息泄露,如通过测量加密所用的时间或者芯片消耗的能量,对密码结构进行估计。这种攻击称为边信道攻击。这种攻击对于一些寄存器使用不规则时钟周期的加密算法尤为有效。

当一些操作直接由密钥值决定时,通过边信道分析可以取得很好的结果。一个经典的例子是,在利用平方乘积算法计算 $x^e \bmod N$ 时,将 e 表示为 $(e_{k-1}, \cdots, e_0)_2$。在 $e_i = 1$ 的情况下,计算需要一次乘法和一次平方操作;而在 $e_i = 0$ 的情况下,仅需要一次平方操作。如果实现加密算法时没有考虑边信道攻击,攻击者就能够很轻易地破解。

9.9.4 针对 Trivium 和 RC4 的密码分析

以下简要介绍针对 Trivium 和 RC4 的密码分析。

1. 针对 Trivium 算法的密码分析

Trivium 作为一个很成功的轻量级流密码,其设计之初就考虑了对很多主流攻击方法的抵抗性。很多现有的攻击,包括猜测确定攻击、差分功率分析攻击、差分错误攻击、密钥差分攻击等,其中既有对算法的分析,也有利用硬件分析对安全性进行的分析。但对 Trivium 算法的分析大多因复杂度过高而暂不可行。在此简要列举其中两种攻击。

一种是代数攻击与猜测确定攻击。其主要思想是,将输出用关于输入和密钥的函数表示,得到一个非线性多元方程组。虽然方程组很容易得到,但求解并不容易。一个方法是,猜测这个方程组中的一些比特,使得这个方程组成为线性方程组,然后使用高斯消去法求出其余的内部状态。之后出现了该方法的改进版本[39],只猜测 135 比特就可以求解出 Trivium 的其余 153 比特的内部状态,这是目前猜测确定攻击的最好结果。

差分功率分析(Differential Power Analysis,DPA)也是一种有效的攻击,在文献[40]中提出。差分功率分析属于一种边信道攻击。假设攻击者得到若干明文或部分密钥,攻击者就可以通过密码算法硬件实现的功耗和自己的猜测求出最高相关性的内部状态,以尝试找出正确的解。使用文献[40]中提出的算法,在内部状态初始化过程的前 79 轮中的第 3～76 轮进行 DPA,可以得到含有 80 个未知数的 79 个线性方程组,通过猜测若干未知元,可以得到正确的密钥。

2. 对 RC4 算法的密码分析

迄今已有多种针对 RC4 的实际密码分析,如 Isobe-Ohigashi-Watanabe-Morii 攻击[41]、AlFardan-Bernstein-Paterson-Poettering-Schuldt 攻击[42]和 RC4 NOMORE 攻击[43]。这些攻击可以给使用了 RC4 的 SSL/TLS 等加密协议的安全性造成严重的影响,下面对较为典型的两种针对 RC4 的攻击方法进行简要介绍。

第一种针对 RC4 的典型攻击方法是由 Fluhrer、Mantin 和 Shamir 于 2001 年提出的[44]。由于 RC4 的 KSA 一直是被攻击的重点,所以 Fluhrer、Mantin 和 Shamir 利用了 KSA 所具有的弱点来完成对 RC4 的攻击。具体来说,RC4 的 KSA 被发现有两个缺陷。第一个缺陷是存在大量的弱密钥,并且这些弱密钥的一小部分就可以决定初始置换的大量比特。基于这个发现,当 PRGA 把初始置换的模式转移到 RC4 输出流前缀上时,RC4 的初始输出就会受到一小部分弱密钥比特不成比例的影响。第二个缺陷是具有相关密钥脆弱性。当攻击者得到提供给 KSA 的部分密钥时,这种脆弱性就会显现出来。Fluhrer、Mantin 和 Shamir 所提出的这种攻击方法攻破了在 IEEE 802.11 标准中使用的 WEP 协议,促使 IEEE 802.11i 和 WPA 协议出现。

第二种针对 RC4 的典型攻击方法是由 Klein 于 2008 年提出的[45],该攻击方法可以被视作 Fluhrer-Mantin-Shamir 攻击的改进,它基于 Golić 于 2000 年发现的 RC4 的输出和(均匀分布的)内部状态之间的(近似)相关性结论[46]。相较于 Fluhrer-Mantin-Shamir 攻击,Klein 攻击并不需要初始向量为某种特殊形式,这实际上降低了当攻击者不能控制初始向量时攻击所需要的数据量。另外,Klein 攻击不依赖于 RC4 输出序列的第 1 字节甚至前 256 字节,这使得该攻击针对实际场景更有效(RC4 输出序列的第 1 字节被建议不使用[45])。

思考题与习题

9-1 什么是流密码？比较流密码与分组密码的不同特点。

9-2 同步流密码和自同步流密码的特点分别是什么？

9-3 为什么流密码的密钥不能重复使用？

9-4 讨论下面序列$\{a_i\}$的随机性,分析序列的周期、游程数、各种游程所占的比例及自相关函数值等,并判断是否为伪随机序列。

$\{a_i \mid i=1,2,\cdots,\}=$ 10100111011110101100 10100111011110101100 10100111011110101100…

9-5 流密码中为什么要使用线性反馈移位寄存器？

9-6 对于一个 64 位的线性反馈移位寄存器,有多少种可能的初始状态？

9-7 三级线性反馈移位寄存器在 $c_3=1$ 时可有几种线性反馈函数？设其初始状态为 $(a_1,a_2,a_3)=(1,0,1)$,求各线性反馈函数对应的输出序列和周期。

9-8 设四级移位寄存器的反馈函数为 $f(a_1,a_2,a_3,a_4)=a_1\oplus a_4\oplus 1\oplus a_2a_3$，初始状态为$(a_1,a_2,a_3,a_4)=(1,1,0,1)$，求此非线性反馈移位寄存器的输出序列及周期。

9-9 已知某流密码的密文串 1010110110 和相应的明文串 0100010001，并且已知密钥流是使用三级线性反馈移位寄存器产生的，试破译该密码系统。

9-10 查阅相关资料，分析 Trivium 流密码算法的安全性。

9-11 使用 C 或者 C++语言编程实现 RC4 在同步模式和非同步模式下的加解密过程。要求指定明文文件、密钥文件、初始化向量文件的位置和名称，加密完成后密文文件的位置和名称。(加密时先分别从指定的明文文件、密钥文件和初始化向量文件中读取有关信息，然后分别按同步和非同步模式进行加密，最后将密文(用十六进制表示)写入指定的密文文件。解密类似。)

9-12 ZUC 是一种面向字的流密码算法，现被广泛应用在移动通信中提供机密性和完整性保护。请从结构上简述该算法和典型的流密码算法 Trivium 及 RC4 的区别。

第10章 密码技术的应用

10.1 网络通信的数据加密方式

为了将数据在网络中传送，需要在数据前加上它的目的地址等附加信息。一般称加在数据前面的附加信息为报头，用户数据加上报头称为数据报。增强网络通信数据安全性的一种常用和有效的方法就是加密。在网络通信中，数据加密方式主要有链路加密和端-端加密两种方式。

10.1.1 链路加密

链路加密是指每个易受攻击的链路（两个相邻节点之间的通信线路）两端都使用加密设备进行加密，使得通过这个链路的所有信息都被加密保护。这种加密方式比较简单，实现起来较容易，只要把一对密码设备安装在一个物理链路的两个节点上，即把密码设备安装在每个易受攻击的通信链路的两端，并使用相同的密钥，就可以使得所有通过这些通信链路的通信数据都是安全的。

图10.1是链路加密方式的原理示意图。显然，这种方式中，在相邻的两个节点之间的链路上，传送的数据是加密的，而在节点中的信息是以明文形式出现的。

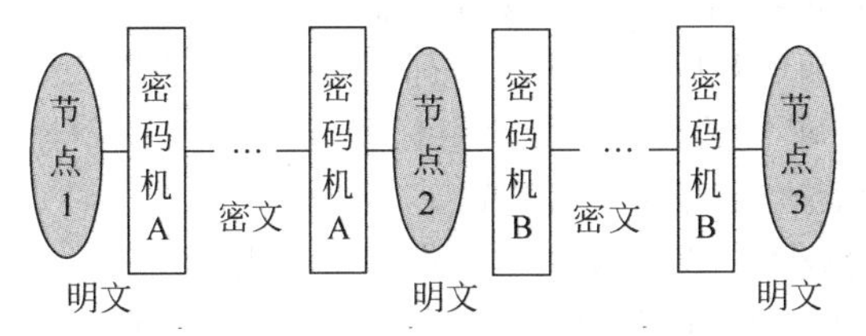

图10.1 链路加密

链路加密方式对用户是透明的，即加密操作由网络加密设备自动进行，加密/解密过程不需要用户干预。这种加密方式可以在物理层和数据链路层实现，一般以硬件完成，是局域网和同构网络常用的加密方式。链路加密常用来对链路上可能被截获的信息进行保护，这些链路主要包括专用线路、电话线、电缆、光缆、微波和卫星通道等。

采用链路加密可确保整个通信链路上的传输是安全的，实现通信流的机密性，这是因为通过链路的所有消息都被加密保护，加密范围包括以链路封装格式封装起来的所有信息。因此，攻击者不知道通信数据的发送者和接收者的身份、不知道消息的内容，甚至不知道消息的长度以及通信持续的时间。另外，链路加密时，链路两端的一对节点共享一个密钥，不同节点对共享不同的密钥。

但是,链路加密方式也有其缺点。首先,这种方式在相邻两个节点之间的链路上,传送的数据是加密的,但在连接两个不同体系结构网络的节点过渡区的信息却是以明文形式出现的,在这些区域的信息容易受到非法访问、插入或篡改等攻击,这是极其危险的,特别是对于跨越不同安全域的网络。其次,连接中的每条链路都需要加密保护,都要有一对加密/解密设备和一个独立的密钥,对于包含不同体系结构的较大型网络,加密设备、策略管理方面的开销都是巨大的。因此,对于开放系统互连,不推荐在数据链路层上加密。

10.1.2 端-端加密

所谓端-端加密是指在信源端系统内对数据进行加密,而对应的解密仅仅发生在信宿端系统内。也就是说,端-端加密是对两个端用户之间的信息提供无缝的加密保护,信息对各个中间节点来说都是保密的。端-端加密的原理如图 10.2 所示。在数据传输的整个过程中,数据以加密的形式通过网络由源节点传送到目标节点,在中间节点内不会出现明文,因此端-端加密可防止对网络中链路和交换机的攻击。

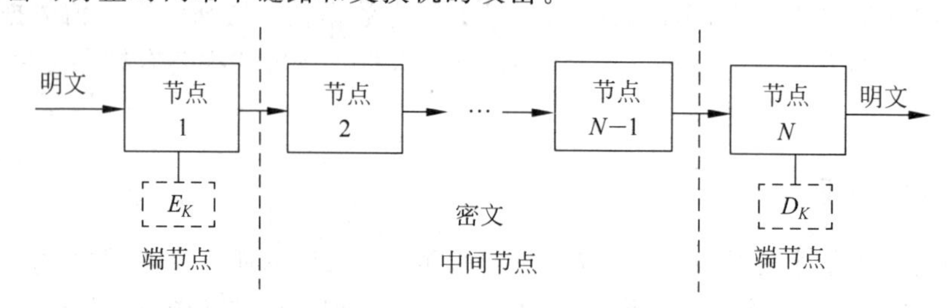

图 10.2 端-端加密的原理

由于加密和解密只发生在两个端节点,对中间节点是透明的,因此大大减少了安装设备的开销,以及复杂的策略管理和密钥管理所引起的麻烦。而且,加密范围往往集中在高层协议数据,方便为不同流量提供 QoS 服务,按需对特定流量进行不同强度的加密,从而有利于提高系统的效能,优化系统的性能。

端-端加密具有链路加密所不具有的如下优点。

(1) 成本低。端-端加密在中间任何节点都不解密,即数据在到达目的地之前始终用密钥加密保护着,所以仅要求发送节点和最终目标节点具有加密/解密设备;链路加密则要求处理加密信息的每条链路均配有加解密装置。

(2) 端-端加密在跨越不同网络结构的节点处不会出现明文。

(3) 端-端加密可提供一定程度的认证。因为源节点和目标节点共享同一密钥,所以目标节点相信自己收到的数据报的确是由源节点发来的。链路加密方式不具备这种认证功能。

(4) 端-端加密可以由用户提供或选择,因此对用户来说采用这种加密方式比较灵活。

端-端加密也具有如下局限性。

(1) 密钥建立复杂。由于通信环境往往比较复杂,因此要在跨越网络的两个端用户之间成功完成密钥的建立是不简单的。

(2) 易受到通信流量分析攻击。只有目标节点能对加密数据进行解密,如果对整个数据报加密,则分组交换节点收到加密报文后,无法读取报头,从而无法为该数据选择路由。因此端主机只能对数据报中的用户数据部分加密,报头则以明文形式传送,这样端-端加密只是加密数据报文和某些协议数据,不能保护数据传输过程中的更多通信信息,如分组的路由信息等。所以端-端加密中的数据容易被流量分析者所利用,一个熟练的攻击者可以借助

这些信息发动某些流量分析攻击。

(3) 端-端加密设备(模块)的实现较链路加密设备复杂，要求设备必须理解较高层的协议，并成功调用这些服务，在设备中对相应的数据进行加密处理，将处理后的数据传送给下层协议。如果加密设备不能为上层协议提供良好的服务接口，则将对通信性能产生较大的影响。

为了提高安全性，可将两种加密方式结合起来使用。如图 10.3 所示，用户终端先对数据内容进行加密，然后用链路加密密钥对整个数据报再进行一次加密。每个交换节点收到数据报后，使用当前链路的链路密钥对数据报进行解密读取数据报头，获取路由信息，再用下一链路的加密密钥对整个数据报进行重新加密，并发往下一个交换机节点。显然，当两种加密方式这样结合起来使用时，除了在每个交换节点内部数据报报头是明文形式外，其他整个过程数据报都是密文形式。

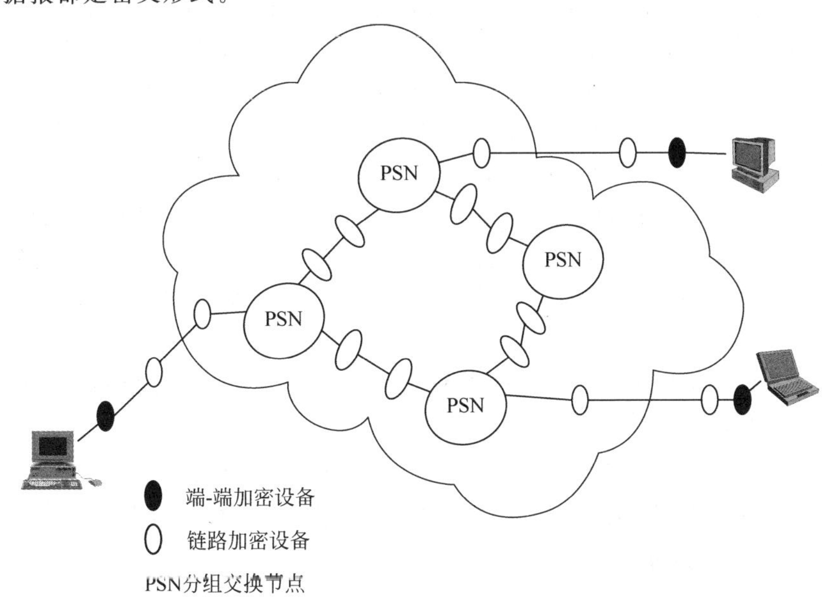

图 10.3　两种加密方式的结合应用

这种实现方式也称为混合加密，它综合利用了链路加密和端-端加密各自的优点，克服了各自的缺点，使网络通信数据的安全性更高，但实施方案更加复杂，实现代价更大。

综上所述，链路加密和端-端加密各有特点。在选择对网络通信数据实施保护的加密方案时，应依据使用的网络及安全强度需求的实际情况来进行。一般来说，如果加密通信发生在不同体系结构的网络之间(对中间节点没有自控权)，且不能承受链路加密的庞大设备开销和/或过渡区明文泄露的风险，应该考虑使用端-端加密。除非有充分财力，且对中间过渡节点具有控制权，则可以考虑使用链路加密。这可能是在开放的互联网环境下推荐使用端-端加密技术最有说服力的理由所在。

10.2　PGP 技术及应用

10.2.1　概述

电子邮件是现代信息社会最常见的一种网络通信应用，每天都有大量私人和商业敏感信息通过电子邮件的方式在网上进行传送。然而，由于互联网本身是不安全的信道，电子邮件的机密性、完整性和真实性受到越来越多的攻击。以明文方式传输的普通电子邮件很容易被截获,任何人都可以冒充他人发送电子邮件、否认曾经接收到他人发送的电子邮件、抵赖自己曾经发送过的相应邮件。针对以上电子邮件安全问题,目前存在各种各样的解决办法,对发送的电子邮件进行加密和数字签名是其中一种切实可行的方法。PGP(Pretty Good Privacy)作为广泛使用的保障电子邮件安全的技术之一,可为电子邮件系统和文件存储过程提供机密性和鉴别服务。

PGP是由美国的菲利普·齐默尔曼(Philip Zimmermann)针对电子邮件在Internet上通信的安全问题,于1991年提出并设计的一种混合密码系统,已在全球拥有成千上万的支持者,成为基于Internet的电子邮件加密事实上的标准。PGP广泛用于加密重要电子邮件和文件,以保证它们在网络上的安全传输;或者为重要电子邮件和文件进行数字签名,以防止它们被篡改和伪造。PGP既是一个电子邮件加密的标准,同时也有相应的电子邮件加密软件,能够很好地嵌入电子邮件客户端软件,如Outlook Express、Foxmail等。

PGP的发展非常迅速,原因主要有以下几方面。

(1) 源代码是免费的,有可以运行在不同平台上的多个版本,如DOS/Windows、UNIX、VMS、OS/2、Macintosh、Linux等,使用商用版本的用户可得到销售商的技术支持。

(2) 所采用的密码算法已被广泛检验过,被认为具有较高的安全性。包括公钥密码算法RSA、DSS和ElGamal等,对称密码算法CAST-128、IDEA、3DES和AES等,以及散列算法SHA-1等。

(3) 应用范围非常广泛,可为公司、个人提供各种网络安全服务,既可提供电子邮件的机密性、完整性和鉴别服务,也可提供文件的安全保护。

(4) 不受任何政府或标准化组织的控制,更具有生命力和吸引力。

下面介绍PGP的运行方式和服务、密钥的产生和存储、公钥管理及信任关系等。

10.2.2 运行方式和服务

PGP主要提供5种服务:鉴别、机密性、压缩、电子邮件的兼容性、分段与重组。表10.1是这5种服务的总结。其中,CAST-128是由加拿大的Carlisle Adams和Stafford Tavare设计的分组密码,在RFC 2144中公布。该算法具有传统Feistel网络结构,采用16轮迭代,明文分组长度为64位,密钥长以8位为增量,从40位到128位可变。

表10.1 PGP服务

功能	所用算法	描述
鉴别	DSS/SHA或RSA/SHA	发送方使用SHA-1产生消息摘要,再用自己的私钥按DSS/RSA对消息摘要签名
机密性	CAST、IDEA、3DES、ElGamal或RSA	消息采用用户产生的一次性会话密钥按CAST-128或IDEA或3DES加密,会话密钥则采用接收方的公钥按ElGamal或RSA加密
压缩	ZIP	消息经ZIP算法压缩后再存储或发送
电子邮件的兼容性	Base64编码	使用Base64编码将加密的消息转换为ASCII字符串,以提供电子邮件应用系统透明性

续表

功　能	所用算法	描　述
分段与重组		对消息进行分段和重组以适应 PGP 对消息最大长度的限制

1. 鉴别服务

图 10.4 是 PGP 通过数字签名实现鉴别服务的示意图。图中，EP 和 DP 分别为公钥加密算法和解密算法，SK_A、PK_A 分别为用户 A 的私钥和公钥，H 表示散列函数 SHA-1，‖ 表示连接，Z 为 ZIP 压缩算法，Z^{-1} 为 ZIP 解压缩算法，M 表示消息本身。

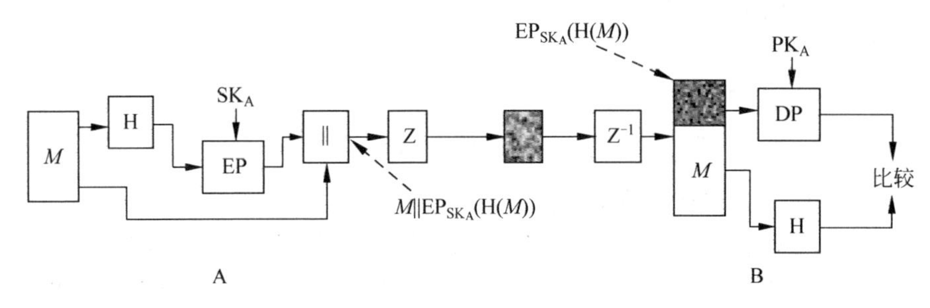

图 10.4　PGP 仅提供鉴别服务

鉴别的过程分为如下五步：

(1) A 产生 M；

(2) A 用 SHA-1 产生 160 位长的消息摘要 H(M)；

(3) A 用 SK_A 按 RSA 算法对 H(M)进行加密运算，并将加密运算结果 $EP_{SK_A}(H(M))$ 与 M 连接在一起，经 ZIP 算法压缩后发送给 B；

(4) B 对得到的消息进行解压缩，然后用 PK_A 对消息的摘要部分 $EP_{SK_A}(H(M))$ 进行解密运算得到 H(M)；

(5) B 对收到的 M 重新计算消息摘要，并与得到的 H(M)进行比较，如果一致，则认为 M 是真实的。

上述过程中，SHA-1 与 RSA 的结合提供了一种有效的数字签名模式。RSA 算法的安全性可以使 B 确认只有 SK_A 的拥有者 A 才能生成该签名；SHA-1 算法的安全性可以使 B 相信难有其他有效 M'，使得 $H(M')=H(M)$。因此，验证成功后，B 可以确信收到的消息是完整的。以上过程也可以使用 DSS/SHA-1 来实现。

以上过程是将消息的签名与消息连接一起发送或存储，但在有些情况下却需要将消息的签名与消息分开发送或存储（称为干净签名）。例如，将可执行程序和它的签名分开存储，以后可用来检查程序是否有病毒感染。再如，多人签署同一文件（如法律合同），每个人的签名都应与被签文件分开存储。否则，第一个人签完名后将消息与签名连接在一起，第二个人则既要签消息，又要签第一个人的签名，形成签名嵌套。

2. 机密性服务

PGP 可为传输或存储的文件利用加密算法提供机密性服务，如图 10.5 所示。图中，EC 和 DC 分别为对称分组加密算法和解密算法，K_S 为对称分组加密算法所用的会话密钥。SK_B、PK_B 分别为用户 B 的私钥和公钥，C 为用 EC 加密后的密文。其他符号与图 10.4 含义相同。加密算法可采用 CAST-128,也可以采用 IDEA 或 3DES,运行模式为 64 位 CFB 模式对消息进行加密,初始向量(IV)选为全零。加密/解密算法的密钥为一次性的,即每加密一个消息时都需产生一个新的密钥,称为一次性会话密钥,且会话密钥也需要和消息绑定在一起,并用接收方的公钥加密会话密钥后与消息一起发往接收方。整个过程如下:

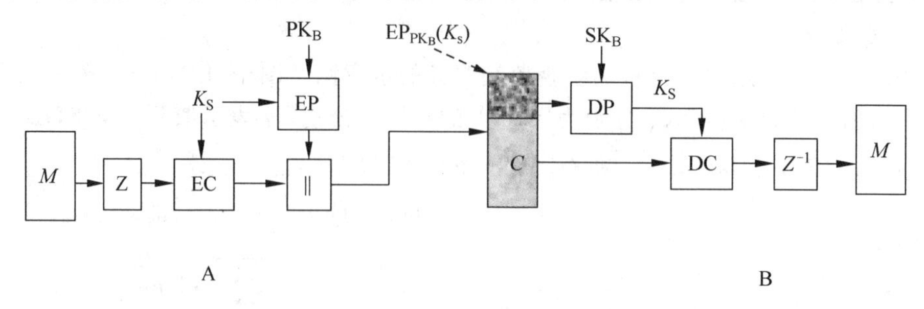

图 10.5 PGP 提供机密性服务

(1) A 产生 M 及一次性会话密钥 K_S;

(2) A 用 K_S 按 CAST-128(或者 IDEA、3DES)对经 ZIP 算法压缩后的 M 进行加密;

(3) A 用 PK_B 按 RSA 算法加密 K_S,并将结果和步骤(2)的加密结果连接起来一起发往 B;

(4) B 用 SK_B 按 RSA 算法解密,得到 K_S;

(5) B 用 K_S 解密,并解压缩得到 M。

PGP 为加密一次性会话密钥还提供了 ElGamal 算法以供选用。

以上方案有以下几个优点。

第一,由于 CAST-128 等分组加密速度远快于 RSA 等公钥加密速度,因此使用分组加密算法加密消息、使用公钥加密算法加密一次性会话密钥比单纯使用公钥算法大大减少加密时间。

第二,只有接收者才能恢复绑定到消息上的会话密钥,这种一次性会话密钥方式特别适合于存储传递电子邮件业务,它避免了执行密钥交换的握手协议,提高了安全性。

第三,一次性会话密钥的使用进一步加强了本来就很强的分组加密算法,因此只要公钥加密算法是安全的,整个方案就是安全的。PGP 允许用户选择的密钥长度范围为 768 位到 3072 位,若是用 DSS,则其密钥限制为 1024 位。

3. 机密性与鉴别服务

如果对同一消息同时提供机密性和鉴别性服务,可使用图 10.6 的方式。图中符号与图 10.4、图 10.5 含义相同。

该方案采用先签名后加密的顺序。A 首先用 SK_A 对消息的摘要进行数字签名,将明文消息和签名连接在一起,使用 ZIP 算法对其进行压缩;然后使用 K_S 按 CAST-128(或 IDEA、3DES)对压缩结果进行加密,同时用 PK_B 按 RSA 算法对 K_S 进行加密;最后将两个加密结果一同发往 B。先进行数字签名、再进行加密优于先加密、再对加密结果进行数字签名,因为将数字签名与明文消息一起存储会带来很多便利,同时也给可信第三方对消息的数字签名进行验证带来方便。

4. 压缩

压缩是指无失真、可完全恢复的数据压缩处理,目的是为了节省通信时间和存储空间。

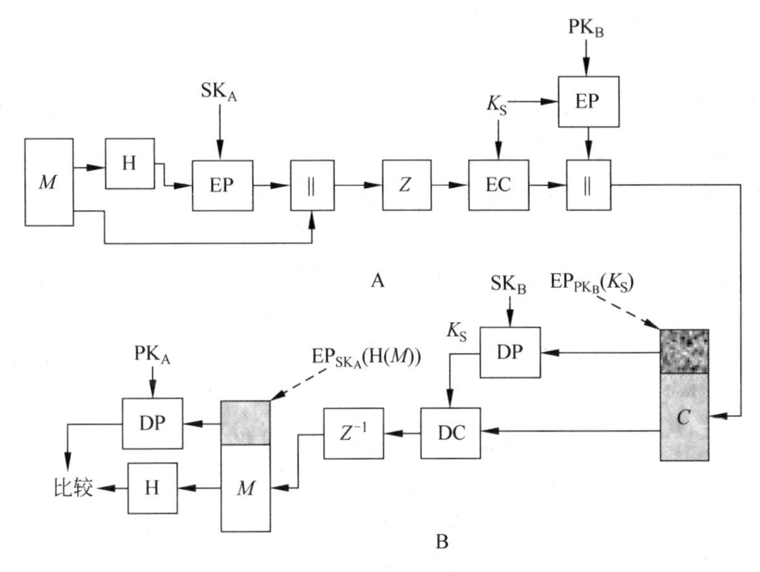

图 10.6　PGP 提供机密性和鉴别服务

将压缩运算的位置放在数字签名之后是基于以下考虑：

(1) 对未压缩的消息签名，可将未压缩的消息与签名一起存放，便于以后对签名进行验证。如果对压缩后的消息签名，则以后为了对签名进行验证，需要存储压缩后的消息或在验证签名时对消息重新进行压缩。

(2) 即使用户愿意对压缩后的消息签名且愿意验证时对消息重新进行压缩，实现起来也极为困难，因为 PGP 所采用的 ZIP 压缩算法具有不确定性，该算法在不同的实现中可以根据运行速度和压缩率做不同的折中，因而对同一消息所产生的压缩结果未必一样。但任何版本的算法都可以正确地解压其他版本的压缩文件。

另外，对消息压缩后再进行加密可加强加密的安全性，因为消息压缩后比压缩前的冗余度要小，使得密码分析更为困难。因此，PGP 压缩运算的位置设计在消息的数字签名之后、加密之前。

5. 电子邮件的兼容性

在图 10.4～图 10.6 所示的 3 种服务中，传输的消息都包含加密部分。如果只使用鉴别服务，那么报文摘要需要用发送者的私钥进行加密运算(实现数字签名)；如果还要提供机密性服务，消息加上数字签名需要用一次性会话密钥加密。加密后的部分由任意的 8 位二进制流组成。然而许多电子邮件系统只允许使用 ASCII 码，为此 PGP 提供了 Base64 编码转换，将 8 位二进制流转换为可打印的 ASCII 码串。

Base64 编码表的字符集有 65 个可打印字符，即 64 个可用字符和 1 个填充字符“=”。每个可用字符表示 6 位输入。其中，0～25 为大写英文字母，26～51 为小写英文字母，52～61 为阿拉伯数字 0～9，62 为“+”，63 为“/”。编码表共有 64 个可用字符，故得名 Base64 编码。有关 Base64 编码的更详细内容请参考其他资料，这里不再赘述。

Base64 编码要求把每三个 8 位字节转换为四个 6 位(3×8=4×6=24)，在每 6 位的高位再添两位 0，组成四个 8 位字节，并按 Base64 编码表转换为可打印的 ASCII 码串。也就是说，转换后的消息理论上要比原来的长 1/3，因此 Base64 编码转换可将被变换的消息扩展33%。但是,扩展仅对会话密钥密文和消息的数字签名进行,这一部分长度是有限的。由于对明文消息要用ZIP算法进行压缩,其平均压缩比约为2.0,足以弥补Base64编码转换引起的消息扩展。对于长度为L的消息来说,如果忽略长度相对较小的数字签名和密钥部分,压缩和扩展的总体效果为$1.33\times0.5\times L=0.665\times L$,即总体上仍有1/3的压缩率。

PGP处理过程中的Base64编码转换的一个显著特点是,输入消息流转换为Base64格式具有盲目性,即不管输入的消息内容是不是ASCII格式,都将变换为Base64格式。因此在图10.4所示的仅提供鉴别服务的应用中,对消息仅进行数字签名但未做加密运算,对它进行Base64编码,编码后的结果对不经意的观察者仍然是不可读的,从而可提供一定程度的机密性保护。作为一种配置选择,PGP还可以只将消息的数字签名部分转换为Base64格式,从而使得接收方不使用PGP就可以阅读消息,当然,对数字签名的验证仍然需要使用PGP。

PGP中消息的发送方和接收方对消息的处理过程如图10.7所示。发送方首先对消息的散列值进行数字签名(如果需要的话),然后对明文消息及其签名使用压缩函数进行压缩。如果要求机密性,则用K_S按分组加密算法加密压缩结果,同时用PK_B按公钥加密算法加密K_S。将两个加密结果连接在一起后,经Base64编码变换成为Base64格式。

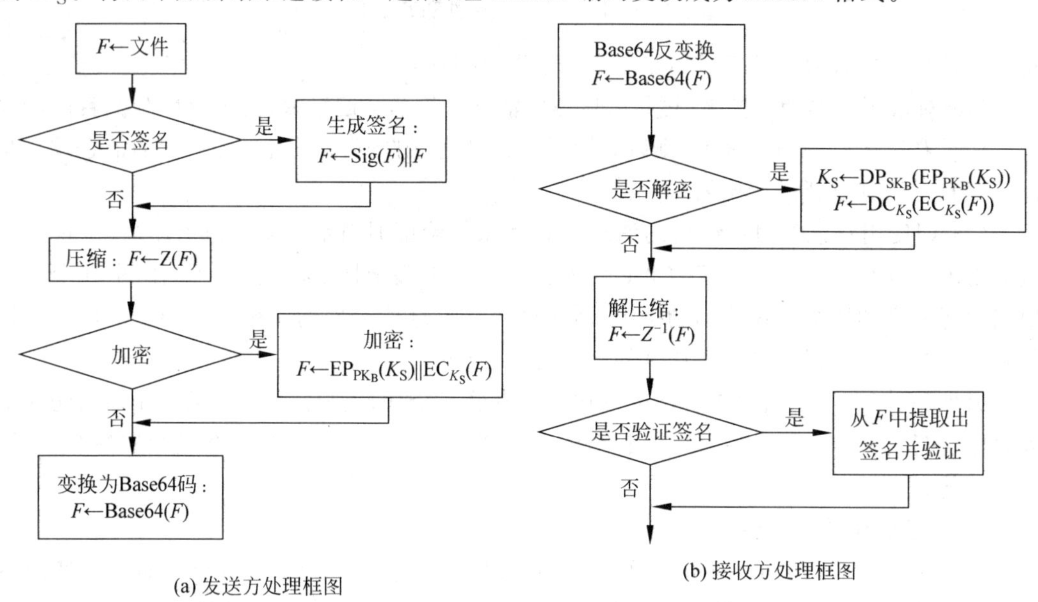

图10.7 PGP消息处理框图

接收方首先将接收到的结果进行Base64解码,得到原本的8位二进制字符串;如果消息是密文,则用SK_B恢复K_S,再由K_S恢复加密的消息,并对其解压缩得到明文消息;如果消息还经过签名,则从恢复的明文消息中提取出消息的散列值,并与计算的消息散列值进行验证比较。

解密后的消息存放有以下3种方式:

(1) 以解密的形式存储,不附加数字签名。

(2) 以解密的形式存储,附加数字签名(当传递需要时,也可对消息完整性提供保护)。

(3) 为机密性保护需要,以加密形式存储。

6. 分段与重组

电子邮件通常对能够传输的最大消息长度有所限制。例如，许多 Internet 可以访问的设备都有最大 50 000 字节的限制。在发送方，如果消息长度大于最大长度，PGP 则将消息自动分为若干消息子段并分别发送。分段操作在图 10.7(a)中 Base64 变换完成之后进行，因此会话密钥和数字签名仅在第一个消息子段的开始位置出现一次。接收方在执行图 10.7(b)的处理过程以前，PGP 首先去掉电子邮件的首部，再将各消息子段拼接在一起，重新装配成原来的消息，然后执行后续操作。

10.2.3　密钥和密钥环

密钥是 PGP 中的重要概念。如表 10.2 所示，PGP 所用的密钥有 4 类：分组加密算法所用的一次性会话密钥、基于口令短语的密钥、公钥加密算法所用的公钥和私钥。为此 PGP 必须满足以下 3 个要求：

表 10.2　PGP 中的密钥类型

密钥类型	典型密码算法	用　　途
会话密钥	IDEA	用于对传送的消息加密解密，随机生成，一次性使用
公钥	RSA	用于对会话密钥加密或验证签名
私钥	RSA	用于对消息的散列值进行加密运算以形成数字签名，发送方专用
基于口令短语的密钥	IDEA	用于对私钥加密，存储于发送方

(1) 能够产生不可预测的会话密钥。

(2) 允许用户拥有多个公钥-私钥对。用户可能希望随时更换自己的密钥对，也可能希望在同一时间和多个通信方同时通信而分别使用不同的密钥对，或者希望通过限制一个密钥加密的内容数量来增加安全性。这都使得用户和其密钥对不存在一一对应的关系，因此必须对密钥进行标识。

(3) PGP 的每个实体必须维护自己的公钥-私钥对文件，并保存全部潜在通信方的公钥列表文件。

1. PGP 的会话密钥

用户每次执行 PGP 都产生一个不同的会话密钥。这个密钥被当作分组加密算法(如 IDEA)的密钥，用于对消息和数字签名加密。这样不管用户将相同消息加密传输给相同的接收方多少次，都难以看到两个完全相同的输出，这是 PGP 提供的机密性保护特性。

要产生这个随机会话密钥，PGP 使用一个叫作 randseed.bin 的文件。如果该文件不存在或为空，那么用户被要求通过键盘随机输入一些字符来作为伪随机数生成器的“种子”。这种会话密钥的生成方法基于 ANSI X9.17 标准所描述的伪随机数生成算法，具有合理的随机性。下面以 IDEA 会话密钥生成为例，介绍伪随机数生成器的基本原理。

(1) 如图 10.8 所示，用户通过键盘随机输入若干字符，生成 64 位的种子值(V_0)，加上 64 位的输入时间(DT_0)，形成 128 位伪随机数(2 个 64 位分组)。IDEA 加密算法的 128 位密钥 k 为它上一次输出的 128 位会话密钥(初始密钥源于与随机键盘输入有关的数字序列)。

(2) 伪随机数生成器在 128 位密钥作用下，采用密文反馈模式对输入的两个 64 位分组进行加密，将输出的两个 64 位密文分组(R_i 和 V_{i+1})连接在一起形成 128 位会话密钥。

图 10.8 中，DT_i 是第 i 个生成阶段开始的日期/时间值，V_i 是第 i 个生成阶段开始的种

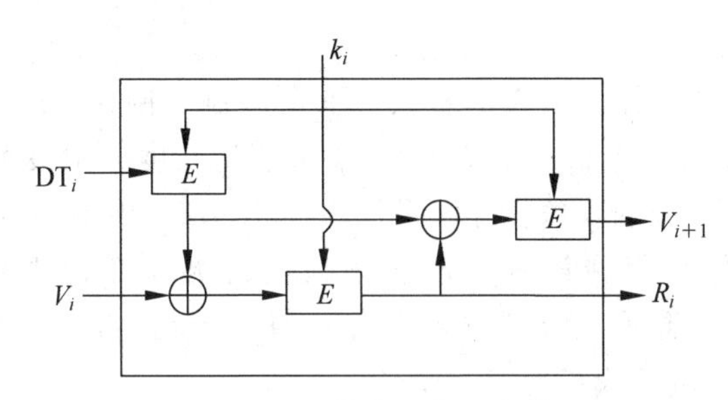

图 10.8 伪随机数生成器

子值，R_i 是第 i 个生成阶段产生的伪随机数，k_i 是第 i 个生成阶段的 IDEA 密钥。

伪随机数生成器的两个 64 位分组组成的明文输入本身也是从 128 位随机化的数字流中推导而来的，这些数字依赖于用户最初的随机键盘输入，击键时间和键入的字符被用来生成随机化的数字序列。因此，如果用户以随机方式敲击任意键，将生成合理的随机输入，这个随机输入和 IDEA 输出的会话密钥组合在一起又输入伪随机数生成器(写入 randseed.bin 文件)。因此可以认为，产生的结果是不可预测的会话密钥序列。

关于 PGP 会话密钥生成更详细的讨论可参考文献[25]的相关附录。

2. 密钥标识符

如前所述，PGP 在对消息加密的同时，还需要用接收方的公钥对一次性会话密钥进行加密；从而使得只有预期的接收方才能利用其私钥恢复会话密钥，进而恢复加密的消息。如果接收方只有一个公私钥对，就可以很方便地恢复会话密钥。但是，PGP 允许接收方拥有多个公私钥对，且事实上通常用户也的确拥有多个公私钥对，那么接收方怎么知道会话密钥是用他的哪个公钥加密的呢？有两种可以解决此问题的办法。

一种办法是发送方将所用接收方的公钥与报文一起发送，接收方确认是自己的公钥后，再进一步处理。这种方法的缺点是浪费资源太多，因为 RSA 的公钥长度可达数百位十进制数。

另一种办法是对每个用户的每个公钥都指定一个唯一的标识符，称为密钥 ID。发送方使用接收方的哪个公钥，就将这个公钥的 ID 发送给接收方，因此只需要传输很短的密钥 ID。这种方法的缺点是必须考虑密钥 ID 的存储和管理，且发送方和接收方都必须能够通过密钥 ID 得到对应的公钥，这就增加了管理和传输存储开销。

PGP 采用的解决方法是用每个公钥的最后 64 位表示该密钥的 ID，即公钥 PK_A 的密钥 ID 为 $PK_A \bmod 2^{64}$。由于 2^{64} 足够大，因而密钥 ID 重合的概率极小。

PGP 在数字签名时也需要对密钥加上标识符。因为发送方可能使用一组私钥中的一个来加密消息摘要以实现数字签名，接收方就必须知道使用发送方的哪个公钥来验证该数字签名。因此，报文的数字签名部分包含了需要使用的公钥的 64 位密钥 ID。当收到报文时，接收方验证该密钥 ID 是他所知道的发送方的公钥，然后用来验证其数字签名。

3. PGP 的消息格式

如图 10.9 所示，PGP 中发送方 A 发往接收方 B 的消息由 3 部分组成：消息、消息的数字签名(可选)以及会话密钥(可选)。其中，EP_{PK_B} 表示用 B 的公钥加密，EP_{SK_A} 表示用 A 的私钥加密(即 A 的签名)，EC_{K_S} 表示用一次性会话密钥 K_S 加密，ZIP 表示 ZIP 压缩运算，R64 为 Base64 编码。

会话密钥包含了会话密钥和接收方公钥的密钥 ID。接收方公钥的密钥 ID 标识了发送

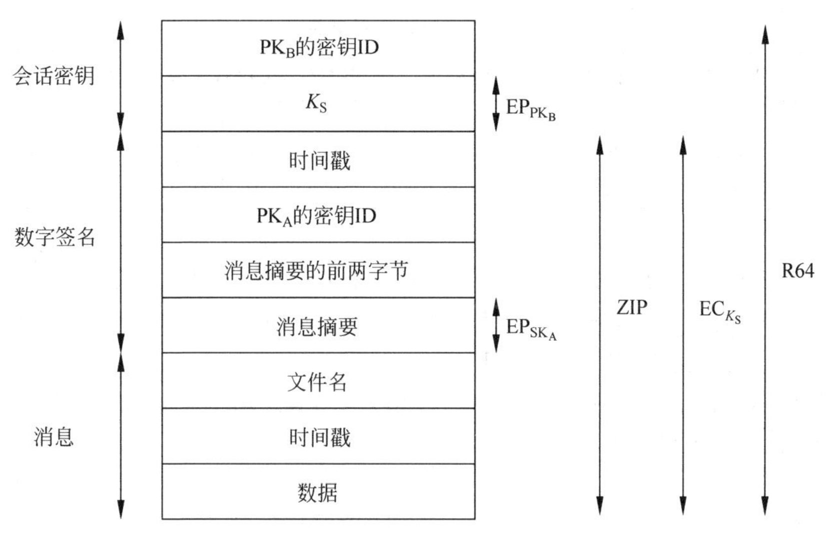

图 10.9 PGP 的消息格式

方加密会话密钥时使用了接收方的哪个公钥。

数字签名包括以下内容。

(1) 时间戳：数字签名产生的时间。

(2) 消息摘要：将数字签名的时间戳连接上消息本身后，由 SHA-1 算法求得 160 位散列输出，并由发送方用私钥签名。计算消息摘要时将签名的时间戳作为输入的一部分是为了抵抗重放攻击。

(3) 消息摘要的前两字节：接收方用发送方的相应公钥解密消息摘要后，用这两字节与得到的消息摘要的前两字节进行比较，以确定是否使用了正确的公钥来验证发送方的数字签名。消息摘要的前两字节也可用作消息的 16 位帧校验序列。

(4) PK_A 的密钥 ID：用于标识解密消息摘要(即验证签名)的公钥，相应地也标识了发送方签名时所使用的私钥。

消息包括被存储或被发送的实际数据、文件名以及时间戳。时间戳用来表示消息的产生时间。消息和可选的数字签名经 ZIP 算法压缩后，再用会话密钥加密。发送消息前，对整个消息做 Base64 编码。

4. 密钥环

为了有效存储、组织密钥，同时也为了便于用户使用，PGP 为每个用户都建立了两个表型的数据结构，一个用于存储用户自己的密钥对(即公私钥对)，另一个用于存储该用户知道的其他各用户的公钥。这两个表型的数据结构分别称为私钥环和公钥环，如表 10.3 和表 10.4 所示。

表 10.3 私钥环存储格式

时间戳	公钥 ID	公 钥	被加密的私钥	用户 ID
⋮	⋮	⋮	⋮	⋮
T_A	$PK_A \bmod 2^{64}$	PK_A	$EC_{h(pa)}[SK_A]$	用户 A
⋮	⋮	⋮	⋮	⋮

表 10.4 公钥环存储格式

时间戳	公钥 ID	公钥	拥有者可信	用户 ID	密钥合法性	签名	签名可信
⋮	⋮	⋮	⋮	⋮	⋮	⋮	⋮
T_i	$PK_i \bmod 2^{64}$	PK_i	Trust flag	$User_i$	Trust flag	…	Trust flag
⋮	⋮	⋮	⋮	⋮	⋮	⋮	⋮

在私钥环中,每行表示该用户的一个密钥对,其数据项有:产生密钥对的时间戳、公钥ID、公钥、被加密的私钥、用户 ID。其中,公钥 ID 和用户 ID 可作为该行的标识符,方便索引。一般用户 ID 为用户的邮件地址,用户可以用多个不同的用户 ID 标识一个密钥对,也可以在不同的密钥对中使用相同的用户 ID。

私钥环由用户自己存储,仅供用户自己使用。为了确保用户私钥安全,私钥是以密文的形式存储的,其加密过程如下。

(1) 系统生成一对新的公私钥对时,先要求用户选择一个通行短语(Pass Phase)作为 SHA-1 的输入,产生一个 160 位的散列值,然后销毁通行短语。

(2) 系统以该散列值作为密钥对用户的私钥加密(使用 CAST-128、IDEA 或 3DES),加密完成后销毁该散列值,并将加密的私钥存入私钥环。

以后用户若要取出私钥,必须重新输入通行短语,PGP 检索出该用户的加密私钥,并产生通行短语的 SHA-1 散列值,以此散列值解密得到用户的私钥。

从上述过程可以看出,私钥的安全性取决于所用通行短语的安全性,因此用户使用的通行短语应该是易于记忆但又不易被他人猜出的。

公钥环存储的是该用户所知道的其他用户的公钥,其数据项包括时间戳(表示这一行数据产生的时间)、公钥 ID、公钥、用户 ID(表示该公钥的属主)。其中,公钥 ID 和用户 ID 可作为该行的标识符,方便索引。还有其他几个数据项后面介绍。

PGP 的消息生成过程如图 10.10 所示,其中 PRNG 表示伪随机数发生器。为简单起见,该过程省略了压缩过程和 Base64 转换过程。假设用户 A 使用 PGP,选择消息既要被签名也要被加密的模式,将消息 M 安全发送给用户 B,其需要执行的过程如下。

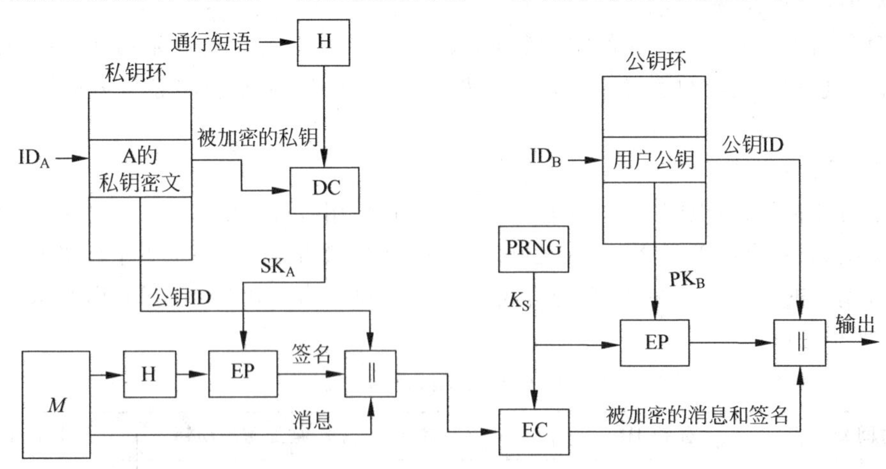

图 10.10 PGP 的消息生成过程(忽略了压缩和 Base64 转换过程)

(1) 对消息进行签名。

首先,PGP 利用 A 的用户 ID,从 A 的私钥环中取出 A 的被加密私钥。如果用户 ID 为默认值，则从私钥环中取出第一个私钥。然后PGP提示用户输入通行短语，用于恢复A被加密的私钥。再利用解密得到的A的私钥SK_A，产生消息签名。

(2) 对消息加密。

PGP通过PRNG产生一个K_S，并由K_S对消息及签名进行加密；然后利用B的用户ID，从公钥环中取出B的PK_B，并用PK_B加密K_S，以形成发送消息中的会话密钥部分。

PGP的消息接收过程如图10.11所示，分为以下两个步骤。

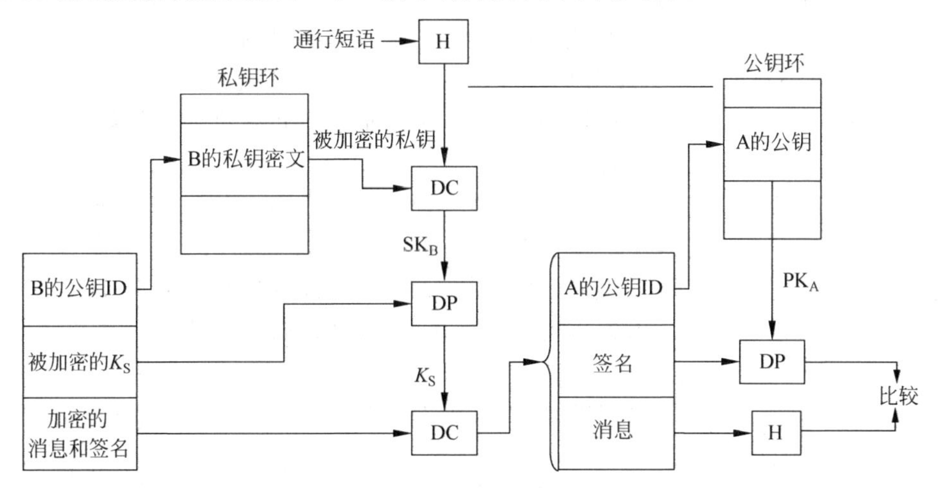

图10.11 PGP的消息接收过程(忽略了解压缩和Base64转换过程)

(1) 解密消息。

PGP首先从收到的消息的会话密钥部分取出B的公钥ID，并根据公钥ID从B的私钥环中取出相应的被加密的私钥；然后提示B输入通行短语以恢复SK_B；再使用SK_B恢复出K_S，并进而解密消息。

(2) 鉴别消息。

PGP首先从收到的消息的签名部分取出A的公钥ID，并根据公钥ID从A的公钥环中取出PK_A；再用PK_A恢复出消息摘要；然后对收到的消息重新计算消息摘要，并与恢复出的消息摘要进行比较，如果相同，则确认消息鉴别，否则拒绝。

10.2.4 公钥管理和信任关系

在实际的公钥密码应用中，如何保护公钥不被他人假冒和篡改是最困难的问题，也是公钥密码体制必须要解决的一个问题，很多软件复杂性都是为解决这一问题而产生。

PGP由于可用于各种环境，所以未建立严格的公钥管理方案，而是提供了一种解决公钥管理问题的结构，其中有一些可供选择的建议。

1. 公钥管理方案

任何用户要使用PGP和其他用户进行安全通信，必须建立一个公钥环，以存放其他用户的公钥，并确保其中的公钥是用户的合法密钥，这是PGP应用中保证其安全性的一个重要因素。如果用户A的公钥环中有一个公钥，表明是属于用户B的，但实际上是属于用户C的，则C就可以假冒B对伪造的消息进行数字签名来欺骗A，且C还可以骗取A发送给B的秘密信息(请思考为什么?)。这种情况是可能发生的。例如，B在某个公开信息发布系统(如BBS)上发布自己的公钥，A通过BBS获取B的公钥，但在A获取之前，C就用自己的公钥将B的公钥替换掉了。所以必须采取有效措施减小用户公钥环中包含虚假公钥的可能性。以下是在实际应用中可以采取的一些具体措施:

(1) 用物理手段直接从相应用户那里取得公钥。例如,B将自己的公钥存在U盘等移动存储介质中,并亲自交给A。A再从移动存储介质上将B的公钥加载到自己的系统(PGP公钥环)中。这个方法最为安全,但受到实际应用的限制,有明显局限性。

(2) 通过电话、短信、电子邮件等方式验证B的公钥。如果A能在电话中识别B的语音,就可要求B以Base64编码的形式在电话或短信中提供自己的公钥;或者要求B通过电子邮件向A发送自己的公钥。A用PGP中的SHA-1算法产生公钥的160位摘要,并以16进制格式显示,称为公钥的数字指纹。A通过电话要求B提供自己公钥的数字指纹,如果两个指纹一致,B的公钥就得以验证。

(3) 通过可信第三方T获取公钥(假设A已可靠拥有T的公钥)。T首先为B建立一个证书,其中包括B的公钥、公钥的建立时间、公钥的有效期;然后用SHA-1算法计算出证书的消息摘要,并用自己的私钥对摘要进行数字签名;再将签名连接在证书后,由B或T发送给A,或发布在BBS上。因为其他人不知道T的私钥,无法假冒T的签名,所以不能有效伪造出包含B公钥的证书。

(4) 通过可信的数字证书管理机构CA获取B的公钥。方法与(3)类似,只是引入了专门的数字证书管理机构。

在后两种措施中,A为获取B的公钥,必须首先获取T或CA的公钥,并相信该公钥的有效性。所以最终还是取决于A对T或CA的信任程度。

2. PGP中的信任关系

尽管PGP没有给出建立可信第三方机构或信任体系的任何说明,但它提供了一种利用信任关系的方法,将信任与公钥关联,以建立用户对公钥的信任程度。

PGP设定对公钥的信任有以下两种情况。

(1) 直接来自所信任的人的公钥。

(2) 有可信任者(并可靠拥有他的公钥)签名的公钥,但公钥的拥有者也许并不认识。这样,在PGP中得到一个公钥后,检索其公钥签名,如果认识其签名人,并且信任他(可靠拥有他的公钥),就认为此公钥可用或合法。这样,由自己所认识并信赖的人,就可以和众多自己不认识的人实现PGP的安全电子邮件通信。

PGP建立信任关系的基本方法是用户在建立公钥环时,以一个公钥证书作为公钥环中的一行。其中用3个字段来表示对该公钥证书的信任程度,参见表10.4。

(1) 密钥合法性字段(Key Legitimacy Field):用以表示PGP以多大程度信任这一公钥是用户的有效公钥,该字段是由PGP根据这一证书的签名可信字段计算的。

(2) 签名可信字段(Signature Trust Field):拥有该公钥的用户可收集0个或多个该公钥证书的签名,而每个签名后面有一个签名可信字段,用来表示该用户对签名者的信任程度。

(3) 拥有者可信字段(Owner Trust Field):用于表示用该公钥签署其他公钥证书的可信程度,这个信任程度是由用户自己决定的。

这3个字段都包含在称为信任标志字节的结构中,其取值与具体含义如表10.5所示。

表 10.5　信任标志字节的内容

指派公钥拥有者的信任	指派公钥/用户 ID 对的信任	指派签名的信任
拥有者可信字段 -未定义的信任 -不认识的用户 -对其他密钥的签名通常不能信任 -对其他密钥的签名通常可以信任 -对其他密钥的签名总是可以信任 -这个密钥出现在秘密密钥环中(绝对信任) BUCKSTOP 位：如果这个密钥出现在秘密密钥环中，置位	密钥合法性字段 -不认识或未定义的信任 -密钥拥有权不可信任 -密钥拥有权勉强信任 -密钥拥有权完全信任 WARNONLY 位：如果用户想要系统只是在使用没有经过完全验证的密钥来加密时告警，置位	签名可信字段 -未定义的信任 -不认识的用户 -对其他密钥的签名通常不能信任 -对其他密钥的签名通常可以信任 -对其他密钥的签名总是可以信任 -这个密钥出现在秘密密钥环中(绝对信任) CONTIG 位：如果签名导致一条通向绝对可信密钥环拥有者的连续可信认证路径，置位

假定用户 A 已有一个公钥环，PGP 对公钥环的信任处理过程如下。

(1) 当 A 在公钥环中插入一个新的公钥时，PGP 必须为拥有者可信字段指定一个标志。如果 A 插入的新公钥是自己的，则该公钥同时也插入 A 的私钥环中，PGP 自动指定标志为绝对信任(Ultimate Trusted)；否则，PGP 要求 A 设定此值，A 可以指定的标志是不认识(Unknown)、不信任(Untrusted)、勉强信任(Marginally Trusted)、完全信任(Completely Trusted)。

(2) 当新公钥插入公钥环时，可以在该公钥上附加一个或多个签名，以后还可以为这个公钥增加更多的签名。当为该公钥插入一个新的签名时，PGP 首先在公钥环中查看签名产生者是否在已知的公钥拥有者中。如果在，则将该拥有者可信字段的值赋给签名可信字段；否则，就赋值为“不认识用户”(Unknown user)。

(3) 密钥合法性字段的取值由它的各签名可信字段的取值计算。如果签名信任字段中至少有一个标志为“绝对信任”，则将密钥合法性字段设置为“完全信任”；否则，PGP 将其设置为各签名合法性字段的加权和。其中签名合法性字段值为“总是可以信任”(Always Trusted)的权为 $1/X$，值为“通常可以信任”(Usually Trusted)的权为 $1/Y$，X、Y 分别是用户可配置的参数。因此，在没有绝对信任的情况下，需要至少 X 个“总是可以信任”的签名，或者 Y 个“通常可以信任”的签名，或者是某种组合。

由于在公钥环中既可插入新的公钥，也可插入新的签名，为了保持公钥环中的一致性，PGP 将定期对公钥可信程度进行一致性维护：对每个拥有者可信字段，PGP 找出该拥有者的所有签名，并将签名可信字段的值修改为拥有者可信字段中的值。

图 10.12 是一个 PGP 信任关系的示例。图中圆节点表示密钥，圆节点旁边的字母表示密钥的拥有者。图的结构反映了标记为“USERT”的用户公钥环。图中，实线圆节点表示其用户的公钥被 USERT 认为是合法的，虚线圆节点则不是。最顶层的节点是拥有者自己的公钥，当然是值得信任的，拥有者可信字段的标志为“绝对信任”，其他节点的拥有者可信字段的标志由拥有者指定，如果未指定则设置为“未定义”。在这个示例中，拥有者指定用户 D、E、F、L 的密钥(图中灰色填充节点表示)的拥有者可信字段为“总是可以信任”，意指 USERT 信任这 4 个密钥签署的其他密钥；用户 A、B 的密钥(图中斜线填充节点表示)的拥有者可信字段指定为“部分信任”，意即 USERT 部分信任这两个密钥签署的其他密钥。

图的树状结构表示哪个密钥已经被其他用户签名。例如，G 的密钥被 A 签名，则用一个由 G 指向 A 的箭头表示。如果一个密钥被一个其密钥不在公钥环中的用户签名，则用一个由该密钥指向一个问号的箭头表示，如 R，问号表示签名者对 USERT 来说是未知的。

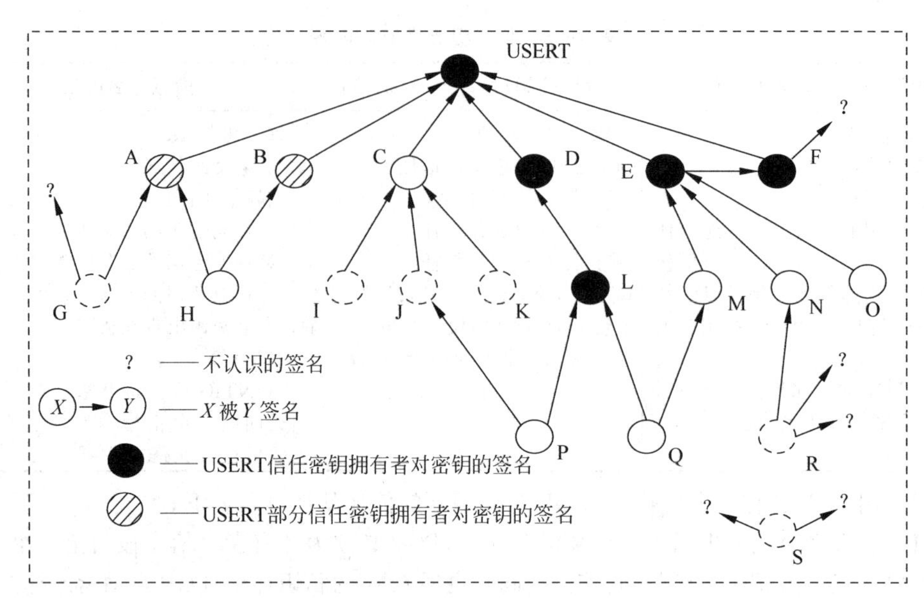

图 10.12 PGP 信任关系的示例

图 10.12 可说明以下几个问题。

(1) 除节点 L 外,所有被 USERT 信任(包括完全信任和部分信任)的用户的公钥都被 USERT 签名。这种签名并不总是必要的,实际中大多数用户都愿意为他们信任的用户公钥签名。例如,E 的公钥已被 F 签名,但 USERT 仍直接为 E 的公钥签名。

(2) 两个被部分信任的签名可用于证明其他密钥。例如,A 和 B 被 USERT 部分信任,PGP 认为 A 和 B 同时签名的公钥 H 是合法的。

(3) 由一个完全信任的或两个部分信任的签名者签名的公钥被认为是合法的,但该公钥的拥有者可能不被信任签名其他公钥。例如,E 是 USERT 完全信任的,USERT 认为 E 为 N 签名的公钥是合法的,但 N 却不被信任签名其他公钥。因此,R 的公钥虽然被 N 签名,但 PGP 却不认为 R 的公钥是合法的。这种情况具有实际意义。例如,如果要向某用户发送保密消息,则不必在各方面都信任这一用户,只要确信这一用户的公钥是正确的就行了。

(4) 图中 S 是一个孤立节点,具有两个未知的签名者。这种公钥可能是 USERT 从公钥服务器中得到的,PGP 不能由于这个公钥服务器的信誉好就简单认为这个公钥是合法的。用户必须通过数字签名来声明密钥的合法性,或者告知 PGP 密钥的签名者是完全可信任的。

最后需要指出的是,同一公钥可能有多个用户 ID,这是因为用户可能修改过自己的用户名(即 ID),或者在多个用户名下申请了同一公钥的签名。例如,同一用户可能以自己的多个邮件地址作为自己的用户 ID。所以,可以将具有多个用户 ID 的同一公钥以树的结构组织起来,其中树根为这个公钥,根的每个子节点是该公钥在一个 ID 下获得的数字签名。对这个公钥签署其他公钥的信任程度取决于这一公钥在不同 ID 下所获得的各个签名。

3. 公钥的吊销

用户如果怀疑与公钥对应的私钥已经泄露(例如,窃密者从用户的私钥环和通行短语中恢复了用户经过加密的私钥),或者只是为了避免同一公钥-私钥对的使用时间过长,可吊销自己目前正在使用的公钥。吊销公钥可通过发送一个经自己签名的公钥吊销证书来实现。证书的格式与一般公钥证书的格式一样,但多了一个标识符,用来表示该证书的目的是吊销这一公钥。注意用户用于签名公钥吊销证书的私钥是与被吊销的公钥相对应的。用户应尽可能快和广泛地散发自己的公钥吊销证书，以使自己的各通信对方都尽可能快地更新自己的公钥环。

10.2.5　基于 PGP 的电子邮件通信安全

1. 密钥管理

1）生成公钥-私钥对

在使用 PGP 进行加密或签名之前，必须生成公钥私钥对，公钥私钥对是同时生成的。公钥可以分发给需要与之通信的人，让他们用这个公钥来加密或验证签名；私钥由使用者自己保存，使用者可以用此密钥来解密或进行签名。生成公钥私钥对的步骤如下。

（1）运行 PGP 软件，在图 10.13 所示的主界面中单击“文件”菜单。

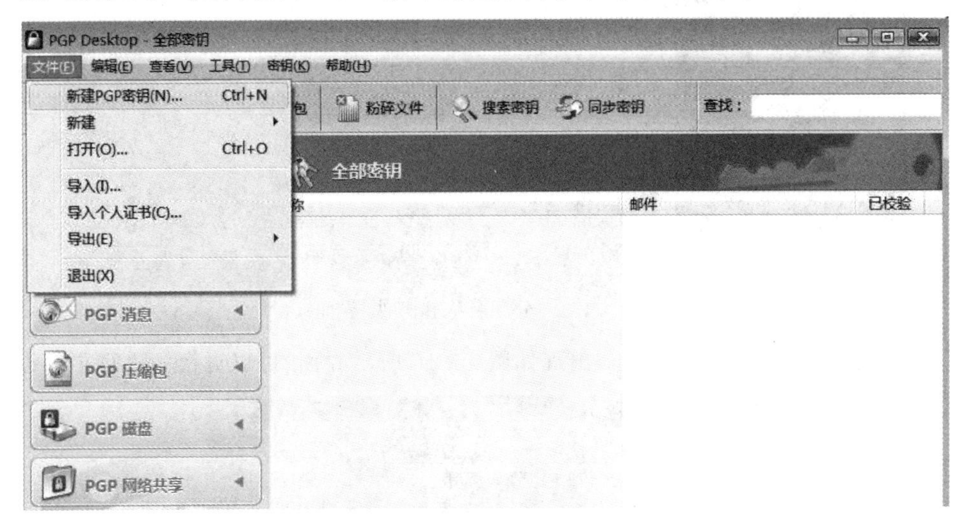

图 10.13　PGP 主界面

（2）单击“新建 PGP 密钥”菜单项后出现“PGP 密钥生成助手”界面，如图 10.14 所示。

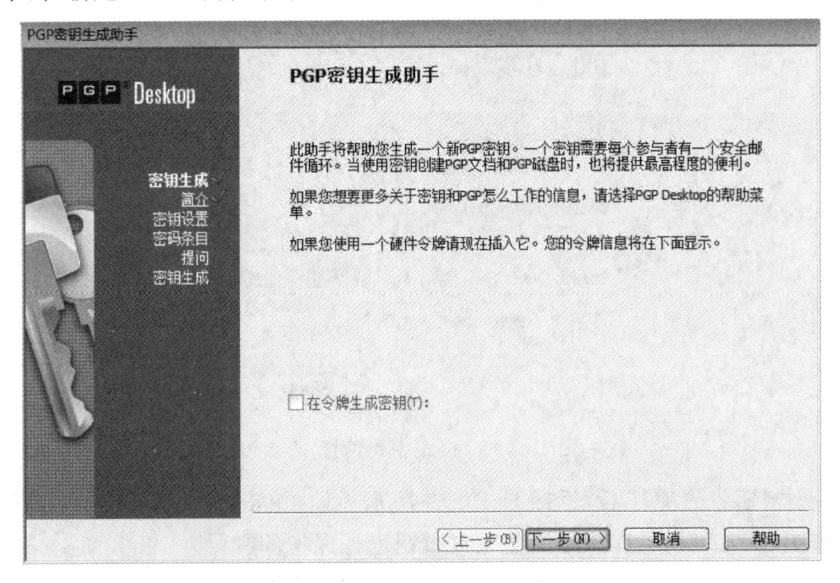

图 10.14　“PGP 密钥生成助手”界面

(3) 单击"下一步"按钮后出现"分配名称和邮件"界面,如图10.15所示。在该界面填入用户名和与之关联的电子邮件地址。

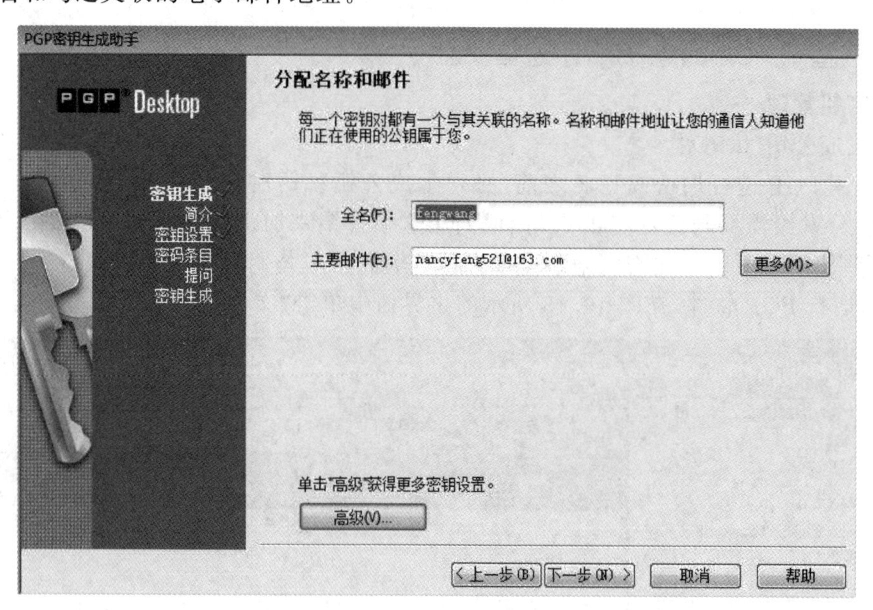

图10.15 "分配名称和邮件"界面

单击该界面下方的"高级"按钮,出现如图10.16所示界面,可以对密钥进行更多设置。

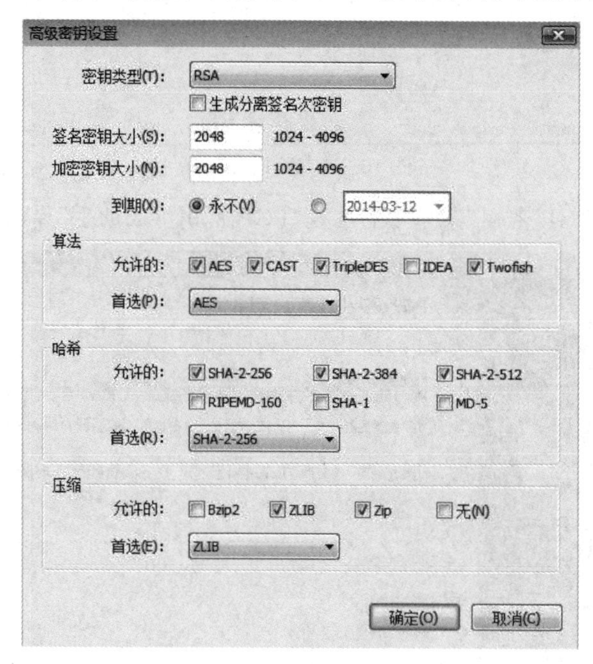

图10.16 "高级密钥设置"界面

(4) 高级密钥设置完毕后,返回图10.15所示界面,单击"下一步"按钮后出现"创建密码"界面,如图10.17所示,在该界面输入对私钥进行保护的密码。

(5) 单击"下一步"按钮后出现"密钥生成进度"界面,如图10.18所示。

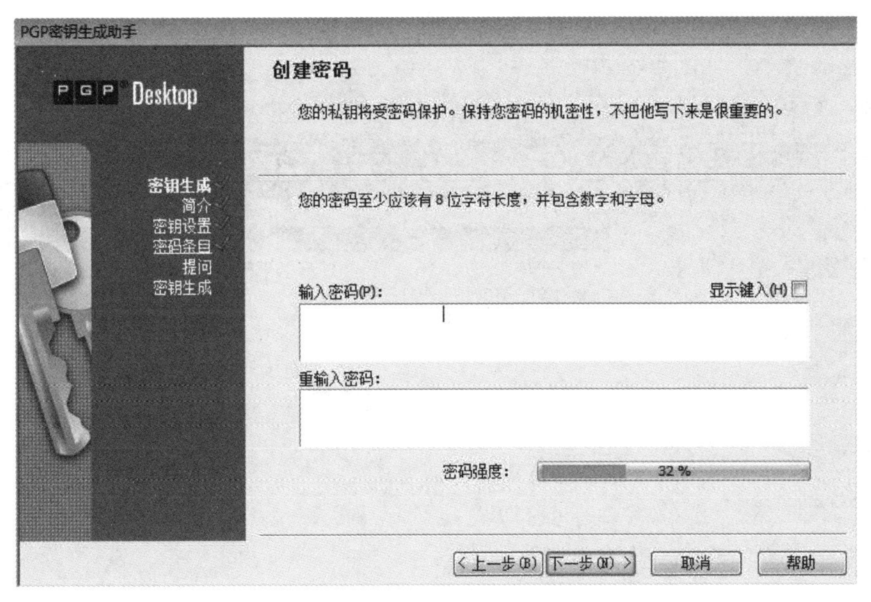

图 10.17　“创建密码”界面

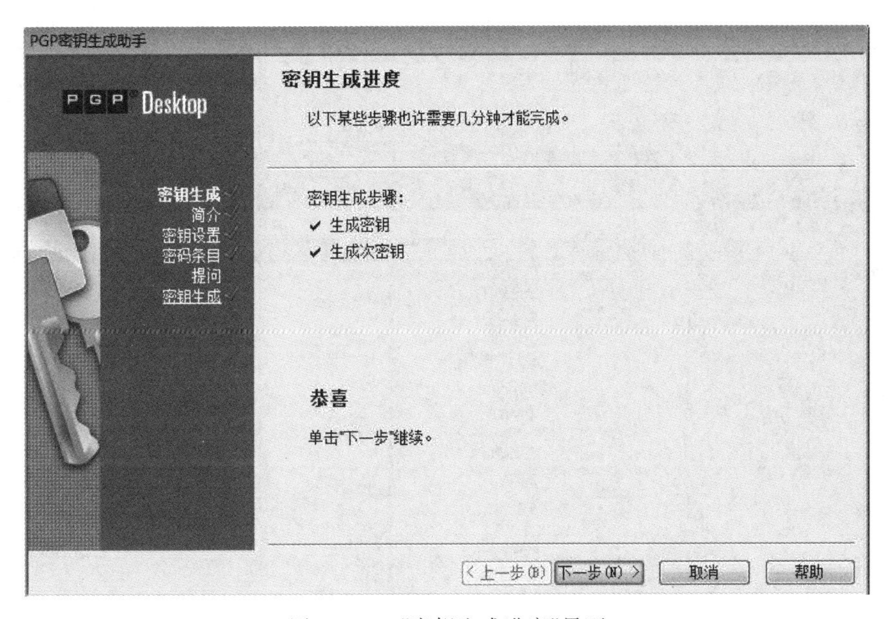

图 10.18　“密钥生成进度”界面

(6) 单击“下一步”按钮完成密钥对的生成。将新生成的密钥对添加到密钥环中，界面如图 10.19 所示。

为安全起见，最好将刚生成的密钥进行备份，以免丢失。

2) 密钥的导出

为了实现非对称加密，需要将自己的公钥导出后分发给需要与之通信的其他人。导出密钥的步骤如下。

(1) 在图 10.19 所示界面上右击要导出的密钥，选择“导出”菜单项，如图 10.20 所示。

(2) 在随后弹出的导出密钥到文件的界面上，设置导出密钥的文件存放路径及文件名。

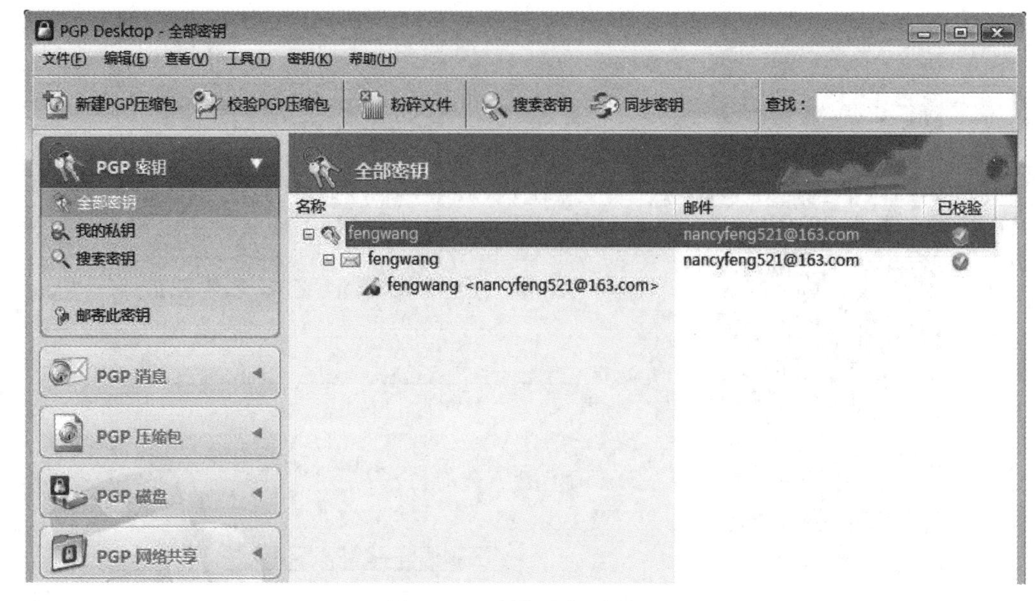

图 10.19 添加密钥对界面

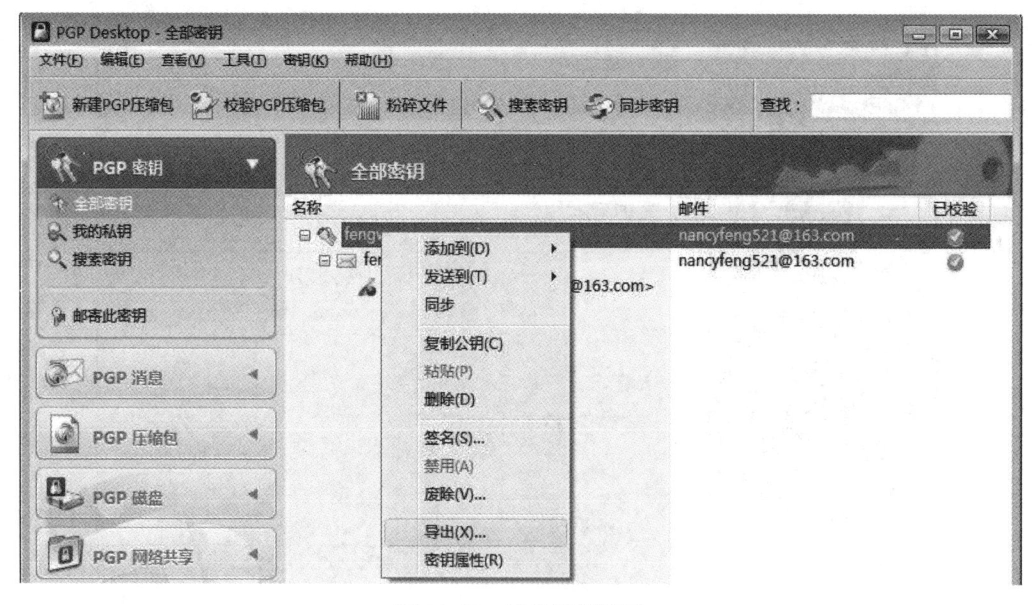

图 10.20 导出密钥界面

这里仅导出公钥文件，文件名为 fengwang.asc。可以用邮件或其他安全通道将此公钥分发给需要与之通信的人。

3) 密钥的导入

如果需要阅读他人发送过来的已签名的邮件，或者需要给他人发送加密邮件时，就必须拥有对方的公钥。当接收方收到通信方的公钥并下载到自己的计算机后，需要将其进行导入。导入密钥公钥文件的步骤如下。

(1) 在 PGP 主界面中单击“文件”菜单，选择“导入”菜单项后出现如图 10.21 所示界面。

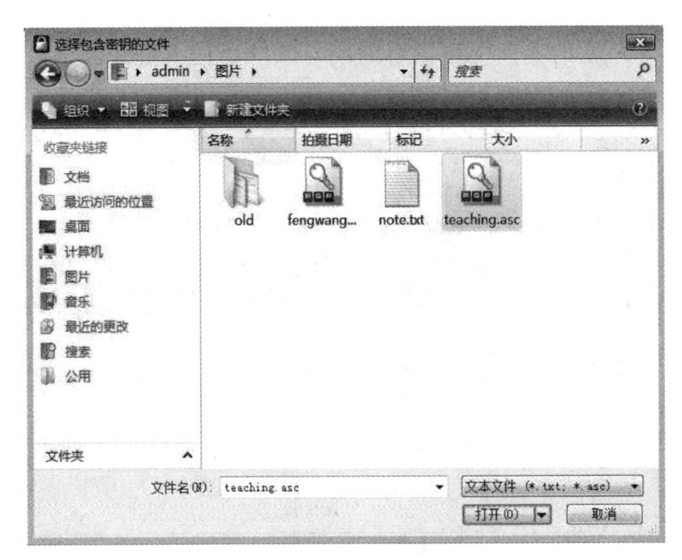

图 10.21　选择要导入的公钥文件界面

(2) 在图 10.21 所示的界面中选择要导入的公钥文件(teaching.asc),出现如图 10.22 所示的“选择密钥”界面。

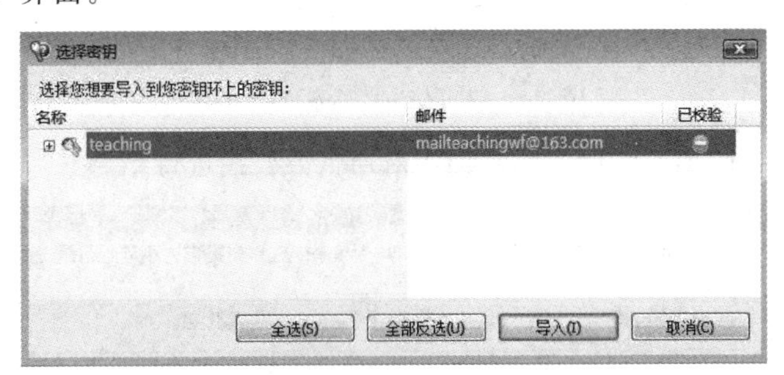

图 10.22　“选择密钥”界面

(3) 在图 10.22 所示的界面中选中通信方的电子邮件地址,单击“导入”按钮导入通信方的公钥,界面如图 10.23 所示。

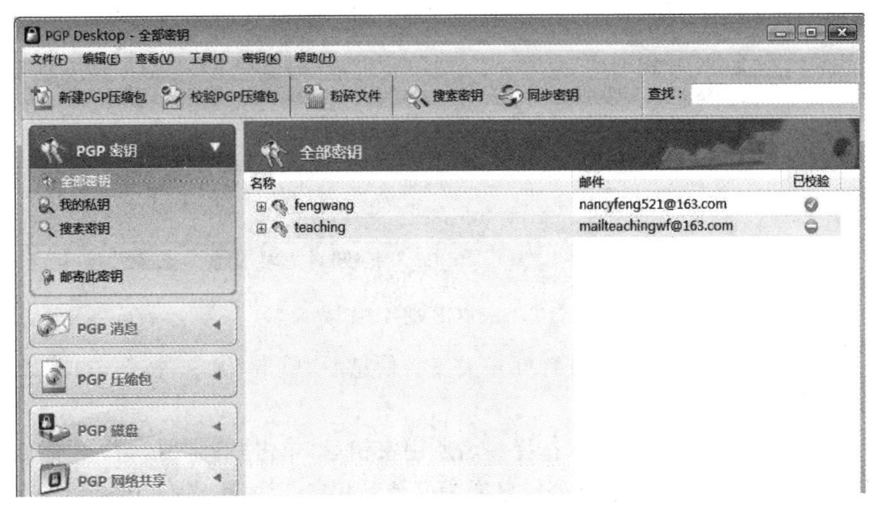

图 10.23　导入密钥后界面

(4) 在图10.23所示的界面中可以看到刚导入的通信方公钥为未校验状态，右击通信方的公钥，在弹出的快捷菜单中选择“签名”菜单项，界面如图10.24所示。

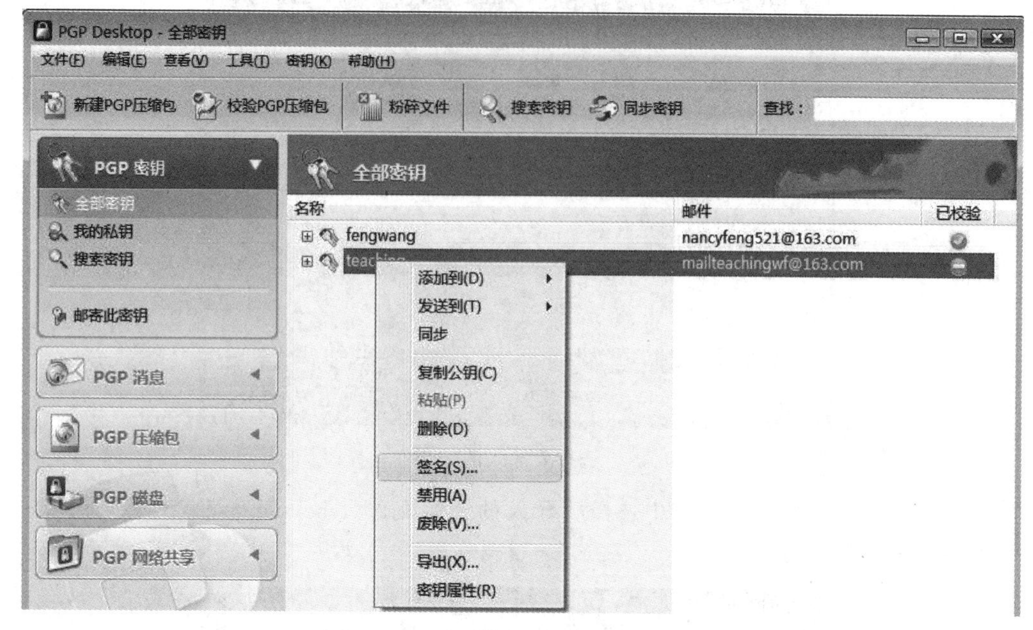

图10.24 对可信方的公钥签名的界面

(5) 在弹出的如图10.25所示的界面中对通信方公钥进行签名。

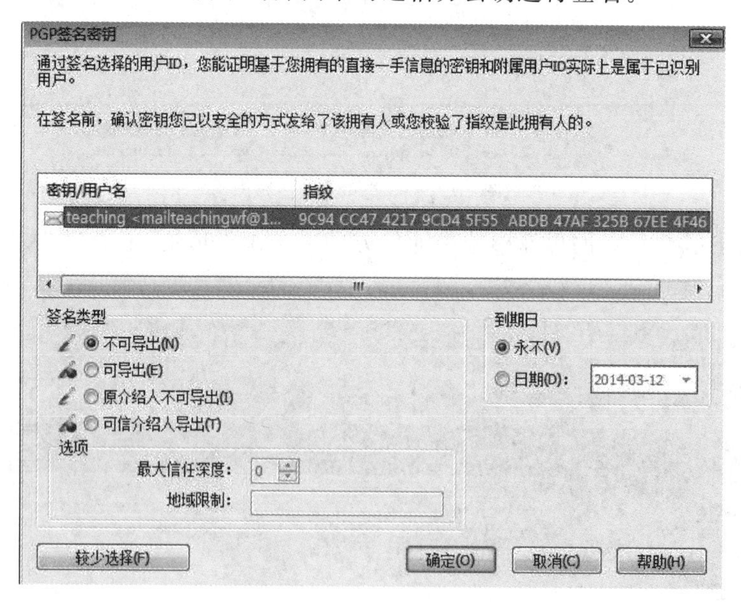

图10.25 PGP签名密钥界面

(6) 在图10.25所示界面中设置好相关签名信息后，单击“确定”按钮，出现如图10.26所示的选择签名密钥界面。

(7) 在图10.26所示的界面中选择签名所用密钥后，单击“确定”按钮，出现如图10.27所示的界面，可以看到此时通信方公钥已变为已校验状态。注意：在进行公钥签名时，由于

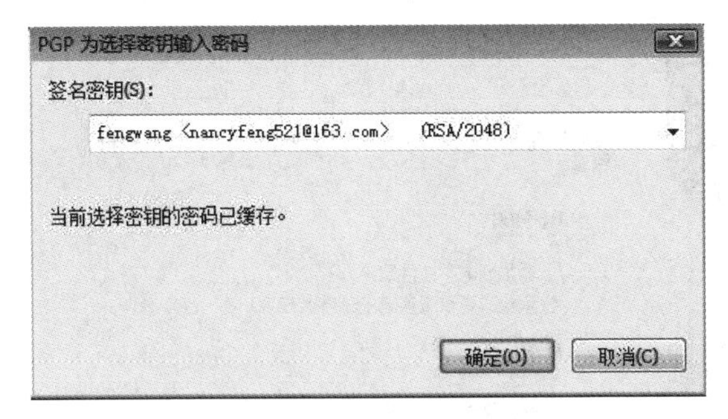

图 10.26 选择签名密钥界面

这里当前选择密钥的密码已缓存，因此不需要输入密码；否则会要求输入私钥保护密码。

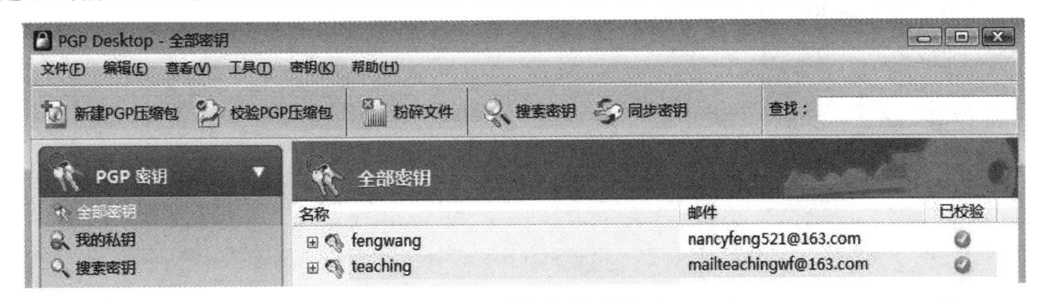

图 10.27 公钥签名后界面

2. 邮件操作

要利用 PGP 实现对邮件的保护，收发双方需要先在 Outlook 中对电子邮件账户进行设置。

(1) 单击 Outlook“工具”菜单，选择“电子邮件账户”菜单项，如图 10.28 所示。

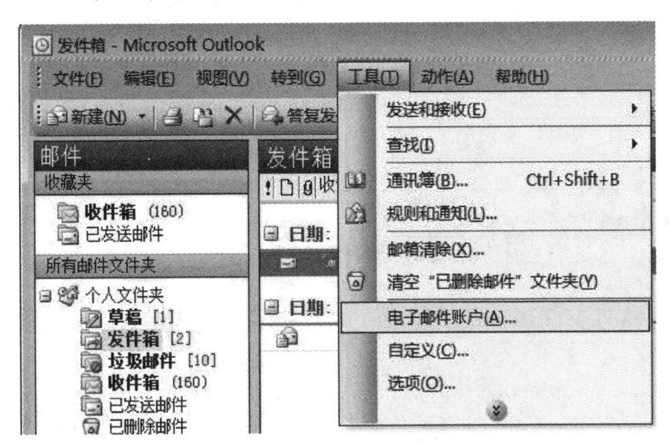

图 10.28 Outlook 电子邮件账户设置界面

(2) 在弹出的如图 10.29 所示的电子邮件账户设置向导界面中，对添加或更改电子邮件账户等进行设置。

(3) 单击“下一步”按钮后，在图 10.30 所示界面中对电子邮件相关信息进行设置，电子邮件的详细设置信息如图 10.31 所示。

(4) 账户信息设置完毕后，单击图 10.31 中的“测试账户设置”按钮，可以对所设置的电子邮件账户进行测试，“测试账户设置”界面如图 10.32 所示。

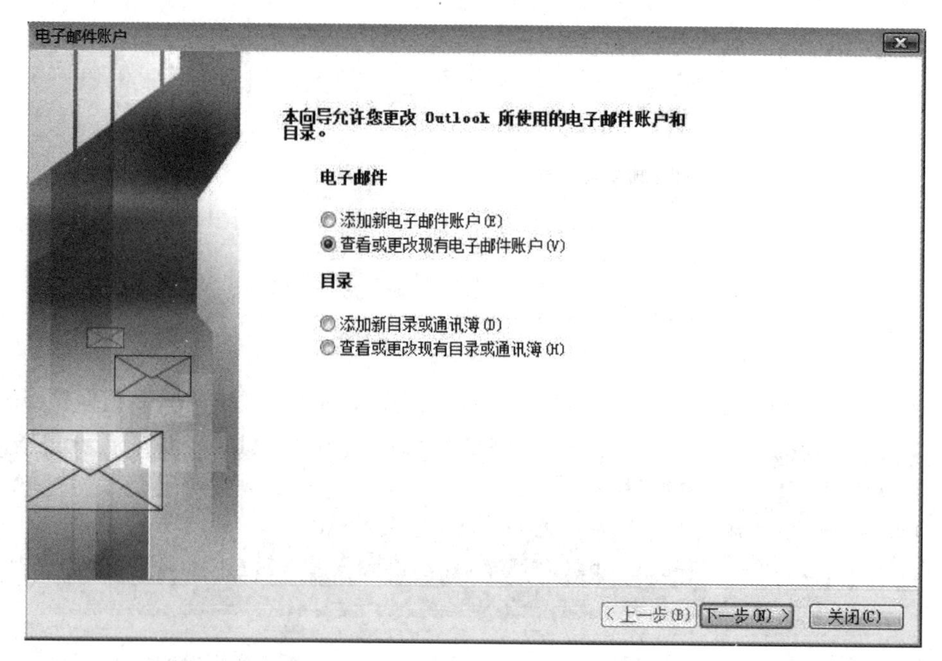

图 10.29 电子邮件账户设置向导界面

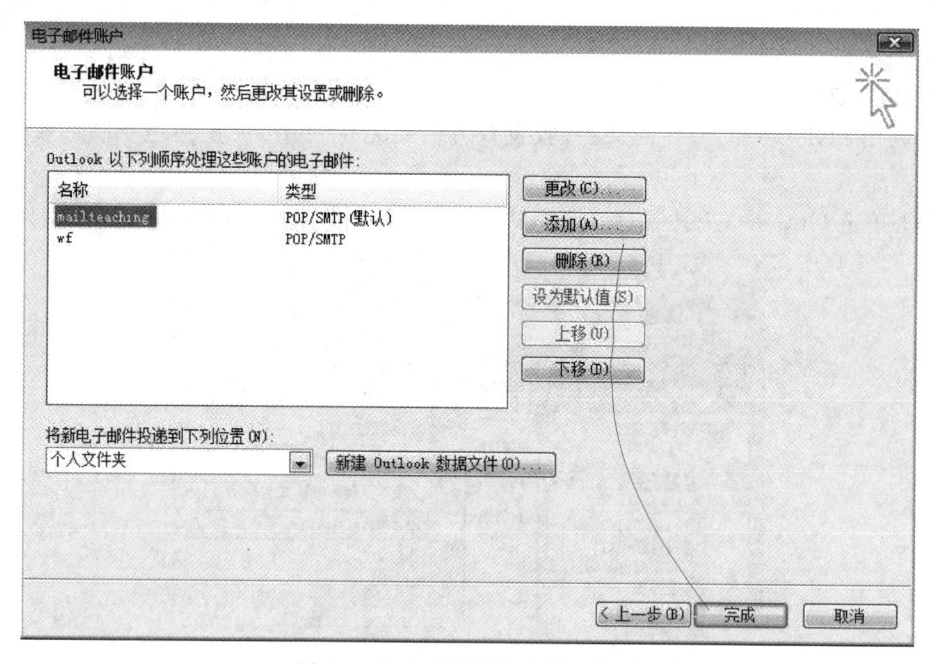

图 10.30 电子邮件账户设置界面

(5) 单击图 10.31 中的“其他设置”按钮，可以对电子邮件账户其他相关信息进行设置，对发送服务器进行设置的界面如图 10.33 所示，高级设置界面如图 10.34 所示。

(6) 在图 10.31 中单击“下一步”按钮，即可完成电子邮件账户所需信息的设置。

下面的实验中，假设发送方为 S(nancyfeng521@163.com)，接收方为 R(mailteachingwf@163.com)，双方分别按照前面的操作步骤导入自己的公钥私钥对和通信方的公钥。

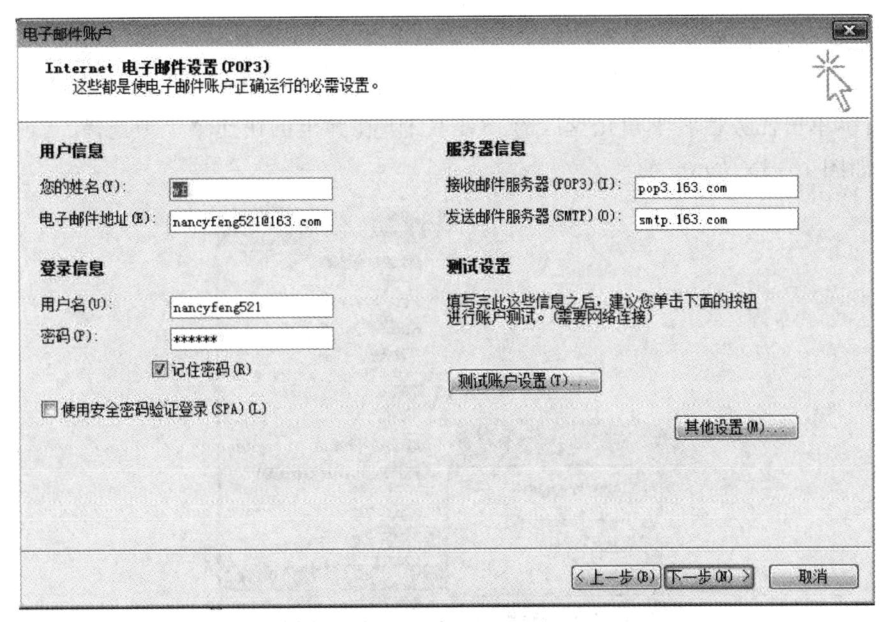

图 10.31　电子邮件账户详细设置信息界面

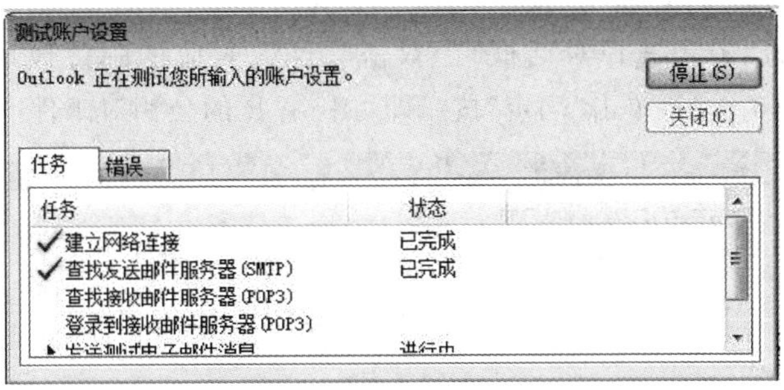

测试账户设置
Outlook 正在测试您所输入的账户设置。
停止(S)
关闭(C)
任务　错误
任务　状态
建立网络连接　已完成
查找发送邮件服务器(SMTP)　已完成
查找接收邮件服务器(POP3)
登录到接收邮件服务器(POP3)
发送测试电子邮件消息　进行中

图 10.32　“测试账户设置”界面

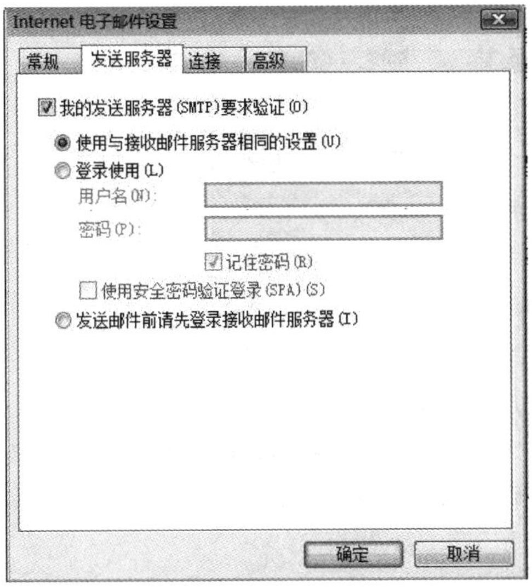

Internet 电子邮件设置
常规　发送服务器　连接　高级
我的发送服务器(SMTP)要求验证(O)
使用与接收邮件服务器相同的设置(U)
登录使用(L)
用户名(N):
密码(P):
记住密码(R)
使用安全密码验证登录(SPA)(S)
发送邮件前请先登录接收邮件服务器(I)
确定　取消

图 10.33　发送服务器设置界面

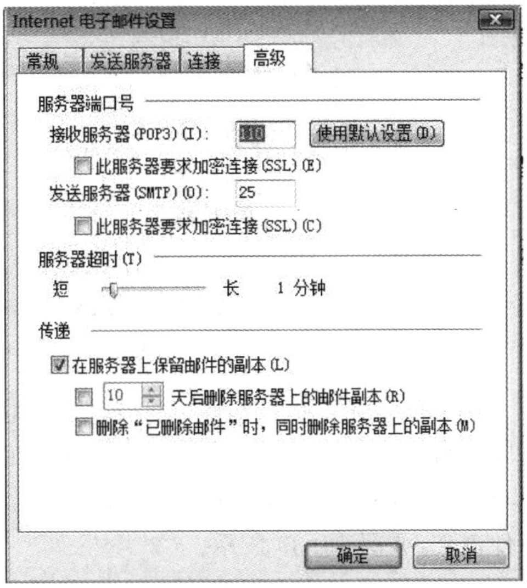

Internet 电子邮件设置
常规　发送服务器　连接　高级
服务器端口号
接收服务器(POP3)(I): 110　使用默认设置(D)
此服务器要求加密连接(SSL)(E)
发送服务器(SMTP)(O): 25
此服务器要求加密连接(SSL)(C)
服务器超时(T)
短　长　1 分钟
传递
在服务器上保留邮件的副本(L)
10 天后删除服务器上的邮件副本(R)
删除“已删除邮件”时，同时删除服务器上的副本(M)
确定　取消

图 10.34　高级设置界面

1) 加密/解密邮件

(1) S在Outlook中给R撰写一封电子邮件,标题为"PGP测试",正文为"PGP测试邮件!"。右键单击任务栏右下角托盘区的PGP图标,在弹出的快捷菜单中选择"当前窗口"→"加密",如图10.35所示。

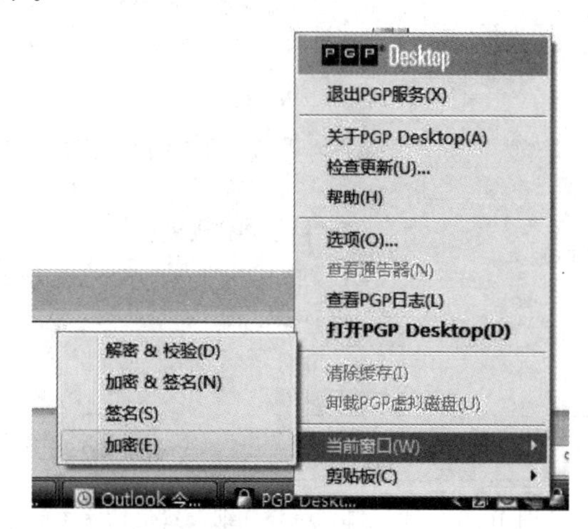

图 10.35 加密邮件界面

(2) S在弹出的"密钥选择对话框"中双击收件人对应的邮件地址mailteachingwf@163.com,如图10.36所示,单击"确定"按钮即可利用R的公钥对邮件内容进行加密。

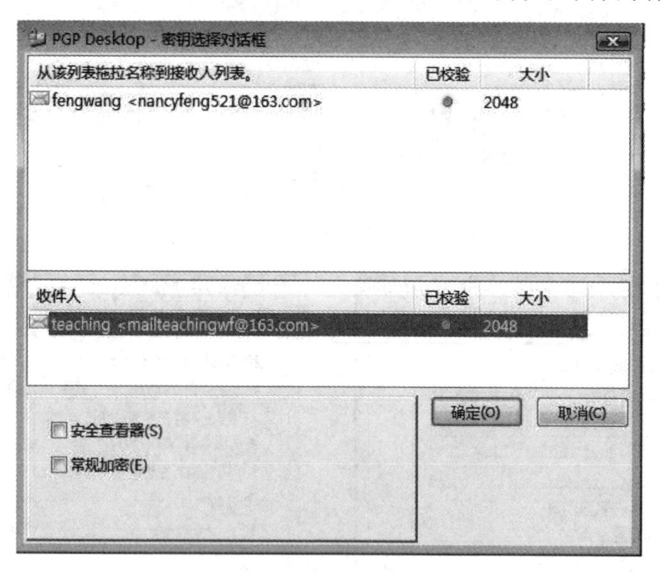

图 10.36 "密钥选择对话框"界面

(3) R在接收到邮件后,如果没有与加密公钥对应的私钥,则只能看到邮件标题而看不到邮件内容,如图10.37所示。如果R拥有与加密公钥对应的私钥,则系统弹出要求输入私钥保护密码的对话框,如图10.38所示。当正确输入私钥保护密码后,即可看到解密后的邮件正文,如图10.39所示。

2) 签名/验证邮件

签名/验证邮件的操作步骤与1)类似,选择图10.35中的"签名"即可。R只要拥有与S

图 10.37　R 无对应私钥时的界面

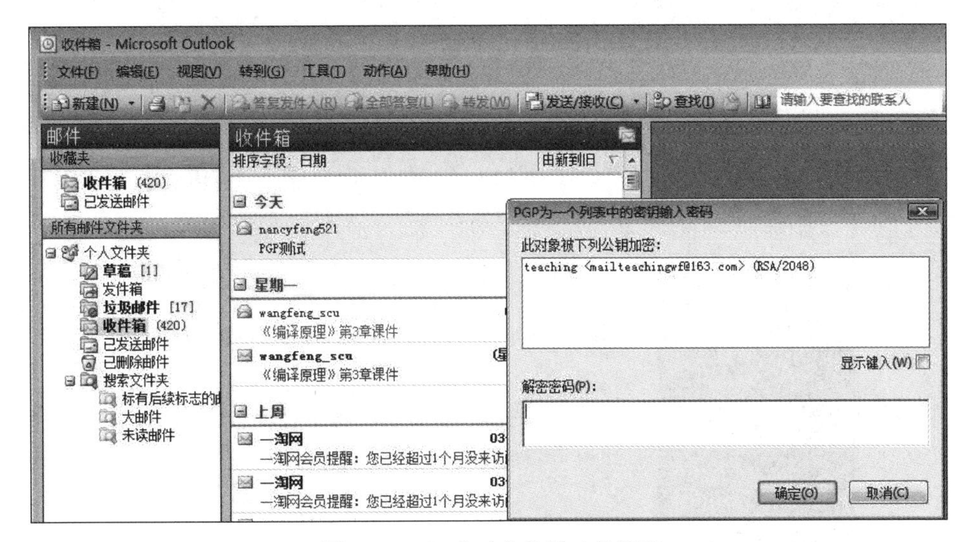

图 10.38　R 有对应私钥时的界面

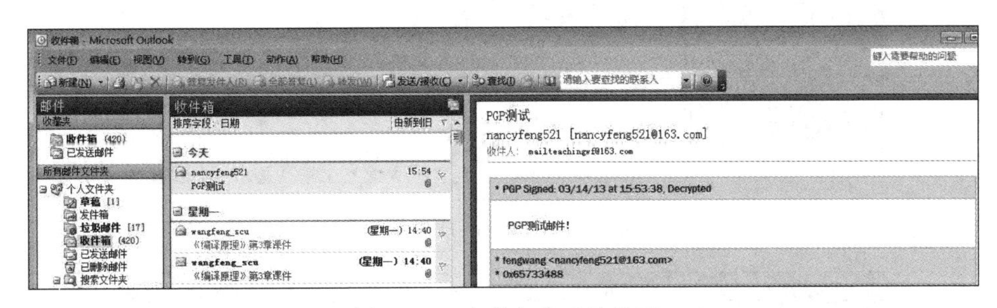

图 10.39　邮件解密后的界面

的签名私钥对应的公钥即可实现验证。

3）加密和签名/解密和验证邮件

加密和签名/解密和验证邮件的操作步骤与 1)类似，选择图 10.35 中的“加密 & 签名”即可。R 只要拥有与 S 的加密公钥对应的私钥和与 S 的签名私钥对应的公钥即可实现解密和验证。

此外，除上面的方法外，Outlook 使用 PGP 工具加密邮件还可利用 PGP 消息功能。进行相关设置后，Outlook 软件不需要进行任何改变，PGP 软件会自动对收发的邮件进行加密或解密。未收发邮件时 PGP 消息为空，如图 10.40 所示。当在 Outlook 中进行邮件的发送和接收操作时，PGP 会自动探测，将相关邮件加入 PGP 消息。

发现邮件账号的界面如图 10.41 所示，单击“下一步”按钮，出现“密钥来源选择”界面，如图 10.42 所示。在此界面可以选择使用已有密钥或新建密钥，选择第 2 项“PGP Desktop

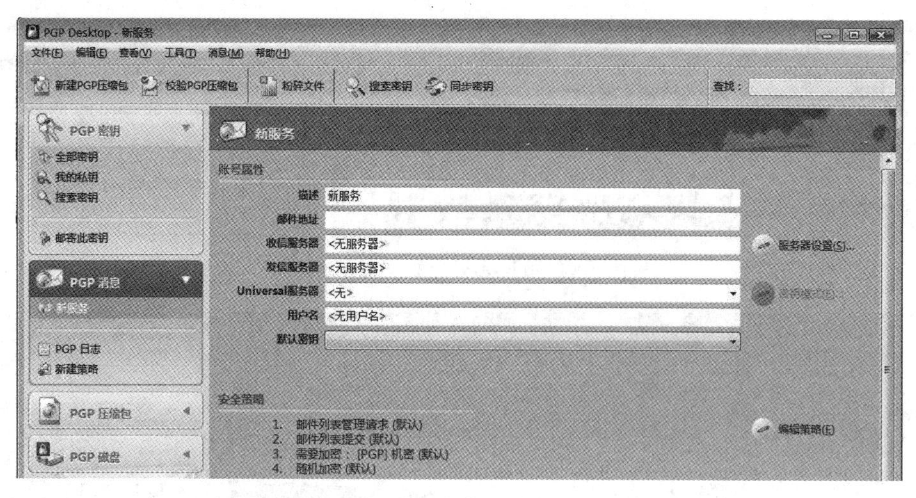

图 10.40 “PGP 消息”为空的界面

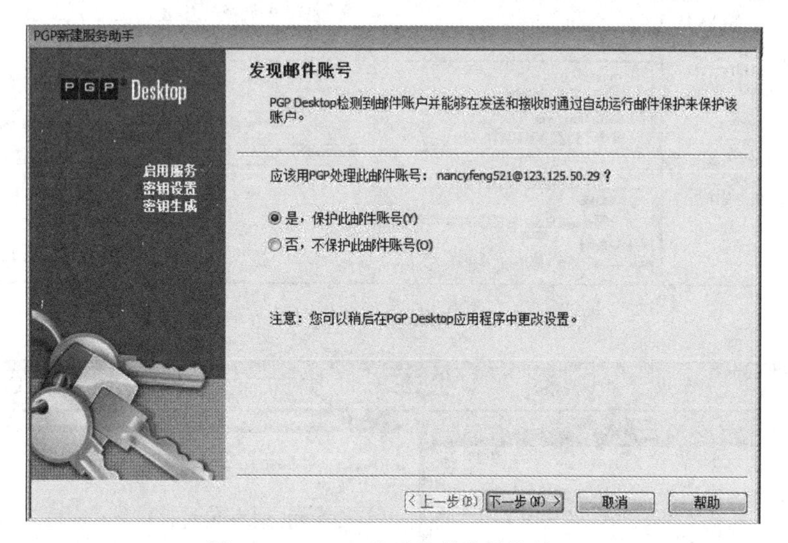

图 10.41 PGP 发现邮件账号的界面

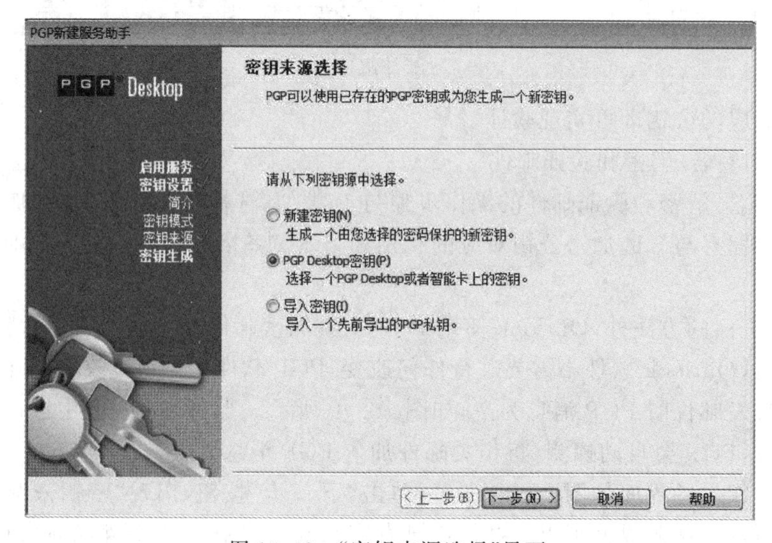

图 10.42 “密钥来源选择”界面

密钥”，单击“下一步”按钮后，出现如图 10.43 所示界面。在此界面选择前面已经生成的 PGP Desktop 密钥即可。完成 PGP 密钥设置后的 PGP 消息界面如图 10.44 所示。

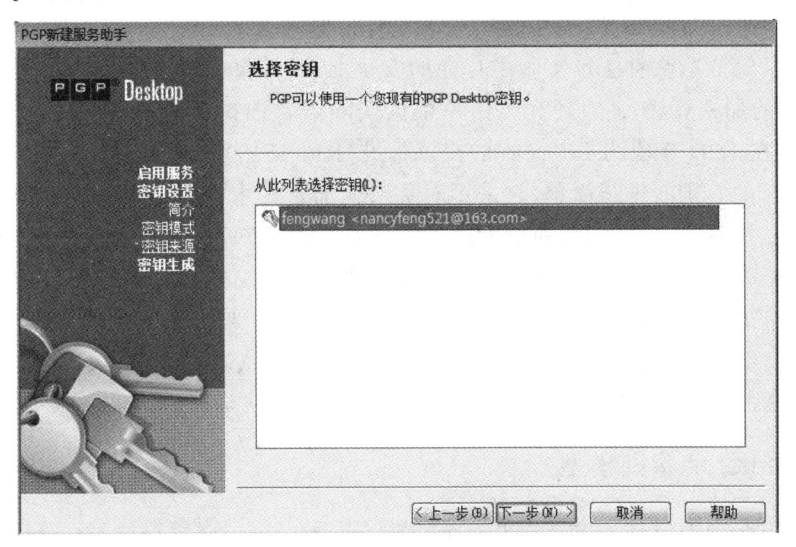

图 10.43　“选择密钥”界面

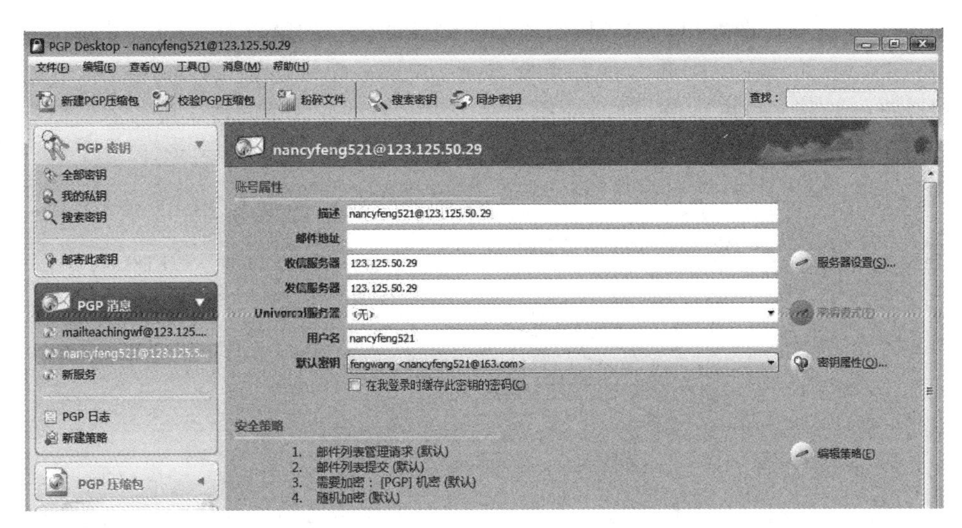

图 10.44　密钥设置后的 PGP 消息界面

设置完毕后再次用 Outlook 进行邮件发送，PGP Desktop 检测到邮件账户后，便能够在发送和接收邮件时通过自动运行邮件保护来保护该账户。

10.3　Kerberos 身份鉴别系统

10.3.1　Kerberos 系统概述

Kerberos 身份鉴别系统最初是美国麻省理工学院（MIT）为雅典娜工程（Project Athena）而开发的，其模型基于 Needham-Schroeder 的可信第三方协议，是目前应用广泛，也相对较为成熟的一种身份鉴别机制。Kerberos 协议采用对称密码体制来提供可信第三方的鉴别服务,实现通信双方的身份鉴别。Kerberos 的前 3 个版本是开发版本,用于实验室的开发和测试。第 4 版是被公之于众的第 1 个版本,已在 UNIX 系统中广泛应用。微软公司在其推出的 Windows 2000 中也实现了该身份鉴别系统。

Kerberos 第 5 版弥补了第 4 版中存在的安全漏洞,不仅完善了 Kerberos 第 4 版所采用的基于 DES 的加密算法,而且还允许用户根据实际需要选择其他加密算法,安全性得到进一步提高,并在 1994 年成为 Internet 的提议标准(RFC1510)。

Kerberos 的鉴别原理很简单,它采用对称密钥加密技术来提供可信任的第三方鉴别服务。通信双方共享一个密钥 K,通信方通过验证对方是否知道 K 来验证对方身份。这种鉴别存在一个密钥分发问题,即通信双方如何知道他们的共享密钥。显然不能把共享密钥通过通信线路明文传输,那样容易被监听者窃取。Kerberos 采用如下机制来解决这个问题:它建立一个公正的第三方密钥分发中心(Key Distribution Center,KDC),KDC 负责给通信双方生成共享密钥,并通过票据(Ticket)给通信双方分发共享密钥。

10.3.2 Kerberos 鉴别模型

Kerberos 鉴别模型有 3 个参与方:客户机(Client)、应用服务器(Server)和密钥分发中心(KDC),如图 10.45 所示。客户机可以是用户,也可以是处理事务所需的独立的软件程序。KDC 是通信双方即客户机和应用服务器都信任的公正的第三方。KDC 由鉴别服务器(Authentication Server,AS)和票据分发服务器(Ticket Granting Server,TGS)组成。AS 用于在登录时验证客户机身份,TGS 的作用在于为客户机发放访问特定服务器的票据。

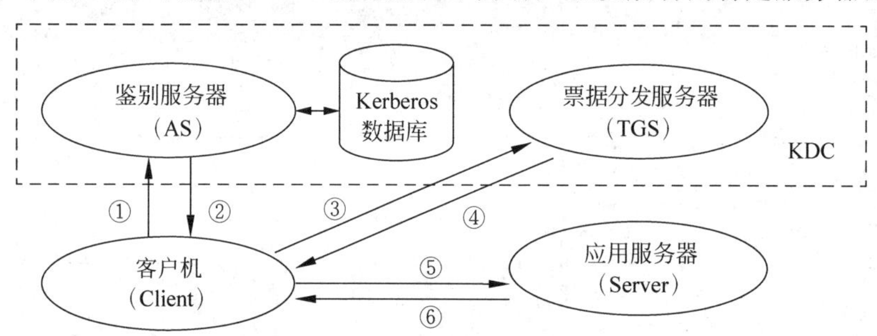

图 10.45 Kerberos 鉴别模型

KDC 的 AS 拥有一个存储了它与所有客户共享的秘密密钥的数据库,所有需要鉴别的应用服务器上的网络业务和希望运行这些业务的客户机,都必须在 AS 注册其秘密密钥。对于个人用户来说,秘密密钥一般是其口令的散列值。由于 KDC 知道每个客户的秘密密钥,故能够产生消息,向一个实体证实另一个实体的身份。

KDC 还能产生会话密钥供客户机和服务器使用,会话密钥用来加密双方间的通信消息,通信完毕后,立即销毁会话密钥。

10.3.3 Kerberos 协议鉴别过程

Kerberos 协议鉴别过程所使用的符号较多,表 10.6 对 Kerberos 协议鉴别过程常用的一些符号予以说明。

表 10.6　Kerberos 协议鉴别过程常用符号及其含义

符　号	含　义
C	客户机
AS	鉴别服务器
TGS	票据分发服务器
S	应用服务器
$\mathrm{ID}_{\mathrm{tgs}}$	TGS 的身份标识
ID_{c}	C 的身份标识
ID_{s}	S 的身份标识
AD_{c}	C 的网络地址
$\mathrm{Ticket}_{\mathrm{tgs}}$	客户用来访问 TGS 的票据
$\mathrm{Ticket}_{\mathrm{s}}$	客户用来访问 S 的票据
K_{tgs}	TGS 和 AS 的共享密钥
K_{c}	C 和 AS 的共享密钥
K_{s}	S 和 AS 的共享密钥
$K_{\mathrm{c,tgs}}$	C 和 TGS 的共享密钥
$K_{\mathrm{c,s}}$	C 和 S 的共享密钥
$\mathrm{Authenticator}_{\mathrm{c}}$	C 的鉴别码，C 用 $\mathrm{Authenticator}_{\mathrm{c}}$ 来证明它是票据的合法持有者
Lifetime	票据的有效时间，包括开始时间和截止时间
T	时间标记，鉴别码产生的时间
addr	客户端网络地址
TS	时间同步允许标志，TS=1 表示允许 AS 验证客户机的时钟是否与 AS 的时钟同步

Kerberos 使用两种凭证：票据(Ticket)和鉴别码(Authenticator)。票据由 AS 和 TGS 分发，用于秘密地向服务器发送持有票据的用户的身份鉴别信息。票据和鉴别码一起使用可以确认使用票据的用户和发送票据的用户是同一个用户，票据单独使用不能证明任何人的身份。票据可以重复使用且有效期较长。客户机访问服务器时都必须携带一个票据(TGS 也是一种服务器)。票据包含要访问的服务器的身份标识、客户机的身份标识、客户机的网络地址、票据的有效起止时间和一个随机的会话密钥，并且这些信息由一个秘密密钥进行加密；该秘密密钥由 AS 与接收票据的服务器所共享。票据格式如下：$T_{\mathrm{c,s}}=\{\mathrm{ID}_{\mathrm{s}},\mathrm{ID}_{\mathrm{c}},\mathrm{AD}_{\mathrm{c}},\mathrm{Lifetime},K_{\mathrm{c,s}}\}_{K_{\mathrm{s}}}$。

对单个服务器和用户而言，票据很有用。用户一旦获得票据，便可多次使用它来访问服务器，直到票据过期。因为票据以加密形式传输，所以任何人(包括用户)都无法阅读或修改它。

鉴别码由客户机生成，客户机每次需要使用服务器上的服务时，都要产生一个鉴别码。鉴别码可以用来证明客户机的身份，它只能使用一次且有效期很短。鉴别码包含客户机的身份标识、客户机的网络地址和时间标记。这些信息由票据内包含的会话密钥 $K_{\mathrm{c,s}}$ 加密。鉴别码格式如下：

$$\mathrm{Authenticator}_{\mathrm{c}}=\{\mathrm{ID}_{\mathrm{c}},\mathrm{AD}_{\mathrm{c}},T\}_{K_{\mathrm{c,s}}}$$

使用鉴别码可达到两个目的：

(1) 鉴别码包含由票据内的会话密钥加密的明文，这可证明鉴别码的发送者也知道会话密钥。

(2) 鉴别码包含时间标记,可防止重放攻击。

Kerberos 鉴别包括域内鉴别和跨域鉴别,下面分别予以介绍。

1. 域内鉴别

域内鉴别包括3个阶段,即鉴别服务交换、票据许可服务交换和客户机/服务器鉴别交换。域内鉴别的3个阶段共分6个步骤来完成(以下符号"‖"代表连接操作)。

1) 鉴别服务交换

该阶段客户机获得与TGS通信的许可票据。

(1) C→AS: $ID_c \| ID_{tgs} \| TS_1$;

(2) AS→C: $E_{K_c}[K_{c,tgs} \| ID_{tgs} \| Lifetime_1 \| Ticket_{tgs}]$。

其中,$Ticket_{tgs}=E_{K_{tgs}}[K_{c,tgs} \| ID_c \| AD_c \| ID_{tgs} \| Lifetime_1]$。

C给AS发送一个消息,该消息包含ID_c、ID_{tgs}(TGS可以有多个)和一个允许AS验证客户机的时钟是否与AS的时钟同步的消息TS_1。

AS收到消息(1)后,在其数据库中查找ID_c,如果数据库中存在这个客户,AS产生一个临时的会话密钥$K_{c,tgs}$,在C和TGS之间使用。AS生成一个$Ticket_{tgs}$,供客户访问TGS时使用。$Ticket_{tgs}$包含$K_{c,tgs}$、ID_c、AD_c、ID_{tgs}以及$Lifetime_1$,并用K_{tgs}对它们进行加密,保证只有TGS才能进行解密。AS将$K_{c,tgs}$、ID_{tgs}、$Ticket_{tgs}$以及$Lifetime_1$用K_c(客户口令的散列值)加密后发送给C。

收到消息(2)后,客户用K_c将消息(2)进行解密,得到$K_{c,tgs}$、$Ticket_{tgs}$以及ID_{tgs}。

客户将$Ticket_{tgs}$和$K_{c,tgs}$保存起来,客户可以在$Ticket_{tgs}$的有效期内用$Ticket_{tgs}$向TGS证实其身份。如果客户是非法的,由于他不知道客户机的K_c,因此无法解密AS发来的消息,也就无法获得$Ticket_{tgs}$和$K_{c,tgs}$,从而无法通过TGS的鉴别。

2) 票据许可服务交换

该阶段C获得与S通信的许可票据。

(1) C→TGS: $ID_s \| Ticket_{tgs} \| Authenticator_c$;

(2) TGS→C: $E_{K_{c,tgs}}[K_{c,s} \| ID_s \| Lifetime_2 \| Ticket_s]$。

其中,$Ticket_s=E_{K_s}[K_{c,s} \| ID_c \| AD_c \| ID_s \| Lifetime_2]$,$Authenticator_c=E_{K_{c,tgs}}[ID_c \| AD_c \| T_1]$。

当C需要访问S时,它向TGS发送一个请求消息,该消息包括客户需要访问的S的ID_s、客户生成的$Authenticator_c$以及访问TGS的$Ticket_{tgs}$。其中,$Authenticator_c$由ID_c、AD_c和T_1构成,并利用$K_{c,tgs}$进行加密。T_1表明了鉴别码的产生时间,由于鉴别码的有效时间比较短,从而防止了攻击者截获鉴别码后进行重放的可能。

C通过向TGS出示$Ticket_{tgs}$表明其拥有访问TGS的权限,并且通过$Authenticator_c$向TGS证明自己是$Ticket_{tgs}$的合法拥有者,从而向TGS证明自己是合法用户。由于$Ticket_{tgs}$有效时间比较长,攻击者在截获消息(3)后可以获得合法的$Ticket_{tgs}$,但是攻击者仍然不能通过TGS的鉴别。攻击者在截获消息(3)后,并不能获得有效的鉴别码,从而无法向TGS证明自己是$Ticket_{tgs}$的合法持有者,从而无法通过TGS的鉴别。

TGS收到客户请求后,用K_{tgs}解密$Ticket_{tgs}$得到$K_{c,tgs}$,进而用$K_{c,tgs}$解密鉴别码,比较鉴别码中的ID_c、AD_c与票据中的ID_c、AD_c。如果两者都吻合,即可证明$Ticket_{tgs}$的发送者C就是$Ticket_{tgs}$的实际持有者。验证之后,TGS响应C的请求。TGS生成一个C与S

之间使用的会话密钥 $K_{c,s}$，并且查询 AS 的数据库，找到 S 的秘密密钥 K_s 并用 K_s 对 $K_{c,s} \| ID_c \| AD_c \| ID_s \| Lifetime_2$ 进行加密，生成一个 $Ticket_s$，供 C 访问 S 时使用，$Lifetime_2$ 表明了 $Ticket_s$ 的有效期。TGS 用 $K_{c,tgs}$ 对 $K_{c,s} \| ID_s \| Lifetime_2 \| Ticket_s$ 进行加密后发送给 C。

C 收到这个加密的消息后，用 $K_{c,tgs}$ 解密，得到 C 与 S 的会话密钥 $K_{c,s}$ 和访问 S 的 $Ticket_s$，C 保存 $K_{c,s}$ 和 $Ticket_s$。

3）客户机/服务器鉴别交换

该阶段用于服务请求。

（1）C→S：$Ticket_s \| Authenticator_c$；

（2）S→C：$E_{K_{c,s}}[T_2+1]$（进行双向鉴别）。

其中，$Authenticator_c = E_{K_{c,s}}[ID_c \| AD_c \| T_2]$。

C 生成一个 $Authenticator_c$，然后连同从 TGS 获得的 $Ticket_s$ 发送给 S。S 收到消息(5)后，解密 $Ticket_s$ 和 $Authenticator_c$，并且比较二者携带的信息。如果都吻合，S 可知 C 是它所宣称的那个人。

S 验证用户的身份后，对从 $Authenticator_c$ 中得到的时间标记 T_2 加 1，然后用 $K_{c,s}$ 加密作为响应信息。这证明 S 知道与 C 共享的会话密钥 $K_{c,s}$。

C 收到响应消息(6)，用 $K_{c,s}$ 进行解密后，验证报文中的时间标记。验证正确，则相信发送响应信息的的确是 S，S 的身份得到验证。

至此，Kerberos 鉴别过程结束。此时，C 和 S 拥有共享的会话密钥，可用该会话密钥进行通信。

2. 跨域鉴别

以上介绍的 Kerberos 协议鉴别过程都是在一个域中实现的，这个域中包括一个 Kerberos 鉴别系统，多个客户机和应用服务器。Kerberos 鉴别系统中的鉴别服务器必须满足如下要求：

（1）鉴别系统数据库保存所有用户的 ID 和用户口令的散列码，所有用户都要向鉴别服务器注册。

（2）Kerberos 服务器必须与每个应用服务器共享一个密钥，所有应用服务器也必须向鉴别服务器注册。

满足以上条件的网络环境就构成了一个域(Realm)。但是，在现实工作中，用户根据自己的职能、部门和需求会组成不同的域，每个域中都有各自专用的 Kerberos 鉴别服务器。用户经本域的 Kerberos 鉴别服务器鉴别以后，就可以访问域中的资源。

更大范围的资源共享是现代网络发展的必然趋势和需求。一个域中的用户如何通过鉴别访问其他域中的资源，是 Kerberos 鉴别系统要解决的问题。鉴别协议提供了一种支持跨域鉴别的机制，支持跨域鉴别的 Kerberos 鉴别系统需要满足以下条件：

（1）每个互操作域中的 Kerberos 鉴别服务器要与另一个域中的 Kerberos 鉴别服务器共享一个密钥。

（2）两个 Kerberos 鉴别服务器都必须相互注册。

这个方案需要一个域中的 Kerberos 鉴别服务器信任另一个域中的 Kerberos 鉴别服务器鉴别的用户，且另一个域中的参与 Kerberos 鉴别服务器也愿意信任第一个域中的

Kerberos 鉴别服务器。

当这些需求都满足时，如图 10.46 所示，该机制可表述如下：一个用户要得到另一个域中一个应用服务器的服务，就需要获得该应用服务器的许可票据。用户首先遵循通常的过程来获得对本地的 TGS 的访问，然后向本地 TGS 请求一张访问远程(在另一个域)的 TGS 的许可票据，接着用户向远程 TGS 申请一张访问位于该远程 TGS 域内特定应用服务器的许可票据。如图 10.46 所示。

图 10.46 中的序号含义描述如下。

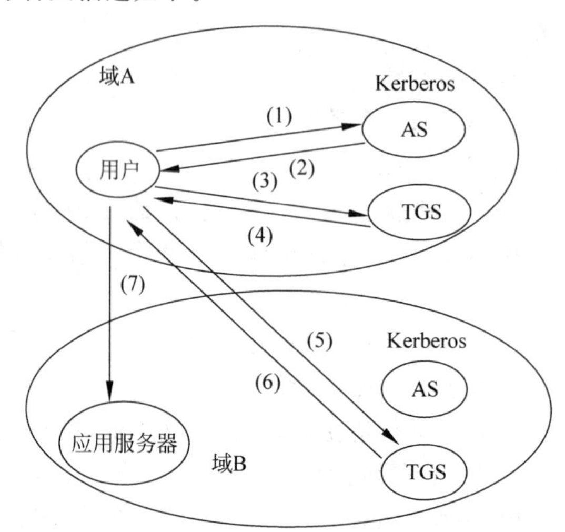

图 10.46　Kerberos 跨域认证模型

(1) 请求本地 TGS 票据

$$C \rightarrow AS: ID_c \parallel ID_{tgs} \parallel TS$$

(2) 分发本地 TGS 票据

$$AS \rightarrow C: E_{K_c}[K_{c,tgs} \parallel ID_{tgs} \parallel Lifetime_1 \parallel Ticket_{tgs}]$$

(3) 请求远程 TGS 票据

$$C \rightarrow TGS: ID_{tgsrem} \parallel Ticket_{tgs} \parallel Authenticator_c$$

其中，ID_{tgsrem} 表示域 B 中的 TGS 的身份标识。

(4) 分发远程 TGS 票据

$$TGS \rightarrow C: E_{K_{c,tgs}}[K_{c,tgsrem} \parallel ID_{tgsrem} \parallel Lifetime_2 \parallel Ticket_{tgsrem}]$$

其中，$K_{c,tgsrem}$ 表示 C 和域 B 中的 TGS 的会话密钥，$Ticket_{tgsrem}$ 表示用于访问域 B 中的 TGS 的票据。

(5) 请求远程应用服务器票据

$$C \rightarrow TGS_{rem}: ID_{srem} \parallel Ticket_{tgsrem} \parallel Authenticator_c$$

其中，ID_{srem} 表示域 B 中的应用服务器的身份标识，TGS_{rem} 表示域 B 中的票据分发服务器。

(6) 分发远程应用服务器票据

$$TGS_{rem} \rightarrow C: E_{K_{c,tgsrem}}[K_{c,srem} \parallel ID_{srem} \parallel Lifetime_3 \parallel Ticket_{srem}]$$

其中，$K_{c,srem}$ 表示 C 和域 B 中的应用服务器的会话密钥，$Ticket_{srem}$ 表示用于访问域 B 中的应用服务器的票据。

(7) 请求远程服务

$$C \rightarrow S_{rem}: Ticket_{srem} \| Authenticator_c。$$

跨域鉴别的一个问题是可扩展性不佳。如果有 N 个域,那么需要 $N(N-1)/2$ 个安全密钥交换,才能使每个 Kerberos 域能够与其他所有 Kerberos 域进行互操作。

10.3.4 Kerberos 的局限性

Kerberos 协议由于其安全性较高,使用简单方便,在很多应用系统中被广泛使用,是目前使用较多的身份鉴别系统。但必须注意到,Kerberos 是一种秘密密钥网络鉴别协议,它以对称密码算法作为协议的基础,这就给密钥的交换、存储和管理带来了安全上的隐患。Kerberos 不能提供抗抵赖鉴别机制,协议本身存在着如下局限性。

(1) 不能抵抗口令猜测攻击。

Kerberos 鉴别协议对口令攻击比较脆弱,从 Kerberos 协议的鉴别过程来看,AS 并没有验证用户的身份,其安全性是基于以下机制:发回给用户的信息是用 K_c 加密的,只有知道 K_c 的人才能够对其解密,而 K_c 和用户的口令有关(如由用户口令的单向散列函数生成)。攻击者可以收集相关信息,通过计算和密钥分析来进行口令猜测。若用户选择的口令不够强,就不能有效地防止口令猜测攻击。

(2) 抗重放攻击问题。

虽然时间戳是专门用于防止重放攻击的,但是票据的生存期较长,容易被重放攻击。对于鉴别码而言,如果攻击者技术高明,也有机会实施重放攻击,况且攻击者可以着手破坏系统的时钟同步性。假设一个 Kerberos 服务域内的全部时钟保持同步,收到消息的时间在规定的范围内(如规定 $t=5$ 分钟),就认为该消息是新的。而事实上,攻击者可以事先把伪造的消息准备好,一旦得到票据就马上发出,这在 5 分钟内是难以检查出来的。

(3) 密钥的存储问题。

AS 保存所有用户或服务器的共享秘密密钥,密钥管理与分配任务复杂,需要特别细致的安全保护措施(甚至应采用硬件/物理方法),付出的系统代价很大,服务器一旦被攻破,其后果是灾难性的。

(4) 鉴别域之间的信任问题

若各 Kerberos 域形成复杂或不规则的网状结构,则鉴别域之间的多级跳跃过程变得复杂且不明确,相互信任和协调不方便,即系统的可扩展性较差。因此,应该在网络规划阶段及早合理规划,选择一个好的网络拓扑结构,合理划分域,构成一个大的相互信任的多域网络结构。

10.4 SET

10.4.1 概述

SET(Secure Electronic Transaction,安全电子交易)是 1996 年 MasterCard 与 Visa 两大国际信用卡公司联合制定的安全电子交易规范,是专门为电子商务交易而开发的安全协议。SET 协议提供了消费者、商家和银行之间的认证,确保交易的保密性、可靠性和不可否认性,保证了开放网络环境下使用信用卡进行在线购物的安全。1997 年 5 月 31 日 SET 1.0 正式发布,由于得到了 IBM、HP、Microsoft、NetScape、Verisign 等大公司的支持,如今已成为国际上公认的使用信用卡在互联网上进行安全电子交易的事实工业标准,获得了 IETF(Internet Engineer Task Force)标准的认可。

SET 协议结合了对称加密算法的快速、低成本和公钥密码算法的可靠性等优点,有效保证了在开放网络上传输个人信息、交易信息的安全,还解决了 SSL 协议解决的交易双方身份鉴别问题。

SET 本身不是支付系统,只是一组安全协议和规范,使用户可以用安全的方式在开放的网络上使用现有信用卡支付的基础设施。SET 协议采用的核心技术包括 X.509 数字证书标准、数字签名、消息摘要、数字信封、双重数字签名等。数字证书使得交易各方身份的合法性验证成为可能;数字签名确保数据的完整性和不可否认性;双重数字签名对 SET 交易过程中客户的账户信息和订单信息分别签名,使得商家看不到客户的账户信息,只能对客户的订单信息解密,而金融机构只能对客户和商家的账户信息解密,看不到客户的订单信息,从而充分保证了客户的账户信息和订单信息的安全性。

SET 协议在安全性方面主要解决以下 5 个问题:

(1) 保证信息在互联网上安全传输,防止数据被黑客或内部人员窃取;

(2) 保证电子支付参与者信息的相互隔离,客户的资料加密或打包后通过商家到达银行,但是商家看不到客户的账户和密码信息;

(3) 解决多方认证问题,不仅要对消费者的信用卡认证,而且要对在线商店的信誉程度认证,同时还有消费者、在线商店与银行之间的认证,保证网上支付的安全;

(4) 保证网上交易的实时性,所有的支付过程都是在线的;

(5) 仿效电子数据交换(Electronic Data Interchange,EDI)的形式提供一个开放式的标准规范协议和消息格式,促使不同厂家开发的软件具有兼容性和互操作功能,保证电子交易操作可以在不同的软硬件平台上正常进行。

10.4.2 SET 系统的商务模型

图 10.47 给出了 SET 系统的商务模型示意。在 SET 交易过程中,包括以下 6 个参与实体。

(1) 持卡人(Cardholder):在电子商务环境中,持卡人(客户)通过计算机访问商家,购买商品。持卡人使用发卡行发行的支付卡,并从证书管理机构获取数字签名证书。

(2) 商家(Merchant):在电子商务环境中,商家提供商品和服务。在 SET 协议中,商家和持卡人进行安全电子交易,商家必须与相关的收单行达成协议,保证可以接收支付卡付款。

(3) 发卡行(Issuer):发卡行是一个参与电子交易的金融机构,它为持卡人建立一个账户并向其发行支付卡。发卡行必须保证对经过授权的交易进行付款。

(4) 收单行(Acquirer):收单行是商家的金融机构,为商家建立一个账户,并处理付款授权和付款结算。收单行可以接受多种信用卡,并为商家核准信用卡账号的合法性和信用信息。收单行还负责将支付款项传输到商家账户。

(5) 支付网关(Payment Gateway):位于 Internet 和传统的银行专网之间,主要作用是

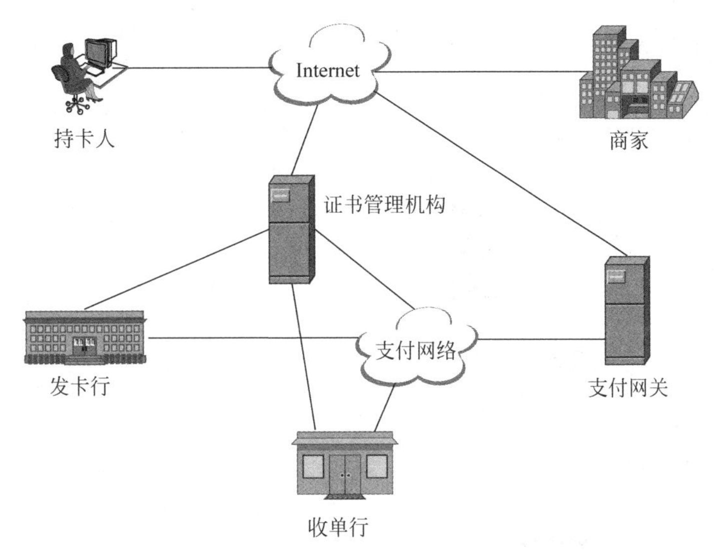

图 10.47 SET 系统的商务模型

安全连接 Internet 和银行专网，将不安全的 Internet 上的交易消息传送给安全的银行专网，起到隔离和保护专网的作用。它是受银行或指定的第三方操纵的设备，将 Internet 上传输的数据转换为金融机构内部数据，用于处理支付卡授权和支付。

(6) 证书管理机构(Certificate Authority,CA)：向持卡人、商家和支付网关颁发公钥证书的一个可信实体。主要功能包括持卡人、商家和支付网关的证书签发、证书存储、证书目录服务、证书挂失和更新、密钥更新和恢复以及证书的认证等。

10.4.3 基于 SET 的交易过程

基于 SET 的一个完整交易过程分为以下几个步骤：持卡人注册申请证书、商家注册申请证书、购买请求、扣款授权、获取扣款。整个交易过程信息在持卡人、商家、支付网关、证书管理机构和银行系统之间流动，如图 10.48 所示。

1) 持卡人注册申请证书

持卡人在参加网上电子交易之前要向证书管理机构申请证书。证书包含该持卡人的账号、公钥信息，有效期等信用卡信息，用于证明持卡人身份的有效性。为了确保其中一些私人信息不被外界查看，一般通过一个单向散列函数对这些信息进行散列处理，使得持卡人证书在网上被使用和传输的过程中，持卡人的隐私得到保护。

2) 商家注册申请证书

商家在接收持卡人 SET 指令或通过网关处理 SET 交易时，同样需要请求证书，其申请流程和持卡人申请流程类似。需要指出的是，商家申请证书一般分为在线和离线两种方式。由于商家数量远远低于持卡人数量，且审查更严密，因此一般采取离线方式。

3) 购买请求

持卡人在接入网络系统后，打开浏览器便可以进入商家服务器。浏览和选购完所需商品或服务后，商家会向持卡人提供一份详细的订单，持卡人可以对订单中所订购的项目进行修改，然后提交购买确认信息，整个 SET 交易过程便由此开始。图 10.49 概括了购买请求的流程。

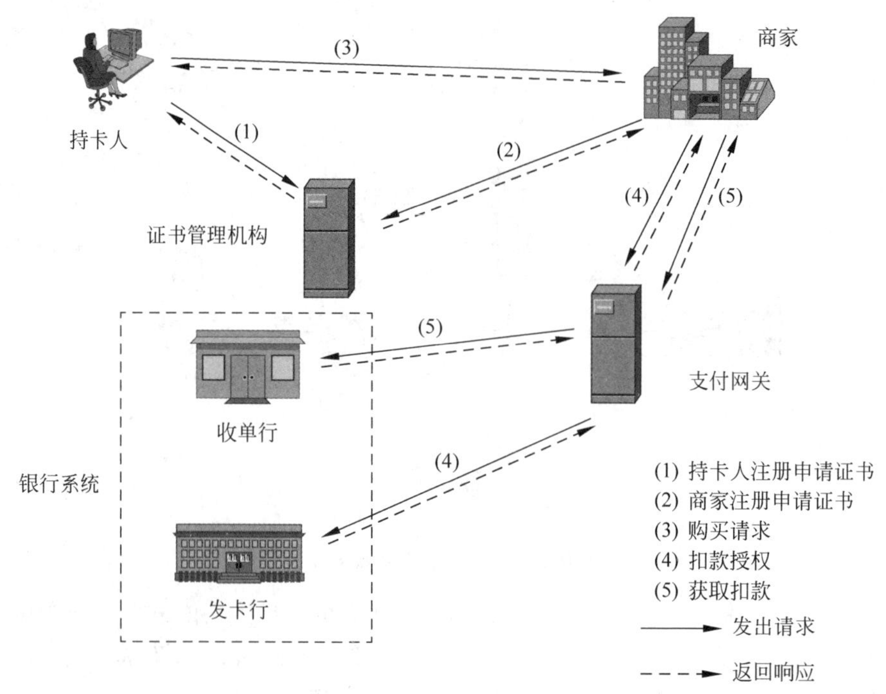

图 10.48 基于 SET 的交易过程图

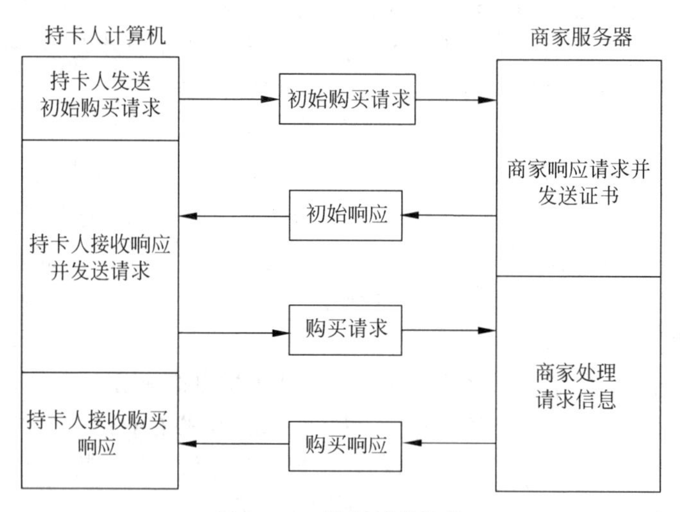

图 10.49 购买请求流程

(1) 持卡人发送初始购买请求。

持卡人选购确定数量的商品或服务后，向商家发送初始购买请求。

(2) 商家响应请求并发送证书。

商家接收到请求后，为该消息产生一个唯一的事务处理标识符并产生响应；响应消息通过散列函数产生消息摘要；用商家的私钥对消息摘要进行签名运算(RSA 算法)，形成数字签名；将响应消息及商家、支付网关证书一起发送给持卡人。

(3) 持卡人接收响应并发送请求。

SET 使用了一种双重签名技术，即当持卡人发出购买指令时已包含了定购和付款两条指令，商家只能看到定购指令，支付网关只能看到付款指令，这样持卡人的账号对于商家来说是不可见的，而用户的购买详情信息对于支付网关来说也是不可见的。持卡人的订单消息（Order Information，OI）由商家处理，付款指令（Payment Instructions，PI）由支付网关处理。

（4）商家处理请求消息。

商家接收到订单消息后，首先通过证书链校验持卡人证书；接着使用持卡人公钥校验数字签名，以确保订单消息在传输过程中没有被篡改；然后商家开始处理订单请求，并把PI消息转发给支付网关，并请求授权。当OI消息处理完以后，商家产生购买响应（其中包含商家签名证书）；对响应消息生成消息摘要，并用商家私钥进行加密；将响应消息发送给持卡人。一旦本次交易被授权，商家即确认持卡人所购指定数量的商品或服务。

（5）持卡人接收购买响应。

持卡人接收购买响应后校验商家签名证书，并用服务器公钥核对其私钥。持卡人存储购买响应并可查询状态信息。

4）扣款授权

商家在向持卡人提供所购商品或服务以前，向支付网关发出扣款授权指令，查询持卡人是否具有足够的支付能力，支付网关通过发卡行证实持卡人确实具有支付能力后，商家才向持卡人发送定购的商品或服务，如图10.50所示。

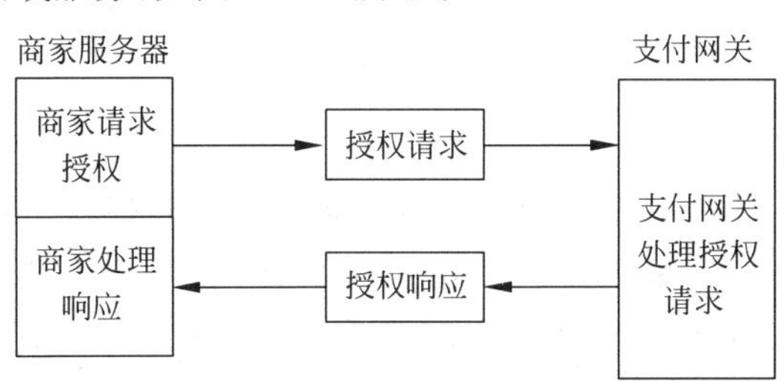

图10.50　扣款授权过程

（1）商家请求授权。

商家处理持卡人订单时，将产生授权请求消息，包括需授权的商品或服务的总数、事务处理标识符以及其他信息；商家对授权请求消息产生消息摘要，并用其私钥产生数字签名；一个随机产生的对称密钥对授权请求消息加密后，再用支付网关的公钥将该对称密钥加密形成数字信封；商家将加密后的授权请求消息以及持卡人购买请求中经加密的PI信息一起发送给支付网关。

（2）支付网关处理授权请求。

支付网关接收到授权请求后执行如下处理。

① 打开数字信封获得对称密钥，使用对称密钥解密请求信息；通过证书链检验商家签名证书，并检查证书是否过期；使用商家公钥校验经私钥签名的请求信息。

② 支付网关打开装有付款指令的数字信封获得对称密钥和账号信息，使用对称密钥解开PI信息，接着通过证书信任链校验持卡人签名证书并查看证书是否过期；使用持卡人公钥和OI消息的消息摘要核查数字签名，确保OI信息在传输过程中没有被篡改。

③ 将授权请求消息中的事务处理标识符与持卡人PI中的事务处理标识符进行比较，

确保消息来自同一个交易,将请求发送给银行。接收到来自银行的授权响应消息后,支付网关产生一份包含支付网关签名的响应消息,该响应消息由新生成的对称密钥加密,再用商家的公钥加密后发送给商家。

(3) 商家处理响应。

商家接收到来自支付网关的授权响应后,通过类似的解密过程获得并存储授权响应消息,并按确认的订单内容向持卡人提供相应数量的商品或服务。至此商家完成一个订单处理。

5) 获取扣款

一个购物过程完成以后,商家为了得到货款,要向支付网关发出扣款请求。支付网关通过金融网络将货款从持卡人账户传入商家所在的收单行账户,从而实现了一次扣款过程,如图 10.51 所示。

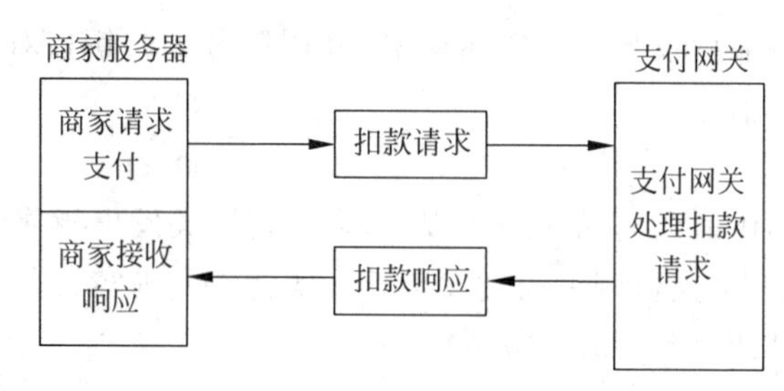

图 10.51　获取扣款过程

(1) 商家请求支付。

处理完一个订单后,商家请求支付。在授权请求消息和扣款请求消息间存在一个时间差。首先,商家软件产生一个包含定购数量和事务处理标识符的扣款请求;接着对扣款请求依次产生消息摘要、数字签名和数字信封,并将加密后的信息发送给支付网关。

(2) 支付网关处理扣款请求。

接收到扣款请求后,支付网关依次解开加密信息;通过现有的信用卡处理系统实现扣款后,支付网关产生加密响应消息,发送给商家。

(3) 商家接收响应。

商家接收到扣款响应后,经过一系列的解密操作后将响应消息存储起来,这些响应消息将用于商家和收单行间的转账和对账处理。

上述 5 个步骤描述了基于 SET 协议的电子商务销售流程。实际上持卡人和商家在整个证书有效期内只需进行一次证书申请过程,因此销售过程通常只包括购买请求、扣款授权和获取扣款 3 个步骤。虽然 SET 有着严密的加密机制和复杂的消息传递过程,然而这些复杂的操作由相应的软件产品来提供和实现,用户只需通过简单的购买过程便可获得需要的商品或服务。

10.4.4　SET 的双重数字签名机制

基于 SET 协议的电子支付系统利用 SET 给出的整套安全电子交易规范,可以实现电子支付交易中的机密性、认证性、数据完整性和交易的不可否认性等安全功能。SET 通过以下机制确保电子支付的安全性:

(1) 使用数字证书验证交易各方身份的真实性和合法性；

(2) 使用数字签名技术确保数据的完整性和不可否认性。

另外，SET通过双重数字签名实现了所获信息的分离，即它提供给商家的只是OI信息，如购买的项目、数量及价格；提供给银行的只是一些与信用卡有关的PI信息，如信用卡号、有效截止日期等。也就是说，只要银行对支付进行了认证，商家没有必要知道客户的信用卡信息；类似地，银行也没有必要知道客户的购买细节，只需对客户的购买能力进行认证就可以了。这种安全机制充分保证了客户的账户信息和订购信息的安全性。

在SET机制中，客户将OI信息发送给商家，将PI信息发送给银行。如果出现争执，双重签名就将OI和PI信息以一定的方式联系起来，这样客户就可以证明这次支付是用于这次订购，而不是用于其他订购和服务。

图10.52描述了SET中的双重签名的产生过程。

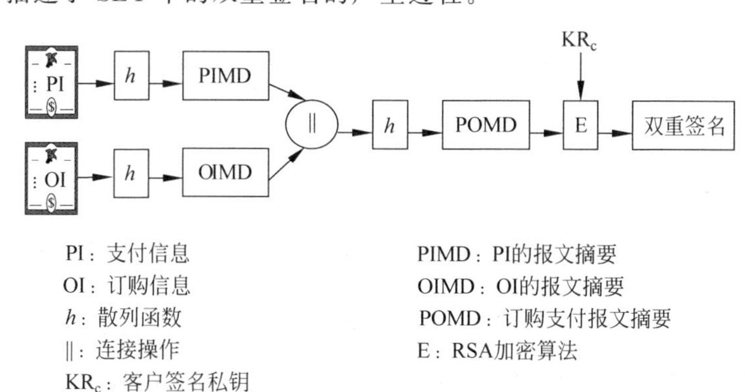

图10.52　双重签名的产生过程

客户分别取得PI的报文摘要(PIMD)和OI的报文摘要(OIMD)，将其连接起来，再计算出连接起来的报文摘要(POMD)。客户对POMD用其私钥进行数字签名就得到了双重签名，操作过程如下：

$$DS=E_{KR_c}[h(h(PI)\parallel h(OI))]$$

其中，DS表示双重数字签名。

SET协议中的购买请求及验证过程如图10.53所示。现在假设商家获得了DS、OI信息以及PI信息的报文摘要(PIMD)。商家还可以从客户的公钥证书中获得客户的公钥KU_c，计算下面两个数值：$h(PIMD\parallel h(OI))$和$D_{KU_c}[DS]$。如果这两个数值相等，则商家确认该数字签名。类似地，如果银行获得了DS、PI信息和OI信息的报文摘要(OIMD)以及客户的公钥KU_c，那么银行可以计算下面两个数值：$h(h(PI)\parallel OIMD)$和$D_{KU_c}[DS]$。如果这两个数值相等，银行确认该数字签名。总之，通过以上过程，

(1) 商家收到OI信息，并且可验证该签名，但不能获得客户的PI信息。

(2) 银行收到PI信息，并且可验证该签名，但不能获得客户的OI信息。

(3) 客户将OI信息和PI信息连接起来，并且能够证明这个连接关系。

上述过程将使得商家、银行或客户要伪造或抵赖消费信息都变得不可行。

假如商家为了自己的某种利益，想要在这个交易中用另一个订购信息OI′来替换，那么商家就必须找到另一个散列数据与已经存在的OIMD相匹配的订购信息OI′，但单向散列

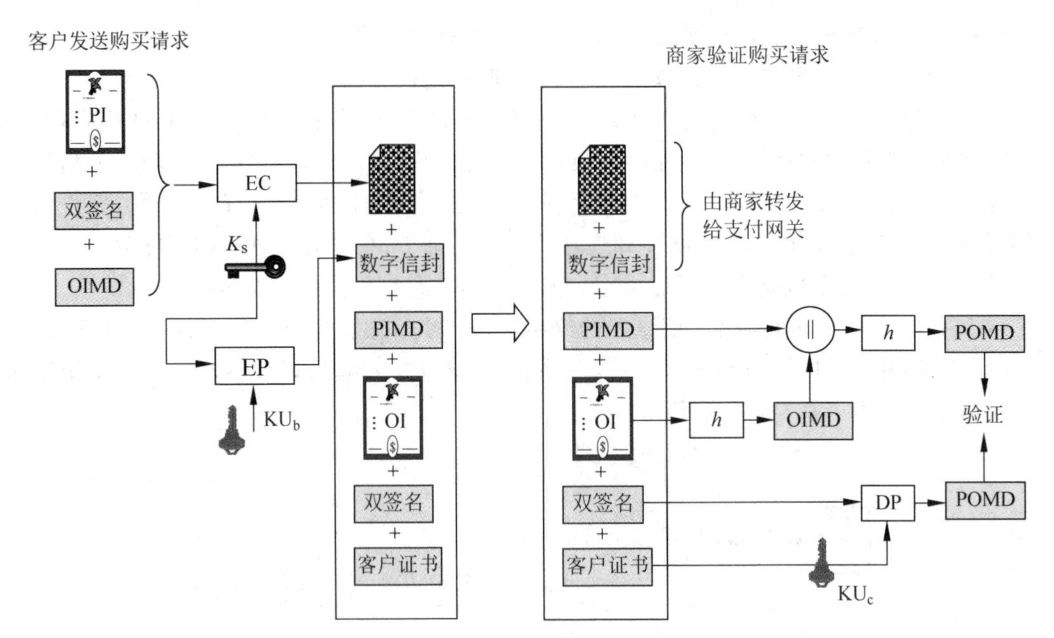

图 10.53 SET 协议中的购买请求及验证过程

函数的抗冲突性和公钥密码体制的安全性使得这种方法在计算上是不可行的。因此,商家不能将 OI′与真正的 PI 信息相连接。

图 10.53 中,EC 和 DC 分别为对称分组加密算法和解密算法,EP 和 DP 分别为公钥加密算法和解密算法,KU_b 为支付网关公钥,KU_c 为客户数字证书公钥(签名验证),K_s 为随机生成的对称密钥。

10.4.5 SET 的支付流程

电子商务的工作流程与实际的购物流程非常接近,这使得电子商务与传统商务可以很容易地融合,用户使用没有障碍。从客户通过浏览器进入在线商店开始,直到所订购货物送货上门或所订购服务完成,账户上的资金转移,所有这些都是通过公共网络(互联网)完成的。如何保证网上传输数据的安全且确认交易双方的身份是电子商务得到推广的关键。这也正是 SET 所要解决的最主要的问题。下面通过一个完整的购物处理流程来看 SET 是如何工作的,如图 10.54 所示。

(1) 客户(购物者)浏览商品明细清单,可以从商家的在线 Web 主页上,也可以从商家提供的光盘或打印目录上获取商品信息。

(2) 客户选择要购买的商品。

(3) 客户填写订单,内容包括项目列表、数量、单价、总价、运费等。订单可通过电子化方式从商家传过来,或由客户的电子购物软件建立。有些在线商家可以让客户与商家协商物品的价格。

(4) 客户选择付款方式,此时 SET 开始介入。

(5) 客户发送给商家一个完整的 OI 信息及 PI 信息,并发出客户的数字证书和数字签名。在 SET 中未对 OI 做具体规定,一般由商家确定,多以填表的形式进行。然后系统随机生成一个对称密钥对 PI 进行加密,而该对称密钥加上客户账户信息(图 10.54 中未画出)再

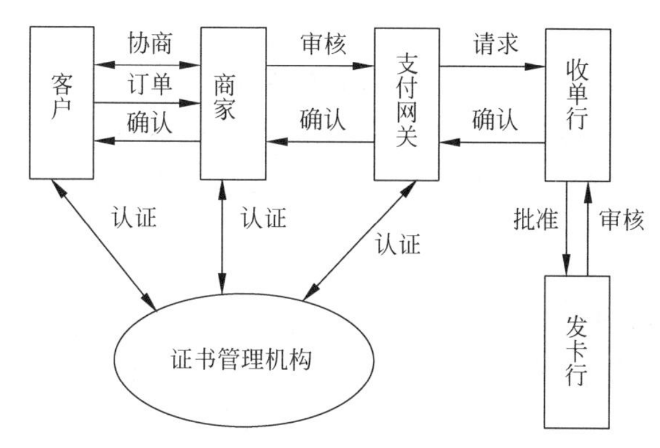

图 10.54 SET 协议的购物处理流程

用支付网关的交换公钥 KU_b 进行加密。

对客户的 OI 信息及 PI 信息采用双重数字签名机制，即 OI 的散列值和 PI 的散列值连接后再进行一次散列处理，再用客户的私钥 KR_c 对得到的散列值进行数字签名。这样，通过数字签名将 PI 信息和 OI 信息进行绑定，使 PI 和 OI 一一对应，同时保证商家看不到客户的账号信息，银行也看不到客户的订单信息。

(6) 商家接收订单后，向客户的金融机构请求支付认可。请求通过网关到银行，由发卡机构确认、批准交易，然后返回确认消息给商家。

(7) 商家发送订单确认消息(即商家数字证书及数字签名验证结果)给客户，客户端软件可记录交易日志，以备将来查询。

(8) 商家给客户装运货物或完成订购的服务。到此为止，一个购买过程已经结束。商家可以立即请求银行将钱从客户账号转移到商家账号，也可以等到某一时间请求成批的划账处理。

(9) 商家向客户的金融机构请求支付。

整个交易过程的前 3 个步骤不涉及 SET 协议，从步骤(4)开始一直到步骤(9)，SET 协议都在起作用。在处理过程中，对通信协议、请求消息的格式、数据类型的定义等，SET 协议都有明确的规定。在操作的每一步，客户、商家、网关都通过 CA 来验证通信主体的身份，以确保通信对方不是冒名顶替。

10.4.6 SET 协议的安全性

为了满足在互联网和其他网络上的安全支付要求，SET 协议提供了电子交易信息的机密性、数据完整性、相关实体身份的可鉴别性和不可否认性(抗抵赖性)。

1) 信息的机密性

在交易信息通过网络的传输过程中，SET 使用 DES 等对称加密技术提供机密性保护，保证交易用户账户和支付信息是安全的。同时采用双重数字签名技术将包含用户账户信息的支付信息加密后，直接从客户通过商家发送到商家的开户行，而不允许商家访问客户的支付信息。这样，客户在交易时可以确信其账户信息没有在传输过程中被泄露，而接收 SET 交易的商家因为不能访问支付信息也免去了在其数据库中保存用户支付信息的责任。双重数字签名技术的引入不仅保证了数据的加密传输，还保证只让应该看到某信息的主体看到信息。

2) 数据完整性

客户对商家的支付信息包括订购信息、个人信息和支付指令等,SET 协议保证这些信息在传输时不被修改。使用基于 SHA 散列值的 RSA 数字签名提供了信息完整性。特定的报文还要使用 SHA 的 HMAC 来实现完整性保护,以确保收到的信息与发出的信息相同。任何信息在传输中被篡改,交易都将无法正确进行。

3) 身份鉴别

无论实现网上的何种交易,都必须事前确定各方的真实身份。例如,商家要确定客户的银行卡号、密码,客户要知道商家是否值得信赖等。SET 协议使用数字证书和 CA 来鉴别交易各方的身份,包括商家、持卡人、收单行和支付网关等,为在线交易提供一个完整的可信赖环境。SET 协议使用了 X.509v3 数字证书和 RSA 签名,使得商家能够鉴别客户的账号是否合法有效,而客户也可以验证商家与金融机构存在某种关系,允许商家接受支付信用卡。

4) 不可否认性

SET 协议的数字证书的发布过程也包含了商家和客户在交易中产生的信息。因此,如果客户用 SET 协议发出一个商品订单,以后就不能否认发出过这个订单;同样,商家以后也不能否认收到过这个订单。

10.5 电子商务中的密码协议

目前,各种电子商务活动在网络中频繁出现,如电子货币、电子投票和电子拍卖等,为了满足这些电子商务活动的安全需求,密码协议成为这些系统中不可缺少的部分。

10.5.1 电子货币

电子货币是指用一定的现金或存款从银行兑换出的代表相同金额的数据,并以可读写的电子形式存储起来。当使用者需要消费时,该数据通过电子方式直接转移给支付对象。

电子支付是指通过计算机网络进行支付,是电子商务的核心和关键环节。电子支付的分类有多种,若按银行是否参与支付交易来分,分为在线支付和离线支付;若按是否保证用户隐私性来分,分为无匿名支付、完全匿名支付、部分匿名支付和匿名可撤销支付;若按结算方式来分,分为预付型(如借记卡、储值卡),即付型(如 ATM、POS)和后付型(如信用卡)。

电子货币是离线、预付型的电子支付,它旨在互联网上重建基于货币型的购物消费概念,特别地,它利用密码技术实现完全匿名,从而保护用户的消费隐私。

1. 电子货币系统的基本框架

电子货币系统由以下 3 个协议组成。

(1) 取款协议。

用户从银行自己的账户上提取电子货币,即用户得到有银行签名的电子货币,银行在用户账户上减去相应的钱。

(2) 支付协议。

用户向商家支付电子货币。用户在商店付款时要向商家提供一些信息,以便商家验证

币值及电子货币的合法性。

(3) 存款协议。

商家向银行提交用户支付的电子货币，要求银行把相应的货款存到商家的账户上。

1991 年，Okamoto 和 Ohta 提出理想的电子货币方案应满足以下 6 个标准。

(1) 独立性。

电子货币方案跟任何网络或存储设备无关，但它至少包括银行的数字签名。

(2) 安全性。

安全性包括电子货币的不可伪造性和不可重用性。银行的签名方案是安全的，则认为电子货币是不可伪造的。不可重用性可通过带监视器的钱包事前控制、事后离线检测重复花费或重复报账来实现，一旦检测到重复花费，则能追查出重复花费的用户身份。

(3) 离线性。

支付协议执行过程中，不需要银行参与。

(4) 匿名性。

匿名性包括不可跟踪性和不可联系性。不可跟踪性是指银行和商家合谋都不能跟踪用户的消费情况，不可联系性是指由同一账户提取的电子货币是不可联系的。

(5) 可分性。

一定数额的电子货币可分为多次花费，其花费总量小于电子货币的币值即可。

(6) 可转移性。

客户的电子货币可以转借其他人使用。

事实上，目前的技术还很难高效实现上述全部功能。1982 年，Chaum 最早提出一个在线的、基于 RSA 盲签名的电子货币方案；1988 年，Chaum、Fait 和 Naor 利用切割-选择技术和 RSA 盲签名技术提出一个在线的、完全匿名的电子货币方案；1991 年，Okamoto 和 Ohta 采用二叉树技术和切割-选择技术设计了第一个可分电子货币方案；1992 年，Brands 利用基于离散对数的盲签名技术提出了一个离线的、完全匿名的电子货币方案，该方案是迄今为止效率最高的方案之一；1995 年，Stadler 和 Brickel 分别提出一种离线的、匿名可控的公正电子货币方案；1996 年，Frankel、Tsiounis 和 Yung 利用间接证明技术提出一个公正电子货币方案；1997 年，Davida、Frankel 和 Tsiounis 利用零知识证明技术对 1996 年 Frankel 等人提出的公正电子货币方案进行了改进；1998 年，Anna 和 Zulfikar 首次提出一个用群盲签名构造的、多个银行参与发行的、完全匿名的电子货币方案。

2.　Brands 电子货币方案

1) 系统参数初始化

初始化只进行一次，由某个可信机构完成。选择一个大素数 p，使得 q 是$(p-1)$的大素因子；g 是有限群 GF(p)的本原元，选择两个秘密的随机数，分别以 g 为底模 p 求幂(随机数为指数)得 g_1 和 g_2；销毁这两个秘密随机数，只公开 g、g_1 和 g_2，同时选择两个公开的安全散列函数，分别记为 H 和 H_0。

2) 参与者初始化

参与者是银行、用户和商家。

(1) 银行。

银行选择一个秘密的身份数 x，并计算 $h \equiv g^x \pmod p$，$h_1 \equiv g_1^x \pmod p$，$h_2 \equiv$

$g_2^x \pmod p$。公开 h，作为银行的公开身份。

(2) 用户。

用户选择一个秘密的身份数 u，并计算账号 $I \equiv g_1^u \pmod p$。发送 I 到银行，银行将 I 和用户的身份信息放在一起，但用户不将 u 发送给银行。银行发送 $z' \equiv (Ig_2)^x \pmod p$ 给用户，这里需保证 $Ig_2 \not\equiv 1 \pmod p$。$q$ 很大时，用户恰好选到一个 u，使得 $Ig_2 \equiv 1 \pmod p$ 的概率可忽略。

(3) 商家。

商家选择身份数 M，并在银行注册这个数。

3) 取款协议

用户向银行请求取款，与从账户提取传统现金一样，银行要求身份证明，验证通过后，用户从银行得到货币。该方案假设所有货币都有相同的币值，则一个货币由一个六元组表示：(A,B,z,a,b,r)。下面讲解这个六元组是如何得到的。

(1) 银行选取随机数 $w \in Z_q^*$，计算 $g_w \equiv g^w \pmod p$，$\beta \equiv (Ig_2)^w \pmod p$，将 g^w 和 β 发送给用户。

(2) 用户选择秘密的随机五元组$(s,x_1,x_2,\alpha_1,\alpha_2)$，并计算 $A \equiv (Ig_2)^s \pmod p$，$B \equiv g_1^{x_1} g_1^{x_2} \pmod p$，$z \equiv z'^s \pmod p$，$a \equiv g_w^{a_1} g^{a_2} \pmod p$，$b \equiv g^{sa_1} A^{a_2} \pmod p$。$A=1$ 的货币是不允许的，也就是说 $s \not\equiv 0 \pmod q$。

(3) 用户计算 $c \equiv a_1^{-1} H(A,B,z,a,b) \pmod q$，并发送 c 给银行。

(4) 银行计算 $c_1 \equiv cx + w \pmod q$，并将其发送给用户。

(5) 用户计算 $r \equiv a_1 c_1 + a_2 \pmod q$。

货币(A,B,z,a,b,r)已生成，银行从用户账户中扣除相应的币值。

4) 支付协议

用户将货币(A,B,z,a,b,r)传送给商家，货币支付过程如下。

(1) 商家检查下面两式是否成立：$g^r \equiv ah^{H(A,B,z,a,b)} \pmod p$，$A^r \equiv bz^{H(A,B,z,a,b)} \pmod p$。如果成立，商家确信该货币有效。

(2) 商家计算 $d = H_0(A,B,M,t)$，t 表示时间戳，作用是使得不同的交易有不同的 d 值。商家将 d 发送给用户。

(3) 用户计算 $r_1 \equiv dus + x_1 \pmod q$，$r_2 \equiv ds + x_2 \pmod q$。其中，$u$ 是用户的秘密数，s,x_1,x_2 是用户选择的秘密随机五元组的一部分。用户将 r_1,r_2 发送给商家。

(4) 商家检查这个式子是否成立：$g_1^{r_1} g_2^{r_2} \equiv A^d B \pmod p$。如果成立，商家就接受这个货币，否则拒绝接受。

5) 存款协议

商家提交货币(A,B,z,a,b,r)和三元组(r_1,r_2,d)给银行，要求存入自己账户。银行执行如下步骤。

(1) 检查货币(A,B,z,a,b,r)之前是否存入过。如果没有，则执行下一步；如果有，则判断是用户欺骗还是商家欺骗，并进行处理。

(2) 检查下面式子是否成立：$g^r \equiv ah^{H(A,B,z,a,b)} \pmod p$，$A^r \equiv bz^{H(A,B,z,a,b)} \pmod p$，$g_1^{r_1} g_2^{r_2} \equiv A^d B \pmod p$。

如果都成立，那么货币有效，银行将货币存入商家账户。

6）安全分析

（1）用户双重消费。

如果用户将货币(A,B,z,a,b,r)支付两次，每次支付对应不同的三元组，即(r_1,r_2,d)和(r_1',r_2',d')。同一货币(A,B,z,a,b,r)的这两个三元组若都提交给银行，则银行能够生成下面等式：$(r_1-r_1')\equiv us(d-d')(\bmod q)$，$(r_2-r_2')\equiv s(d-d')(\bmod q)$，于是可得$u\equiv(r_1-r_1')(r_2-r_2')^{-1}(\bmod q)$。银行通过计算$I\equiv g_1^u(\bmod p)$确定用户的身份。

（2）商家两次存款。

一次是合法的三元组(r_1,r_2,d)，一次是伪造的三元组(r_1',r_2',d')，但要伪造的三元组(r_1',r_2',d')满足$g_1^{r_1'}g_2^{r_2'}\equiv A^{d'}B(\bmod p)$，这对于商家是不可能的。

（3）伪造货币。

要伪造满足$g^r\equiv ah^{H(A,B,z,a,b)}(\bmod p)$和$A^r\equiv bz^{H(A,B,z,a,b)}(\bmod p)$的货币$(A,B,z,a,b,r)$，除了银行之外，任何人都很难实现。例如，要从$A,B,z,a,b$中得到$r$，就需要解离散对数问题。此外，用户从已有的货币生成一个新的货币也是很困难的，因为只有银行知道x，所以得到正确的r值。

（4）商家恶意花费。

一个恶意商家从用户处得到一个有效货币(A,B,z,a,b,r)并存入银行，但他试图在另一个商家那里花费这个货币，则他必须计算d'（不等于d）。恶意商家不知道u,x_1,x_2,s，但是他必须选择r_1'和r_2'使得$g_1^{r_1'}g_2^{r_2'}\equiv A^{d'}B(\bmod p)$成立，这又是一个解离散对数问题。如果恶意商家选择已知的r_1和r_2，由于$d'\neq d$，所以他会发现$g_1^{r_1}g_2^{r_2}\equiv A^{d'}B(\bmod p)$是不成立的。

（5）银行伪造货币。

银行与上述恶意商家拥有基本一样的信息，只是多了一个身份数I。银行可能伪造一个货币，使之满足$g^r\equiv ah^{H(A,B,z,a,b)}(\bmod p)$，但是因为用户对$u$保密，银行在支付阶段不可能得到合适的$r_1$。当然，如果$s=0$是允许的，这是可能的，所以在创建货币中要求$A$不能等于1。

（6）盗窃货币。

小偷从用户那里偷了货币(A,B,z,a,b,r)并试图在商家将其支付，第一个式子$g^r\equiv ah^{H(A,B,z,a,b)}(\bmod p)$是成立的。小偷不知道$u$，因此小偷不可能伪造出$r_1$和$r_2$，使得$g_1^{r_1}g_2^{r_2}\equiv A^dB(\bmod p)$成立。

（7）匿名性。

在交易（支付）的整个过程中，用户从不需要提供任何身份证明，这和用传统现金进行买卖是一样的。同时应注意到，在货币被商家存入银行之前，银行没有见到货币(A,B,z,a,b,r)，实际上，在取款过程中银行只提供了g_w、β和c_1，见到了c。那么从货币(A,B,z,a,b,r)和三元组(r_1,r_2,d)中商家或银行能否提取出用户的身份信息呢？虽然银行比商家知道更多的信息（如I、c等），但是银行不可能识别出用户身份信息，因为(s,x_1,x_2)是只有用户知道的随机数。

在货币(A,B,z,a,b,r)中，A,B,z,a,b对其他人而言都是g的随机幂数。当用户把

$c \equiv a_1^{-1} H(A,B,z,a,b) \pmod q$发送给银行后，银行可能试图计算 $H(A,B,z,a,b)$从而得到 a_1，但由于银行没有见到货币，因此不能计算出这个值。但银行可以保留一个接收到的所有 c 值的列表和存入的每个货币的散列值，然后尝试所有组合找出 a_1，但在一个有上百万个货币的系统中，a_1 可能的值数量巨大，故这个方法不实用。因此，知道 c 和之后的货币(A,B,z,a,b,r)不大可能帮助银行识别用户的身份。但如果取 $a_1=1$，那么银行可以保留 c 的列表和每个 c 对应的用户，当货币存入时，$H(A,B,z,a,b)$可被计算出来和 c 的列表进行比较，很可能对给定的 c 只有一个用户和它对应，因此银行就知道用户的身份了。

10.5.2 电子投票

电子投票是选举在形式上的一次崭新飞跃，在计票的快捷准确、人力等开支的节省以及投票方式的易用性等方面，有着传统投票方式无法企及的优越性。电子投票协议是电子投票系统的核心，它主要包含以下 3 个步骤。

(1) 注册。

投票人向选委会(Central Tabulating Facility，CTF)或身份登记机构(Central Legimization Agency，CLA)提供其身份信息，CTF 或 CLA 对投票人的身份合法性进行认证。

(2) 投票。

投票人发送其选票到投票中心。

(3) 计票。

CTF 对合法选票进行统计，公布计票结果。

自 1981 年 Chaum. D 提出第一个电子投票协议以来的二十多年时间里，许多学者对电子投票进行研究，提出了一系列的投票协议，其中以 Atsushi Fujioka、Tatsuaki Okamoto 和 Kazuo Ohta 在 1992 年提出的 FOO 协议最有代表性。该协议被认为是一个能较好地实现电子投票需求的协议，许多研究都以 FOO 协议为基础进行改进，开发出了相应的电子投票系统，其中代表性的有麻省理工学院的 EVOX 系统和华盛顿大学的 SenSus 系统。然而，由于 FOO 协议本身也存在一些缺点，致使以其为基础开发出来的系统也存在一些不足。不过对于了解和掌握电子投票协议的基本思想，FOO 协议不失为一个典型实例。本节将介绍安全的电子投票协议应该满足的要求，然后详细描述 FOO 协议，同时对其安全性进行阐述。

1. 电子投票协议的安全要求

一般来说，一个安全的电子投票协议应该满足以下 6 方面的要求。

1) 准确性

任何无效的选票，系统都不予统计。

2) 完整性

CTF 应接受任何合法投票人的投票，所有有效的选票都应该被正确统计。

3) 唯一性

只有合法的投票人才能进行投票且仅能投一次。

4) 公正性

任何事情都不能影响投票的结果。即在投票过程中任何单位不能泄露中间结果，不能对公众的投票意向产生影响,以致影响最终的投票结果。

5) 匿名性

所有的选票都是保密的,任何人都不能将选票和投票人对应起来,以确定某个投票人所投选票的具体内容。

6) 可验证性

任何投票人都可以检查自己的选票是否被正确统计,其他任何关心投票结果的人也都可以验证统计结果的正确性。

2. FOO 协议组成

FOO 协议是一个简明实用的电子投票协议,其参与实体有 3 个:投票人、监督者和统计者,其中监督者和统计者组成投票中心。该协议使用了比特承诺、盲签名以及一般数字签名技术。因此,在注册阶段,投票人除了拥有自己的唯一身份标识 ID 外,还拥有一个用于解密比特承诺的随机数 k、一个盲化因子 r 以及自己的签名方案 σ;监督者和统计者拥有自己的公开密钥 (e,n) 和私有密钥 d(假设协议采用 RSA 签名体制)。另外,协议还公开一个安全的散列函数 H 以及比特承诺方案 f。协议中各实体及其相关信息的符号表示如表 10.7 所示。

表 10.7　FOO 协议中各实体及其相关信息的符号表示

参与实体	公开信息	私有信息	签名表示
投票人 V_i, $i=1,2,\cdots,n$	ID_i:唯一身份标识	k:用于解密比特承诺的随机数 r_i:盲化因子 σ_i:签名方案	S_i
监督者 A	(e_a,n_a):公开密钥	d_a:私有密钥	S_a
统计者 C	(e_c,n_c):公开密钥	d_c:私有密钥	S_c

3. FOO 协议描述

FOO 投票协议分为 6 个阶段进行,描述如下。

1) 预备阶段

投票人 V_i 选择并填写一张选票,其内容为 v_i。V_i 选择一个随机数 k_i 来隐藏 v_i,并用比特承诺方案 f 计算 $x_i=f(v_i,k_i)$。V_i 再选择一个随机数 r_i 作为盲化因子,计算 $e_i\equiv r_i^{e_a}H(x_i)(\mathrm{mod}\ n_a)$,对 e_i 签名得 $S_i=\sigma_i(e_i)$。V_i 将 (ID_i,e_i,S_i) 发送给监督者 A。

2) 管理者授权投票阶段

A 接收到 V_i 发送来的签名请求后,先验证 ID_i 是否合法。如果 ID_i 非法,则 A 拒绝给 V_i 颁发投票验证签名证书。如果 ID_i 合法,则 A 检查 V_i 是否已经申请了这个证书,如果 V_i 已经申请过,则 A 同样拒绝颁发该证书;如果 A 没有为 V_i 颁发投票验证签名证书,则 A 验证 S_i 是否是 V_i 对消息 e_i 的合法签名,如果是,则 A 利用自己的私有密钥对 e_i 签名:$S_{ai}\equiv e_i^{d_a}(\mathrm{mod}\ n_a)$,并将签名结果 S_{ai} 作为 A 颁发给 V_i 的投票验证签名证书传给 V_i。然后,A 修改自己已经颁发的证书总数,并公布 (ID_i,e_i,S_i)。

3) 投票阶段

V_i 得到 A 颁发的投票验证签名证书后,通过对 S_{ai} 脱盲恢复出 x_i 的签名 y_i:$y_i\equiv S_{ai}/r_i(\mathrm{mod}\ n_a)$。

V_i 检查 y_i 是否是 A 对 x_i 的合法签名，如果不是，V_i 向 A 证明(x_i,y_i)的不合法性，并选用另一个 v_i'来重新获取投票验证签名证书；如果是，则 V_i 匿名地将(x_i,y_i)发送给统计者 C。

4）收集选票阶段

C 通过使用 A 的公钥证书来验证 y_i 是否是 x_i 的合法签名，如果是，C 对(x_i,y_i)产生一个编号 w，并将(w,x_i,y_i)保存在合法选票列表中，同时修改自己保存的合法选票数目。在所有投票结束后，C 将该表公布。

5）公开选票阶段

V_i 检查其选票(x_i,y_i)是否在合法选票列表中，如果不在，则他将向投票中心投诉，并要求 C 将其选票列入合法选票列表中；如果在，则他从合法选票列表中找到自己选票的编号 w，并将(w,k_i,v_i)匿名地发送给 C。

6）统计选票阶段

C 使用(w,k_i,v_i)打开选票的比特承诺，恢复出 v_i，并检查 v_i 是否是合法的选票内容。

最后进行统计，将统计结果公布在布告栏中，如表 10.8 所示。

表 10.8　统计选票结果的布告栏

序　　号	选票信息与统计结果
1	(x_1,y_1,k_1,v_1)
⋮	⋮
w	(x_i,y_i,k_i,v_i)
⋮	⋮

4. FOO 协议的安全性

FOO 协议中使用了比特承诺、盲签名、一般数字签名等密码技术来确保该协议能够较好地满足电子投票协议的安全性要求。

1）准确性

在投票阶段，因为是匿名投票，任何人可以发送选票给投票中心。但是，如果不是由监督者生成的合法签名对，则统计者在收集选票阶段拒绝该选票。

投票人也可以对监督者生成的合法签名进行一票多投。但是在公开选票阶段，投票人需要公开承诺的选票，若给出不同的选票，其比特承诺的结果是不同的，则不能通过验证。因此，多个比特承诺相同的选票只能是一票多投的结果，这时监督者就可以采取一定措施来对投票人进行制裁。任何不合法的选票都不会被统计，从而保证了结果的准确性。

2）完整性

在投票过程中设立了布告栏跟踪机制，所有投票人以及任何关心投票结果的人都可以对投票结果进行验证，投票结果的任何错误都将被发现，从而保证所有有效的选票都会被正确统计。

3）唯一性

所有投票人在进行投票之前，都要先经过监督者的检查并获得相应的投票授权。任何非法人员要进行投票，需要伪造监督者的数字签名。因此，只要数字签名方案是安全的，非法人员就不能进行投票。

投票人若对一个选票进行多投，则如准确性中所述，该结果无法通过验证，或多投行为会被发现。因此,在监督者可信且数字签名方案安全时,该协议满足唯一性要求。

4）公正性

协议将投票和计票分作两个阶段进行。在投票阶段,投票人发送给计票者的不是原始的选票信息,而是经过比特承诺处理的选票,计票者将这些选票公布出去,便于公众查询、验证。在计票工作开始之前,除投票人本人以外的任何人都不能获得选票的真实内容,从而保证了投票的中间结果不会被泄露,因此该协议满足公正性。

5）匿名性

投票人从监督者获得选票的签名时使用了盲签名技术,使得监督者只能看到投票人的ID,而不能看到选票的真实内容(v_i)。

投票人投票时采用匿名投票方式,统计者只能验证选票通过了监督者的审查,不知道投票人的身份。此外,即使监督者和统计者联合起来,由于监督者之前没看到过选票,所以无法与投票人 ID 联系起来,故协议满足匿名性。

6）可验证性

在协议的各个阶段,都有相应的信息公布出来,人们可以利用这些信息,对投票结果进行验证。若统计者舞弊,假装没有收到选票而将有效选票丢弃,这时,只需要投票人出示其数字签名就可以揭露这种舞弊行为。

监督者在没有投票人弃权的情况下舞弊,伪造选票并进行投票,这样,最后公布的实际选票数目将超过登记的投票人数。这时,合法的投票人可以表明自己是合法的,并得到了监督者的授权。为此,投票人出示其解密盲签名随机数 r,并需要监督者出示投票人的数字签名。当 r 公布后,进行了盲签名的选票内容 e 也就唯一确定了,于是监督者出示的投票人的数字签名也就唯一确定了。监督者无法伪造投票人的数字签名,因而就有监督者无法出示数字签名的剩余选票,这样,监督者的舞弊行为便暴露了。然而,在有人弃权的情况下监督者的舞弊行为将很难发现。也就是说,FOO 协议在没有人弃权的情况下满足可验证性。

10.5.3　电子拍卖

拍卖活动是电子商务中的一种基本活动,是由拍卖群体决定价格及分配特殊现货的交易方式。一般情况下,拍卖企业接受委托,在规定的时间和地点,按照一定的规则和程序,由拍卖师主持拍卖。买卖双方之间产生一个合理的参与各方都认可的价格,最后把商品卖给出价最高的竞买者。现在,各种拍卖行、拍卖代理系统如 eBay、Amazon 等相继成立。

电子拍卖的基本组成和现实生活中的拍卖是一样的,均由拍卖参与方、拍卖规则和仲裁机构组成,其中拍卖参与方包括投标者、卖方和管理者。拍卖规则是指买卖双方认可和确定的拍卖和成交原则,如所有投标者标价是否公开,是按降价形式还是升价形式拍卖,是按最高价、最低价还是次高价成交,同时有多个最高价如何处理等。仲裁机构负责解决买方之间、买卖双方之间以及他们和拍卖行之间的拍卖纠纷。仲裁机构一般是非电子化的,是可信赖的第三方,只有在纠纷发生后,仲裁机构才介入。

1. 电子拍卖的安全需求

电子拍卖系统必须提供公平竞争和安全的机制,如中标者的身份无异议、杜绝中标者违约、防止投标者与拍卖行或卖方合谋以及黑社会操纵、保护投标者在拍卖过程中的隐私等。概括起来,电子拍卖系统需要满足以下安全需求。

(1) 匿名性：标价不能泄露投标者的身份。

(2) 可跟踪性：能追踪最后获胜的投标者。

(3) 不可冒充性：任何投标者不能被冒充。

(4) 不可伪造性：任何人不能伪造投标者的标价。

(5) 不可否认性：获胜者不能否认自己的中标标价。

(6) 公平性：合法的投标者以平等的方式参与投标活动。

(7) 不可关联性：同一投标者在多次拍卖投标中的标价不能被联系起来。

(8) 可链接性：在同一拍卖投标中，任何人能确定同一投标者的标价及标价次数。

(9) 一次注册性：一次注册后，投标者可参加多次拍卖活动。

(10) 易撤销性：注册管理员能很容易撤销某一投标者。

(11) 公开验证性：任何人都能验证投标者的合法性、标价的有效性以及公示获胜者。

2. 电子拍卖系统基本组成

一个电子拍卖系统主要由参与人员、布告栏和保密数据库等部分组成。电子拍卖系统涉及的参与人员主要包括注册管理者(RM)、拍卖管理者(AM)和投标者(B)3 类，他们各自的功能如下。

1) 注册管理者

(1) 负责注册过程并保存投标者的注册信息；

(2) 设置参与拍卖的密钥并在布告栏上无序公布拍卖投标者使用的公开密钥；

(3) 在中标者公示阶段，在布告栏上公布中标者的特定信息。

2) 拍卖管理者

(1) 在每次拍卖中，为每个投标者设置拍卖参数并在布告栏上无序发布；

(2) 在中标者公示阶段，在布告栏上公布中标者的特定信息；

(3) 拥有公钥私钥对(x_A,y_A)。

3) 投标者

(1) 向 RM 申请注册参与拍卖；

(2) 使用每次拍卖设定参数参与拍卖活动；

(3) 拥有公钥私钥对(x_i,y_i)。

电子拍卖系统中涉及的布告栏主要包括以下 5 类。

(1) 注册布告栏：注册管理者公布已注册投标者的标识和公钥。

(2) 拍卖密钥布告栏：在每场拍卖时，注册管理者为每个已注册投标者生成拍卖密钥并在本布告栏无序公布。

(3) 拍卖参数布告栏：在每场拍卖时，拍卖管理者为每个已注册投标者生成拍卖参数并在本布告栏无序公布。

(4) 标价布告栏：投标者在本布告栏公布自己的标价，且只有比现有标价高的标价才能在本布告栏公示，任何人不能阻止有效的标价。

(5) 中标者布告栏：在中标者公示阶段，由注册管理者和拍卖管理者联合公布中标者的身份。

电子拍卖系统涉及的保密数据库主要包括投标者信息数据库(RMDB)和随机数数据库(AMDB)，其中 RMDB 保存的是注册管理者为已注册的投标者保存的秘密用户信息，而

AMDB 则保存为每场拍卖产生的秘密随机数。

3. 电子拍卖系统的基本流程

电子拍卖系统的基本流程大体可以分为以下 3 个阶段。

1）注册及准备阶段

拍卖开始前，投标者首先要向注册管理者提交注册信息。拍卖管理者要在布告栏上发布拍卖品或服务的详细信息、拍卖规则和截止日期等信息，同时要设置好一些拍卖参数。注册管理者设置好拍卖密钥等信息。注册管理者为投标者设置好必要的公私钥等参数。

2）投标阶段

拍卖管理者宣布拍卖开始后，合法的投标者按照一定的格式提交他们的标书给拍卖管理者，标书中含有标价信息。

3）中标者公示阶段

到拍卖截止时间，拍卖管理者宣布拍卖结束，即不再接收投标者的投标。此时，拍卖管理者按照确定的规则宣布中标者并且公开该中标者的标价。如果没有异议，则买卖双方成交，中标者支付货币，卖方将拍卖品或服务提供给中标者；如果有异议，或者买卖双方有违约行为，则求助仲裁机构解决。

4. 一个简单的电子拍卖协议

初始化只进行一次，由某个可信机构完成。选择一个大素数 p，使得 q 是$(p-1)$的大素因子。g 是有限群 $GF(p)$的本原元，p、q、g 是系统参数，选择 h 为一个公开的单向函数。

投标者 B_i 的公私钥对为(x_i, y_i)，$y_i \equiv g^{x_i} \bmod p, i=1,2,\cdots,n$；拍卖管理者的公私钥对为$(x_A, y_A)$，$y_A \equiv g^{x_A} \bmod p$。

1）注册及准备阶段

B_i 向注册管理者注册的流程如下：

(1) B_i 公布其公钥 y_i；

(2) B_i 随机选择 $t_i \in_R Z_q^*$ 并秘密保存；

(3) B_i 将(B_i, y_i, t_i)秘密地发送给注册管理者；

(4) 如果注册管理者接受 B_i 的注册申请，注册管理者在注册布告栏上公布(B_i, y_i)，并在投标者信息数据库中秘密保存(B_i, t_i)。

注册管理者拍卖密钥的流程如下：

(1) 注册管理者为 n 个投标者计算拍卖密钥 $Y_i^k = y_i^{h^k(t_i)} \bmod p$，其中，$h^k(t_i)=h(t_i, h^{k-1}(t_i))$，$k$ 表示第 k 场拍卖。

(2) 注册管理者在拍卖密钥布告栏公布 Y_i^k。

B_i 很容易在拍卖密钥布告栏上找到自己，注册管理者也很容易撤销 B_i。

拍卖管理者拍卖参数的设定流程如下：

(1) 拍卖管理者随机选择 n 个随机数$\{r_1, r_2, \cdots, r_n\} \in_R Z_q$；

(2) 拍卖管理者计算拍卖密钥$((Y_i^k)^{r_i}, g^{r_i} \bmod p)$，$i=1,2,\cdots,n$；

(3) 拍卖管理者计算拍卖标识 $T_i = h((Y_i^k)^{x_A}) \bmod p$，$i=1,2,\cdots,n$；

(4) 拍卖管理者在拍卖参数布告栏上无序公布$(T_i, (Y_i^k)^{r_i}, g^{r_i})$；

(5) 拍卖管理者在随机数据库中秘密保存(T_i, r_i)。

因为 $Y_i^k = y_i^{h^k(t_i)}$,所以 B_i 很容易在拍卖密钥布告栏上找到自己的 $T_i = h(y_A^{h^k(t_i)x_i})$。

2) 投标阶段

(1) B_i 验证注册布告栏中 $Y_i^k = y_i^{h^k(t_i)}$ 是否成立,以检查其是否注册。

(2) B_i 根据拍卖参数布告栏中(T_i,$(Y_i^k)^{r_i}$,g^{r_i})计算$(g^{r_i})^{h^k(t_i)x_i}$,确定其本场拍卖的密钥。

(3) B_i 验证$(g^{r_i})^{h^k(t_i)x_i} = (Y_i^k)^{r_i}$ 是否成立,以确定本场拍卖的密钥是否有效。

(4) 设 B_i 对拍卖品的标价为 price,B_i 将其标价信息(T_i,m_i,S_i)发送到标价布告栏上。其中,$m_i = (\text{ID} \parallel \text{price})$,$S_i$ 是 B_i 使用私钥 $h^k(t_i)x_i$ 对 m_i 的签名。式中的"‖"表示字符串连接操作,ID 是拍卖品的名称或标识。

3) 中标者公示阶段

(1) 拍卖管理者宣布(T_j,m_j,S_j)是中标者;

(2) 拍卖管理者在中标者布告栏上公布(T_j,r_j,Y_j^k),可用于验证 r_j、Y_j^k 和$(Y_j^k)^{r_j}$ 之间的关系;

(3) 拍卖管理者在中标者布告栏上公布(Y_j^k,$h^k(t_j)$,y_j),验证 $Y_j^k = y_j^{h^k(t_j)}$ 是否成立,从而确定 B_j 是否为中标者;

(4) 根据公布的 r_j 和 $h^k(t_j)$,任何人可验证 B_j 是否为中标者。

图 10.55 描述了该电子拍卖协议的执行过程。

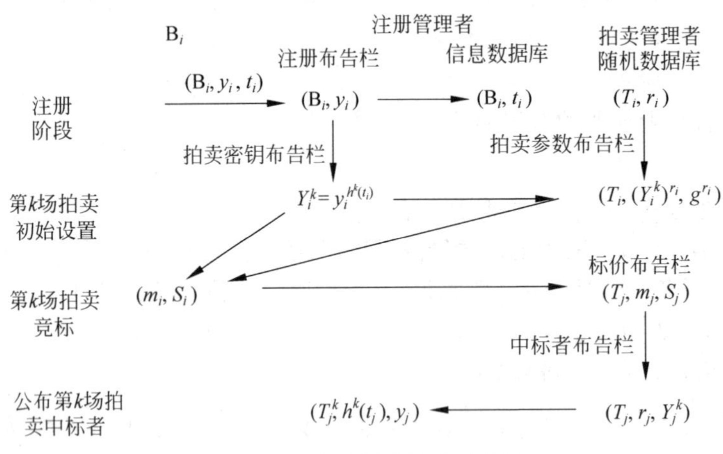

图 10.55 电子拍卖协议示意图

4) 安全性分析

(1) 投标者身份匿名性。

包括拍卖管理者在内的任何人在没有注册管理者的帮助下都无法从已公开的信息中获得投标者的身份信息,即使中标者的身份在以前的拍卖中被揭示,投标者也能匿名地投标以后的其他拍卖活动。

(2) 不可否认性。

注册管理者验证拍卖管理者提供的信息有效,并根据这些信息来揭示中标者身份,而中标者无法否认其已经提交过的获胜投标。

（3）公开验证性。

任何人都能验证投标标价的签名，且任何人都能通过验证拍卖密钥确认一个投标者是否是有效投标者。任何人都能通过检验中标者布告栏公布的中标者信息来公开验证中标者身份信息。

（4）易撤销性。

注册管理者很容易通过拍卖密钥布告栏来增加或撤销投标者。拍卖管理者通过验证投标标价的签名来验证标价的合法性，拒绝接受不合法的标价，当然也要拒绝低于当前出价的标价。

（5）多次拍卖的不可关联性。

注册管理者和拍卖管理者在每次拍卖中为投标者选取的随机数 r_i 和标识 T_i 不同，一个投标者在每次拍卖中所使用的密钥也不同，没有人能将这个投标者在不同拍卖中的投标标价联系起来。

（6）一次注册性。

因为 $h^{k+1}(t_j)=h(t_j, h^k(t_j))$，虽然 $h^k(t_j)$ 被公布，但 t_j 和 $h^{k+1}(t_j)$ 仍然是安全的，因此投标者可继续参加第 $k+1$ 次拍卖。

（7）不可伪造性。

在拍卖中，注册管理者和拍卖管理者都不能伪造某个投标者的投标标价。注册管理者只知道 B_i 的拍卖密钥 $y_i^{h^k(t_i)}$，而根据拍卖密钥推出标价签名密钥 $h^k(t_i)x_i$ 是离散对数问题，得到 B_i 的私钥 x_i 就更困难。即使注册管理者和拍卖管理者共谋也不能推出 B_i 的标价签名密钥 $h^k(t_i)x_i$，也就不能伪装成某个投标者进行投标。其他投标者更无法伪装成另一个投标者来投标。

思考题与习题

10-1　简述链路加密与端-端加密的主要特点。

10-2　PGP 如何保证文件和电子邮件的安全性？

10-3　简述密钥环在报文传输和接收中的应用过程。

10-4　使用 PGP 软件给自己发送一份加密并签名的电子邮件，对其进行解密和签名验证。

10-5　Kerberos 身份鉴别协议的第 1 个消息如果被篡改，可能造成什么样的安全攻击？

10-6　Kerberos 身份鉴别协议存在的局限性主要有哪些？该如何改进？

10-7　结合实例说明基于 SET 协议的电子交易过程。

10-8　SET 协议的双重数字签名中只有客户用自己的签名私钥完成了一次数字签名，为什么却称为双重数字签名？

10-9　试分析 SET 协议的安全性。

10-10　PGP 应用实践。实践目的是加深理解密码学在网络安全中的重要性，了解加密软件 PGP/GPG4Win 的工作原理，掌握 PGP/GPG4Win 的安装和使用。PGP 已成为最流行的公钥加密软件包，其有不同的实现，如 GNUPG 和 GPG4Win。利用 PGP Desktop 9.9 软件，完成以下内容。

（1）密钥管理：①生成公钥/私钥对；②密钥的导出；③密钥的导入。

(2) 邮件操作：①加密/解密邮件；②签名/验证邮件；③加密和签名/解密和验证邮件。

10-11 国密算法是国家密码局制定的一系列标准算法。安全的平台离不开安全的密码技术，国密算法凭借其安全性高、自主可控等优势成为保障互联网安全的首要选择。假定通信双方A、B尚未建立共享密钥，但已安全拥有自己的私钥和通信对方的公钥，试选用适当的国密算法和伪随机数生成器(密钥发生器)等密码模块，完成对文件F的可提供机密性、完整性和鉴别服务的安全传输模型框图，并对模型的实现过程及安全原理予以简要阐述。

附录A 密码学数学基础

A.1 数　　论

数论是研究整数性质的一个数学分支，也是密码学的基础学科之一。本附录介绍教材中使用到的数论基础知识。

A.1.1 素数与互素

1. 整除

任给两个整数 a,b，其中 $b \neq 0$，如果存在一个整数 q 使得 $a=qb$ 成立，则称 b 整除 a，记为 $b|a$，并称 b 是 a 的除数(或因子)，a 是 b 的倍数。否则，b 不整除 a，记为 $b \nmid a$。

整除具有以下性质：

(1) 若 $b|a$，$c|b$，则 $c|a$；

(2) 若 $a|1$，则 $a=\pm 1$；

(3) 对任意 $b(b\neq 0)$，$b|0$；

(4) 若 $b|g$，$b|h$，则对任意整数 m，n，有 $b|(mg+nh)$。

2. 素数与互素

如果大于 1 的整数 p 的因子仅有 ± 1，$\pm p$，则称 p 为素数(或质数)；如果还有其他因子，即可被 ± 1、$\pm p$ 以外的整数整除，则称 p 为合数。

定理 A.1 若 p 是素数，a 是任意整数，则有 $p|a$ 或 $(p,a)=1$。

即素数与一个数要么互素，要么可整除该数。

定理 A.2 若 p 是素数，$p|ab$，则 $p|a$ 或 $p|b$。

如果整数 a 能整除整数 $a_1,a_2,a_3,\cdots,a_n$，则称 a 为这几个整数的公因子。这几个整数可能有多个公因子，其中最大的公因子叫最大公因子(也称最大公约数)，记做 $\gcd(a_1,a_2,a_3,\cdots,a_n)$ 或 $(a_1,a_2,a_3,\cdots,a_n)$。如果这几个整数的最大公因子是 1，则称这几个整数互素，记为 $\gcd(a_1,a_2,a_3,\cdots,a_n)=1$。

定理 A.3 设 a,b,c 是任意不全为零的整数，且 $a=qb+c$，其中 q 是整数，则有 $\gcd(a,b)=\gcd(b,c)$。

即被除数和除数的最大公因子与除数和余数的最大公因子相同。

例如：

$$\gcd(18,12)=\gcd(12,6)=\gcd(6,0)=6$$

$$\gcd(11,10)=\gcd(10,1)=\gcd(1,0)=1$$

3. 欧几里得算法

欧几里得(Euclid)算法可通过一个简单的过程来确定两个正整数的最大公因子。任给两个整数 a,b,不失一般性可假设 $a>b>0$。由带余数的除法(简称带余除法)可得下列等式:

$$\begin{cases} a=bq_1+r_1, & 0<r_1<b \\ b=r_1q_2+r_2, & 0<r_2<r_1 \\ \quad\vdots \\ r_{n-2}=r_{n-1}q_n+r_n, & 0<r_n<r_{n-1} \\ r_{n-1}=r_nq_{n+1}+r_{n+1}, & r_{n+1}=0 \end{cases} \tag{A.1}$$

因为 $b>r_1>r_2>r_3>\cdots$,故经有限次带余除法后,总可以使得余数是 0,即上式中 $r_{n+1}=0$。因此欧几里得算法又称为辗转相除法。

定理 A.4 任给整数 $a>b>0$,最大公因子 $\gcd(a,b)$就是公式(A.1)中最后一个不等于 0 的余数,即 $\gcd(a,b)=r_n$。

定理 A.5 任给整数 $a>b>0$,则存在两个整数 m,n,使得 $m\,a+n\,b=\gcd(a,b)$。由该式显然有推论:a 和 b 的公因子是 $\gcd(a,b)$的因子。

对欧几里得算法 EUCLID(a,b)描述如下。设整数 $a>b>0$,求 $\gcd(a,b)$。

(1) $X\leftarrow a, Y\leftarrow b$;

(2) 如果 $Y=0$,返回 $X=\gcd(a,b)$,否则,继续;

(3) $R=X \bmod Y$;

(4) $X\leftarrow Y$;

(5) $Y\leftarrow R$;

(6) 返回步骤(2)。

【例 A.1】 用欧几里得算法求 $a=288,b=158$ 的最大公因子和 m,n,使 $ma+nb=\gcd(a,b)$。

解:因为

$288=158\times1+130$

$158=130\times1+28$

$130=28\times4+18$

$28=18\times1+10$

$18=10\times1+8$

$10=8\times1+2$

$8=2\times4+0$

最后一个不等于 0 的余数为 2,因此,最大公因子 $\gcd(a,b)=2$。

为求整数 m 和 n,由最后一个不等于零的余数 2 再进行逆向迭代如下:

$$\begin{aligned} 2&=10-8\times1 \\ &=10-(18-10)\times1 \\ &=10\times2-18 \\ &=(28-18\times1)\times2-18 \\ &=28\times2-18\times3 \end{aligned}$$

$$
\begin{aligned}
&=28\times2-(130-28\times4)\times3\\
&=28\times14-130\times3\\
&=(158-130\times1)\times14-130\times3\\
&=158\times14-130\times17\\
&=158\times14-(288-158\times1)\times17\\
&=158\times31-288\times17\\
&=-17\times288+31\times158
\end{aligned}
$$

所以 $m=-17, n=31$。

A.1.2 模运算与同余式

1. 概念

设 n 是一正整数，a 是整数，如果用 n 除 a，得商为 q，余数为 r，则 $a=qn+r(0\leqslant r\leqslant n)$，$q=\lfloor a/n\rfloor$。其中，$\lfloor x\rfloor$为小于或等于 x 的最大整数。用 $a \bmod n$ 表示余数 r，则 $a=\lfloor a/n\rfloor n+a \bmod n$。如果 $a \bmod n=b \bmod n$，则称两整数 a 和 b 模 n 同余，记为 $a\equiv b \bmod n$。称与 a 模 n 同余的数的全体为 a 的同余类，记为$[a]$，并称 a 为该同余类的表示元素。如果 $a\equiv 0 \bmod n$，则 $n|a$。

求余数运算 $a \bmod n$ 称为求余运算，该运算是将整数 a 映射到非负整数集合 $Z_n=\{0,1,\cdots,n-1\}$，在这个集合上的运算称为模运算。

2. 同余的性质

(1) 如果$(a \bmod n)=(b \bmod n)$，则 $a\equiv b \bmod n$；

(2) (自反性)$a\equiv a \bmod n$；

(3) (对称性)如果 $a\equiv b \bmod n$，则 $b\equiv a \bmod n$；

(4) (传递性)如果 $a\equiv b \bmod n$，$b\equiv c \bmod n$，则 $a\equiv c \bmod n$；

(5) (a，b 对模 n 同余的充要条件)如果 $a=b \bmod n$，则 $n|(a-b)$。

3. 模运算的性质

设 a,b,c 都是整数，而 n 为正整数，有如下模运算性质：

(1) $(a\pm b)\bmod n\equiv((a \bmod n)\pm(b \bmod n))\bmod n$；

(2) $(a\times b)\bmod m\equiv((a \bmod m)\times(b \bmod m))\bmod m$；

(3) $(a\times(b\pm c))\bmod m\equiv((a\times b \bmod m)\pm(a\times c \bmod m)) \bmod m$。

【例 A.2】 设 $Z_8=\{0,1,\cdots,7\}$，Z_8 上的模加法和模乘法运算结果如表 A.1 所示。

表 A.1 Z_8 上的模加法和模乘法运算结果

+	0	1	2	3	4	5	6	7
0	0	1	2	3	4	5	6	7
1	1	2	3	4	5	6	7	0
2	2	3	4	5	6	7	0	1
3	3	4	5	6	7	0	1	2
4	4	5	6	7	0	1	2	3
5	5	6	7	0	1	2	3	4
6	6	7	0	1	2	3	4	5
7	7	0	1	2	3	4	5	6

×	0	1	2	3	4	5	6	7
0	0	0	0	0	0	0	0	0
1	0	1	2	3	4	5	6	7
2	0	2	4	6	0	2	4	6
3	0	3	6	1	4	7	2	5
4	0	4	0	4	0	4	0	4
5	0	5	2	7	4	1	6	3
6	0	6	4	2	0	6	4	2
7	0	7	6	5	4	3	2	1

由加法结果可知,对每个 $x\in Z_8$,都有 y,使得 $x+y\equiv 0 \bmod 8$,则称 y 为 x 的负数,也称为加法逆元。例如,对 2 有 6,使得 $2+6\equiv 0 \bmod 8$。

对 x,若有 y,使得 $x\times y\equiv 1 \bmod 8$,则称 y 为 x 的乘法逆元。例如,$3\times 3\equiv 1 \bmod 8$。本例可见并非每个 x 都有乘法逆元(如 2,4,6)。

一般地,定义 Z_n 为小于 n 的所有非负整数集合,即 $Z_n=\{0,1,\cdots,n-1\}$,称 Z_n 为模 n 的同余类集合。其上的模运算具有以下性质。

(1) 交换律。

$$(a+b) \bmod n=(b+a) \bmod n$$
$$(a\times b) \bmod n=(b\times a) \bmod n$$

(2) 结合律。

$$[a+(b+c)] \bmod n=[(a+b)+c] \bmod n$$
$$[a\times(b\times c)] \bmod n=[(a\times b)\times c] \bmod n$$

(3) 分配律。

$$[a\times(b+c)] \bmod n=[(a\times b)+(a\times c)] \bmod n$$

(4) 恒等。

$$(0+a) \bmod n=(1\times a) \bmod n=a \bmod n$$

(5) 加法逆元。对每个 $w\in Z_n$,存在 u,使得 $w+u\equiv 0 \bmod n$,记为 $u\equiv -w \bmod n$。显然,$-w\equiv n-w \bmod n$。

(6) 如果 $a\equiv b \bmod n$,$c\equiv d \bmod n$,则有

① $(a\pm c)\equiv(b\pm d) \bmod n$。特例为 $a\pm c\equiv b\pm c \bmod n$,更一般式为 $(ax+cy)\equiv(bx+dy) \bmod n(x,y\in \mathbf{Z})$。

② $ac\equiv bd \bmod n$。特例为 $ac\equiv bc \bmod n$。

③ $f(a)\equiv f(b) \bmod n$。其中,$f(x)$为任意整系数多项式。

(7) 加法的可约律。

如果 $(a+b)\equiv(a+c) \bmod n$,则 $b\equiv c \bmod n$。

例如,$5+23\equiv 5+7 \bmod 8$,$23\equiv 7 \bmod 8$。

(8) 乘法的消去律。

如果 $(ab)\equiv(ac) \bmod n$,且 $\gcd(a,n)=d$,则

$$b\equiv c \bmod \frac{n}{d}$$

推论 1:如果 $(ab)\equiv(ac) \bmod n$,且 $\gcd(a,n)=1$,即 a,n 互素,则 $b\equiv c \bmod n$(乘法消去律)。

推论 2:如果 $(a,n)=1$,则 $a\times Z_n=Z_n$。这里,$a\times Z_n$ 表示 a 与 Z_n 中的每个元素做模 n 乘法。

(9) 模 n 下的乘法逆元。

如果 $\gcd(a,n)=1$,则 a 在模 n 下存在唯一整数 $x(x<n)$,使得 $a x\equiv 1 \bmod n$。称 x 为 a 在模 n 下的乘法逆元,记为 $x\equiv a^{-1} \bmod n$。

逆运算性质为 $(a\times b)^{-1}\equiv a^{-1}\times b^{-1} \bmod n$。

4. 乘法逆元的计算

按定理 A.5,任给整数 $n>a>0$,则存在两个整数 x,y,使得 $xa+yn=\gcd(a,n)$。当

gcd(a,n)=1时,即有 $xa+yn=1$,显然有 $x\,a \bmod n\equiv 1$。即存在一个 x,使得 $a\,x\equiv 1 \bmod n$。

实际上,例A.1中欧几里得算法的逆向迭代就可用来计算模 n 下的乘法逆元,这就是扩展的欧几里得算法 Extended EUCLID(a,n),描述如下。

(1) $(X_1,X_2,X_3)\leftarrow(1,0,n)$,$(Y_1,Y_2,Y_3)\leftarrow(0,1,a)$;

(2) 如果 $Y_3=0$,返回 $X_3=\gcd(a,n)$,无逆元,否则继续;

(3) 如果 $Y_3=1$,返回 $Y_3=\gcd(a,n)$,$Y_2=a^{-1} \bmod n$;

(4) $Q=\lfloor X_3/Y_3\rfloor$;

(5) $(T_1,T_2,T_3)\leftarrow(X_1-QY_1,X_2-QY_2,X_3-QY_3)$;

(6) $(X_1,X_2,X_3)\leftarrow(Y_1,Y_2,Y_3)$;

(7) $(Y_1,Y_2,Y_3)\leftarrow(T_1,T_2,T_3)$;

(8) 返回步骤(2)。

【例A.3】 用扩展的欧几里得算法计算 $550^{-1} \bmod 1769$。

解:先正向迭代计算如下。

$$
\begin{aligned}
1769&=550\times 3+119,\\
550&=119\times 4+74,\\
119&=74\times 1+45,\\
74&=45\times 1+29,\\
45&=29\times 1+16,\\
29&=16\times 1+13,\\
16&=13\times 1+3,\\
13&=3\times 4+1。
\end{aligned}
$$

显然,gcd(550,1769)=1。再逆向迭代计算如下。

$$
\begin{aligned}
1&=13-3\times 4\\
&=13-(16-13\times 1)\times 4=13\times 5-16\times 4\\
&=(29-16\times 1)\times 5-16\times 4=29\times 5-16\times 9\\
&=29\times 5-(45-29\times 1)\times 9=29\times 14-45\times 9\\
&=(74-45\times 1)\times 14-45\times 9=74\times 14-45\times 23\\
&=74\times 14-(119-74\times 1)\times 23=74\times 37-119\times 23\\
&=(550-119\times 4)\times 37-119\times 23=550\times 37-119\times 171\\
&=550\times 37-(1769-550\times 3)\times 171=550\times 550-1769\times 171
\end{aligned}
$$

有 $x=550$,$y=-171$。所以,$550^{-1} \bmod 1769=550$。

用扩展的欧几里得算法运算 $550^{-1} \bmod 1769$ 的过程也可由表A.2给出。

表A.2　用扩展的欧几里得算法运算 550^{-1} mod 1769 的过程

循环次数	Q	X_1	X_2	X_3	Y_1	Y_2	Y_3
初值	—	1	0	1769	0	1	550
1	3	0	1	550	1	−3	119
2	4	1	−3	119	−4	13	74
3	1	−4	13	74	5	−16	45
4	1	5	−16	45	−9	29	29

续表

循环次数	Q	X_1	X_2	X_3	Y_1	Y_2	Y_3
5	1	−9	29	29	14	−45	16
6	1	14	−45	16	−23	74	13
7	1	−23	74	13	37	−119	3
8	4	37	−119	3	−171	550	1

A.1.3 费马定理与欧拉定理

费马(Fermat)定理与欧拉(Euler)定理在公钥密码体制中有着重要的作用。

1. 费马定理

定理 A.6 (费马定理)p 是素数,a 是与 p 互素的正整数,则 $a^{p-1}\equiv 1 \bmod p$ 或者 $a^p\equiv a \bmod p$。

显然,有 $a^k\equiv a^{k \bmod (p-1)} \bmod p, k\in \mathbf{Z}$。

【例 A.4】 $p=19, a=13$,求 $a^{p-1} \bmod p=?$。

解:$13^2=169\equiv 17 \bmod 19$,

$13^4\equiv 289\equiv 4 \bmod 19$,

$13^8\equiv 16 \bmod 19$,

$13^{16}\equiv 256\equiv 9 \bmod 19$,

$a^{p-1}=13^{18}=13^{16}\times 13^2\equiv 9\times 17 \bmod 19\equiv 1 \bmod 19$。

【例 A.5】 利用费马定理计算 $7^{560} \bmod 31=?$。

解:$7^{560}\equiv 7^{560 \bmod (31-1)}\equiv 7^{20}\equiv 7^5\times 7^5\times 7^5\times 7^5\equiv 5\times 5\times 5\times 5\equiv 5 \bmod 31$。

2. 欧拉函数

定义 A.1 欧拉函数 $\varphi(n)$是一个定义在正整数集上的函数,$\varphi(n)$的值等于小于 n 且与 n 互素的正整数的个数。

例如,若 $n=12$,小于 n 且与 n 互素的正整数有 1,5,7,11,则 $\varphi(n)=4$。

欧拉函数的性质:

(1) 如果 n 是素数,则 $\varphi(n)=n-1$。

(2) 如果 $n=pq$,p 和 q 是素数,$p\neq q$,则 $\varphi(n)=\varphi(pq)=\varphi(p)\varphi(q)=(p-1)(q-1)$。

例如,$\varphi(15)=\varphi(5\times 3)=\varphi(5)\varphi(3)=8$。

3. 欧拉定理

定理 A.7 (欧拉定理)对任何互素的两个正整数 a 和 n,有 $a^{\varphi(n)}\equiv 1 \bmod n$。

根据欧拉定理,有下述推论。

(1) n 为素数时,有 $a^{\varphi(n)}\equiv a^{n-1}\equiv 1 \bmod n$,即费马定理。

(2) 由欧拉定理,有 $a^{\varphi(n)+1}\equiv a \bmod n$,进一步有 $a^{k\varphi(n)+1}\equiv a \bmod n, k\in \mathbf{Z}$。

(3) 若 $n=pq$,p 和 q 是素数,$p\neq q$,则有 $a^{\varphi(n)+1}\equiv a^{(p-1)*(q-1)+1}\equiv a \bmod n$。

(4) 若 $n=pq$,p 和 q 是素数,$p\neq q$,且 $\gcd(a,n)=p$ 或 q,仍有 $a^{\varphi(n)+1}\equiv a \bmod n$。

上述推论(3)和(4)是 RSA 公钥密码算法的理论基础。

A.1.4 中国剩余定理

中国剩余定理是数论中关于一元线性同余方程组的定理,最早可见于南北朝时期的著作《孙子算经》，因此又称孙子定理。它是数论中最有用的定理之一。通过中国剩余定理可以由两两互素的整数对某数取模所得的余数来求解该数。

定理 A.8　（中国剩余定理）设正整数 $m_1, m_2, \cdots, m_k$ 两两互素，记 $M=\prod_{i=1}^{k} m_i$，则同余方程组：

$$\begin{cases} x \equiv b_1 \bmod m_1 \\ x \equiv b_2 \bmod m_2 \\ x \equiv b_3 \bmod m_3 \\ \quad\vdots \\ x \equiv b_k \bmod m_k \end{cases} \tag{A.2}$$

在模 M 同余的意义下有唯一解 $x=\sum_{i=1}^{k} b_i M_i y_i \bmod M$。式中，$M_i=\dfrac{M}{m_i}(1 \leqslant i \leqslant r)$；$y_i=M_i^{-1} \bmod m_i (1 \leqslant i \leqslant k)$。

【例 A.6】　用中国剩余定理求解同余方程组：

$$\begin{cases} x \equiv 3 \bmod 11 \\ x \equiv 2 \bmod 12 \\ x \equiv 1 \bmod 13 \end{cases}$$

解：$b_1=3, b_2=2, b_3=1, m_1=11, m_2=12, m_3=13$；$M=m_1 \times m_2 \times m_3=11 \times 12 \times 13=1716, M_1=M/m_1=1716/11=156, M_2=M/m_2=1716/12=143, M_3=M/m_3=1716/13=132$；而 $y_1 \equiv M_1^{-1} \bmod m_1 \equiv 156^{-1} \bmod 11 \equiv 6, y_2 \equiv M_2^{-1} \bmod m_2 \equiv 143^{-1} \bmod 12 \equiv 11, y_1 \equiv M_3^{-1} \bmod m_3 \equiv 132^{-1} \bmod 13 \equiv 7$。故 $x \equiv b_1 M_1 y_1+b_2 M_2 y_2+b_3 M_3 y_3 \equiv 3 \times 156 \times 6+2 \times 143 \times 11+1 \times 132 \times 7 \equiv 14 \bmod 1716$。

中国剩余定理除了用于同余方程组求解之外，还有一个非常有用的特性，即在模 M 下可将一个非常大的数 N 用由一组较小的数组成的 k 元组 $(n_1, n_2, \cdots, n_k)$ 来表达，记为 $N \longleftrightarrow (n_1, n_2, \cdots, n_k)$，且在模 M 下，N 与 $(n_1, n_2, \cdots, n_k)$ 唯一对应。

这样，Z_M 上元素的运算等价于 k 元组对应元素之间的运算，即如果 $A \longleftrightarrow (a_1, a_2, \cdots, a_k)$，$B \longleftrightarrow (b_1, b_2, \cdots, b_k)$，则 $(A+B) \bmod M \longleftrightarrow [(a_1+b_1) \bmod m_1, \cdots, (a_k+b_k) \bmod m_k]$

$(A-B) \bmod M \longleftrightarrow [(a_1-b_1) \bmod m_1, \cdots, (a_k-b_k) \bmod m_k]$

$(A \times B) \bmod M \longleftrightarrow [(a_1 \times b_1) \bmod m_1, \cdots, (a_k \times b_k) \bmod m_k]$

其中，$M=m_1 \times m_2 \times \cdots \times m_k$，且 $m_1, m_2, \cdots, m_k$ 两两互素。

【例 A.7】　将 973 mod 1813 用模数为 37 和 49 的两个数表示。

解：这里 $N=973, M=1813=37 \times 49, m_1=37, m_2=49$，显然，$\gcd(37,49)=1$。

有 $n_1 \equiv N \bmod m_1 \equiv 973 \bmod 37 \equiv 11$

$n_2 \equiv N \bmod m_2 \equiv 973 \bmod 49 \equiv 42$

所以 $973 \longleftrightarrow (11,42)$。

若要计算 973 mod 1813+678 mod 1813，则可先求出

$$678 \longleftrightarrow (678 \bmod 37, 678 \bmod 49)$$

即 $678 \longleftrightarrow (12,41)$。应用上面性质可得加法表达为

$973 \bmod 1813 + 678 \bmod 1813 \longleftrightarrow [(11+12) \bmod 37, (42+41) \bmod 49] = (23,34)$

A.1.5 离散对数

1. 求模下的整数幂

由欧拉定理,如果$(a,n)=1$,则 $a^{\varphi(n)} \equiv 1 \bmod n$,其中 $\varphi(n)$为欧拉函数。现考虑一般形式,

$$a^m \equiv 1 \bmod n \quad (m\text{ 为一正整数}) \tag{A.3}$$

如果$(a,n)=1$,则至少有一整数 m(即 $m=\varphi(n)$)满足该公式。

定义 A.2 满足式(A.3)的最小正整数 m 为模 n 下 a 的阶(又称次数)。

【例 A.8】 $a=7,n=19$,则易求出 $7^1 \equiv 7 \bmod 19, 7^2 \equiv 11 \bmod 19, 7^3 \equiv 1 \bmod 19$,即 7 在模 19 下的阶为 3。

由于 $7^{3k+j}=7^{3k}\times 7^j \equiv 7^j \bmod 19$,所以,$7^4 \equiv 7 \bmod 19, 7^5 \equiv 7^2 \bmod 19$,……。即从 $7^4 \bmod 19$ 开始,所求的方幂出现循环,循环周期为 3,即等于元素 7 在模 19 下的阶。

性质 1 a 的阶 m 整除 $\varphi(n)$,即 $m|\varphi(n)$。

证明:若 m 不能整除 $\varphi(n)$,可令 $\varphi(n)=km+r$,其中 $0<r\leqslant m-1$,那么

$a^{\varphi(n)}=a^{km+r}\equiv(a^m)^k a^r \bmod n \equiv a^r \bmod n \equiv 1 \bmod n$(由欧拉定理),即 $a^r \equiv 1 \bmod n$。与 m 是模 n 下 a 的阶矛盾,得证。

实际上,任意满足式(A.3)的整数 m 一定是 a 的阶的倍数。

定义 A.3 如果 a 的阶等于 $\varphi(n)$,则称 a 为 n 的本原元(又称为素根)。

性质 2 如果 a 是 n 的本原元,则 $a,a^2,\cdots,a^{\varphi(n)}$ 在模 n 下互不相同,且均与 n 互素。

特别地,如果 a 是素数 p 的本原元,则 $a,a^2,a^3,\cdots,a^{p-1}$ 在模 p 下互不相同,且均与 p 互素。

【例 A.9】 设 $n=11$,考虑 $\alpha=2$ 的情况:$2^1 \bmod 11 \equiv 2, 2^2 \bmod 11 \equiv 4, 2^3 \bmod 11 \equiv 8, 2^4 \bmod 11 \equiv 5, 2^5 \bmod 11 \equiv 10, 2^6 \bmod 11 \equiv 9, 2^7 \bmod 11 \equiv 7, 2^8 \bmod 11 \equiv 3, 2^9 \bmod 11 \equiv 6, 2^{10} \bmod 11 \equiv 1$。显然,在模 $n=11$ 下,$\{2,2^2,\cdots,2^{10}\}=\{1,2,\cdots,10\}$。

注意模 n 下的本原元并不具备唯一性。例如,$a=2,3,10,13,14$ 和 15 都是模 19 的本原元。另外,并非所有整数 n 都存在本原元。可以证明,模 n 存在本原元的充要条件是 $n=1,2,4,p^a,2p^a$,其中 p 是奇素数,a 是任意正整数。

2. 离散对数

设 p 为一素数,a 是 p 的本原元,则在模 p 下 $a,a^2,a^3,\cdots,a^{p-1}$ 产生 1 到 $p-1$ 之间的所有值,且每个值仅出现一次。因此,对于任意 $b\in\{1,2,\cdots,p-1\}$,都存在唯一的正整数 $k(1\leqslant k\leqslant p-1)$,使得 $b\equiv a^k \bmod p$。这样,模 p 下 a 的方幂运算为

$$y \equiv a^x \bmod p \quad (1\leqslant x\leqslant p-1) \tag{A.4}$$

称 x 为模 p 下以 a 为底 y 的对数,记为

$$x=\mathrm{ind}_{a,p}(y) \quad (1\leqslant y\leqslant p-1) \tag{A.5}$$

由于上述运算是定义在模 p 有限域上的,所以称为离散对数运算。

下面给出离散对数运算几个有用的性质:

(1) $\mathrm{ind}_{a,p}(1)=p-1$;

(2) $\mathrm{ind}_{a,p}(a)=1$;

(3) $\mathrm{ind}_{a,p}(xy)=[\mathrm{ind}_{a,p}(x)+\mathrm{ind}_{a,p}(y)] \bmod \varphi(p)$；

(4) $\mathrm{ind}_{a,p}(x^y)=[y\times\mathrm{ind}_{a,p}(x)] \bmod \varphi(p)$；

(5) 若 $a^x \equiv a^y \bmod n$，其中 a,n 互素，a 是 n 的本原元，则有 $x\equiv y \bmod \varphi(n)$。

当 a,p 和 x 已知时，可用式(A.4)比较容易地求出 y，至多需要 $2\times\log_a p$ 次乘法运算。但如果已知 a,p 和 y，要由式(A.4)求 x，对于小心选择的 p 将至少需要 $p^{1/2}$ 次以上的运算。只要 p 足够大，求解离散对数问题是相当困难的，这就是著名的离散对数问题。

由于离散对数问题具有较好的单向性，因此在公钥密码学中得到广泛应用。除了ElGamal密码外，Diffie-Hellman密钥分配协议和美国数字签名标准算法DSA等也都建立在离散对数问题之上。

A.1.6 平方剩余

设 p 是素数，a 小于 p，如果方程 $x^2\equiv a(\bmod p)$ 有解，称 a 是模 p 的平方剩余(也称二次剩余)；否则，称为非平方剩余。

【例 A.10】 $x^2\equiv 1 \bmod 7$ 有解($x=1,x=6$)；$x^2\equiv 2 \bmod 7$ 有解($x=3,x=4$)；$x^2\equiv 3 \bmod 7$ 无解；$x^2\equiv 4 \bmod 7$ 有解($x=-2,x=5$)；$x^2\equiv 5 \bmod 7$ 无解；$x^2\equiv 6 \bmod 7$ 无解。

可见共有3个数(1,2,4)是模7的平方剩余，且每个平方剩余都有两个平方根。

定理 A.9 设 p 是素数，a 是整数，a 是 p 的平方剩余的充要条件是 $a^{(p-1)/2}\equiv 1 \bmod p$，$a$ 是 p 的非平方剩余的充要条件是 $a^{(p-1)/2}\equiv -1 \bmod p$。

【例 A.11】 $p=23,a=5$，因为 $a(p-1)/2\equiv 5^{11} \bmod 23=-1$，所以，5不是模23的平方剩余。

当 p 很大时，定理A.9很难得到实际应用。为此引入勒让德(Legendre)符号，以给出一个易于实际计算的方法。

定义 A.4 设 p 是素数，a 是整数，定义

$$\left(\frac{a}{p}\right)=\begin{cases}0, & a\text{ 被 }p\text{ 整除}\\ 1, & a\text{ 是模 }p\text{ 的平方剩余}\\ -1, & a\text{ 是模 }p\text{ 的非平方剩余}\end{cases}$$

称 $\left(\frac{a}{p}\right)$ 为Legendre符号。

【例 A.12】 $\left(\frac{1}{7}\right)=\left(\frac{2}{7}\right)=\left(\frac{4}{7}\right)=1,\left(\frac{3}{7}\right)=\left(\frac{5}{7}\right)=\left(\frac{6}{7}\right)=-1$。

定理A.9可表示为 $\left(\frac{a}{p}\right)=a^{(p-1)/2} \bmod p$。

Legendre符号有如下性质。

定理 A.10 设 p 是奇素数，a 和 b 都不是 p 的整倍数，则

(1) 若 $a\equiv b \bmod p$，则 $\left(\frac{a}{p}\right)=\left(\frac{b}{p}\right)$。

(2) $\left(\frac{ab}{p}\right)=\left(\frac{a}{p}\right)\left(\frac{b}{p}\right)$。

(3) $\left(\frac{a^2}{p}\right)=1$。

(4) $\left(\frac{a+p}{p}\right)=\left(\frac{a}{p}\right)$。

(5) $\left(\frac{1}{p}\right)=1,\left(\frac{-1}{p}\right)=(-1)^{(p-1)/2}$。

所以,当 $p\equiv1 \bmod 4$ 时,$\left(\frac{-1}{p}\right)=1$;当 $p\equiv3 \bmod 4$ 时,$\left(\frac{-1}{p}\right)=-1$。

(6) $\left(\frac{2}{p}\right)=(-1)^{(p^2-1)/8}$。

所以,当 $p\equiv1$ 或 $7 \bmod 8$ 时,$\left(\frac{2}{p}\right)=1$;当 $p\equiv3$ 或 $5 \bmod 8$ 时,$\left(\frac{2}{p}\right)=-1$。

(7) 如果 p,q 是互异的奇素数,则$\left(\frac{p}{q}\right)=\left(\frac{q}{p}\right)(-1)^{(p-1)(q-1)/4}$。

所以,若 $p\equiv q\equiv3 \bmod 4$,有$\left(\frac{p}{q}\right)=-\left(\frac{q}{p}\right)$;否则,$\left(\frac{p}{q}\right)=\left(\frac{q}{p}\right)$。

性质(7)称为 Legendre 符号的互反律,Legendre 符号的互反律要求 p,q 是互异的奇素数。Legendre 符号的推广记为雅可比(Jacobi)符号。

定义 A.5 设 n 是正整数,且 $n=p_1^{a_1}p_2^{a_2}\cdots p_k^{a_k}$,定义 Jacobi 符号为

$$\left(\frac{a}{n}\right)=\left(\frac{a}{p_1}\right)^{a_1}\left(\frac{a}{p_2}\right)^{a_2}\cdots\left(\frac{a}{p_k}\right)^{a_k} \tag{A.6}$$

其中,等式右端的符号是 Legendre 符号。

Jacobi 符号有如下性质:

定理 A.11 设 n 是正合数,a 和 b 是与 n 互素的整数,则

(1) 若 $a\equiv b \bmod p$, 则$\left(\frac{a}{n}\right)=\left(\frac{b}{n}\right)$。

(2) $\left(\frac{ab}{n}\right)=\left(\frac{a}{n}\right)\left(\frac{b}{n}\right)$。

(3) $\left(\frac{a^2}{n}\right)=1$。

(4) $\left(\frac{a+n}{n}\right)=\left(\frac{a}{n}\right)$。

(5) $\left(\frac{1}{n}\right)=1$。

(6) $\left(\frac{-1}{n}\right)=(-1)^{(n-1)/2}$。

所以,当 $n\equiv1 \bmod 4$ 时,$\left(\frac{-1}{n}\right)=1$;当 $n\equiv3 \bmod 4$ 时,$\left(\frac{-1}{n}\right)=-1$。

(7) $\left(\frac{2}{n}\right)=(-1)^{(n^2-1)/8}$。所以,当 $n\equiv1$ 或 $7 \bmod 8$ 时,$\left(\frac{2}{n}\right)=1$;当 $n\equiv3$ 或 $5 \bmod 8$ 时,$\left(\frac{2}{n}\right)=-1$。

定理 A.12 (Jacobi 符号的互反律)设 m,n 均为大于 2 的奇数,则

$$\left(\frac{m}{n}\right)=(-1)^{(m-1)(n-1)/4}\left(\frac{n}{m}\right) \tag{A.7}$$

若 $m\equiv n\equiv 3 \bmod 4$，则 $\left(\frac{m}{n}\right)=-\left(\frac{n}{m}\right)$；否则，$\left(\frac{m}{n}\right)=\left(\frac{n}{m}\right)$。

以上性质表明：为了计算 Jacobi 符号(Legendre 符号作为它的特殊情况)，并不需要求素因子分解式。例如，105 虽然不是素数，在计算 Legendre 符号 $\left(\frac{105}{317}\right)$ 时，可以先把它看作 Jacobi 符号来计算，由上述两个定理得 $\left(\frac{105}{317}\right)=\left(\frac{317}{105}\right)=\left(\frac{2}{105}\right)=1$。

一般在计算 $\left(\frac{m}{n}\right)$ 时，如果有必要，可以用 $m \bmod n$ 代替 m，而互反律用以减小 $\left(\frac{m}{n}\right)$ 的分母。因此，引入 Jacobi 符号对于计算 Legendre 符号是十分方便的，但必须要注意 Jacobi 符号与 Legendre 符号的重要差别：Jacobi 符号 $\left(\frac{a}{n}\right)$ 不表示方程 $x^2\equiv a \bmod n$ 是否有解。

例如，$n=p_1p_2$，a 关于 p_1 和 p_2 都不是平方剩余，即 $x^2\equiv a \bmod p_1$ 和 $x^2\equiv a \bmod p_2$ 都无解。但由于 $\left(\frac{a}{p_1}\right)=\left(\frac{a}{p_2}\right)=-1$，所以 $\left(\frac{a}{n}\right)=\left(\frac{a}{p_1}\right)\left(\frac{a}{p_2}\right)=1$。也就是说，$x^2\equiv a \bmod n$ 虽无解，但 Jacobi 符号 $\left(\frac{a}{n}\right)$ 却为 1。

【例 A.13】 考虑方程 $x^2\equiv 2 \bmod 3599$，由于 $3599=59\times 61$，所以方程等价于方程组

$$\begin{cases} x^2\equiv 2 \bmod 59 \\ x^2\equiv 2 \bmod 61 \end{cases}$$

由于 $\left(\frac{2}{59}\right)=-1$，所以方程组无解，但 Jacobi 符号 $\left(\frac{2}{3599}\right)=(-1)^{(3599^2-1)/8}=1$。

A.2　群　　论

A.2.1　群的概念

定义 A.6　一个非空的集合 G 上定义了一个二元运算“·”，如果该代数系统满足下列性质(1)～(4)，则称该代数系统为群，记为{G，·}。如果群满足交换律，则称其为交换群(Abel 群)。

(1) 封闭性：对任意的 $a,b\in G$，有 $a\cdot b\in G$。

(2) 结合律：对任意的 $a,b,c\in G$，有 $a\cdot b\cdot c=(a\cdot b)\cdot c=a\cdot(b\cdot c)$。

(3) 单位元：存在一个元素 $1\in G$(称为单位元)，对任意元素 a，有 $a\cdot 1=1\cdot a=a$。

(4) 逆元：对任意 $a\in G$，存在一个元素 $a^{-1}\in G$(称为逆元)，使得 $a\cdot a^{-1}=a^{-1}\cdot a=1$。

(5) 交换律：对任意的 $a,b\in G$，有 $a\cdot b=b\cdot a$。

如果一个群的元素是有限的，则称该群为有限群；否则称其为无限群。有限群的阶是有限群中元素的个数。

定义 A.7 $a^3=a\times a\times a, a^0=1, a^{-n}=(a^{-1})^n$。

定义 A.8 乘法群 G 被称作循环群。如果存在 $a\in G$,使得任意的 $b\in G$ 存在某个整数 j,使得 $b=a^j$。则 a 叫做循环群的生成元,记 $G=\langle a\rangle$。

A.2.2 群的性质

除了定义中的性质,群还具有下列性质:

(1) 群中的单位元具有唯一性。

(2) 群中每个元素的逆元具有唯一性。

(3) (消去律)对任意的 $a,b,c\in G$,如果 $a\cdot b=a\cdot c$,则 $b=c$;同样,如果 $b\cdot a=c\cdot a$,则 $b=c$。

A.3 有 限 域

A.3.1 域和有限域的概念

定义 A.9 域是一个代数系统,它由一个非空集合 F(至少包括两个元素)组成,在 F 上定义有两个二元运算:"+"(加法)和"·"(乘法)。域 F 记为$\langle F,+,\cdot\rangle$,满足下列性质:

(1) F 关于加法"+"是一个交换群,其单位元为 0,称为域的零元,元素 a 的逆元为 $-a$;与加法对应的逆运算(减法)定义为 $a-b=a+(-b)$。

(2) $F\backslash\{0\}$关于乘法"·"是一个交换群,其单位元为 1,称为域的单位元或幺元,元素 a 的逆元为 a^{-1};与乘法对应的逆运算(除法)定义为 $a/b=a\cdot b^{-1}$。

(3) 乘法在加法上满足分配律,对任意 $a,b,c\in F$,有 $a\cdot(b+c)=(b+c)\cdot a=a\cdot b+a\cdot c$。

例如,定义了普通加法与乘法运算的复数集合、实数集合、有理数集合满足上述性质,因此它们都是域。但定义了普通加法与乘法运算的整数集合却不是域,因其乘法的逆元为分数,不是整数,不满足乘法群的封闭性。

定义 A.10 如果域 F 只包含有限个元素,则称域 F 为有限域,也称为伽罗华域或 Galois 域。

有限域中元素的个数称为有限域的阶。

定义 A.11 设代数系统$<F,+,\cdot>$与$<G,\oplus,\odot>$都是域,如果对于任何 $a,b\in F$,有一一映射 $h(a+b)=h(a)\oplus h(b)$, $h(a\cdot b)=h(a)\odot h(b)$,则称 h 是从$<F,+,\cdot>$到$<G,\oplus,\odot>$的同构,称$<F,+,\cdot>$与$<G,\oplus,\odot>$同构。

关于有限域,有以下 3 个定理成立:

定理 A.13 每个有限域的阶必为素数的幂。

定理 A.14 对任意素数 p 与正整数 n,存在 p^n 阶域,记为 $GF(p^n)$。当 $n=1$ 时,有限域 $GF(p)$也称为素域。

在密码学中,最常用的域一般为素域 $GF(p)$或阶为 2^n 的 $GF(2^n)$域。

定理 A.15 同阶的有限域必同构。

上面 3 个定理共同说明:p^n 阶有限域存在,并且它们彼此同构,也就是说在同构意义下，含有 p^n 个元素的有限域只有一个。

例如，对任意素数 p 可以按照如下所述构造一个 p 阶有限域。构造代数系统 $<N_p, +_p, \cdot_p>$，其中 $N_p=\{0,1,2,\cdots,p\}$。任取 $a,b\in N_p$，定义 $a+_p b=(a+b) \bmod p$，$a\cdot_p b=(a\cdot b) \bmod p$。可以证明，如上构造的代数系统 $<N_p, +_p, \cdot_p>$ 是一个域。

【例 A.14】 GF(5)的加法和乘法代数运算结果如表 A.3 和表 A.4 所示。

表 A.3　GF(5)的加法代数运算结果

+	0	1	2	3	4
0	0	1	2	3	4
1	1	2	3	4	0
2	2	3	4	0	1
3	3	4	0	1	2
4	4	0	1	2	3

表 A.4　GF(5)的乘法代数运算结果

·	0	1	2	3	4
0	0	0	0	0	0
1	0	1	2	3	4
2	0	2	4	1	3
3	0	3	1	4	2
4	0	4	3	2	1

A.3.2　域上的多项式

定义 A.12　域 $<F, +, \cdot>$ 上 x 的多项式定义为形如 $a_nx^n+a_{n-1}x^{n-1}+\cdots+a_1x+a_0$ 的表达式，其中 $n\in\mathbf{N}$，$a_0,a_1,\cdots,a_n\in F$。

若 $a_n\neq 0$，称 n 为该多项式的次数，并称 a_n 为首项系数。首项系数为 1 的多项式称为首 1 多项式。0 是特殊多项式，称为 $-\infty$ 次多项式。0 和 1 分别为 F 的零元和单位元。

【例 A.15】　域 $<N_2, +_2, \cdot_2>$ 上次数小于 8 的多项式集合为 $\{a_7x^7+a_6x^6+\cdots+a_1x+a_0\}$。其中，$a_i\in\{0,1\}$。

域元素 $a_7x^7+a_6x^6+\cdots+a_1x+a_0$ 也可用长度为 8 的二进制串 $a_7a_6\cdots a_1a_0$ 表示。例如，多项式 $x^6+x^4+x^2+x+1$ 可表示为 01010111。

域 F 上的多项式 $a_nx^n+a_{n-1}x^{n-1}+\cdots+a_1x+a_0$ 简记为 $a(x)=\sum_{i=0}^{n}a_ix^i$。$F$ 上 x 的多项式的全体组成的集合记为 $F[x]$。多项式 $a(x)$ 的次数记为 $\deg(a(x))$。

设域 $<F, +, \cdot>$ 上有多项式 $a(x)=\sum_{i=0}^{n}a_ix^i$ 与多项式 $b(x)=\sum_{i=0}^{m}b_ix^i$，分别定义域 F 上的多项式的加法"+"与乘法"·"如下。

1) 加法"+"：$a(x)+b(x)=\sum_{i=0}^{M}(a_i+b_i)x^i$。其中，$M=\max(m,n)$。当 $i>n$ 时，取 $a_i=0$；当 $i>m$ 时，取 $b_i=0$。

2) 乘法"·"：$a(x)\cdot b(x)=\sum_{j=0}^{n+m}\sum_{i=1}^{j}(a_ib_{j-i})x^j$。其中，当 $i>n$ 时，取 $a_i=0$；当 $i>m$

时,取 $b_i=0$。

定理 A.16 设 $a(x)$和 $b(x)$为域 F 上的多项式,且 $b(x)\neq 0$,则存在唯一的一对元素 $q(x),r(x)\in F(x)$,使 $a(x)=q(x)\cdot b(x)+r(x)$。其中,$\deg(r(x))<\deg(b(x))$,$q(x)$称为商式,$r(x)$称为余式。

【例 A.16】 考查有限域$<N_3,+_3,\cdot_3>$上的多项式 $a(x)=2x^5+x^4+x^2+2x+2$,$b(x)=2x^2+1$,求 $a(x)$除以 $b(x)$的商和余式。

解:多项式具有与普通除法一样的长除法,如下所示。

$$
\begin{array}{r|l}
 & x^3+2x^2+x+1 \\
\hline
2x^2+1 & 2x^5+x^4+x^2+2x+2 \\
 & \underline{2x^5+x^3} \\
 & x^4+2x^3+x^2+2x+2 \\
 & \underline{x^4+2x^2} \\
 & 2x^3+2x^2+2x+2 \\
 & \underline{2x^3+x} \\
 & 2x^2+x+2 \\
 & \underline{2x^2+1} \\
 & x+1
\end{array}
$$

故 $q(x)=x^3+2x^2+x+1$,$r(x)=x+1$。

有时用 $a(x) \bmod p(x)$表示 $a(x)$除以 $p(x)$的余式,称为 $a(x)$模 $p(x)$,$p(x)$称为模多项式。

定义 A.13 设 $a(x)$和 $b(x)$为域 F 上的多项式。

1) 设 $b(x)\neq 0$,若存在 $q(x)$使 $a(x)=q(x)\cdot b(x)$,则称 $b(x)$是 $a(x)$的因式,$a(x)$是 $b(x)$的倍式,$b(x)$整除 $a(x)$,记为 $b(x)|a(x)$。

2) 设 $a(x)$和 $b(x)$不全为 0,$a(x)$和 $b(x)$的次数最高的首 1 公因式称为它们的最高公因式,记作$(a(x),b(x))$。若$(a(x),b(x))=1$,称 $a(x)$和 $b(x)$互素。

3) 设 $a(x)\neq 0$ 且 $b(x)\neq 0$,$a(x)$和 $b(x)$的次数最低的首 1 倍式称为它们的最低倍式,记作$[a(x),b(x)]$。

4) 若存在 $q(x)$和 $b(x)$使 $a(x)=q(x)\cdot b(x)$,且 $\deg(q(x))\geqslant 1$,$\deg(b(x))\geqslant 1$,则 $a(x)$为可约多项式,否则 $a(x)$为不可约多项式。

对 $F[x]$中的每个不可约多项式 $p(x)$,可以如下构造一个域 $F[x]_{p(x)}$:设 $p(x)$是 $F[x]$中的 n 次不可约多项式,令 $F[x]_{p(x)}$为 $F[x]$中所有次数小于 n 的多项式的集合,即 $F[x]_{p(x)}=\{a_{n-1}x^{n-1}+a_{n-2}x^{n-2}+\cdots+a_0 | a_{n-1},a_{n-2},\cdots,a_0\in F\}$。

任取 $a(x),b(x)\in F[x]_{p(x)}$,定义 $F[x]_{p(x)}$上的二元运算$\oplus$和$\odot$如下:$a(x)\oplus b(x)=(a(x)+b(x)) \bmod p(x)$,$a(x)\odot b(x)=a(x)\cdot b(x) \bmod p(x)$。

域 $F[x]_{p(x)}$中的单位元与零元分别是 F 中的单位元与零元。

定理 A.17 $<F[x]_{p(x)},\oplus,\odot>$是域,当且仅当 $p(x)$是 F 上的不可约多项式,其中 F 是有限域。

可以证明,对于任意素数 p 和正整数 $n\in \mathbf{Z}^+$,存在 p 阶域 F 上的 n 次不可约多项式 $f(x)$,$F[x]_{p(x)}$即为 p^n 阶域。

A.3.3　有限域元素的多项式表示

由 A.3.2 节可知，对每个素数 p，都可以构造一个 p 阶有限域。因此，可以得到如下结论：任何有限域必与某个多项式域同构，即可以用多项式域来表示其他有限域。

有限域元素可以有多种表示方法，而不同的表示方法可能带来计算效率上的一些差别。任何有限域都可以用与它同阶的多项式域表示。密码学中，最常用的域一般为素域或者阶为 2^n 的有限域。下面通过一个例子介绍有限域元素的多项式表示，其他类型有限域的多项式表示与此类似。

给定二阶域 F，如果 $p(x)$ 为 F 上的一个四次不可约多项式，则可以构造 F 上模 $p(x)$ 的多项式 $F[x]_{p(x)}$，并且这个域有 2^4 个元素。为了构造 2^4 阶域，首先需要确定一个四次不可约多项式 $p(x)$。因 F 上的四次不可约多项式有 $x^4+x^3+x^2+x+1$，x^4+x^3+1 和 x^4+x^3+1，且同阶的有限域是同构的，故可从上述不可约多项式中任选一个作为 $p(x)$。

表 A.5 给出了一个 16 阶域的结构。

表 A.5　16 阶域的结构

域的元素	周　　期	$\alpha=x+1$ 的幂	$\beta=x^2+x+1$
0			
1	1	α^{15}	β^{15}
x	5	α^{12}	β^6
$x+1$	15	α	β^{13}
x^2	5	α^9	β^{12}
x^2+1	15	α^2	β^{11}
x^2+x	15	α^{13}	β^4
x^2+x+1	15	α^7	β
x^3	5	α^6	β^3
x^3+1	15	α^8	β^{14}
x^3+x	15	α^{14}	β^2
x^3+x+1	15	α^{11}	β^8
x^3+x^2	3	α^{10}	β^{10}
x^3+x^2+1	3	α^5	β^5
x^3+x^2+x	15	α^4	β^7
x^3+x^2+x+1	5	α^3	β^9

表 A.5 的第 1 列列出了 $F[x]_{p(x)}$ 的所有非 0 元素，在第 2 列指出了它们的周期(关于乘法)。不妨设 $p(x)=x^4+x^3+x^2+x+1$。$F[x]_{p(x)}$ 的加法运算表容易求得，只需将两个多项式的 x 的同次幂的系数相加，所得结果即为它们的和。为了构造乘法运算表，需要找出本原元。因为 $x+1$ 是域中周期为 15 的元素，故取本原元 $\alpha=x+1$，表 A.5 的第 3 列把各元素表示成了 α 的幂。因此，该表描述了 16 阶域的结构。第 1 列描述了域 $F[x]_{p(x)}$ 中的元素及加法，第 3 列描述了乘法。例如，$\alpha^3+\alpha^5=(x^3+x^2+x+1)+(x^3+x+1)=x=\alpha^{12}$，$\alpha^3\cdot\alpha^5=\alpha^8=x^3+1$。

同样，其他周期为 15 的元素，如 $\beta=x^2+x+1$，也可以作为本原元。表 A.5 的第 4 列把各元素表示成了 β 的幂。显然，这两种表示是同构的，因为 $\beta^i=\alpha^{7i}$。

由定理 A.15 可以知道,表 A.5 包含了所有 16 阶域运算的全部信息。

思考题与习题

A-1 试编写计算机程序,判断 22338537 是否为素数,并找出 100~500 中的素数。

A-2 计算 $3^{201} \bmod 11$,$954^{1432} \bmod 17$。

A-3 计算 $5403 \bmod 13$,$-234 \bmod 12$,$-12 \bmod 234$。

A-4 用欧几里得算法求 gcd(180,252),并表示为 180 和 252 这两个数的带整系数线性组合。

A-5 求欧拉函数 $\varphi(98)$和 $\varphi(23)$。

A-6 利用扩展的欧几里得算法计算:

1) $17^{-1} \bmod 101$; 2) $357^{-1} \bmod 1234$; 3) $3125^{-1} \bmod 9987$。

A-7 写出 $n=28,33$ 和 35 在 $\mathbf{Z}_n^*$ 上的所有可逆元。

A-8 利用中国剩余定理求解同余方程组:$\begin{cases} x \equiv 1 \bmod 7 \\ x \equiv 2 \bmod 3 \\ x \equiv 4 \bmod 5 \end{cases}$。

A-9 解释群、交换群、有限群、有限群的阶、循环群、生成元、域、有限域、不可约多项式并举例说明。

A-10 设有限域 GF(2^8)的不可约多项式为 $p(x)=x^8+x^4+x^3+x+1$。写出多项式 $A(x)=x^7+x^4+x^3+x^2+x+1$,$B(x)=x^6+x^4+x^2+x+1$ 的二进制表示,并求 GF(2^8)的多项式加法和乘法:$A(x)\oplus B(x)=?$,$A(x)\odot B(x)=?$。

附录B 计算复杂性

在理论研究和实际应用中,会遇到各种各样的计算问题。有些问题是容易求解的,有些问题是困难的。计算复杂性是根据求解问题需要的计算时间、空间和其他资源来判断一个问题是容易还是困难。根据求解问题所需的时间(空间)对问题进行分类的理论叫时间(空间)复杂性理论。

B.1 算法的复杂性

近代密码算法的破译取决于攻击方法在计算机上编程实现时所需的计算时间和空间等。算法的复杂性表征了算法在实际执行时所需计算能力方面的信息,通常由该算法所要求的时间与空间大小来确定。由于算法在不同时间和空间的实例往往取决于问题实例的规模 n(n 表示了该实例的输入数据长度,或者叫输入尺寸),同时,算法在用于相同规模 n 的不同实例时,其时间和空间需求也可能会有很大差异。因此,实际中常常研究的是算法关于输入规模 n 的所有实例的时间与空间需求的平均值。

因此,算法的复杂性可以用以下关于输入规模 n 的函数来表征:运算所需的时间 $T(n)$,即平均时间复杂性函数;以及存储空间 $S(n)$,即平均空间复杂性函数,它们分别反映算法的时间需求和空间需求。时间复杂性和空间复杂性往往可以相互转换。例如,预先计算明文、密文对并存储起来,分析时只需查询即可,这就将计算的时间转换为存储的空间。

通常用符号 O 来衡量算法的复杂程度,它表示了算法复杂性的数量级。如果存在常数 $\alpha>0$,使 $T(n)\leqslant\alpha g(n)(\forall n>0)$,一般还要求 $g(n)$是满足前述条件的函数中阶次尽可能小的函数,这时,称算法的时间复杂性为 $O(g(n))$。

采用上述方法来度量时间复杂性,保留了在输入规模扩大时复杂性函数的主要部分,可以看出时间的需求怎样被输入规模所影响。例如,如果 $T(n)=O(n)$,那么当输入规模加倍时,算法的运算时间也将加倍;如果 $T=O(2^n)$,那么当输入规模增加 1 比特时,算法的运行时间将增加 1 倍。

通常,算法按照其时间(或空间)复杂性进行分类。经常遇到的有多项式阶算法、指数阶算法、超多项式阶算法等。

如果算法的时间复杂性为 $O(n^c)$($c>0$,c 是常数,n 是输入规模),则称算法是时间多项式阶的;若 $c=0$,则称算法是常数的;若 $c=1$,则称算法是线性的;若 $c=2$,则称算法是二次的。

如果算法的时间复杂性为 $O(a^{f(n)})$($a>1$,a 是常数,$f(n)$是输入规模 n 的多项式函数),则称算法是时间指数阶的。当 $f(n)$是大于常数而小于线性的函数时,如复杂性为

$O(e^{\sqrt{n\ln n}})$,则称算法为时间超多项式阶算法。

当 n 增大时,算法的时间复杂性显示了算法是否实际可行的巨大差别。假设有一台计算机,它在1秒内执行 10^6 个基本操作,在输入规模 $n=10^6$ 的条件下,表B.1给出了这台机器执行不同时间复杂性类型算法的运行时间。

表B.1 不同时间复杂性算法的时间需求量级

算法类型	复杂性	操作次数	时间需求
常数的	$O(1)$	1	1微秒
线性的	$O(n)$	10^6	1秒
二次方的	$O(n^2)$	10^{12}	11.6天
三次方的	$O(n^3)$	10^{18}	32000年
超多项式的	$O(e^{\sqrt{n\ln n}})$	约 1.8×10^{1618}	6×10^{1600} 年
指数的	$O(2^n)$	10^{301030}	3×10^{301016} 年

从表B.1可以看出,在时间复杂性为 $O(n^3)$ 时,算法在计算上已经变得不可行了。一般认为,如果破译一个密码体制所需的时间是指数阶的,则它是计算上安全的。

另外,除复杂性外,算法还可分为确定性算法和非确定性算法。如果算法的每一步操作结果和下一步操作都是确定的,则称为确定性算法,其计算时间就是完成这些确定步骤所需的时间。如果算法的某些操作结果是不确定的,则称为非确定性算法。非确定性算法的计算时间是使算法成功的操作序列中,所需时间最少的序列所需的时间。

B.2 问题的复杂性

问题的复杂性是问题固有的性质,并不等同于用于解决问题的算法的复杂性。问题可以根据解法的复杂性被分成一些复杂性类型,如P类问题、NP类问题、NPC类问题和指数时间类问题等。

在多项式时间内可以用确定性算法求解的问题称为确定性多项式时间可解类,记为P类问题。在多项式时间内可以用非确定性算法求解的问题称为非确定性多项式时间可解类,记为NP问题。所有NP问题都可以通过多项式时间转换为NPC问题,即NP完全问题,这是NP类问题中困难最大的一类问题。对于一个NPC问题,不存在任何已知的确定性算法在多项式时间内可求解该问题。因此,在不知道计算序列的情形下,求解NPC问题计算上不可行。由于NPC问题目前没有找到有效的算法,因此适合用来构造密码体制。现有的密码算法的安全性都是基于NPC问题的,若想破译一个密码算法就相当于求解一个NPC问题。

估计一个密码系统的实际保密性主要考虑的因素有以下两方面。

(1) 密码分析者的计算能力。这取决于密码分析者所拥有的资源条件,最可靠的方法是假定分析者拥有目前最好的设备。

(2) 密码分析者所采用的破译算法的有效性。密码分析者总是在搜寻新的方法来减少破译所需要的计算量。密码设计者的任务就是尽力设计出一个理想的或完善的密码系统,如果做不到这一点,就必须保证所设计的系统的破译要使密码分析者付出足够高的代价(时间、费用等)。

思考题与习题

B-1 计算复杂性在密码研究与设计中有何意义？

B-2 什么是算法的复杂性和问题的复杂性？

参 考 文 献

[1] Stinson D R. 密码学原理与实践[M]. 3 版. 北京：电子工业出版社，2016.

[2] Nachef V，Patarin J，Volte E. Feistel Ciphers Security Proofs and Cryptanalysis[M]. Berlin：Springer International Publishing AG，2017.

[3] Junod P，Vaudenay S. FOX：A New Family of Block Ciphers[C]//Selected Areas in Cryptography 2004，Springer-Verlag：114-129.

[4] 吴文玲，张文涛，冯登国. 分组密码的设计与分析[M]. 北京：清华大学出版社，2009.

[5] 中国国家标准化管理委员会. GB/T 32907—2016 信息安全技术 SM4 分组密码算法[S]. 2016.

[6] Bogdanov A，Knudsen L R，Leander G，et al. PRESENT：An Ultra-lightweight Block Cipher[C]// CHES 2007：450-466.

[7] Shirai T，Shibutain K，Akishita T. The 128-bit Block Cipher CLEFIA[C]//FSE 2007：181-195.

[8] Whitfield D，Hellman M E. Special Feature Exhaustive Cryptanalysis of the NBS Data Encryption Standard[J]. Computer，1977，10(6)：74-84.

[9] Demirci H，Seluk A A. A Meet-in-the-Middle Attack on 8-round AES[C]//FSE 2008：116-126.

[10] Li L，Jia K，Wang X. Improved Single-key Attacks on 9-round AES-192/256 [C]//FSE 2014：127-146.

[11] Hoang V T，Rogaway P. On Generalized Feistel Networks[C]//CRYPTO 2010：613-630.

[12] Luo Y，Lai X，Gong Z. Pseudorandomness Analysis of the (extended) Lai-Massey Scheme [J]. Information Processing Letters，2010，111(2)：90-96.

[13] Lai X J，Massey J L，Murphy S. Markov Ciphers and Differential Cryptanalysis[C]//EUROCRYPT 1991：17-38.

[14] Matsui M. Linear Cryptanalysis Method for DES Cipher[C]//EUROCRYPT 1993：386-397.

[15] RFC2313. PKCS #1：RSA Encryption Version 1. 5[S]. Kaliski B，1998.

[16] RFC3447. Public-Key Cryptography Standards (PKCS) #1：RSA Cryptography Specifications Version 2. 1[S]. Kaliski B，Jonsson J，2003.

[17] Brent R P，Pollard J M. Factorization of the Eighth Fermat Number [J]. Mathematics of Computation，1981，36(154)：627-630.

[18] Pollard J M. Theorems on Factorization and Primality Testing[C]//Mathematical Proceedings of the Cambridge Philosophical Society，1974，76(3)：521-528.

[19] Koblitz N. A Course in Number Theory and Cryptography[M]. Berlin：Springer-Verlag，1987.

[20] Lenstra A K，Lenstra H W. The Development of the Number Field Sieve[M]. Berlin：Springer-Verlag，1993.

[21] Pohlig S，Hellman M. An Improved Algorithm for Computing Logarithms over GF(p) and Its Cryptographic Significance[J]. IEEE Transactions on Information Theory，1978，24(1)：106-110.

[22] 王瑶，吕克伟. 关于区间上离散对数问题的改进算法[J]. 密码学报，2015，2(6)：570-582.

[23] Barthe G，Grégoire B，Lakhnech Y. Beyond Provable Security Verifiable IND-CCA Security of OAEP [C]//Topics in Cryptology - CT-RSA 2011：180-196.

[24] 中国国家标准化管理委员会. GB/T 32918—2016 信息安全技术 SM2 椭圆曲线公钥密码算法[S]. 2016.

[25] Stallings W. 密码编码学与网络安全——原理与实践(原书第七版)[M]. 王后珍，李莉，杜瑞颖，等译. 北京：电子工业出版社，2017.

[26] Bertoni G，Daemen J，et al. Keccak and the SHA-3 Standardization[R/OL]. (2013-02-06). https://csrc. nist. gov/CSRC/media/Projects/Hash-Functions/documents/Keccak-slides-at-NIST. pdf.

[27] 中国国家标准化管理委员会. GB/T 32905—2016 信息安全技术 SM3 密码杂凑算法[S]. 2016.

[28] Black J, Rogaway P. CBC MACs for Arbitrary-length Messages: The three-key Constructions[C]// Advances in Cryptology—Crypto 2000, Lecture Notes in Computer Science, Vol. 1880, Springer-Verlag, 2000: 197-215.

[29] Iwata T, Kurosawa K. OMAC: One-Key CBC MAC, in Fast Software Encryption[C]//10th International Workshop, FSE 2003, Lecture Notes in Computer Science, Vol. 2887, Springer-Verlag, 2003: 129-153.

[30] Lee J. A Framework for Composing SOAP, Non-SOAP and Non-Web Services [J]. IEEE Transactions on Services Computing, 2015, 8(2): 240-250.

[31] Katz J, Lindell Y. Introduction to Modern Cryptography[M]. 2nd Edition. Boca Raton, USA: CRC Press, 2014.

[32] Babbage S, Cannière C, Canteaut A, et al. The eSTREAM Portfolio[R/OL]. (2008-04-15). http://www.ecr ypt. eu. org/stream/portfolio. pdf.

[33] Hellman M E. A Cryptanalytic Time-Memory Trade-O [J]. IEEE Transactions on Information Theory, 1980, 26(4): 401-406.

[34] Golic J. Cryptanalysis of Alleged A5 Stream Cipher[C]//Proceedings of Eurocrypt'97, LNCS 1233, Springer-Verlag, 1997: 239-255.

[35] Patrik E. On LFSR based Stream Ciphers-Analysis and Design[D]. Lund: Lund University, 2003.

[36] Siegenthaler T. Correlation-immunity of Nonlinear Combining Functions for Cryptographic Applications[J]. IEEE Transactions on Information Theory, 1984, 30(5): 776-780.

[37] Courtois N T. General Principles of Algebraic Attacks and New Design Criteria for Cipher Components[C]//AES 2004. Germany: Springer-Verlag, 2005: 67-83.

[38] 国家密码管理局. GM/T 0001. 2-2012 祖冲之序列密码算法[S]. 2016.

[39] Fischer S, Khazaei S, Meier W. Chosen IV Statistical Analysis for Key Recovery Attacks on Stream Ciphers[C]//Progress in Cryptology-Africacrypt 2008. Lecture Notes in Computer Science, 2008, vol. 5023: 236-245.

[40] Fisher W, Gammel B M, Kniffler O, et al. Differential Power Analysis of Stream Ciphers [C]// Cryptographers' Track at the RSA Conference, Topics in Cryptology-CT-RSA 2007: 257-270.

[41] Isobe T, Ohigashi T, Watanabe Y, et al. Full Plaintext Recovery Attack on Broadcast RC4[C]//Fast Software Encryption 2013, Lecture Notes in Computer Science, Vol. 8424. Berlin, Heidelberg: Springer, 2014: 179-202.

[42] AlFardan N J, Bernstein D J, Paterson K G, et al. Schuldt: On the Security of RC4 in TLS[C]// USENIX Security Symposium 2013: 305-320.

[43] Vanhoef M, Piessens F. All Your Biases Belong to Us: Breaking RC4 in WPA-TKIP and TLS[C]// USENIX Security Symposium 2015: 97-112.

[44] Fluhrer S, Mantin I, Shamir A. Weaknesses in the Key Scheduling Algorithm of RC4[C]//Selected Areas in Cryptography 2001, Lecture Notes in Computer Science, Vol. 2259. Berlin, Heidelberg: Springer, 2001: 1-24.

[45] Klein A. Attacks on the RC4 Stream Cipher[J]. Designs, Codes Cryptography, 2008, 48: 269-286.

[46] Golić J D. Iterative Probabilistic Cryptanalysis of RC4 Keystream Generator [C]//ACISP 2000, Lecture Notes in Computer Science, Vol. 1841. Berlin, Heidelberg: Springer, 2000: 220-233.

[47] Geffe P R. How to protect data with ciphers that are really hard to break[J]. Electronics, 1973, 46(1): 99-101.

[48] Gollman D, Chambers G W. Clock-controlled Shift Registers: A Review [J]. IEEE Journal on Selected Areas in Communications, 1989, 7(4): 525-533.

[49] NIST SP 800-38A. Recommendation for Block Cipher Modes of Operation Methods and Techniques [S]. 2001.
[50] 宋震,等. 密码学[M]. 北京：中国水利水电出版社,2002.
[51] 卢开澄. 计算机密码学[M]. 3 版. 北京：清华大学出版社,2003.
[52] 王衍波,薛通. 应用密码学[M]. 北京：机械工业出版社,2003.
[53] 胡向东,魏琴芳. 应用密码学教程[M]. 2 版. 北京：电子工业出版社,2011.
[54] 汤惟. 密码学与网络安全技术基础[M]. 北京：机械工业出版社,2004.
[55] 蔡乐才. 应用密码学[M]. 北京：中国电力出版社,2005.
[56] 张福泰. 密码学教程[M]. 武汉：武汉大学出版社,2006.
[57] 孙淑玲. 应用密码学[M]. 北京：清华大学出版社,2004.
[58] 章照止. 现代密码学基础[M]. 北京：北京邮电大学出版社,2004.
[59] 张焕国,刘玉珍. 密码学引论[M]. 武汉：武汉大学出版社,2003.
[60] 谷利泽,郑世慧,杨义先. 现代密码学教程[M]. 2 版. 北京：北京邮电大学出版社,2015.
[61] 刘建伟,王育民. 网络安全技术与实践[M]. 3 版. 北京：清华大学出版社,2017.
[62] 许春香,李发根,聂旭云,等. 现代密码学[M]. 2 版. 北京：清华大学出版社,2015.

图书资源支持

感谢您一直以来对清华版图书的支持和爱护。为了配合本书的使用，本书提供配套的资源，有需求的读者请扫描下方的"书圈"微信公众号二维码，在图书专区下载，也可以拨打电话或发送电子邮件咨询。

如果您在使用本书的过程中遇到了什么问题，或者有相关图书出版计划，也请您发邮件告诉我们，以便我们更好地为您服务。

我们的联系方式：

清华大学出版社计算机与信息分社网站：https://www.shuimushuhui.com/

地　　址：北京市海淀区双清路学研大厦 A 座 714

邮　　编：100084

电　　话：010-83470236　010-83470237

客服邮箱：2301891038@qq.com

QQ：2301891038（请写明您的单位和姓名）

资源下载：关注公众号"书圈"下载配套资源。

资源下载、样书申请

书圈

图书案例

清华计算机学堂

观看课程直播